"十三五"国家重点图书重大出版工程规划项目

中国农业科学院科技创新工程资助出版

面向未来的海水农业

Future-oriented Seawater Agriculture

张成省 李义强 尤祥伟◎编著

U0306205

中国农业科学技术出版社

图书在版编目（CIP）数据

面向未来的海水农业／张成省，李义强，尤祥伟编著.—北京：中国农业科学技术出版社，2018.11

ISBN 978-7-5116-3681-2

Ⅰ.①面…　Ⅱ.①张…②李…③尤…　Ⅲ.①海水资源-应用-农业生产-研究　Ⅳ.①S

中国版本图书馆 CIP 数据核字（2018）第 095674 号

责任编辑	姚　欢
责任校对	贾海霞

出 版 者	中国农业科学技术出版社
	北京市中关村南大街 12 号　邮编：100081
电　　话	（010）82106638（编辑室）　（010）82109702（发行部）
	（010）82109709（读者服务部）
传　　真	（010）82106650
网　　址	http://www.castp.cn
经 销 者	各地新华书店
印 刷 者	北京建宏印刷有限公司
开　　本	787 mm×1 092 mm　1/16
印　　张	21.5
字　　数	500 千字
版　　次	2018 年 11 月第 1 版　2019 年 1 月第 2 次印刷
定　　价	198.00 元

《面向未来的海水农业》
编著委员会

主 编 著：张成省　李义强　尤祥伟

编著成员：（按姓氏笔画排列）

马斯琦　王向誉　王　璐　尤祥伟

宁　凯　朱英芝　刘赤兵　刘志鑫

刘　美　孙超岷　李义强　吴继法

邹　平　张成省　孟　晨　赵栋霖

荆常亮　姜明国　袁　源　贾　曦

顾寅钰　徐华凌　徐宗昌　徐建华

徐海成　郭洪恩　梁　军　解志红

前　言

人口增加、耕地退化、气候变化以及淡水资源缺乏，使全球粮食生产面临着巨大挑战。为了寻找替代作物及生产方式，人们开始把目光转向占全球总水量97%的海水。自20世纪40年代末，Hugo Boyko 和 lEisabeth Boyko 首次报道高浓度盐水灌溉促进盐生作物生长以来，海水农业的概念逐渐被人们所接受，并逐渐发展成为现代农业的一个新的学科分支。经过几十年的发展，海水农业在理论与实践方面取得一定进展，选育出了部分适合海水灌溉的耐盐植物，评估了海水灌溉可能造成的生态风险，部分研究成果在一些近海沙漠地区得到了推广应用。我国海水农业虽然起步较晚，但通过技术引进与自主创新相结合，在耐海水作物选育、种植及产业化开发方面也取得了丰硕成果。

本书以海水农业为主题，回顾与综述了海水农业历史起源与发展现状，并从海水农业概念、研究对象以及产业特征等视角，对海水农业领域相关理论和技术进行全方位分析。将当前海水农业的研究现状和主要成果呈现在读者眼前。本书撰写过程中，不期望覆盖该领域所有的研究成果或文献，重点在于探讨未来海水农业发展方向与途径。本书适合从事生命科学、海洋科学、农业科学、环境保护等学科的科研人员以及大专院校师生阅读和参考，尤其适合从事盐碱地治理、滩涂生态修复和滨海城市绿化等工作的人员参考。

本书第一章概述了海水农业的发展历史与现状；第二章介绍了盐生植物的类型与资源利用；第三章介绍了海水作物的种类与栽培现状；第四章介绍了海洋微生物的种类与农药应用现状；第五章介绍了海水灌溉理论和技术研究进展与实践；第六章综述了海洋滩涂污染物的种类与治理现状；第七章介绍了海水农业产品的加工与利用技术；第八章对海水农业存在的问题与发展策略进行了分析与展望。

海水农业属于新的学科、新的产业和新的技术，是对传统淡水农业的革新，在理论、技术和实践方面还远未成功。本书在前人研究基础上，尝试对其进行理论梳理，对其概念、特征和相关技术作出分析，提出未来发展的意见和建议，笔者真诚地希望本书的一些观点和建议能够促进海水农业实践。

与本书有关的研究工作，得到了中国农业科学院科技创新工程的资助，编撰工作得到中国农业科学技术出版社的大力支持和帮助，在此表示诚挚的谢意。本书的撰写参考了大量中外文献，在此对所有参考文献作者一并感谢。

限于作者水平和能力，本书存在的缺点与不足在所难免，恳请广大读者批评指正。

目　　录

第一章　海水农业的发展历史与现状

联合国粮食及农业组织（FAO）预计到 2050 年世界人口将达到 91 亿，全球粮食生产需求将增加 70%（FAO，2011）。这也意味着未来每年粮食需要增加 4 400万 t 的产量（Tester 等，2010）。然而，城市化土壤退化导致耕地面积和生产力明显下降。此外，由于全球气候变化导致的干旱胁迫等自然灾害日益频繁。寻找新的粮食生产模式变得尤为迫切。相对于淡水资源的短缺，地球上水资源总量的 97% 是海水，可谓取之不尽、用之不竭。长期以来，海水不仅被认为无助于农作物的需要，还使大面积的沿海滩涂长期荒芜。为了解决上述矛盾，人们曾经有过种种幻想与探索，尝试利用海水进行作物栽培，海水农业应运而生，其理念也逐渐被人们接受、重视和发展。与传统农业相比，海水农业打破了传统依赖淡水灌溉的生产方式，是一种革命性的技术创新。了解海水农业的概念、发展历史、重要意义以及研究内容和方向，对建立海水农业理论和技术体系具有重要意义。

第一节　海水农业的概念和特征

一、海水农业的概念

海水农业（Seawater agriculture）概念最早起源于 1949 年以色列生态学家 Hugo Boyko 和 Elizabeth Boyko 提出的盐水农业（Salt-water Agriculture）。20 世纪 70 年代该领域研究受到广泛重视，并提出了"生物盐化农业设想（Biosaline Concept）"。美国国家科学基金会的专家 Lewis Mayfield、James Aller 和 Oskar Zaborsky 将生物盐化农业定义为"在干旱地区普遍存在的土壤贫瘠、强光照以及高盐水可通过不同于传统农业的方式，用于食品、燃料和化学品的生产"（Holaender，1979）。1985 年 Pasternak 等提出海水农业，内容主要涉及农作物的海水灌溉。此后，国外专家学者一般将海水农业视同为海水灌溉农业（Sea Water Irrigating Agriculture）。最初海水灌溉农业是指直接用海水浇灌或漫灌的种植活动，后来泛指植物耐盐的一切试验和种植活动，除直接用海水浇灌或漫灌外，还包括作物在沿海盐碱滩地的种植和在淡水灌溉的基础上间或灌溉海水或用低浓度海水喷灌。

如何界定"海水农业"，国内学术界迄今尚未达成共识。1978年，我国海洋经济学家徐质斌先生在将农业分为两大类型——陆地农业和海洋农业。其中，海洋农业即海水农业，指人类通过海洋生物技术，利用生物将海洋中的物质和能量转化为具有使用价值产品的社会生产活动，包括海洋渔业和海水灌溉农业。徐质斌等（2002）认为，海水灌溉农业是以海水资源、沿海滩涂资源和耐盐植物劳动对象的特殊农业。王霞等（2003）认为，海水灌溉农业是指在沿海盐碱荒滩地和盐碱地上，种植能用海水浇灌的耐盐作物的农业。林栖凤等（2005）则定义为"在沿海盐碱荒滩上，种植能用海水灌溉的野生驯化的和转基因的耐盐作物，以及对其产品进行加工的农业"。韩立民和张振（2014）认为，海水灌溉农业是指以沿海滩涂资源为载体，以生物技术为依托，对先天具有较强耐盐能力以及后天选育驯化的耐盐植物进行全海水灌溉或者海水与淡水混合灌溉的农业生产经济活动，是一项集水、土、植物资源综合开发的系统生态工程和特殊产业。李乃胜在21世纪初进一步丰富了"海水农业"概念和内涵，将海水农业定义为"利用盐碱地、滩涂、滨海湿地、海面水域和海底洋盆等空间资源，以海水为媒介进行的陆地和海洋动植物增养殖的农牧化生产活动"，并提出了"发展海水农业、实现耕海种洋"的发展战略。从内容上主要包括海水养殖业、海底渔牧业和海水种植业。其中海水种植业与传统的海水灌溉农业类似，指以盐生植物或海生植物为生产对象，以土地和海水为载体进行生产的新兴农业领域，包括海面漂浮种植、天然海底种植和滩涂混合种植。

综上可见，对于"海水农业"的定义还缺乏严格一致的界定。为了区别于传统淡水农业和海水养殖业，本书综合徐质斌等（2002）海水灌溉农业概念及李乃胜关于海水种植业的论述，将海水农业界定为：受海水影响环境下，以滨海盐碱地、滩涂、湿地为重要生产资料，以耐盐植物为栽培对象，进行粮食、副食品、饲料和工业原料生产和加工的农业活动。需要说明的是，本书的最终目的是寻找海水农业未来发展方向和可行途径，并不寻求海水农业的准确定义或概念。

二、海水农业的分类地位

农业是指人类有意识地利用生物机体的生命力，将外界环境中的物质和能量转化为生物产品，以满足社会需要的一种生产经济活动。大约是在一万年前的旧石器时代末期或新石器时代初期，人们在长期的采集野生植物的过程中，逐渐掌握一些可食植物的生长规律，经过无数次的实践，终于将它们栽培、驯化为农作物，从而发明了农业。从原始农业到传统农业，再到现代农业，经过几千年的发展，目前农业主要包括种植业、林业、牧业、渔业和副业。海水农业是近代随着社会经济发展后的产物，美国著名的未来学家尔温·托夫勒曾指出：21 世纪是世界农业迎来大变革的时代，全球范围内将出现"第三次浪潮农业"。大趋势是通过高科技，使工业经济下的农业变成一种崭新的科技知识农业，其中令人神往的海水农业就是极具前景的新型农业。

根据徐质斌等对海水农业的定义以及对农业类型的划分，海水农业属于海洋农业的一个分支。基于本书对海水农业概念的界定，作者对农业系统进行了重新分类（图1），需要说明的是该分类不代表任何学术观点，仅仅为了便于本书的理解。如图1所示，作者将农业划分为淡水农业、海洋农业以及二者之间的海水农业。在改分类系统下，淡水农业主要是指依赖淡水的传统农业，海洋农业主要包括海洋渔业以及以海藻生产为主的海洋种植业。与传统淡水农业相比，海水农业涵盖了除渔业之外的种植业、林业、牧业和副业。

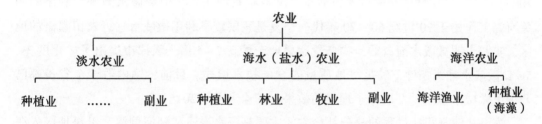

图1 海水农业是农业的一个分支

可见，海水农业是农业的重要组成部分，是现代农业的新分支，其劳动对象是海水资源、沿海滩涂资源以及耐盐碱类植物，在种植区域、栽培对象、灌溉方式以及产品定位方面有别于淡水农业和海洋农业。传统淡水农业依赖于淡水灌溉，栽培对象主要为甜土植物（Glycophyte）。海洋种植业栽培对象主要为海洋藻类，栽培介质为海水。

三、海水农业的生产区域

海水农业生产区域主要定位于滨海盐碱地、滩涂和荒漠等难以进行传统农业生产的区域，该区域的特点是土壤含盐量高、淡水资源缺乏。李乃胜认为依托盐渍陆地和近海滩涂为种植区域，是海水农业的区域特征。

1. 盐渍土

盐渍土是盐土和碱土以及各种盐化、碱化土壤的总称。盐土是指土壤中可溶性盐含量达到对作物生长有显著危害的土类。盐分含量指标因不同盐分组成而异。碱土是指土壤中含有危害植物生长和改变土壤性质的多量交换性钠。盐渍土主要分布在内陆干旱、半干旱地区，滨海地区也有分布。全世界盐渍土面积计约 897.0 万 km^2，约占世界陆地总面积的 6.5%，占干旱区总面积的 39%。中国盐渍土面积有 20 多万 km^2，约占国土总面积的 2.1%。

微咸水是矿化度在 2~5g/L 的含盐水（徐秉信等，2013），分布在内陆地区的盐渍土适于发展微咸水灌溉。早在 20 世纪 50 年代，意大利、突尼斯、印度、以色列、西班牙等国家就已经开始利用盐水灌溉进行作物生产，部分研究成果促进了作物产量提高和农产品质量改善。如盐水灌溉改善了番茄的味道、颜色和稠度，增加了矿物盐分和糖分含量。突尼斯用含盐度 2.7g/L 的水灌溉玉米、紫花苜蓿、小麦、棉花等，有的作物甚至比灌溉轻度矿化水还高。美国利用微咸水灌溉棉花、甜菜和苜蓿等作物，澳大利亚利用矿化度大于 3.5g/L 的微咸水灌溉苹果树和葡萄树。我国是一个微咸水储量丰富的国家，据统计可开采利用资源为 130 亿 m^3，集中分布在地表以下 10~100m，华北、西北以及沿海地带是我国微咸水主要分布区域（刘友兆等，2004）。我国利用微咸水进行农田灌溉已经有很长的历史，但微咸水灌溉与利用的相关研究工作始于 20 世纪 60—70 年代。宁夏是我国较早利用微咸水进行农田灌溉的地区，实践表明微咸水灌溉的作物产量比旱地产量高 3~4 倍。天津市提出了矿化度 3~5g/L 微咸水灌溉条件下满足耕地质量安全的技术模式。目前，国内数十个省份都已开展了微咸水灌溉，并取得了理想的效果（王全九等，2015）。

滨海盐渍土积盐过程的盐分补给方式主要是海水浸渍和溯河倒灌。沿海地区入海河流携带大量泥沙在近海沉积，当其还处于水下堆积阶段时，就为高矿化海水所浸渍而成盐渍淤泥。滨海盐渍土具有不同于内陆盐土的一系列特性：不仅表层积盐重、心土层含盐量也很高；盐分组成与海水基本一致，以氯化物占绝对优势；土壤积盐程度随生物气候带而异，如中国从南到北积盐强度由小变大；由于各地成陆时期和开垦历史不同，各种滨海盐土大致平行于海岸呈带状分布，从海向陆，土壤含盐量和地下水矿化度渐次递减。滨海盐土上的植物群落，依土壤盐渍度不同按一定的顺序更替，随着植物群落的更替，相应地由滨海盐土向各种滨海盐化土演变。

滨海盐渍土由于濒临海洋，海水资源丰富，适于发展海水灌溉技术。从 20 世纪 60 年代之前就已经开始研究海水农业应用的可行性。虽然依靠纯海水可持续发展的农业目前仍尚未成功，但小规模海水灌溉具有一定经济可行性，并取得了一些成功案例。如西班牙利用海水灌溉成功种植了部分粮食、饲料和经济作物，产品质量优于淡水灌溉。我国自 20 世纪 60 年代以来，通过驯化或引种耐盐植物如菊芋（*Helianthus tuberosus*）、油葵（*H. annuus*）（赵耕毛，2006）、滨藜属植物（*Atriplex*）、白刺（*Nitraria tangutorum*）等，都获得了较大的成功（牛东玲和王启基，2003）。

2. 沿海滩涂

海洋滩涂的概念有狭义与广义之分。狭义的沿海滩涂只包括潮间带，广义的沿海滩涂则包括潮上带、潮间带和潮下带。中国海洋大学王刚博士（2015）认为，沿海滩涂应该定义为具有可供沿海生物生存、栖息和繁殖的生态物质基础的潮间带、潮上带和潮下带。按照这个定义海洋滩涂实际上与海岸带概念基本一致，该区域兼有海洋和陆地两个生态系统特征，这里的植物、动物、土壤、水等环境因素同时具有海洋环境和陆地环境的双重属性，受陆地和海洋环境的双重影响，是地球生态系统中最有生机的部分之一，但同时也是生态系统平衡非常脆弱的地带。滩涂被称之为海洋之肾，意味着它在海洋生态环境具有举足轻重的生态调控功能；湿地（沿海滩涂是湿地的重要组成部分）被称之为地球之肾，其生态价值不言而喻。此外，海洋滩涂还蕴藏着丰富的生物资源、能源和旅游资源。总之，海洋滩涂具有重要的生态、经济价值，与人类息息相关。

滩涂是我国重要的后备土地资源，具有面积大、分布集中、区位条件好、农牧渔业综合开发潜力大的特点。在滩涂长期的自然进化发展过程中，海相沉积物在海潮或高浓度地下水作用下形成的全剖面含盐的土壤，其特点：一是盐分组成单一，以氯化钠单一盐分为主；二是通剖面含盐，盐分表聚尚差。按照土壤亚类，可以细分为：滨海盐土亚类、滨海沼泽盐土亚类、滨海潮滩盐土亚类。滨海盐土亚类具土类典型特征，在盐生草甸植被下经历积盐和脱盐双重作用，随着海水影响的减小，脱盐作用逐步增强，可向盐化潮土转化；滨海沼泽盐土亚类同时附加有沼泽化过程，土壤生存耐盐湿生植被，土壤有机质积累较强，土体中下部有明显的潜育特征；滨海潮滩盐土分布于现代滩涂，多为光板地或有稀疏盐生植被，土壤尚处于滨海盐土的初期发育阶段，在现代海水作用下经历盐分积累过程，土壤含盐量高，有机质积累少。

滩涂由于受海水影响较大，仅适合高耐盐植物的开发，如海蓬子（*Salicornia europaea*）、红树植物等。如美国亚利桑那州立大学先后培育出海蓬子 SOS-7、SOS-10 号新品种，可用全海水灌溉，并分别在沙特阿拉伯、墨西哥、美国加州等海湾地区成功种植。我国通过驯化或引种柽柳（*Tamarix chinensis*）、大米草（*Spartina anglica*）、海蓬子等高耐盐植物，在沿海滩涂上也取得了较大进展。

3. 滨海荒漠

世界大约 43%的陆地面积为干旱沙漠或半干旱沙漠，但是，只有离海岸较近的沙漠地区才有可能实现海水农业。据估计，在海岸附近的沙漠区，大约有 15%的面积可适用海水灌溉种植作物。如果开发出来，就可以增加 130 万 hm^2 的土地用来生产人畜食物，而且不需要破坏森林来增加耕地，也解决了淡水紧缺的矛盾。在人们诸多尝试中，最为成功的是毕氏海蓬子。毕氏海蓬子最早于 1982—1988 年种植于波多黎各、墨西哥海岸沙漠环境的海水中（38~42g/L）（Glenn 等，1991）。随后，海蓬子种植范围成功延伸到非洲热带沙漠地区。

四、海水农业的栽培对象

海水农业的栽培对象为耐盐植物，主要包括改良的甜土植物和盐生植物。

在现代农业中使用的大多数作物种类对盐敏感，一旦土壤盐度超过一定水平，产量会大幅降低。当土壤溶液电导率超过 $4 \sim 8dS/m$，大多数种类的作物产量会下降10%。有些作物更敏感，如用超过 $1.7dS/m$ 的水灌溉玉米，电导率每增加一个单位，玉米会减产21%以上的灌溉水中的电导率的每个单位增量（Blanco 等，2008）。在20世纪的大部分时间，人们试图通过品种选育来提高这些甜土植物的耐盐性。在生理和遗传学上，由于耐盐性是一种高度复杂的性状，在这方面进展缓慢。进入21世纪以来，随着分子生物学技术的快速发展，人们开始尝试用基因工程技术来培育耐盐植物材料。如转拟南芥 Na^+/H^+ 逆转运子（AtNHX1）基因的小麦（*Triticum aestivum*），在盐渍土环境中产量提高 $33\% \sim 50\%$。已转化拟南芥 AP2/ERF 基因的三叶草，在盐胁迫条件下能增加生物量（Abogadallah 等，2011）。我国也选育出一些抗盐作物品种，如小麦品种青麦6号、青麦7号。总体上来看，对甜土植物改良进展非常有限，真正应用于田间生产的作物种类几乎没有，或者推广应用的少数品种仅适合一些盐度较低的土壤。

另外，许多盐生植物在 $15 \sim 25dS/m$ 的盐度范围内生长良好，甚至会促进生长（Rozema 等，2013）。盐生植物是自然进化的耐盐植物，代表至多2%的陆生植物物种（Flowers 等，2008）。他们有能力在富含 NaCl 的环境中完成其生命周期，因此可以被认为是潜在的新作物来源（Glenn 等，1999）。尽管盐生植物长期存在于世界各地人们的饮食中，但是作物来进行开发仅仅开始于20世纪后半叶（Rozema 等，2013）。20世纪60年代，以色列建立了盐生植物及其用途的数据库（Aronson，1989）。到目前为止，已经评估了许多盐生植物的潜在用途，如作为农作物（Reddy 等，2008；Flowers 等，2010；Rozema 等，2013）、盐碱地修复（Cambrolle 等，2008；Lewis 等，2009）、观赏植物（Cassaniti 等，2013）和水产养殖生物过滤作物（Buhmann 等，2013）等。

综上盐生植物是海水农业的主要栽培对象，其种类多样、用途广泛，是海水农业发展的基础和种质资源保障。

五、海水农业的产品用途

1. 盐生植物作为粮食作物

目前，30种植物提供了90%的人类食物，其中水稻、玉米、小麦和马铃薯占该值的50%（Khan 等，2006）。与此同时，非常规作物（包括盐生植物作物）被认为是那些淡水资源稀缺地区（例如中东）适宜农作物。即使在不受盐碱影响的国家，一些盐生植物如藜麦（*Chenopodium quinoa*）产品消费也在快速增长（Jacobsen，2011；Jacobsen，2012）。盐生植物已经长时间用于人类消费。例如，多年生盐草（*Distichlis palmeri*）被南美洲土著人食用已有数百年历史，并且作为居住在墨西哥科罗拉多州科罗拉多河土著人的主要粮食作物。类似地，作为南美洲原产地主食之一的藜麦可以耐受高达 40dS/m 的 EC w 值（Adolf 等，2013），在欧洲市场以高价销售。还有珍珠粟（*Pennisetum typhoides*），可以耐受 EC w> 30dS/m 的灌溉水，可以被种植作为粮食，种子产量高达 1.6t/hm^2（Jaradat，2003），达到了旱地非盐水条件下小麦的产量。

2. 盐生植物用作饲料

一些盐生植物长期以来被认为是盐碱地区的饲料作物（Aronson，1985；Masters 等，2007）。饲料的季节性短缺是世界许多地区养殖业的主要制约因素，在这些地区，盐生植物饲料发挥着重要作用（Malcolm，1969；Aronson，1989；El Shaer，2010）。Le Houérou（1994）报道，地中海盆地盐渍土地上成功种植了 10 万 hm^2 的滨藜（*Atriplex* spp.），用作牧草及盐碱地改良。巴基斯坦研究发现滨藜（*Atriplex* spp.）、*Maireana* spp. 植物及其他的盐生植物也是极具价值的饲料作物（Hollington 等，2001）。

盐生植物用作食用油和蛋白质来源。至少 50 种含盐植物的种子是食用油和蛋白质的潜在来源。报道较多的有：海蓬子（*Suaeda bigelovii*）（Glenn 等，1991）、碱蓬（*Suaeda moquinii*）（Weber 等，2007）、海滨锦葵（*Kosteletzkya virginica*）（He 等，2003）、异子蓬（*Suaeda aralocaspica*）（Wang 等，2012）、山柑藤（*Salvadora persica*）（Reddy 等，2008）、白樨（*Batis maritima*）（Marcone，2003）、海茴香（*Crithmum maritimum*）、蒺藜（*Zygophyllum album*）、盐节木（*Nitraria sibiria*）、盐地碱蓬（*Suaeda salsa*）、灰绿藜（*Chenopodium glaucum*）和播娘蒿（*Descurainaia sophia*）（Yajun 等，2003）。重要的是，尽管盐生植物组织器官中含盐量非常高，但在种子中基本不含盐（Jaradat，2003）。

3. 盐生植物作为能源作物

盐生植物还是高价值的燃料来源，例如生物乙醇、生物柴油和薪柴。中国沿海地区将许多物种包括樟树、芦苇、芒草（*Miscanthus* spp.）和互花米草（*Spartina alterniflora*）作为原料进行生物燃料乙醇的生产（Liu 等，2012）。在巴基斯坦沿海地区种植的多年生盐生植物 *Halopyrum mucronatum*、*Desmostachya bipinnata*、*Phragmites karka*、*Typha domingensis* 和 *P. turgidum* 也被证明非常适合生产生物乙醇（Abideen 等，2011）。盐生植物柳枝稷乙醇产量与玉米（*Z. mays*）相当，被作为常规粮食作物广泛种植用于乙醇生产（Liu 等，2012）。此外，像牧豆树（*Prosopis*）和柽柳（*Tamarix*）等其他盐生植物也非常适用于燃料木材的生产。耐盐植物甜菜（*Beta vulgaris*）、麻拉果（*Nypa fruticans*）和盐草（*L. fusca*）被用作液体和气体燃料的来源（Jaradat，2003）。在墨西哥，全球海水公司正在巴伊亚基诺和索诺拉的农场增加海蓬子的种植来生产生物柴油。最近，阿布扎比地区用海水灌溉海蓬子生产航空工业生物燃料（ICBA，2011a），阿提哈德航空公司通过使用精炼的生物燃料进行了成功飞行示范。

4. 盐生植物用于生态修复

盐化植物能够在其组织中积累高浓度的 NaCl，例如在滨藜中高达 39%（Barrett-Lennard，2002）。假设这种能力可以通过高生物量生产来匹配，盐生植物可以通过从土壤中提取大量盐，建立植物覆盖和降低水位来修复盐碱地。盐生植物还可以用于污染土壤的植物修复。海草和盐沼植物是这种植物的好例子，可以从沉积物中提取重金属并将累积在它们的生物质中（Cambrolle 等，2008；Lewis 等，2009）。此外，一些藻类（Eid 等，2010）、滨藜（*A. halimus*）和柽柳（Manousaki 等，2011）也发现具有类似的效果。

5. 盐生植物还可作为药用植物和其他商业产品

盐生植物不仅可以作为食物和燃料，还可以药用。在传统医学中，在世界不同地区，一些物种在治疗疾病中发挥重要作用。例如，马鞍藤（*Ipomoea pescaprae*）用于治疗疲劳、扭伤、关节炎和风湿（Rameshkumar 等，2013）。

6. 其他用途

例如，露兜树（*Pandanus fascicularis*）富含 α-苯乙基的甲基醚醇（65% ~ 80%），并用作香料和调味成分（Dutta 等，1987）。多年生沙漠灌木银树（*Parthenium argentatum*）可以在高达 7.5dS/m 的盐水条件下生长，被用作开发天然橡胶（Hoffman 等，1988）。

第二节　海水农业研究简史

一、萌芽时期

海水农业概念的提出虽然很晚，但人们进行海水农业活动可以追溯到很久以前。我国很早就有利用海洋滩涂植物种子和果实进行食用或药用的记录。据史料记载，我国黄河三角洲地区，早期油料紧张时，很早就有用碱蓬种子榨油的记载。明代早期的《救荒本草》记载了碱蓬可以食用，我国东部沿海居民也长期有食用碱蓬的习惯。西晋时期的《博物志》记载我国东部沿海海滩广泛分布的篩草，其果实可以磨粉食用或酿酒。明代的《本草纲目》也对筛草的食用价值作了描述，将其称为"海米"，不仅可以充饥，还能补虚羸损乏、温肠胃、止呕逆，久食健人。地中海干旱的沿岸国家，阿拉伯半岛、意大利、印度、澳大利亚、美国、西班牙、太平洋和印度洋的岛屿以及波罗的海和北海沿岸，都有利用海水灌溉的实践。例如，能用盐水灌溉的盐草和藜麦被美洲人作为食物有数百年历史。据称，18世纪西班牙毕尔巴鄂附近海岛上的修士就曾经使用海水灌溉一块面积为20hm²的耕地，玉米、小麦、蔬菜和葡萄等植物生长良好，但没有详细记载。分布于北美加利福尼亚湾（Pearlstein等，2012）科罗拉多河三角洲的潮间带的盐草（*D. palmeri*），每天被海水浇灌。该地区土著居民很早就已发现盐草可以食用（Castetter和Bell，1951；Felger，1976），他们收获盐草的种子食用，称种子为nipa，这个词也被用来首次向西方人介绍小麦。

可见人们利用耐海水植物历史悠久，虽然没有大规模栽培海水植物，但已经认识到其潜在利用价值。这种早期采食活动以及海水灌溉的探索可视为海水农业的萌芽时期。

二、诞生时期

海水农业的诞生可以追溯到20世纪中叶，最初起源于以色列生态学家Hugo Boyko和Eisabeth Boyko的咸水灌溉实践。1949年，Hugo Boyko和Eisabeth Boyko到以色列伊莱特（iElat）沙漠地区着手绿化环境，开发景观，以吸引移民到该区定居。由于缺少淡水，Boyko夫妇直接从含盐较高的水井中取水浇灌一些植物，发现这些植物仍能生长，引起了他们的研究兴趣。进一步研究证明，使用含有微量盐分的井水和直接从海洋中抽取的海水进行灌溉，许多植物都能正常生长。在Hugo Boyko于1966年出版的*Salinity and aridity-new approaches to old problems*（《盐度与干旱—老问题的新成就》）专著中，科学系统的提出了直接用海水灌溉进行作物生产的思路，分析了把高度耐盐的野生植物驯化为可以人工栽培的盐生作物的可行性，并指出了海水农业发展的关键制约和"瓶颈"。Boyko对海水农业的发展提出了2个科学问题：长期灌溉高钠离子与钙离子含量的海水是否会降低土壤渗水性和透气性；在海水灌溉下，培育新的耐盐作物是否可行，其经济价值以及产量和质量性状能否达到淡水灌溉常规作物的水平。应该说，*Salinity and aridity-new approaches to old problems*的出版，在世界范围内引起了人们对海水农业的广泛关注，开启了海水农业和盐土农业的新纪元。

三、早期发展时期

20世纪60—90年代可以视为海水农业早期发展时期，这一阶段主要集中于耐盐植物的筛选、培育。科学家们主要遵循着两条技术路线：一是筛选、驯化野生的盐生植物，培育获得有经济价值的栽培品种；二是对普通农作物进行遗传改良，提高其耐盐性，培育出耐盐作物。该时期大量野生盐生植物驯化以及耐盐作物的培育为海水农业的快速发展奠定了基础。

培育普通淡水作物向耐盐作物的转化难度很大。一些研究人员试图把传统作物如大麦和小麦培育成耐盐作物，例如 1979 年美国加利福尼亚大学研究发现，当使用盐浓度较低的水培育繁殖的大麦品种，再使用较高盐浓度的水浇灌时，产量略有下降。可惜的是，不论是通过人工培育或基因工程把一些耐盐植物的基因移植到作物中，至今还没有培养出能完全使用海水灌溉的品种。即使最耐盐碱的作物如海枣树，其最大耐盐浓度相当于海水浓度的 15%。20 世纪 80 年代中期，美国斯坦福大学成功地运用基因重组技术和微电子技术，把仙人掌基因移植到小麦、大豆等作物中，育成了可在旱瘠地生长的高产谷物新品种。也是根据上述原理，美国亚利桑那大学的研究人员从 20 世纪 90 年代初开始，从 1 000 多种抗海水浸泡的天然作物中，筛选出若干有耕种价值的经济作物，对它们的基因移植进行潜心研究。20 世纪 90 年代中期，该大学将优选的海水作物海草中的基因注入陆地作物甜高粱的基因中，培植可用海水浇灌的新型甜高粱。1997 年，上述科研获得重要突破，第一批耐盐甜高粱结出硕果。世界上许多国家的科学家利用培养的细胞或愈伤组织，通过盐胁迫诱导耐盐突变体，已经在部分农作物、牧草、草坪草、烟草、部分果树、林木、蔬菜上取得一定成功。据报道，美国已经培育出 2 种全海水小麦、29 种半海水春小麦和耐 2/3 海水的番茄。印度已经培育出耐 80% 海水的春小麦。据估计，印度如果采用海水灌溉其 860 万 hm² 的滨海沙丘地，可收获 200 万~250 万 t 谷物。

另外，目前在野生盐生植物驯化利用方面已经取得了巨大成功。科研人员寻找现存的野生耐盐植物，研究它们的耐盐性，植物的营养成分，把它们培养成可耕作的、能为人类食用或作为牲畜草料、油料的作物。美国亚利桑那州立大学塔可逊环境研究实验室通过世界性网络，从 800 种盐生植物中筛选出一种海蓬子，可用海水喷灌和溢灌。他们先后培育出海蓬子 SOS-7、SOS-10 号新品种，并分别在沙特阿拉伯、墨西哥、美国加州等海湾地区种植。其种子的含油量占重量的 30%，油中含有 73% 的亚油酸，优于大豆，具有食用、药用价值，油饼还富含 40% 的蛋白质，是高营养饲料。盐生植物滨藜（*A. lentiformis*）的开发也较为成功，已经被广泛用作干旱和半干旱区植被修复的植物，同时还可作为反刍动物的价值较高的饲料作物。类似地，在南美洲，人们已经从收集两种野生盐草（*D. spicata* 和 *D. palmeri*）种子开始尝试进行商业化生产（Yensen，2006）。

四、快速发展时期

进入 21 世纪以来，海水农业开始进入快速发展时期，该时期人们开始致力于阐明灌溉盐水对植物、土壤的影响，优化海水灌溉模式，并进行商业化生产。

在海水灌溉对植物生物学、生物化学及生理学影响方面，研究发现高含盐量水的使用在很多方面也会对植物造成不良影响，如会引起水分胁迫、离子毒性、营养紊乱、氧化应激、代谢过程的改变等。同时发现，适量的海水处理可以增加植物营养物质的产量，特别是有些作物药用成分含量得到提高。因此，人们开始考虑通过施用一定浓度的海水来提高某些作物的营养价值。如在盐胁迫条件下，可观察到番茄作物的内源性抗氧化剂和类胡萝卜素增加。

利用咸水灌溉不同于淡水灌溉，它不仅要满足作物对水分的需求，而且要控制盐分的危害。海水灌溉特别是纯海水漫灌，存在着一定的生态风险，比如有可能带来土壤严重盐渍化问题。为了最大限度降低生态风险，人们已经探索出咸水灌溉土壤盐分控制基本原理：在土壤中盐分的积累不超过作物的耐盐极限；因灌溉咸水而增加的土壤盐分经过降雨或灌溉的淋洗能够排出，保持土壤盐分周年或多年平衡；根层土壤不发生盐分的积累。必须选择能灌能排的地方种植，并要求有廉价高效的防渗漏措施。根据这一原理，人们逐步建立了适应不同作物种类和不同生态类型的海水灌溉模式，如利用海水淡水混合灌溉栽培耐盐作物技术，利用纯海水灌溉栽培高耐盐的盐生植物等。

海水农业在商业化生产方面也取得了巨大进步。如可以完全用海水浇灌的海蓬子在墨西哥种植该作物的面积已达 1 000hm² 以上，在生长过程中无需使用农药和化肥，除含有维生素 A、维生素 C、钙、铁、钠、蛋白质和少量精等养料外，还含有大量能降低胆固醇并防止皮肤起皱衰老的亚麻酸，产品已出口到几十个国家，经济效益十分显著。沙特阿拉伯试种 250hm² 海蓬子 SOS-10 品种获得成功，目前准备扩大到 4 500hm²，最终目标是在沿海种植 20 万 hm²，年产 12 万 t 植物油。我国在海水农业产业化发展方面也取得了一些重要进展，21 世纪初引进了海蓬子并在江苏试种成功，目前已发展成为全国最大的耐海水蔬菜生产基地。山东寿光投资 2.16 亿元建设了国内首家海水蔬菜高科技产业园，主要以种植黑枸杞、海虫草（西洋海笋）、海芹等品种为主，同时，海滨甘蓝等新品种正在进行试种。

第三节　海水农业的重要意义和发展路径

一、海水农业的重要意义

1. 有利于解决淡水资源不足的矛盾

目前，世界普遍面临着淡水资源匮乏的危机。地球的淡水资源仅占其总水量的

2.5%，而在这极少的淡水资源中，又有70%以上被冻结在南极和北极的冰盖中，加上难以利用的高山冰川和永冻积雪，有87%的淡水资源难以利用。人类真正能够利用的淡水资源是江河湖泊和地下水中的一部分，约占地球总水量的0.26%。然而，淡水灌溉对于粮食生产至关重要，水资源短缺是21世纪全球粮食生产的主要制约因素。全球气候变化所带来的挑战进一步加剧了这一问题的严重性，这些挑战预计将增加全世界许多地区干旱胁迫的频率和严重程度（因此需要高质量的灌溉水）（Setter和Waters，2003），严重影响作物生产。利用海水或海水与淡水的混合水灌溉耐盐植物，可有效地减少淡水资源的使用量，变相增加了国民可利用水资源总量。况且，通过发掘海水的全新用途，可以完善海水综合利用结构，同时打破传统农业以淡水为支撑的格局，农业生产将获得更广阔的发展空间。

全球淡水资源不仅短缺而且地区分布极不平衡。作为农业大国，我国人均水资源占有量少，中国水资源总量为2.8万亿 m^3。其中地表水2.7万亿 m^3，地下水0.83万亿 m^3，由于地表水与地下水相互转换、互为补给，扣除两者重复计算量0.73万亿 m^3，与河川径流不重复的地下水资源量约为0.1万亿 m^3。按照国际公认的标准，人均水资源低于3 000m^3 为轻度缺水；人均水资源低于2 000m^3 为中度缺水；人均水资源低于1 000m^3 为严重缺水；人均水资源低于500m^3 为极度缺水。中国水资源地区分布也很不平衡，长江流域及其以南地区，国土面积只占全国的36.5%，其水资源量占全国的81%；其以北地区，国土面积占全国的63.5%，其水资源量仅占全国的19%。我国农业用水占用水总量的70%，但是，由于水资源短缺，迄今我国仍有61%的耕地没有水资源保证。可见，发展海水农业对淡水资源奇缺的中国意义更为重大。

2. 有利于解决土壤盐碱化的世界性难题

土壤盐分在世界范围内对土壤退化的影响越来越大，约7%的土地表面具有受盐影响的土壤，而受钠影响的土壤则更为普遍（Flowers等，1997）。盐化是增加土壤和水中总溶解盐浓度的过程，这是由于自然过程（初级盐化）或人为行动（次级盐渍化）引起的（Ghassemi等，1995年）。通过使用盐水地下水和劣质废水进行灌溉以及通过清除深层林地用于牧场和作物生产，使次生盐渍化的过程更加恶化（Lambert和Turner，2000；Barrett-Lennard，2002）。在全球范围内，灌溉土地仅占耕地总面积的15%，但要生产1/3的世界粮食（Munns，2005）。平均来说，估计大约 $10×10^7 hm^2$ 的土地由于灌溉而变成盐水（Ghassemi等，1995；Pessarakli和Szabolics，1999），因此世界上约11%的灌溉区域已经受到一定程度的盐化（粮农组织，2012）。令人吃惊的是，受影响的土地数量及其持续扩张在一些人口最多和经济受到挑战的发展中国家是最高的，如孟加拉国（Hossain，2010）和印度（Vashev等，2010），对可持续农业生产造成严重威胁。最严重的盐化案例之一是中亚咸海盆地（哈萨克斯坦、吉尔吉斯共和国、塔吉克斯坦、土库曼斯坦和乌兹别克斯坦）（Kijne，2005；Qadir 等，2009），其中高达50%的灌溉面积受盐度或洪涝影响；数千平方公里的灌溉土地退化成荒原（Qadir 等，2009）。然而，并非只有那些较贫穷的国家受盐碱化影响，经济上发达的国家也容易受次生诱导的土壤盐渍化影响（Yensen，2006）。例如，2002 年在澳大利亚进行的一项调查显示，200 万 hm^2 的农田有盐度迹象，其中近82 万 hm^2 土地被认为不适合用作作物生产。我国也是土壤盐碱化较为严重的国家之一。我国盐碱土面积为 0.991 亿 hm^2，仅次于澳大利亚、俄罗斯，为第三大盐碱地分布国家，约占世界盐碱地资源的10%，其中，现代盐渍化土壤面积约为 0.369 亿 hm^2，残余盐渍化土壤约为 0.449 亿 hm^2，潜在盐渍化土壤为 0.173 亿 hm^2，严重影响了农业生产的效率。据估计，在全球范围内，由于次生盐碱化，每分钟有 $3hm^2$ 的现有耕地丧失生产力（Zhu 等，2005），并且估计每年 1 000 万~2 000 万 hm^2 的灌溉土地发生退化（Hamdy，1996）。应对上述挑战的方法可能是在受盐影响的条件下寻找替代作物和饲料种植，以恢复受盐影响的地区。因此，发展以耐盐作物栽培和海水灌溉为主的海水农业，有利于解决土壤的盐渍化难题。

3. 有利于缓解农业发展空间不足的难题

由于城市化进程和土壤退化，造成可用耕地日渐减少。目前全球最迫切的任务之一是寻找足够的耕地，满足人类对食物的需要。据世界粮食及农业组织估计，今后三十年仅仅为了满足热带和亚热带地区增加人口的粮食需求，世界就需多开垦大约200 万 hm^2 的土地。另外，世界上却大量闲置着一些沙漠、盐碱地、荒滩等低值土地未能开发利用。海水农业在开发利用这些低值土地方面大有可为。如海岸附近的沙漠区，据估计大约有15%的面积可适用海水灌溉种植作物，相当于增加130 万 hm^2 的土地用来生产人畜食物，而且不需要破坏森林来增加耕地，也解决了淡水紧缺的矛盾。

中国是世界上人口、资源和环境形势最为严峻的国家之一，面临着人口增长和耕地减少的双重压力。进入 21 世纪，虽然我国人口增速减慢，但人口总量还在不断增加，人均耕地不断减少。中国的耕地受到自然条件限制，人均耕地少，而且人均占有量在逐渐下降。另外，我国也分布着大量的滨海滩涂、盐碱地资源，具有发展海水农业的巨大潜力。若在盐碱荒地和沿海滩涂都种植耐盐作物，那么全国可多增耕地0.4 亿 hm^2，相当于中国现有耕地面积的 1/3，从而大幅度增加了可利用的土地面积。因此，发展海水灌溉农业，充分利用沿海滩涂，可以有效缓解我国人多地少的紧张状况，同时对土地改良，提高土地肥力也具有积极的作用。除了沿海滩涂，中国还有大约 3700 万 hm^2 的内陆盐碱荒地，包括咸水湖周边的滩涂。如果解决了海水灌溉的关键技术和农艺问题，尤其是培育出优良的抗盐作物，也就有可能给内陆盐碱荒地的农业利用提供启发和某些通用技术。或许这种连带的、扩展的经济、社会、生态价值更为可观，有可能为国家扶贫大业做出意外的贡献。

4. 海水农业产品具独特的经济价值

一方面，海水农业产品能够弥补传统农产品在营养和功能成分上的不足。关于粮食安全的另一个问题是营养不良，如今世界 2/3 以上的人口饮食缺少一种甚至多种必需矿物质元素。研究表明人类至少需要 49 种营养元素来满足其代谢需求，其中 22 种是矿物元素，倘若其中一种不足就会引起身体代谢紊乱。目前有三十多亿人患营养不良症，且这个人数还在增加，其不仅与粮食数量不足还与质量也有关系。缺少钙镁铜的人在发达国家和发展中国家都普遍存在。在其他重要的营养成分中，维生素和化学成分（如抗坏血酸、类胡萝卜素、多酚和纤维）对人体内主要生物成分（如蛋白质、磷脂和 DNA）都具有有益作用。由于人们营养主要来源于农产品，所以在增加或优化粮食生产时应考虑到这些因素。海水作为地球上最丰富的一种资源可以作为淡水的替代物。作为农业部门的一种可行性选择，这种资源脱盐化或和其他水源混合使用的方法已经越来越多的出现在农业中。事实上，海水中存在大量的植物营养元素，这些元素在人类饮食中受到一定限制。

另一方面，由于耐盐作物多数品种是陆地农业所没有的，即便与陆地共有的品种，性状也有较大区别，所以它们有独特的使用价值。如很多盐生植物可以作为粮食作物、饲料作物。此外，作为全球应对气候变化的一部分，作物和生物燃料生产之间的竞争将日益加剧。而海水农业具有生产能源作物的巨大潜力。还有很多盐生植物具有重要的药用价值以及作为化工原料。

5. 海水农业具有巨大的生态价值

一般沿海地区生态环境脆弱，土地盐碱化、风沙化严重。其原因是地下水位高，矿化度大，随土地毛细管蒸发，水变成了蒸汽，而把盐碱留在地表。如果改地下水地表蒸发为通过植物叶片蒸腾，地下水中的盐分就积聚不到地面上来，耐盐作物植被覆盖了地面，抑制了风沙，腐败的枝叶和根部微生物活动还会提高土壤肥力。有些耐盐植物如大米草、互花米草等，具有良好的消浪、促淤、护滩作用。从江苏的经验看，大米草种植 2 年，就可以使草丛滩面抬高 10cm。射阳县进行了互花米草保滩护岸生态工程试验，20km 海岸每年可节约护岸工程费用 200 多万元。

此外，盐生植物能够在其组织中积累高浓度的 NaCl（例如在滨藜中高达 39%；Barrett-Lennard，2002）。假设这种能力可以通过高生物量生产来匹配，盐生植物可以通过从土壤中提取大量盐，建立植物覆盖来进行盐碱地改良。Barrett-Lennard（2002）研究认为滨藜（*Atriplex* spp.）可以通过蒸腾作用降低土壤地下水位，试验预测这种滨藜可以在 2 年内消耗 60~100mm 的地下水，从而降低地下咸水的危害。

快速工业化已经引起重要的变化和随之而来的是潮汐沼泽土壤中如镉（Cd）、铜（Cu）、铅（Pb）和锌（Zn）重金属的积累（Flowers 等，2010；Govindasamy 等，2011）。砷（As）被发现是农药和木材防腐剂的主要副产品；镉（Cd）来自油漆和颜料；铅（Pb）来自电池、除草剂和石油；汞（Hg）来自医疗废弃物（Wuana 等，2011）。这些在土壤和水体中累积的元素可能对人类和其他生物体造成风险（Khan 等，2010）。需要清洁这些污染的土壤，但是当常规的修复方法，如土壤焚烧或洗涤的成本巨大（Sheoran 等，2011；Wuana 等，2011）。研究表明，使用超积累植物可以显著降低这种成本，一些盐生植物在这些污染区域中具有生长能力，从土壤中吸收污染物并将它们储存在其地上部分中，通过收获和处理这些植物可消除重金属污染。

二、海水农业解决的关键问题

海水农业是以盐生植物为生产对象，以土地和海水为载体进行生产的新兴农业领域。土壤盐渍化、淡水资源匮乏以及海平面上升已成为世界性问题，海水农业已成为农业发展的必然趋势，具有重大战略意义。当前，海水农业尚处于起步和探索阶段，亟须在种质、栽培技术、加工利用等关键技术领域加强研究。

1. 海水灌溉作物筛选与培育

海水农业意味着用灌溉咸水和在盐土上种植作物。因此，选择培育耐盐植物品种，是发展海水农业的前提。自 1966 年 Hugo Boyko 提出海水农业以来，耐盐作物筛选和培育长期是海水农业研究的主要课题。人们对甜土作物的耐盐品种选育进展不甚理想。迄今为止人类仍无法通过常规育种或生物技术手段使水稻、小麦、番茄及马铃薯等作物的耐盐性提高到 25dS/m 或更高的水平（50dS/m）海水盐度。

使用耐盐天然盐生植物发展海水农业是一个现实而富有成效的途径。经过半个多世纪的努力，人们通过筛选驯化野生盐生植物取得了较大进步。海蓬子属植物已经成为畅销的海水蔬菜，这种植物可以用咸水和海水灌溉，并表现出高耐盐性（De Vos 等，2012；Ventura 等，2011）。在巴基斯坦，人们栽培耐盐甜菜在冬季用作牛饲料（Rozema 等，1993；Niazi，2007）。藜属植物的食用和饲用价值在很多地区也被开发（Koyro 和 Eisa，2008；Jacobsen，2003；Adolf 等，2012）。

但是，即使是目前驯化最成功的盐生植物也存在很多不利于栽培的性状。如种子太小是海蓬子种植的一个突出问题。种子仅重 0.6~1.2mg，成熟时间不一致，成熟时易散落。当顶端不断生成种子并继续开花的时候，下部的种子已经开始成熟（Lonard 等，2011）。成熟时，覆盖种子的肉质花萼干枯脱落，使种子从植株上脱落。开花和种子成熟持续时间长达 60 天，最终收获的是成熟和未成熟种子的混合物，而且大量种子在田间已经丢失。在墨西哥巴伊亚奇诺州试验田，收获了平均 80g/m² 种子产量，比小区试验产量低一半。海蓬子还有一些不良的营养特性。种子产生高品质的食用油，但剩余的成分皂甙含量高，为将其开发成家禽高蛋白饲料带来了阻碍（Glenn 等，1991）。滨藜的营养价值可以与苜蓿相媲美，许多滨藜属植物属于旱生盐生植物，能够在盐水灌溉和干旱的环境下生长（Le Houèrou，1986；Le Houèrou，1992；Goodin 和 McKell，1970；Goodin，1979；Rogers 等，2005）。大量研究证明滨藜饲用价值与苜蓿接近，但已有研究证明滨藜作物牧草存在一些不足，如存在抗营养化合物、较常规饲料能量低（Masters 等，2007）。

在筛选、驯化天然盐生植物的同时，利用生物技术培育耐盐作物品种同样是发展海水农业的一项重要工作。野生植物进化程度较低，保留了较为原始的遗传多样性特点，由于长期的自然选择及环境适应，野生植物大多具有抗病、耐旱、耐盐、耐低温、耐贫瘠等特点，是现代栽培品种改良的优良种质资源，利用生物技术中的转基因技术手段可以直接将有利基因导入栽培植物，经过培育和筛选就可得到表现优良性状的新品种。

长期以来目的基因的分离与鉴定一直是植物耐盐基因工程的一个制约的因素，直至 1992 年美国 Arizona 大学 Bohnert 等人第一次进行植物耐盐基因工程的尝试，将来自大肠杆菌的甘露醇 1-磷酸脱氢酶（MtID）基因导入烟草，才首次获得了耐盐的转基因烟草植株（Tarcynzski 等，1992），有力地推动了耐盐植物基因工程育种的进展。目前，已相继克隆了与甘氨酸甜菜碱、脯氨酸、果聚糖等渗透调节物质的生物合成相关的基因及其他相关基因，如 *SOS*1、*lea* 等。导入与某些渗透保护物质相关基因的措施，不同程度地提高了转基因植物的耐盐性。我国陈受宜等将山菠菜（*Atriplex hortensis*）胆碱单加氧酶（Choline monooxy genase，CMO）基因通过农杆菌介导法转入水稻、棉花，得到的转化株能在 0.5%NaCl 中生长（张慧军等，2007；罗伯祥等，2010）。但目前这类研究大多还处在 NaCl 培养基上进行耐盐性筛选的阶段。

植物基因工程用于作物改良虽然是人们关注的热点，并已取得一些重要进展，但是目前仍然以转移单个目的基因为主，而农作物许多重要的经济性状，如产量、品质、光合、固氮及抗逆性（旱、盐逆境）等受多基因控制，有的甚至是基因组连锁，目前还很难用单基因操作的方法进行重组或遗传修饰。在这方面，体细胞杂交具有独特的优势。山东大学夏光敏团队用小麦的近缘植物、有高度耐盐性状的高冰菜和小麦作亲本，通过非对称融合技术杂交，获得的后代能够在含盐量 0.7%～1% 的盐土中生长。

普通小麦的遗传基础比其他作物狭窄，采用常规育种方法已很难突破，从小麦自身以外的近缘或远缘植物中引入外源有益基因是扩大遗传变异的一条主要途径。目前向小麦引入外源基因的方法主要是基因工程和染色体工程。在小麦远缘杂交育种研究中，应用染色体工程技术已在世界范围内育成小麦异源附加系、异源代换系及易位系400 个左右，有的已经在生产上发挥作用，例如小偃麦、小黑麦以及小麦与簇毛麦，小麦与天兰冰菜等杂交育成抗病高产新品种及抗病新种质，但是绝大多数未能有效得到利用。

夏光敏等（1999）从小麦与高冰菜的非对称体细胞杂种获高度不对称、外形完全像小麦的杂种及后代，现已培育至杂种第三代（F_3 代）。根据对第二代（F_2）的观察，它们可以分为几种不同性状的类型，共同或分别具有抗寒、耐盐（0.5%~0.7% NaCl）、蛋白质含量高（17.5%~20.2%）、秆茎粗硬、矮生型、多分蘖、千粒重高等优良性状（向凤宁等，1998；杨键等，1999），其中很多性状是高冰菜赋予的。这些类型已基本稳定，即将成为新种质或新品系。

综上，在人口迅速增长且农业用淡水越来越少的背景下，培育高耐盐性作物的需要日益迫切（Rozema 和 Flowers，2008）。因此，耐盐作物筛选和培育仍将是未来海水农业的主要课题。

2. 海水农作物栽培技术

在海水或盐碱条件下种植作物，除了植物的耐盐性以外，需要科学合理的栽培技术才能获得较高的产量和种植效益。在毕氏海蓬子栽培过程中遇到了很多难题，其中最大的问题是水管理。毕氏海蓬子根系分布在 0~7.5cm 土层中，对干旱特别敏感，整个生长期要求土壤保持湿润（Troyo-Dieguez 等，1994）。在沙土条件下，每天浇灌可获得最佳产量（Glenn 等，1991）。生长季节大水漫灌耗水量 10 倍于沙漠地区常规作物灌溉（Glenn 等，1985）。这种耗水量非常浪费，而且会带来排水问题以及肥料的浪费。人们对毕氏海蓬子海水灌溉技术做了长期大量研究（Glenn 等，1985；Glenn 等，1997），发现其生物量与水用量正相关，但种子产量在 180% 蒸发值时达到最高。另一个问题如何将海蓬子种植范围延伸到热带沙漠地区，因为那里海水农业的潜力更大。毕氏海蓬子的原产地在北美洲温带海岸，其花期受光周期调控（Ventura 等，2011）。通常，种子在早春萌发，6 月底开始开花，9—10 月种子成熟。夏季海蓬子在热带沙漠地区很难生长，这里温度可以达到 50℃。高温会降低花粉活力和增加灌溉需求。海蓬子开花对光周期也有严格的要求（Ventura 等，2011），使其在热带地区种植受到限制。人们通过大量种植试验发现，在炎热的非洲沙漠地区 11 月和 12 月播种种子产量最高。同时还发现海蓬子在热带地区生育期缩短，可以在 4 月收获，从而使其生长期避过炎热的夏季。此外，采收方式也对很多盐生植物种植具有影响。例如海蓬子在农场规模下（160hm²）人工收获得到 128g/m² 种子产量，相比之下，机器收割同一地块种子仅取得 60~80g/m² 产量，大约有一半的潜在种子产量因机器收割而丢失。

可见，在海水灌溉或盐碱条件下以研究作物的生长发育规律与环境条件的关系是一个全新的课题，它的研究和应用，对于提高海水农产品的数量和质量、降低生产成本、提高劳动效率和经济效益具有重要意义。

三、海水农业发展路径

作者通过梳理海水农业可能涉及的产业环节，对其发展路径给出了建议（图2）。与传统农业略有区别，海水农业生产对象主要包括植物及其共附生微生物，涵盖了农、林、牧、副等产业。

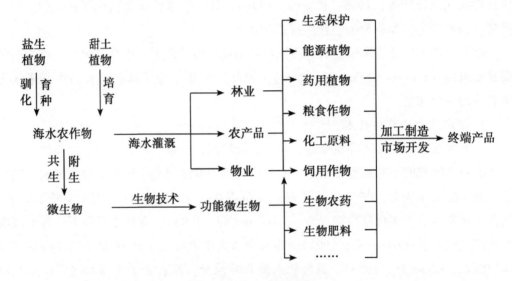

图2　海水农业发展路径

1. 资源是基础

盐生植物及其共附生微生物资源是发展海水农业的基础，对这些珍贵生物资源的收集、保护与开发有待进一步加强。

盐生植物是宝贵的种质资源，一般认为，驯化野生盐生植物并使之作物化是发展海水咸水农业的捷径。据估计世界上盐生植物种类2 000~3 000种，已经鉴定的为1 500种左右（Aornson，1989），包括草生植物、灌木和树木（如红树属植物），它们分布的范围广阔，从湿地、沿海滩涂、沼泽地带到干旱、内陆盐化沙漠。其中一部分可实现海水浇灌，而且曾被原住居民用作食品，如印第安人使用帕尔默盐草（*Distichilis palmer*）做面包和稀饭，珍珠粟也是非洲和印度部分地区的大众食品，还有许多可用作饲料、药材、纤维与化工原料及绿化与观赏的盐生植物。我国也有丰富的盐生植物资源，已发现的盐生植物有424种，隶属于66科200属，占世界盐生植物种类的1/4。其抗盐能力不等，长期处于自然生长状态。

盐生植物还是获得耐盐基因的良好材料。目前已经有大量的与盐生植物耐盐相关的基因被克隆。盐生植物的耐盐机制非常复杂，存在复杂的基因表达及调控网络等分子机理，而目前盐生植物耐盐基因的克隆研究尚处于初级阶段。在研究的盐生植物种类方面，主要集中在盐地碱蓬、盐芥等几个种类，在克隆的基因种类方面也非常有限。今后，一方面需要拓宽盐生植物的研究种类；另一方面要克隆前人没有研究过的新的耐盐基因，以进一步丰富耐盐机理。

尽管盐生植物在世界各地的人们的饮食中长期存在，但是探索其作为作物利用的可能始于 20 世纪后半叶（Rozema 等，2013）。20 世纪 60 年代以色列建立了第一个以开发利用盐生植物为目的的数据库（Aronson，1989），到目前为止，已经评估了许多盐生植物作为农作物的潜在用途。但是，人们对这些珍贵植物资源的重视还远远不够，随着工业化进程加快，很多盐生植物因生境遭到破坏濒临灭绝。

由于生境独特，盐生植物共附生微生物在长期的自然选择过程中形成了独特的生物合成途径，有非常大的潜力产生结构新颖、活性独特的次级代谢产物，是先导化合物的重要来源。如红树林来源的真菌超过 280 种，很多种类能够产生具有抗菌、杀虫和其他生物活性代谢物，其中很多产物被认为是这些真菌与红树植物共生作用的结果。

2. 理论是支撑

任何一种农业生产方式都需要相关理论来支撑其发展，作为新兴的海水农业更加需要建立一个完善的理论体系来指导其发展。目前，国内外对海水农业的基础研究大致分为两个方向：一是海水灌溉与土壤之间的水盐运动规律；二是作物耐盐机理，主要研究作物对盐分的抵抗、吸收及其在作物体内的转移和积累。这些都为海水农业的发展和应用奠定了坚实的基础。但是，由于没有完善的理论体系，海水和其他高盐水用于农作物生产仍遭到众多农业科学家的质疑。美国农业部盐土实验室 van Shilfgaarde 和 Rhoades（1984）表示："我们不希望将海水实际应用于农业，也不期望盐生植物高产"。著名盐生植物生态学家 Breckle（2009）认为："基于海水灌溉的大规模可持续农业似乎仍然是一个乌托邦的幻想。" 这些陈述很大程度上是基于盐生植物不如传统作物高产的假设。正如 Breckle 所说："盐生植物已经进化出了不同的适应机制……这些都是生存工具，而不是高生产力。" 但是，Breckle（2009）没有引用文献支持这个推断。Glenn 等（2013）通过综述大量田间试验反驳了上述假设，证明某些盐生植物在 2 倍海水盐度情况下仍可以保持高生物量和种子产量。van Schilfgaarde 和 Rhoades（1984）、Breckle（2009）也质疑咸水灌溉的可持续性。但是，田间试验已经表明范围广泛的土壤和盐碱水资源，可以安全地用于植物栽培。同时，传统作物的灌溉规律已经被修订，考虑到植物–土壤–水系统的高度自我调节功能（Shani 等，

2001；Dudley 等，2008；Letey 等，2011）。现在，人们已经认识到，应用咸水灌溉进行作物生产，不仅不会破坏土壤结构，而且还是一个处理盐碱废水的有效方法（Oster 等，2002）。

尽管海水农业在实践层面取得了较大进展，但在理论层面尚未取得突破，研究建立一个完善的理论体系将是未来海水农业一项长期、艰巨的任务。

3. 技术是保障

与在理论层面的落后相比，海水农业在耐盐品种选育、海水灌溉技术、功能产品开发等方面取得了较大进展。

虽然盐生植物种类繁多，即使少数耐盐性强、有一定经济价值盐生植物也存在诸多不利栽培的性状，因此品种选育技术对海水农业发展至关重要。自从联合国教科文组织于 20 世纪 50 年代提出耐盐植物开发研究的方向以来，国内外耐盐植物研究和海水农业研究主要集中在两个方面：一是对野生盐生植物进行筛选、驯化，培育获得有经济价值的栽培品种；二是通过生物技术提高普通农作物的耐盐性，培育耐盐作物。盐生作物开发利用的关键是他们是否适合进行遗传改良。Zerai 等（2010）对北美海蓬子进行了选择性育种，获得的品种比亲本具有更高的生物产量，种子重量提高25%，这些性状非常有利于提高田间产量。人们在非洲也培育出能提高种子产量、降低作物生长周期、提高收获指数的海蓬子，实现了在热带冷凉季节的生产。上述研究结果表明，利用常规育种技术，在较短的时间内是能显著提高盐生植物栽培性状的。运用生物技术培育耐盐作物新品种同样是发展海水农业的一项基础性的重要工作。耐盐植物育种的实践表明，采用常规杂交手段不太可能培育出耐海水浇灌的传统作物。美国科学院院士 Bernstein 早在 1958 年就曾指出，唯一的途径是利用野生近缘种质，通过杂交培育高耐盐的作物。但据报道，一些旨在提高作物耐盐性的远缘杂交的尝试，如番茄与小麦的远缘杂交都已获得成功，虽然培育的这些耐盐新种质尚未形成新的耐盐品系，也还未能达到海水浇灌的水平，但是远缘杂交对于培育耐海水作物品种而言，应该还是一个值得探索的方向。近年来植物数量性状作图（QTL Mapping）技术和分子标记辅助育种已开始用于改良番茄耐盐性的远缘杂交实践。这些新技术的运用将大大缩短远缘杂交育种周期，降低工作量，可以预期在不久的将来，传统作物的耐盐育种有可能获得新的进展（林栖凤等，2005）。

合理的海水灌溉技术对海水农业同样十分重要，海水灌溉对环境、土壤以及作物的影响一直都是海水灌溉农业研究的重点。选择适当的海水浓度以及合理的灌溉措施，不仅可以确保作物高产，改善作物品质，还能取得良好的生态效应。比如在适度盐胁迫环境下马铃薯的产量增加（Bustan 等，2004），草莓、番茄、西瓜等作物的果实品质提高（Keutgen 等，2008）。近些年，海水灌溉对环境的影响受到极大的关注，

Beltran（1999）分析了海水在区域尺度上可能带来的环境问题，提出了减少淋洗量、排水再利用、对海水淡化处理、维持区域 盐分平衡等措施。土壤、生态环境不受到破坏以及作物的安全是海水高效安全利用的一个基础和前提。最新的研究表明，植物-土壤-水系统具有高度的自我调节功能（Shani 等，2001；Dudley 等，2008；Letey 等，2011），合理应用海水或咸水灌溉作物，对土壤结构没有破坏作用。当然，不恰当的海水灌溉，会引起作物的减产甚至绝收，也会引起土壤积累盐分，甚至还会对地下水位和水质产生影响，从而造成生态灾难。

农产品的功能开发和加工技术是海水农业生产的关键环节，不仅可以满足市场的需求，还有助于提高产品附加值。在墨西哥，全球海水公司正在巴伊亚基诺和索诺拉的农场增加海蓬子的种植来生产生物柴油。$1hm^2$ 海蓬子植物可以产生 850～950 L 的生物柴油，不仅为海蓬子找到了市场，还大大增加了种植效益。再如很多盐生植物具有的不良营养特性可以通过加工技术来改变。海蓬子种子生产食用油剩余的皂甙成分（Glenn 等，1991）可以通过在家禽饲料中添加少量胆固醇来消除（Glenn 等，1991；Attia 等，1997）。种子还可以磨成粉作为鱼（Belal 等，1999）和反刍动物（Swingle 等，1996）的饲料。种子脱粒后剩余的秸秆中 NaCl 含量非常高（30%～40%），饲用价值较低，但能够替代 30% 干草用作羊（Swingle 等，1996）和骆驼（Al Owaimer，2000）的饲料。整体上目前海水农业多以粮食和饲料等初始产品的形式应用，功能性开发不足，加工技术落后，未能适应农产品深加工、多样化发展的趋势和特点。

4. 关键在市场

海水农业的成功发展，不仅取决于农作物对盐碱地耐受能力、产量与质量，更重要的是市场开发以及人们对价格的接受程度，同时还受生产成本以及政府政策导向的影响。在这方面，藜麦是较为成功的案例。藜麦原产于南美洲的安第斯山脉，虽然已经有 5 000 多年的栽植历史，但是它的许多价值是在最近几十年才得到人们进一步的认识和重视。藜麦的商业化栽植始于秘鲁、玻利维亚、厄瓜多尔等国家，1980 年美国植物学家将藜麦从南美引入科罗拉多州，并于 20 世纪 90 年代以后藜麦作为候选的特色农作物，2000 年后藜麦开始被营养学家们认可并推荐，被美国、加拿大和欧洲等引进和栽植。中国于 1987 年由西藏农牧学院和西藏农科院开始引种试验研究，并于 1992 年和 1993 年在西藏境内大范围小面积试种均获成功（王晨静等，2014）。由于出口市场紧俏且价格日益高涨，在其原产地玻利维亚种植面积日益扩大，成为当地的支柱产业（Jacobsen，2011；Jacobsen，2012）。类似地，在荷兰、比利时和葡萄牙将三角叶滨藜作为蔬菜食用（Leith 等，2000），海蓬子因其叶中富含 ω-3 多不饱和脂肪酸和 β-胡萝卜素在美欧农产品市场很受欢迎（Zerai 等，2010；Ventura 等，

2011)。

总的来说，海水农业市场开发还远远不够，但已展现了良好前景。毋庸置疑，海水农业从实验室和田间试验转向大规模商业生产的时刻已经到来。

参考文献

韩立民，张振.2014. 海水灌溉农业的属性特征及其发展 [J]. 海洋开发与管理，31 (9)：1-6.

林栖凤.2005. 海水灌溉农业和盐土农业研究概况和进展 [A]. 海南省人民政府、国家海洋局、中国地质调查局、中国高科技产业化研究会.2005 年全国海洋高新技术产业化论坛论文集 [C]. 海南省人民政府、国家海洋局、中国地质调查局、中国高科技产业化研究会，6.

刘友兆，付光辉.2004. 中国微咸水资源化若干问题研究 [J]. 地理与地理信息科学，20 (2)：57-60.

牛东玲，王启基.2002. 柴达木盆地弃耕地水盐动态分析 [J]. 草业学报，11 (4)：35-38.

王晨静，赵习武，陆国权，等.2014. 藜麦特性及开发利用研究进展 [J]. 浙江农林大学学报，31 (2)：296-301.

王刚.2015. 沿海滩涂功能区划：定位、标准与划分 [J]. 中国海洋大学学报 (社会科学版) (1)：17-22.

王全九，单鱼洋.2015. 微咸水灌溉与土壤水盐调控研究进展 [J]. 农业机械学报，46 (12)：117-126.

王霞，王金满.2003. 海水灌溉农业发展状况及其前景 [J]. 新疆农垦经济 (6)：48-51.

徐秉信，李如意，武东波，等.2013. 微咸水的利用现状和研究进展 [J]. 安徽农业科学 (36)：13914-13916.

徐质斌.2001. 国内外海水灌溉技术的进展及对产业发展的建议 [J]. 国际技术经济研究，4 (3)：19-24.

赵耕毛，刘兆普，陈铭达，等.2006. 海水养殖废水灌溉条件下 SPAC 系统中水盐肥通量研究 [J]. 土壤学报，43 (6)：961-965.

Abideen Z, Ansari R, Khan M A. 2011. Halophytes：potential source of ligno - cellulosic biomass for ethanol production. [J]. Biomass & Bioenergy, 35 (5)：1818-1822.

Abogadallah G M, Nada R M, Malinowski R, *et al.* 2011. Overexpression of HARDY, an AP2/ERFgene from Arabidopsis, improves drought and salt tolerance by reducing transpiration and sodium uptake in transgenic *Trifolium alexandrinum* L. [J]. Planta, 233 (6): 1265-1276.

Adolf V I, Jacobsen S E, Shabala S. 2013. Salt tolerance mechanisms in quinoa (*Chenopodium quinoa* Willd.) [J]. Environmental & Experimental Botany, 92 (92): 43-54.

Alowaimer A N. 2000. Effect of dietary halophyte *Salicornia bigelovii* torr on carcass characteristics, minerals, fatty acids and amino acids profile of camel meat [J]. Journal of Applied Animal Research, 18 (2): 185-192.

Aronson J A. 1989. HALOPH: a data base of salt tolerant plants of the world [J].

Aronson J. 1985. Economic halophytes—a global review [M] //Plants for Arid Lands. Springer Netherlands, 177-188.

Ashraf M, Ozturk M, Athar H R. 2009. Salinity and water stress: Improving crop efficiency [J].

Attia F M, Alsobayel A A, Kriadees M S, *et al.* 1997. Nutrient composition and feeding value of Salicornia bigelovii torr meal in broiler diets [J]. Animal Feed Science & Technology, 65 (1): 257-263.

Barrett-Lennard E G. 2002. Restoration of saline land through revegetation [J]. Agricultural Water Management, 53 (1): 213-226.

Belal I E H, AlDosari M. 1999. Replacement of fish meal with salicornia meal in feeds for Nile tilapia *Oreochromis niloticus* [J]. Journal of the World Aquaculture Society, 30 (2): 285-289.

Beltrán J M. 1999. Irrigation with saline water: benefits and environmental impact [J]. Agricultural Water Management, 40 (2-3): 183-194.

Blanco, Favarofolegatti F, Viníciusgheyi M, *et al.* 2008. Growth and yield of corn irrigated with saline water [J]. Scientia Agricola, 65 (6): 574-580.

Boyko H. 1968. Saline Irrigation for Agriculture and Forestry [C] //World Academy of Art & Science.

Boyko H. 1966. Basic Ecological Principles of Plant Growing by Irrigation with Highly Saline or Sea-Water [M] //Salinity and Aridity. Springer Netherlands: 131-200.

Boyko H. 1967. Salt-Water Agriculture [J]. Scientific American, 216 (3): 89-96.

Breckle S W. 2009. Is Sustainable Agriculture with Seawater Irrigation Realistic? [M] //Salinity and Water Stress. Springer Netherlands: 187-196.

Buhmann A, Papenbrock J. 2013. Biofiltering of aquaculture effluents by halophytic plants: Basic principles, current uses and future perspectives [J]. Environmental & Experimental Botany, 92 (92): 122-133.

Bustan A, Sagi M, Malach Y D, et al. 2004. Effects of saline irrigation water and heat waves on potato production in an arid environment [J]. Field Crops Research, 90 (2-3): 275-285.

Cambrollé J, Redondogómez S, Mateosnaranjo E, et al. 2008. Comparison of the role of two Spartina species in terms of phytostabilization and bioaccumulation of metals in the estuarine sediment [J]. Marine Pollution Bulletin, 56 (12): 2037-2042.

Cassaniti C, Romano D, Hop M E C M, et al. 2013. Growing floricultural crops with brackish water [J]. Environmental & Experimental Botany, 92 (92): 165-175.

Dr. Hugo, Boyko E. 1959. Seawater irrigation a new line of research on a bioclimatic plant-soil complex [J]. International Journal of Bioclimatology & Biometeorology, 3 (1): 63-63.

Dubois O, Dubois O. 2011. The state of the world's land and water resources for food and agriculture: managing systems at risk [M] //The state of the world's land and water resources for food and agriculture: . Earthscan, 418-419.

Dudley L M, Bengal A, Shani U. 2008. Influence of plant, soil, and water on the leaching fraction [J]. Journal of Environmental Quality, 39 (2): 713-724.

Eid M A, Eisa S S. 2010. The use of some halophytic plants to reduce Zn, Cu and Ni in soil [J]. Australian Journal of Basic & Applied Sciences, 4 (7): 1590-1596.

FAO, 2011. The State of the World's Land and Water Resources for Food and Agriculture (SOLAW) – Managing Systems at Risk. Food and Agriculture Organization of the United Nations, Romeand Earthscan, London.

Felger R S, Moser M B. 1976. Seri Indian food plants: Desert subsistence without agriculture [J]. Ecology of Food & Nutrition, 5 (1): 13-27.

Flowers T J, Colmer T D. 2008. Salinity tolerance in halophytes [M]. Blackwell Publishing Ltd.

Flowers T J, Galal H K, Bromham L. 2010. Evolution of halophytes: multiple origins of salt tolerance in land plants [J]. Functional Plant Biology, 37 (7): 604-612.

Glenn E P, Anday T, Chaturvedi R, et al. 2013. Three halophytes for saline-water agriculture: An oilseed, a forage and a grain crop [J]. Environmental & Experimental Botany, 92 (5): 110-121.

Glenn E P, Brown J J, Blumwald E. 1999. Salt Tolerance and Crop Potential of Halophytes [J]. Critical Reviews in Plant Sciences, 18 (2): 227-255.

Glenn E P, O'Leary J W, Watson M C, et al. 1991. *Salicornia bigelovii* Torr. : An Oilseed Halophyte for Seawater Irrigation [J]. Science, 251 (4997): 1065-1067.

Gregor H F. 1984. Water Scarcity: Impacts on Western Agriculture [J]. Economic Geography, 63 (2): 192-194.

Hamdy A. 1996. Saline irrigation: Assessment and management techniques [J]. Halophytes & Biosaline Agriculture.

He, Zhenxiang, Ruan, et al. 2003. Kosteletzkya virginica, a halophytic species with potential for agroecotechnology in Jiangsu Province, China [J]. Ecological Engineering, 21 (5): 271-276.

Hoffman G J, Shannon M C, Maas E V, et al. 1988. Rubber production of salt-stressed guayule at various plant populations [J]. Irrigation Science, 9 (3): 213-226.

Hollaender A, Aller J C, Epstein E, et al. 1979. The Biosaline Concept: An Approach to the Utilization of Underexploited Resources [M]. New York: Plenum Press.

Hollington P A, Hussain Z, Kahlown M A, et al. 2001. Success stories in saline agriculture in Pakistan: from research to produc-tion and development [J].

Houérou, H. N. le, Squires, V. R, Ayoub, A. T. 1994. Forage halophytes and salt-tolerant fodder crops in the Mediterranean Basin. [M] //Halophytes as a resource for livestock and for rehabilitation of degraded lands. Springer Netherlands: 123-137.

Jacobsen S E. 2012. What is Wrong With the Sustainability of Quinoa Production in Southern Bolivia-A Reply to Winkel [J]. Journal of Agronomy & Crop Science, 198 (4): 320-323.

Jacobsen S-. 2011. The Situation for Quinoa and Its Production in Southern Bolivia: From Economic Success to Environmental Disaster [J]. Journal of Agronomy & Crop Science, 197 (5): 390-399.

Jaradat A A. 2003. Halophytes for Sustainable Biosaline Farming Systems in the Middle East [J].

Kannan R, Ganesan M, Govindasamy C, et al. 1992. Tissue concentration of Heavy metals in seagrasses of the Palk Bay, Bay of Bengal [J]. International Journal of Ecology & Environmental Sciences, 18 (1): 29-34.

Keutgen A J, Pawelzik E. 2008. Quality and nutritional value of strawberry fruit under long term salt stress [J]. Food Chemistry, 107 (4): 1413–1420.

Khan M A, Ansari R, Gul B, et al. 2006. Crop diversification through halophyte production on salt – prone land resources. [J]. Nutrition and Natural Resources, 1 (1): 1–10.

Khan M A, Weber D J. 2006. Ecophysiology of High Salinity Tolerant Plants [M]. Springer Netherlands.

Letey J, Hoffman G J, Hopmans J W, et al. 2011. Evaluation of soil salinity leaching requirement guidelines [J]. Agricultural Water Management, 98 (4): 502–506.

Lewis M A, Devereux R. 2009. Nonnutrient anthropogenic chemicals in seagrass ecosystems: fate and effects [J]. Environmental Toxicology & Chemistry, 28 (3): 644–661.

Malcolm C V. 1969. Use of halophytes for forage production on saline wastelands [J]. Australian Inst Agr Sci J, 35 (1): 38.

Manousaki E, Kalogerakis N. 2011. Halophytes Present New Opportunities in Phytoremediation of Heavy Metals and Saline Soils [J]. Industrial & Engineering Chemistry Research, 50 (2): 656–660.

Marcone M F. 2003. *Batis maritima* (Saltwort/Beachwort): a nutritious, halophytic, seed bearings, perennial shrub for cultivation and recovery of otherwise unproductive agricultural land affected by salinity [J]. Food Research International, 36 (2): 123–130.

Masters D G, Benes S E, Norman H C. 2007. Biosaline agriculture for forage and livestock production [J]. Agriculture Ecosystems & Environment, 119 (3–4): 234–248.

Oblasser B. 1952. Yuman Indian Agriculture. Primitive Subsistence on the Lower Colorado and Gila Rivers, by Edward F. Castetter; Willis H. Bell [J]. American Anthropologist, 54 (1): 80.

Oster J D, Grattan S R. 2002. Drainage water reuse [J]. Irrigation & Drainage Systems, 16 (4): 297–310.

Pasternak D, Danon A, Aronson J A, et al. 1985. Developing the seawater agriculture concept [J]. Plant & Soil, 89 (1–3): 337–348.

Pearlstein S L, Felger R S, Glenn E P, et al. 2012. Nipa (*Distichlis palmeri*): A perennial grain crop for saltwater irrigation [J]. Journal of Arid Environments, 82

（246）：60-70.

Reddy M P, Shah M T, Patolia J S. 2008. *Salvadora persica*, a potential species for industrial oil production in semiarid saline and alkali soils ［J］. Industrial Crops & Products, 28 (3)：273-278.

Rozema J, Muscolo A, Flowers T. 2013. Sustainable cultivation and exploitation of halophyte crops in a salinising world ［J］. Environmental & Experimental Botany, 92 (92)：1-3.

Shaer H M E. 2010. Halophytes and salt-tolerant plants as potential forage for ruminants in the Near East region ［J］. Small Ruminant Research, 91 (1)：3-12.

Shani U, Dudley L M. 2001. Field Studies of Crop Response to Water and Salt Stress ［J］. Soil Science Society of America Journal, 65 (5)：1522-1528.

Sheoran A S. 2010. Role of Hyperaccumulators in Phytoextraction of Metals From Contaminated Mining Sites：A Review ［J］. Critical Reviews in Environmental Science & Technology, 41 (2)：168-214.

Swingle R S, Glenn E P, Squires V. 1996. Growth performance of lambs fed mixed diets containing halophyte ingredients ［J］. Animal Feed Science & Technology, 63 (1-4)：137-148.

Tester M, Langridge P. 2010. Breeding technologies to increase crop production in a changing world ［J］. Science, 327 (5967)：818-822.

Ventura Y, Wuddineh W A, Myrzabayeva M, *et al.* 2011. Effect of seawater concentration on the productivity and nutritional value of annual Salicornia, and perennial Sarcocornia, halophytes as leafy vegetable crops ［J］. Scientia Horticulturae, 128 (3)：189-196.

Vos A C D, Broekman R, Guerra C C D A, *et al.* 2013. Developing and testing new halophyte crops：A case study of salt tolerance of two species of the Brassicaceae, *Diplotaxis tenuifolia*, and *Cochlearia officinalis* ［J］. Environmental & Experimental Botany, 92 (92)：154-164.

Wang L, *et al.* 2012. Oil content and fatty acid composition of dimorphic seeds of desert halophyte *Suaeda aralocaspica* ［J］. African Journal of Agricultural Research, 7 (12)：13589-13597.

Weber D J, Ansari R, Gul B, *et al.* 2007. Potential of halophytes as source of edible oil ［J］. Journal of Arid Environments, 68 (2)：315-321.

Wuana R A, Okieimen F E. 2011. Heavy Metals in Contaminated Soils：A Review of

Sources, Chemistry, Risks and Best Available Strategies for Remediation [J]. Isrn Ecology (2090-4614): 1-20.

Zerai D B, Glenn E P, Chatervedi R. 2010. Potential for the improvement of Salicornia bigelovii through selective breeding [J]. Ecological Engineering, 36 (5): 730-739.

Zhu J K, Bressan R A, Hasegawa P M, et al. 2005. Salt and Crops: Salinity Tolerance [C] //Success Stories in Agriculture Council for Agricultural Science and Technology.

第二章　盐生植物的类型与资源利用

盐生植物是自然生长在盐渍化土壤中的植物，它与盐渍化土壤具有十分密切的联系。为了更好地了解植物对于盐胁迫的响应机制以及我国盐生植物的生长发育、分类、用途以及其与外界环境之间的相互关系，首先需要了解掌握与中国盐生植物相关的内容。

第一节　盐生植物与盐害

盐渍化土壤根据其特性可以被分为两类：一种是主要含有 NaCl 和 Na_2SO_4 以及一定量的 Cl^-、SO_4^{2-}、Ca^{2+}、Mg^{2+} 等中性盐的盐土；另一种则是以 Na_2CO_3 和 $NaHCO_3$ 等碱性盐为主要成分的碱土。盐渍化土壤是盐土和碱土以及其他不同程度盐化和碱化土壤的统称，亦可称为盐碱土。盐碱土中因其中含有 Na^+、K^+、Ca^{2+}、Mg^{2+} 等阳离子和 Cl^-、SO_4^{2-}、CO_3^{2-}、HCO_3^- 等阴离子，会对植物的生长发育造成影响。在形成盐渍化土壤的过程中，土壤盐渍化/盐碱化起着显著的作用。不同盐分对植物的伤害程度不同，在阳离子中，钠盐的毒害作用要大于钙盐，阴离子中 CO_3^{2-} 的毒性要大于 Cl^- 和 SO_4^{2-}。各种类型的盐渍土壤的共同特征是土壤中含有较高的盐碱成分，具有不良的理化性质，不同程度的抑制大多数植物的生长，甚至造成植物的死亡。当土壤表层或亚表层中水溶性盐含量超过 0.1% 或 0.2%（100g 风干土中含 0.1g 水溶性盐类，或在富含石膏的条件下含 0.2g 水溶性盐），或者土壤碱化层的碱化程度超过 5%，都属于盐渍土壤。土壤盐碱化已经成为全球范围内广泛关注的问题之一。我国的盐渍化土壤面积占全国耕地面积的 10%，对生态环境产生了严重的影响。因此掌握植物的耐盐机制，有效地开发利用盐渍化土壤，具有重要的研究和实际应用价值。

一、盐害的概念

土壤或水域中的盐分过多，生长在这种环境中的植物就会受到盐分胁迫的影响，植物就会发生胁变。如果盐分胁迫浓度较小，在去除盐胁迫后，这种胁变可以恢复，植物的生长发育不会受到较大的影响；如果盐浓度较高，则会导致植物发生严重的胁变，并且这种胁变不能恢复，这就是盐分胁迫对植物导致的盐害。在盐害条件下，植物的生长发育受到影响，产量下降，甚至死亡（Hasegawa 等，2000）。

盐害实际上是盐离子浓度过高导致的，但盐害与离子毒害不同。如果盐离子的浓度足以降低植物的水势达到 0.5～1bar 时，由此对植物产生的伤害作用称之为盐害；如果离子的浓度不足以降低植物的水势，但对植物同样可以造成伤害作用，则这种伤害被称为离子毒害。盐害大多是指 Na^+、Mg^{2+}、Ca^{2+}、Cl^- 等离子毒害，这些离子在高浓度条件下影响了植物对其他离子和营养元素的吸收，影响了植物正常的生理代谢，会对植物造成伤害。除高离子浓度产生的离子毒害外，盐害还会产生渗透胁迫。在正常条件下，植物根系细胞的水势低于细胞外水势，有利于植物从外界环境中吸水。但在盐胁迫条件下，由于周围环境中盐分的存在导致根部细胞相对于周围盐溶液的水势差减小，使得植物根系难以吸收周围环境中的水分。在高浓度盐胁迫条件还会造成植物细胞中的水分外渗，引起细胞内部严重缺水。

二、盐胁迫与盐生植物的抗盐性

（一）盐胁迫对植物造成的影响

盐胁迫是指盐分含量超过植物所需的浓度范围。盐分胁迫中的盐主要是指水溶性盐，土壤中水溶性盐的含量超过 0.1% 或 0.2%，属于盐渍土壤，会影响盐敏感的植物的正常生长，水溶性盐含量越高，影响越严重。水溶性盐的种类较多，在研究植物的耐盐机理中主要以中性盐 NaCl 为主，即高浓度 NaCl 对植物产生的影响。植物的耐盐性差别很大，根据其耐盐能力不同，可以分为非盐生植物（甜土植物）和盐生植物。

1. Na^+ 和 Cl^- 对植物的毒害作用

Na^+ 和 Cl^- 是植物生长发育中的必要营养物质，但植物对它们的需要量极少，当 Na^+ 和 Cl^- 浓度过高时就会产生毒害作用。Na^+ 和 Cl^- 大量进入非盐生植物体内后，会抑制植物细胞中多种酶的活性，影响植物的多种代谢功能，破坏了细胞中的离子平衡，干扰植物的正常代谢活动，从而影响植物正常的生长和发育。

2. NaCl 的渗透效应

土壤中水溶性盐浓度升高后，Na^+ 和 Cl^- 的浓度增加，植物体内细胞水势下降。在外界环境中的水势低于植物根系细胞水势时，植物细胞不但不能从外界土壤中吸收水分，反而会使根部细胞内的水分向外排出，导致细胞脱水，严重时在短期内会使得细胞脱水死亡，最后导致植株的死亡。

3. 盐胁迫对种子萌发的影响

种子能否在盐胁迫下萌发是植物在盐渍环境下生长的前提条件，因此在盐胁迫下植物种子的萌发具有重要意义。盐胁迫对植物种子的萌发主要有三个方面的效应，即增效效应、负效效应和完全抑制效应。低浓度盐胁迫对种子的萌发有一定的促进作用，但随着盐浓度的增加，种子的萌发率和发芽指数、活力指数都会降低，盐浓度过高会抑制植物种子的萌发。荆条、白蜡和沙枣的种子的萌发在 0.4% 以下的盐胁迫下被促进，随着盐浓度增加，种子的萌发受到影响（张洁明等，2006）。

4. 盐胁迫对植物生长发育的影响

植物根系是最早感受逆境胁迫信号的部位。盐胁迫条件下，植物根系感受到盐胁迫信号并产生相应的生理生化反应，最终影响了地上部位的生长。短期盐处理条件下，植物根系的吸收面积受到影响，细胞质膜的透性增加，细胞吸水能力减弱，随着胁迫时间延长，植物根系吸收能力持续下降，影响地上部位的蒸腾速率，使得蒸腾拉力降低，水分失衡加剧，盐胁迫对植物造成的伤害加重。高盐浓度处理条件下，囊果碱蓬等盐生植物的根系活力降低，根和茎的生长被抑制（Yi 等，2007）。盐胁迫会使得高羊茅的生长量下降，株高减少，并且随着盐浓度的提高，其生物量、干重和株高等指标下降幅度明显提高，地上部分受抑制的程度要高于根部（朱义等，2007）。高浓度的盐胁迫也会造成盐芥生物量的下降（刘爱荣等，2006）。

5. 盐胁迫对植物造成膜损伤

盐胁迫会引起植物脱水，使得植物的膜系统受到损伤。当植物受到盐胁迫时，细胞质膜会感应到外界环境的变化，其组成和机构发生明显变化，通透性发生改变，细胞质内的物质大量外渗，电导率增加。此外，盐胁迫还会影响细胞的膜脂和膜蛋白，使膜透性增大，膜脂过氧化，影响膜的正常生理功能（陈洁，林栖凤，2003）。

6. 盐胁迫对植物造成活性氧胁迫

植物在正常代谢条件下，在细胞中不会产生过量的活性氧，因为在产生活性氧的同时，植物细胞中的抗氧化酶类能够有效地将活性氧清除，处于动态平衡状态。当土壤中存在大量的盐分时，在盐分进入植物细胞后，会产生大量的活性氧并抑制氧化清除酶的活性，导致细胞中活性氧的大量积累，破坏了植物的生理代谢，抑制植物的生长，严重时导致植物的死亡（Hasegawa 等，2000）。

7. 盐胁迫使得植物光合作用下降

光合作用是植物生长发育的基础。盐胁迫会明显降低植物的光合作用。盐胁迫会使得 PEP 羧化酶和 RuBP 羧化酶活性降低，叶绿体趋于分解，叶绿素被破坏，叶绿素和类胡萝卜素的生物合成受阻。在盐胁迫下，植物为保持叶内相对较高的水势，会关闭气孔，严重阻碍了 CO_2 进入叶肉细胞内，使光合速率下降，从而降低了植物的光合作用。在盐胁迫初期，气孔因素是导致植物光合速率下降的主要原因，但在长期盐胁迫下，非气孔因素占主导（林莺等，2006）。海滨锦葵的光合速率在盐胁迫处理的初期下降，盐浓度越高，下降的趋势越明显，在下降到最低点后有一定程度的回升，而后随着盐处理时间的延长，光合速率又会持续下降（郭书奎等，2001）。盐胁迫处理条件下，叶绿体片层结构会逐渐解体，光化学速率明显下降，同化能力减弱。此外，细胞中 Na^+ 和 Cl^- 的积累会导致膜糖脂含量显著降低，使得垛叠状类囊体膜所占比例减少，破坏了植物叶绿体的结构，导致植物光合作用减弱。

8. 盐胁迫影响呼吸作用

盐处理条件下，植物光合作用不能得到足够的营养物质和能量，植物必须通过加强呼吸作用以维持植物正常的生理代谢过程，这一过程消耗大量有机物质，使得植物的营养物质处于负增长状态，最后抑制植物生长，甚至导致植物的死亡。植物积累或者拒绝盐离子，合成有机渗透物质来适应或抵抗盐胁迫的过程需要消耗大量的能量，因此在盐胁迫处理条件下，植物的呼吸强度先增加，随着盐处理时间的延长而减弱（刘国花，2006）。

9. 盐胁迫对植物结构的影响

根最外的木栓厚度会随着盐浓度的增加而增加，能够在植物体内建立某种屏障或者某种机制来阻止盐分进入植物体内。研究发现，碱茅根内皮层细胞中具有大量的线粒体，使得其具有极强的排盐和耐盐能力，从而保证根尖分生细胞正常的代谢（姜虎生等，2001）。有研究认为，星星草能在盐碱土壤上生存的主要原因是其根部薄壁细胞的变化，即皮层薄壁细胞破裂解体成为发达的通气组织，这种结构使得根在盐碱地中直接通过地上部器官从空气中获得氧气，弥补土壤板结缺氧的缺陷（陆静梅等，1994）。盐生植物的根具有较发达的中柱鞘，次生结构发达，周皮与次生韧皮部接壤处均具有明显的切向裂隙，次生木质部中也存在不规则的裂隙，共同组成了通气组织。盐生植物的根具有发达的通气通道或通气组织是其对盐渍环境的一种适应（苗莉云，2007）。

盐胁迫下星星草茎的角质层、表皮层及机械组织加厚，用以减少水分散失。星星草横切面上维管束的数目以及所有导管面积之和随着盐浓度的增加而明显增大，说明在高盐胁迫下茎的运输能力明显提高，既能减轻离子的毒害作用，还可以降低渗透势，有利于植物从土壤中吸收大量的水分。通过对星星草茎进行超微结构的研究发现，其叶绿体内存在个体较大的淀粉粒，类囊体形态基本正常，没有膨大现象。茎的角质层发达，皮层细胞特化为厚角组织，维管束散生在基本组织之中，说明盐分刺激了薄壁细胞的增大，形成了对盐渍环境的适应（陆静梅等，1994）。海马齿植物叶片表现出许多适应盐渍环境的特点，如含有大量的叶绿体；叶表皮气孔微下陷，叶表皮细胞外壁的角质层较薄，表皮细胞大小不等，参差不齐，有些表皮细胞特化为泡状细胞（李瑞梅等，2010）。盐生植物的叶片在生长过程中形成了其独特的结构特点：叶片相对较小或退化为鳞片状，角质层较厚或具有蜡质，气孔下陷，具有发达的栅栏组织，这些都是对盐渍环境的适应而形成的结构。

10. 盐胁迫对植物代谢的影响

对鹰嘴豆的研究发现，盐分可以影响固氮酶的活性，降低结瘤的生长，抑制了氮素的固定（Soussi 等，1999）。盐胁迫后氨基酸合成和氮同化的关键酶的活性被抑制（Parida 等，2004）。硝酸还原酶是植物氮代谢的关键酶，盐胁迫会降低植物叶片中硝酸还原酶的活性，进而导致其底物积累以及产物的降低，导致植物氮代谢紊乱，影响了植物的生长发育。

目前，关于盐胁迫对植物的影响已经有了广泛深入的研究，但植物的耐盐性是植物体内一系列调控因素共同作用的结果，各项生理生化指标需要结合植物自身结构特点综合评价。

（二）盐生植物的抗盐性

盐生植物的主要特点是具有较大的抗盐性。抗盐性是指植物对盐渍环境的适应性，植物能够在一定含盐量的土壤中正常生长，适应了具有一定盐浓度的环境，即植物表现出了对盐渍环境的抗性。这种适应性是在长期进化过程中形成的，是长期自然选择的结果。

1. 抗盐阈值

盐生植物的抗盐阈值，是指最适宜植物生长的土壤盐浓度，此时植物的生长量大于或等于无盐条件，是盐生植物生长的最适盐度。最适盐度通常是指土壤中 NaCl 的浓度，若土壤中所含盐种类不同，例如 Na_2SO_4、$MgSO_4$、$NaHCO_3$ 等，盐生植物的最适盐度也不一样。

非盐生植物的抗盐阈值，是指植物生长量相当于对照生长量或者接近于对照生长量（不低于 5%）时的土壤盐浓度。

2. 存活阈值

存活阈值是指植物生长在一定盐浓度的土壤中，植株死亡数超过 50% 时的土壤盐浓度。一般来说植物具有较大存活阈值的同时其抗盐性也较强。因生产中要考虑生物量等因素，所以存活阈值在生产中的参考价值不如抗盐阈值。

三、盐生植物的耐盐性和避盐性

盐生植物对盐分胁迫的抗性分为两种方式，即耐盐性和避盐性。

1. 避盐性

在盐渍环境中生长的部分植物，它们没有去除或减少外界环境中盐分胁迫的能力，但它们能够在植物体内建立某种屏障、机制或机构，部分阻止盐分进入到植物体内，或者能够在盐分进入植物体内后，再以某种方式将盐分排出体外，从而避免或减轻盐分的毒害作用，保证植物的正常的生长发育，这种抗盐性被称为避盐性。这种避盐性是在植物体内保留一部分缓冲盐分胁迫的机制，使其自身避免受到盐胁迫的伤害。

2. 耐盐性

在盐渍环境中生长的某些植物，它们无法阻止或排出盐分，盐分能够进入植物体内，但它们可以通过不同的生理途径"忍受"盐分对它们的作用而免受伤害，从而能够维持正常的生理活动，这种抗盐性被称为耐盐性。这种植物能够采取一定的措施抵消或者降低盐分的毒害作用，即阻止、减少或补偿盐分所导致的伤害。生长在盐渍环境中的能够避盐的植物，其体内的盐浓度较低，相反，耐盐的植物其体内的盐浓度较高。

3. 盐生植物和非盐生植物的区别

从表面上看，盐生植物和非盐生植物之间的区别是比较明显的，第一，盐生植物具有一定耐盐能力，可以自然生长在具有一定盐浓度的盐渍土壤上，并完成其整个生活史；而非盐生植物的耐盐能力较低，一般不能生长在盐渍土壤中。第二，盐生植物对盐胁迫有响应规律。在低盐浓度下盐生植物的生长被促进。盐生植物本身具有最适生长盐度，高于此盐度其生长受抑制。

4. 三种盐生植物类型

具有耐盐性的植物称为耐盐植物，具有避盐性的植物称为避盐植物，有的植物同时具有耐盐和避盐能力。自然界中的盐生植物可以根据其耐盐性和避盐性而分为三类：①耐盐而不避盐的盐生植物（不避盐的耐盐植物）；②耐盐又避盐的植物（耐盐的避盐植物）；③避盐而不耐盐的植物（不耐盐的避盐植物）。

第二节　盐生植物的类型

一、盐生植物的生理类型

根据植物耐盐能力的差异，可将植物大体分为盐生植物和非盐生植物。目前对于盐生植物的定义是由澳大利亚植物生理学家 Greenway 于 1980 年提出的，他认为盐生植物是指在渗透势为 -0.33MPa 以下的生境中能正常生长并完成其整个生活史的植物。

盐生植物分布极广，浅海水域、海滨、盐沼、盐湖滨、荒漠和草甸都生长着盐生植物。盐生植物长期生长在这些不同的环境中，形成了不同的盐生植物类型。关于盐生植物的类型的划分各不相同，其主要原因是划分类型的依据不同。

1990年，德国的植物学家Breckle以植物对盐的摄取和植物体内盐的浓度为指标将植物分为：①非盐生植物，这些植物的根细胞的细胞膜具有很高的选择性，因此可以拒绝大部分的NaCl；②假盐生植物，这类植物可以耐受较高的盐度，除了它们的根部细胞的细胞膜和其他组织具有较高的选择性外，还可以在根部和地上部分的下部积累NaCl，即目前通称的拒盐盐生植物；③真盐生植物，肉质的真盐生植物是指具有较高盐含量并能将其运输到地上部分的植物，它的叶和茎会变肉质化；④泌盐盐生植物，这类盐生植物是指具有利用其地上部分的特殊结构排盐的植物，这种排盐被称为分泌作用。

Breckle根据盐生植物的生理类型将盐生植物分为三大类：①真盐生植物（euhalophyte），其中包括两类：叶肉质化真盐生植物（leaf succulent euhalophyte）和茎肉质化真盐生植物（stem succulent euhalophyte），亦可称为稀盐盐生植物（salt–dilution halophyte）；②泌盐盐生植物（recretohalophyte），包括利用盐腺泌盐的盐生植物和利用囊泡泌盐的盐生植物；③假盐生植物（pseudohalophyte），即拒盐盐生植物。

1. 真盐生植物

真盐生植物即稀盐盐生植物，我国的真盐生植物常见的叶肉质化的种类有碱蓬属（*Suaeda*）植物，如盐地碱蓬（*S. salsa*）、碱蓬（*S. glauca*）、囊果碱蓬（*S. physophora*）、小叶碱蓬（*S. microphylla*）、南方碱蓬（*S. australis*）等；滨藜属植物（*Atriplex*）植物、如西伯利亚滨藜（*A. sibirica*）、白滨藜（*A. cana*）等；猪毛菜属（*Salsola*）植物，如猪毛菜（*S. scoparia*）、天山猪毛菜（*S. junatovii*）等。常见茎肉质化的盐生植物有盐穗木（*H. belongeriana*）；盐节木属（*Halocnemum*）植物、如盐节木（*H. strobilaceum*）；盐爪爪属（*Kalidium*）植物，如圆叶盐爪爪（*K. schrenkianum*）、尖叶盐爪爪（*K. cupidatum*）等；盐角草属（*Salicornia*）植物，如盐角草（*S. europea*）等。

2. 泌盐盐生植物

中国的泌盐盐生植物常见的种类有：白花丹科的补血草属（*Limonium*）植物，如二色补血草（*L. bicolor*）、中华补血草（*L. chinensis*）、金色补血草（*L. aureum*）等；柽柳科的柽柳属（*Tamarix*）植物，有柽柳（*T. chinensis*）、刚毛柽柳（*T. hispida*）等；禾本科的獐毛属（*Aeluropus*）植物，如獐毛（*A. sinensis*）；米草属（*Spartina*）植物，如大米草（*S. anglica*）等；红树植物中有马鞭草科的海榄雌属（*Avicennia*）植物，如海榄雌（*A. marina*）。

3. 假盐生植物（拒盐盐生植物）

假盐生植物（拒盐盐生植物）能够将从外界摄取的盐分贮存在植物的地下部分，从而减少植物地上部分的细胞中的盐含量，降低盐分对植物地上部分的伤害，从而保证植物的正常生长和发育。中国的拒盐盐生植物主要有芦苇（*Phragmites australis*）、蒿属植物（*Artemisia* spp.）、灯心草属（*Juncus* spp.）植物、豆科的羽扇豆属植物（*Lupinus* spp.）、鹰嘴豆属植物（*Cicer* spp.）、禾本科的高粱属植物（*Sorghum* spp.）、芸香科的柑橘属植物（*Citrus* spp.）等。

尽管盐生植物可以分为 3 种类型，但自然界中盐生植物对盐渍环境的适应方式并不是绝对单一的，往往兼而有之，也会出现一种植物同时具有真盐生植物和泌盐盐生植物特征的现象。在此种情况下，以其主要的适应方式来命名和划分类型。

二、盐生植物的生态类型

盐生植物依据其耐盐机理可以分为真盐生植物、泌盐盐生植物与拒盐盐生植物，这三类盐生植物在与环境的生态关系中往往存在交叉重叠。例如，泌盐盐生植物獐毛与拒盐盐生植物滨蒿生态幅度相近，常分布在同一生境中从而构成獐毛-滨蒿群落。在内陆盐生草甸地带，常见由拒盐盐生植物芨芨草（*Achnatherum splendens*）、泌盐盐生植物补血草、真盐盐生植物盐爪爪、碱蓬等构成的群落。各种耐盐机制的盐生植物的生态位的重叠，说明盐生植物对所处环境中各种生态因子的综合反应。在生态环境中，水盐关系是决定盐生植物生长发育及适应特征的主要因子，因此按照盐生植物所处生境中水盐因子的不同比例，从生态学上将盐生植物划分为湿生盐生植物、水生盐生植物、中生盐生植物与旱生盐生植物四种类型。

1. 湿生盐生植物

湿生盐生植物（hydrohalophyte）是指生长在盐沼泽地、海岸滩涂和湿地、沿海海滨地带及盐湖的湖边的盐生植物。例如红树林当中的一些植物，包括红树（*Lumnitzera litora*）、红榄李（*Lumnitzera littorea*）、盐角草（*Salicornia europaeo*）和水冬麦（*Triglochin palustre*）等。

2. 水生盐生植物

水生盐生植物主要包括沉水盐生植物和挺水盐生植物。

沉水盐生植物分布于海洋的浅水区域、海滨地带的咸水与半咸水区域以及内陆的咸水湖与盐湖。沉水盐生植物的根系主要起着固着作用，植株表面没有角质层或者角质层很薄，可以直接吸收水分和矿物质，机械组织不发达，但是具有通气组织。多数沉水盐生植物的体内不积累盐离子，以可溶性有机物作为渗透调节物质。沉水盐生植物多为单子叶植物，如大叶藻（*Zoster* spp.）、川曼菜（*Ruppia rostellata*）等。

挺水盐生植物主要分布于滨海滩涂、沼泽以及内陆盐湖、咸水湖的滨海地带。植物根系周围经常处于饱和状态，海滨地带则在涨潮时可能全株没入水中，植物耐盐机制有泌盐、稀盐和拒盐3种形式，耐盐幅度各异。由于生境中存在过多的水分，根系经常处于缺氧状态，因此植物的根系能够忍耐严重的缺氧或具有通气组织。植株的地上部分表现为中生盐生植物特征而很少具有旱生植物特征。挺水盐生植物主要包括米草、盐角草、水冬麦、芦苇等。

3. 中生盐生植物

中生盐生植物是指生活在土壤含水量中等但含盐量较高的环境中的盐生植物。中生盐生植物不能过度被水淹，也不能长期干旱，具有普通中生植物没的耐盐能力，可以在含盐量较高的土壤中正常生长并完成其整个生活史，包括碱蓬、獐毛、二色补血草、罗布麻等。在这类植物中，部分盐生植物必须借助盐离子进行必要的渗透调节，如碱蓬等真盐生植物，部分植物在非盐渍环境中生长得更好，但耐盐范围较宽，只是因为在非盐渍土壤中受到其他植物的竞争排斥才成为盐渍化环境的自然区系组成，如罗布麻等。

4. 旱生盐生植物

旱生盐生植物主要分布于我国内陆极端干旱的环境中，此种环境的土壤不仅具有很高的含盐量，而且水分极度匮乏。多数植物在以不同机制适应如此环境的同时，同样表现出了旱生或超旱生的结构特征，如叶片严重缩小或完全退化、气孔下陷、表皮角质层发达并覆盖蜡质、根系发达等。这类植物多为真盐生植物，其液泡中积累了大量的 Na^+ 和 Cl^-，细胞质中渗透势显著下降，细胞具有较强的吸水能力，能在极端干旱的环境中吸收其正常生理代谢所需要的水分，保证其在极端干旱环境下的正常生长发育，并不断扩大其种群。

第三节　盐生植物的耐盐机理

根据盐生植物的耐盐方式，可将其分为3个类型，即稀盐盐生植物、泌盐盐生植物和拒盐盐生植物。

一、稀盐盐生植物的耐盐性

（一）稀盐盐生植物耐盐机理

稀盐盐生植物主要包括碱蓬、海蓬子等。这类盐生植物在生长过程中，叶或茎肉质化，即薄壁细胞大量增加，通过吸收大量的水分将体内的盐分稀释。虽然这类植不断从外界吸收盐离子，但植物体内的盐度始终保持低水平。当然，单一采用稀盐方式还不足以将植物内的盐浓度降低到无害水平，稀盐盐生植物在肉质化的同时还对体内的盐离子进行区域化，使70%～80%的盐分储存在液泡中。

稀盐盐生植物是三大类盐生植物之一，早年曾称为积盐盐生植物和真盐盐生植物。由于这类植物在生长过程中从土壤中吸收大量盐分并贮存在植物体内，所以称它们为积盐植物。另外，除大量积盐外，在一定盐浓度下，它们的生长与外界盐浓度呈正相关，又称它们为真盐生植物，意思是它们的生长发育需要盐分，其耐盐性也比较大。

这类植物的主要特点是，植物体可以从外界吸收较多的盐分并贮存在植物体内，植物通过叶片或者茎的肉质化，将植物体内的盐分稀释到不致害水平；另外，通过离子区域化作用，将离子转运到液泡中，降低了盐离子对细胞器和重要酶类的毒害作用，同时可增大细胞溶质浓度、降低细胞水势，提高其抗渗透胁迫能力和细胞吸水能力。

(二) 中国的稀盐盐生植物

稀盐盐生植物绝大部分属于藜科，例如，碱蓬属（*Suaeda*）植物，盐地碱蓬、海滨碱蓬（*S. maritima*）等；盐角草属植物，欧洲盐角草、毕氏盐角草等；盐爪爪属（*Kalidium*）植物，圆叶盐爪爪（*K. schrenkianum*）等；盐节木属（*Halocnemum*）植物，盐节木（*H. strobilaceum*）等；盐穗木属（*Halostachys*）植物，盐穗木（*H. caspica*）等；猪毛菜属（*Salsola*）植物，苏打猪毛菜（*S. soda*）、柴达木猪毛菜（*S. zaidamica*）等；藜属（*Chenopodium*）植物，红叶藜（*C. glaucum*）等。

(三) 稀盐盐生植物的稀盐性

1. 稀盐性

在盐生植物中，稀盐盐生植物的耐盐能力较大，一般能够在200～400mmol/L NaCl的土壤中生存。这类植物在0～200mmol/L Nacl条件下，其生长逐渐升高，在200～500mmol/L NaCl范围内，其生长开始受到抑制，500mmol/L NaCl条件下，其生长大幅度下降。此外，此类植物的含盐量较高，可以达到植物干重的20%，部分植物体的含盐量可以达到自身干重的30%～40%，例如，盐地碱蓬、盐节木属植物、盐爪爪属植物等，可将其称为"高富集NaCl植物"。稀盐盐生植物可以稀盐，即植物能将进入植物体内的盐分进行稀释，降低盐的浓度，使其适应盐生植物的生理所需浓度，从而避免盐害；此外，此类盐生植物的细胞具有将离子区域化的功能，将盐离子集中到液泡中，可以保护细胞中的酶类免受盐害，同时降低细胞水势，可在盐渍土壤中吸收水分、维持植物生长发育的需要。

2. 稀盐机理

（1）茎肉质化作用

茎肉质化的稀盐植物，其叶片多半退化成鳞片状，新生枝条呈绿色且肉质化。典型肉质化的稀盐盐生植物有盐角草、盐节木和盐穗木等。肉质化盐生植物茎的横切面呈圆形，表皮由一层很薄的细胞构成，角质层也很薄，气孔数量少而下降，皮层明显分化为两部分，外部皮层发育成栅栏组织，由 2~3 层细胞组成，细胞内含有大量叶绿体，内部皮层发育成贮水组织，细胞呈球形或椭圆形。贮水组织细胞具有一个中央大液泡，内含黏质性细胞液，该细胞有一层细胞质附在细胞壁上，叶绿体分散于细胞质中。当水分丧失时，光合组织可以从贮水组织中获得水分，结果使薄壁贮水组织细胞萎缩，但在水分供应充足的情况下，它们能很快恢复到原来状态。在栅栏组织与贮水组织之间散生一些小型维管束，排成环形，属于三生构造。皮层是茎的主要部分，其半径占整个茎半径的60%以上，皮层内为维管柱，由 6 束外韧维管束和中央较小的髓构成。

随着植物的生长，老年茎肉质化表皮消失，这是皮层内部的木栓形成层活动形成的木栓层挤压皮层的结果。在老茎肉质化皮层的贮水组织细胞中积累了大量的盐分。皮层的消失及部分枝条的脱落使得植物能够排除体内过多的盐分，同时皮层的转换还意味着同化组织的转换，可以降低蒸腾表面，是植物适应干旱的有利机制。

茎肉质化的稀盐盐生植物根系多数不发达，表皮上有少量根毛。结构由表皮、下皮层、皮层和中柱鞘组成，皮层内有大量的细胞间隙，中柱二元型或三元型，次生生长不发达。

在显微结构上，这类植物的茎的薄壁细胞中均有盐囊泡的存在，从而降低盐分对细胞产生盐害。盐囊泡可以随盐溶液浓度的增加而逐渐增加，当增加到一定程度时还可用出芽的方式进行增殖。这些细胞的盐囊泡中贮存的大量盐分，只有当枝条枯死或整个植物死亡之后才能除去。同化细胞的细胞质十分黏稠，常常浓缩到轻微的质壁分离状态，从而使细胞保持较低的水势和较高的吸水能力。叶绿体的基质类囊体，甚至基粒类囊体有膨大现象，脂质球数目增多，体积增大，基粒排列出现不规则现象。

（2）叶肉质化作用

叶肉质化稀盐盐生植物包括碱蓬属植物，盐爪爪属植物，假木贼属植物，猪毛菜属植物等。它们的叶肉质化，无柄，呈圆柱状或半圆柱状。叶表皮排列紧密，气孔较少，表皮外被有一层角质层。对碱蓬属植物的研究表明，在高盐浓度下生长的植株比甜土下生长的植株的表皮细胞的角质层以及外侧细胞壁的厚度均有明显的增加，并且角质层表面的形态也出现差异。表皮内 2~3 层为排列紧密的栅栏组织细胞，内含丰富的叶绿体。栅栏组织内是大型的薄壁贮水组织细胞，整个皮层占叶半径的60%以上。贮水组织中排列维管束，维管束系统不发达，所占比例不及叶半径的25%，结构也比较简单，当叶片中积累较高的盐浓度后脱落，从而排出体内多余的盐分。肉质化的稀盐盐生植物叶细胞的结构与茎肉质化细胞的结构相似，都是通过增加肉质化来降低细胞中的盐分含量，从而避免盐离子毒害（綦翠华，2003；綦翠华等，2005）。

关于稀盐盐生植物肉质化的诱导因子说法不一，大多数研究者比较统一地认为NaCl是诱导这类植物肉质化的主要因素，至于其他因素目前很难确定，且具体的诱导机制也不清楚。

（四）稀盐盐生植物的离子区域化作用

1. 盐离子区域化的概念及生理意义

稀盐植物单独依靠叶片或茎肉质化来稀释植物体内的盐分是远远不够的，还需要盐离子区域化（离子区隔化作用）来使其更好地适应盐渍环境。在盐胁迫条件下，部分盐生植物尤其是稀盐盐生植物，为了能够在盐渍环境中生存，必须克服盐胁迫造成的渗透胁迫和离子胁迫。稀盐盐生植物可以通过渗透调节的方式，从外界吸收和积累大量的盐离子，响应水分胁迫。在细胞吸收和积累了大量的盐离子后，盐生植物可以通过细胞中的离子区隔化作用，减弱高离子浓度对细胞中各种酶类造成的毒害（Tester 和 Leigh，2001；Zhu，2002）。

稀盐盐生植物可以通过离子区隔化作用将离子从细胞质中运输到液泡中，从而避免盐离子对细胞质造成的伤害，同时促进了细胞与环境间的物质交换，这样既避免了离子的毒害作用，又增加了液泡浓度，降低了液泡水势，进一步减弱了盐胁迫导致的水分胁迫。

细胞离子的区域化作用是保持细胞质钾钠离子比最有效的途径之一，这样既可以保证细胞质中钠离子含量不会太高，又保证了钾离子含量保持在一定水平，有利于细胞代谢的正常进行。

2. 离子区域化作用机理

盐离子进入细胞后，在一系列酶系统、离子通道及离子载体的协同作用下完成从细胞质进入液泡的过程。

（1）液泡膜 H^+-ATPase

A. 液泡膜 H^+-ATPase（V-H^+-ATPase）的特性

V-H^+-ATPase 存在于各种植物的液泡膜及其他内膜系统（内质网、高尔基体、膜被小泡、原液泡），是一种重要的初级主动运输蛋白，由多亚基组成，分子量为600~750ku。植物的 V-H^+-ATPase 利用胞质中 r-磷酸键断裂释放的能量将质子运入液泡而形成跨膜质子梯度，该梯度可以作为离子和代谢物运输的驱动力。一方面，$V-H^+-ATPase$ 是一种重要的"管家酶"，能够维持细胞质离子平衡和细胞正常的新陈代谢；另一方面，在胁迫条件下，$V-H^+-ATPase$ 还可以作为"胁迫响应酶"在亚基表达和酶结构方面作适度变化。植物液泡膜上有丰富的 $V-H^+-ATPase$，占液泡膜蛋白的 $6.5\% \sim 35\%$。$V-H^+-ATPase$ 在钠离子区隔化中起到重要作用，在盐胁迫条件下其活性提高（Yang 等，2010；冯兰东等，2005；罗以筛，2012；赵雅丽等，2006）。

B. 液泡膜 $H^+-ATPase$（$V-H^+-ATPase$）的功能

质膜 $H^+-ATPase$ 在水解 ATP 前，ATP 在膜内侧与离子 M^+ 结合。在膜内结合时，由 ATP 水解提供能量，ATP 变成 ADP，$H^+-ATPase$ 通过构型变化在膜外侧将离子释放，$H^+-ATPase$ 构型复原，在膜内将无机磷 Pi 释放，如此反复进行，即可将膜内离子运输到细胞膜外。液泡膜 $V-H^+-ATPase$ 以同样原理将胞质中的离子跨膜运输到液泡中。通过 $H^+-ATPase$ 向质膜外或是液泡内跨膜运输的离子，皆为 H^+，因此 $H^+-ATPase$ 又被称为质子泵，该过程是一个耗能过程，被运输离子的运动方向是逆着离子的跨膜电化学势梯度进行的，是典型的主动运输过程。由于 $V-H^+-ATPase$ 不断将细胞质的 H^+ 泵到液泡内，使得液泡中的 pH 值与细胞质中的 pH 值相差约 2 个单位（罗以筛，2012）。

（2）液泡膜焦磷酸酶

液泡膜焦磷酸酶（$V-H^+-PPase$）存在于植物液泡膜上，是一种简单的质子泵，已经从多种陆生植物、海藻、光和细菌、原生生物和原始细菌等克隆得到。哺乳动物和酵母细胞中不存在 $V-H^+-PPase$。该酶由单一多肽组成，常以二聚体形式存在，单个亚基转运 H^+ 的效率低；从不同植物得到的 $V-H^+-PPase$ 多肽序列非常保守，有 $86\% \sim 91\%$ 的一致性，是高等植物最保守的多肽之一；能够分解生物合成过程的副产品焦磷酸，与 $V-H^+-ATPase$ 共存于植物液泡膜上。

细胞中核酸、蛋白质、淀粉的合成等过程会产生大量的焦磷酸 PPi。$V-H^+-PPase$ 催化分解 PPi，一方面解除 PPi 浓度过高对胞质大分子合成产生的影响；另一方面利用 PPi 中的高能磷酸键，催化 H^+ 由胞质向液泡运输，与 $V-H^+-ATPase$ 一起建立了跨液泡膜的 pH 值梯度和电化学势梯度，为与 pH 值梯度和电化学势梯度耦联的次级运输提供动力并保存 PPi 中的自由能。同时，该酶利用质子泵产生的质子电化学梯度，将 Pi 合成 PPi，充当合成酶。

$V-H^+-PPase$ 与 $V-H^+-ATPase$ 同时存在于植物的液泡膜上，$V-H^+-PPase$ 相对含量较 $V-H^+-ATPase$ 低，并且它的基因转录水平随着细胞成熟而下降，导致其蛋白量及活性明显下降。植物幼嫩组织的 $V-H^+-PPase$ 蛋白含量及活性较高，生物合成反应速度快，产生大量的 PPi。幼嫩组织中 V-H$^+$-PPase 与 V-H$^+$-ATPase 此消彼长。一般条件下，细胞中 ATP 含量随呼吸作用而变化，而 PPi 的含量在呼吸显著改变时仍能保持稳定，所以当植物处于有限的 ATP 供应条件下，V-H$^+$-PPase 在植物生长过程中起着关键作用（Amtmann 和 Sanders，1999；Ballesteros 等，1997）。

3. 液泡膜 Na$^+$/H$^+$ 反向运输

（1）液泡膜 Na$^+$/H$^+$ 反向转运体

液泡膜 Na$^+$/H$^+$ 反向转运体是一种液泡膜上的反向转运蛋白，它逆着 Na$^+$ 浓度梯度运输，将 Na$^+$ 区域化到液泡中，减少盐离子对细胞质中细胞器和酶活性的毒害作用，同时增加了液泡中溶质的浓度，降低水势，提高细胞的吸水能力，调节胞质 pH（Balnokin 等，2004；Qiu 等，2003）。

（2）液泡膜 Na$^+$/H$^+$ 反向转运体的功能

液泡膜上的液泡膜 Na$^+$/H$^+$ 反向转运是稀盐盐生植物细胞离子区域化的重要过程，主要由 Na$^+$/H$^+$ 反向转运体完成。Na$^+$/H$^+$ 反向转运体首先依赖液泡质子泵（V-H$^+$-ATPase）水解 ATP 产生的质子驱动力，通过 Na$^+$/H$^+$ 反向运输，将胞质 Na$^+$ 泵入液泡，而被液泡质子泵泵入液泡中的 H$^+$，同时被 Na$^+$/H$^+$ 反向转运体从液泡泵入细胞质当中。在 Na$^+$/H$^+$ 反向转运体反向运输作用下，胞质中的 Na$^+$ 大部分进入到液泡中，而液泡中的 H$^+$ 被泵入到细胞质中，从而减轻对细胞中的酶和膜系统的伤害，降低了液泡的水势，减弱了细胞的渗透胁迫。Na$^+$ 在根系、茎基部木质部薄壁细胞或叶鞘细胞的液泡中的积累也会有效降低 Na$^+$ 在地上部分的运输，使得叶片中的 K$^+$/Na$^+$ 提高。Na$^+$ 从细胞质进入液泡的过程，主要由液泡膜上的 V-H$^+$-ATPase、V-H$^+$-PPase 及 Na$^+$/H$^+$ 反向转运体协同完成，由 V-H$^+$-ATPase 和 V-H$^+$-PPase 提供能量，Na$^+$/H$^+$ 反向转运体运输完成（Kabala 和 Janicka-Russak，2012；Parks 等，2002）。

4. 离子通道

除 V-H$^+$-ATPase、V-H$^+$-PPase 及 Na$^+$/H$^+$ 反向转运体的主要作用外，离子通道和其他离子载体在细胞区隔化作用中也起到了一定的作用。离子通道是由多肽链中的若干疏水性区段在膜的蛋白质双层结构中形成的一种跨膜孔道结构。现在研究的比较深入的离子通道有 K$^+$ 通道、Cl$^-$ 通道、Ca^{2+} 通道等，至今未发现高等植物的 Na$^+$ 通道。

植物的钾离子通道具有离子通道的一般特性，对通过的离子种类具有一定的选择性。钾离子通道的选择性并不是绝对的，对 NH^{4+}、Li$^+$、Na$^+$ 也具有一定的通透性，只是在正常条件下对 K$^+$ 的通透性要高于其他近似的离子。因此许多研究认为，Na$^+$ 可以通过细胞的 K$^+$ 通道进入到液泡中，从而在稀盐盐生植物的离子区隔化作用中降低细胞中 Na$^+$ 的浓度（Muchate 等，2016）。

5. 胞饮作用

植物细胞可以通过胞饮作用吸收水分、矿物元素及其他物质。植物将物质吸附在质膜表面上，表层膜向内折，将吸附在膜表面的物质包起来，形成一个球形囊泡，而后向细胞内部转移，到达一定部位后，膜被消失或是在一处开口，将包裹的物质释放出来。胞饮作用是一种非选择性的吸收，它在吸收水分的同时，将水中的物质同时吸收进来，其中包括离子及一些大分子。囊泡转移物质的方式可以分为两种：①囊泡本身溶解消失，把转移的物质留在细胞的一定部位；②囊泡在转移到液泡膜后，囊泡膜与液泡膜融合，形成一个小口，从而将物质运输到液泡中。

（五）渗透调节在盐生植物抗盐中的作用

盐分的次生胁迫作用主要是渗透胁迫。渗透胁迫会引起植物细胞脱水。植物为了维持正常的生长代谢活动，必须采取某些措施以使得植物在渗透胁迫下不发生脱水现象，或者脱水后能在短时间内形成膨压，其中最有效的措施就是渗透调节。所谓渗透调节，是指植物在渗透胁迫条件下在细胞中积累无毒害作用且具有渗透活性的物质，从而使得细胞质浓度增加，渗透势降低，使得植物细胞在低渗透势的环境中吸收水分，维持植物的正常生长发育。植物的渗透调节方式主要有两种：一种是在细胞中吸收和积累无机盐；另一种是在细胞中合成有机溶质（Deinlein 等，2014）。

一些真盐生植物，如碱蓬、海蓬子等在盐胁迫条件下，主要依靠从外界环境中吸收和积累无机盐离子进行渗透调节，增加细胞质浓度，降低细胞渗透势，以避免细胞受到盐分的伤害。植物吸收和积累的无机盐离子的种类较多，随着植物的不同而不同，主要有 Na^+、K^+、Mg^{2+}、Cl^- 等。植物对无机离子的吸收大多是主动过程。盐离子进入到植物细胞后，主要贮存在植物液泡中。在盐渍环境中，盐生植物吸收和积累大量的无机盐离子，使得细胞中盐离子的浓度处于较高水平。一些盐生植物的酶蛋白具有独特的特性，在盐生植物中对盐离子不敏感，而且在高离子浓度条件下才具有活性。

植物除了在细胞中吸收和积累无机盐离子外，还能在细胞中积累一定数量的有机溶质作为渗透调节剂来参与渗透调节过程。盐生植物在盐胁迫下合成的有机溶质的种类和含量随着物种的不同而有差异，大体可以分成氨基酸类、有机酸类、可溶性碳水化合物类以及糖醇类（Deinlein 等，2014）。

1. 氨基酸类

在盐胁迫条件下，植物细胞中积累大量的脯氨酸。在盐渍环境条件下，植物细胞中吸收和积累大量的无机盐离子，其中大部分被区隔化在液泡中，在这种情况下，植物细胞中合成一定量的脯氨酸和其他可溶性有机物质，增大了细胞质浓度，以平衡液泡和细胞质之间的水势，有利于植物的吸水。此外，有研究认为脯氨酸具有很高的水溶性，具有亲水部分和疏水部分，对细胞中的蛋白质起到了一定的保护作用。

2. 甜菜碱

部分盐生植物依赖于甜菜碱适应盐渍环境条件。常见的甜菜碱有4种，即甜菜碱、甘氨酸甜菜碱、丙氨酸甜菜碱和脯氨酸甜菜碱。甜菜碱的作用与脯氨酸相似，主要是平衡细胞的渗透势，对细胞中的大分子物质起到了一定的保护作用（Guinn 等，2011）。

3. 可溶性碳水化合物

可溶性碳水化合物也是盐生植物在盐渍环境适应过程中的产物，由于其在细胞中的溶解度较大，因此，其含量的增加有利于提高细胞质浓度，降低细胞水势，提高植物的吸水能力。可溶性碳水化合物在平衡液泡水势中也起到了一定的作用，是植物抗盐生理中的重要渗透调节剂。一般情况下，双子叶稀盐盐生植物的渗透调节剂以无机盐离子为主，可溶性有机物为辅，而在单子叶植物当中，可溶性有机物，尤其是可溶性碳水化合物在渗透调节中的作用要大于无机盐离子。

可溶性糖主要来源于淀粉等碳水化合物的降解，包括蔗糖、葡萄糖、果糖和半乳糖等。可溶性糖作为植物的碳素营养物质，可以合成纤维素、转化并组成核酸、核苷酸和其他有机物质，其分解产物为氨基酸、有机酸等多种有机物合成的原料。在盐胁迫条件下，植物通过可溶性糖的积累，增加了细胞汁液浓度，降低细胞水势，增强吸水能力。同时，植物生长由于盐胁迫而受到抑制，糖利用减少，叶片中可溶性糖得到积累。

4. 有机酸

有机酸在盐生植物对盐渍环境的适应过程中也发挥着重要作用。在许多盐生植物中发现，参与平衡过多阳离子的有机酸主要是草酸，如滨藜在盐渍环境下可以大量合成草酸贮存于叶片当中。

二、泌盐盐生植物的泌盐机理

泌盐盐生植物的叶片或茎部的表皮细胞在发育过程中可分化为盐腺，通过这些盐腺将根系吸收到体内的盐分排到体外，从而使植物体内的盐分保持较低水平，免遭盐害。属于这类植物的有大米草、獐毛、补血草、滨藜等。盐腺的构造多样，例如滨藜的盐腺只有两个细胞，而补血草的盐腺则由16个细胞组成。盐腺的分泌作用是通过小液泡的外吐方式进行的。盐腺的分泌细胞有丰富的线粒体和内质网，丰富的内质网则为小液泡的新形成提供来源。

泌盐盐生植物在盐分进入植物体内后，采用器官肉质化和离子区域化的手段，将进入到体内的离子稀释到不能对植物体造成损伤的水平，或将盐分集中到不会造成伤害的部位。这类盐生植物的主要特点是，在它们的叶片或者茎上形成专门分泌盐分的盐腺或盐囊泡，将进入植物体内的盐分通过盐腺分泌到植物体外，从而降低盐分对植物造成的伤害。泌盐盐生植物种类繁多，全世界范围内有 370 余种泌盐盐生植物，分属 14 科 96 属（周三等，2001）。泌盐盐生植物主要分为两类：利用盐腺向外泌盐的泌盐盐生植物和向盐囊泡中泌盐的泌盐盐生植物。盐腺结构可以将泌盐盐生植物体内过多的盐离子直接排出到体外，尽可能的避免了盐分对植物造成的损伤，同时也有助于维持植物细胞内的离子平衡，从而使得植物能够进行正常的新陈代谢。具有盐囊泡的植物主要把盐离子区隔化到盐囊泡中，随着盐囊泡的破裂将过多的盐分排出到植物体外（Ben Hassine 等，2009）。中国的泌盐盐生植物有 90 余种，分属 12 科 27 属。

（一）泌盐盐生植物种类

具有盐腺的双子叶植物主要有：爵床科（Acanthaceae）、玄参科（Scrophulariacease）、马鞭草科（Avicenniaceae）、旋花科（Conovolvulaceae）、瓣鳞花科（Frankeniaceae）、柽柳科（Tamaricaceae）、白花丹科（Plumbagenaceae）、紫金牛科（Myrsinaceae）、报春花科（Primulaceae）、红树科（Rhizophoraceae）、海桑科（Sonneratiaceae）；以及单子叶植物：禾本科（Poaceae）（Flowers 等，2010）。不同科的泌盐盐生植物的盐腺结构差异较大，柽柳科植物的盐腺有 8 个细胞结构，红树科的盐腺以多细胞为主，禾本科植物的盐腺属于双细胞结构（Semenova 等，2010；Tan 等，2013）。

（二）盐腺的结构和功能研究

1. 盐腺的基本结构

根据组成细胞的数量不同，盐腺可以分为双细胞盐腺和多细胞盐腺。

双细胞盐腺主要存在于单子叶植物中，以禾本科植物为主，根据盐腺是否下陷于表皮和是否有分泌功能，双细胞盐腺可以分为三大类：①具有较强分泌功能并下陷于表皮，如大米草和盐草属植物的盐腺；②盐腺具有很弱的分泌功能并突出于植物表皮，如格兰马草属（Bouteloua）、黍属（Panicum）等；③盐腺的功能和生长形态介于以上两者之间，如弯穗草属（Dinebra）和龙爪茅属（Dactyloctenium）等（丁烽，2010）。

大部分双子叶泌盐盐生植物具有多细胞盐腺，尽管不同物种中多细胞盐腺的组成及结构不尽相同，但普遍具有外覆角质层、胞间连丝密集、线粒体发达、没有叶绿体和中央大液泡的发育、富含小囊泡的特征（Tan 等，2010；Tan 等，2013）。

与单子叶禾本科泌盐盐生植物的研究相比，目前对双子叶泌盐盐生植物的多细胞盐腺的研究较为广泛，主要以柽柳属和补血草属植物为代表。柽柳属的盐腺由 8 个细胞组成，内层有 2 个收集细胞，具有大液泡，外层有 6 个分泌细胞，分泌细胞与收集细胞之间具有密集的胞间连丝，细胞质较浓，分泌细胞中存在大量的线粒体和细胞壁的突起，并且存在较多的小囊泡，以上结果特性决定了柽柳属具有较强的分泌作用。

报春花科海乳草（*Glaux maritima*）的盐腺下陷于表皮细胞，被 6 个规则排列的表皮细胞包围。盐腺由一个收集细胞、一个柄细胞和 4~8 个分泌细胞形成。收集细胞在最基部，有 1 个中央液泡和薄层细胞质，细胞质中核和叶绿体。柄细胞的细胞质浓稠，细胞核大，具有核糖体。柄细胞的侧壁栓质化和角质化。盐腺的最外部分是 4~8 个分泌细胞，分泌细胞的基部都与柄细胞相连。收集细胞与叶肉细胞之间有少许的胞间连丝相连，在收集细胞与柄细胞之间以及柄细胞与分泌细胞之间存在大量的胞间连丝。

补血草属的盐腺细胞中存在着大量的小囊泡和胞间连丝。其盐腺具有典型的泌盐孔结构，并由 16 个细胞组成。二色补血草（*Limonium bicolor*）的盐腺细胞中富含小囊泡，有发达的线粒体，盐腺细胞之间以及盐腺和叶肉细胞之间分布有大量的胞间连丝，盐腺外分布有 4 个分泌孔，提供了盐离子外排的通道（Yuan 等，2015；冯中涛，2015）。

多细胞盐腺具有以下几个共同特点：①盐腺由数目不等的收集细胞、分泌细胞、基细胞或柄细胞等多数细胞共同组成；②盐腺几乎全部包被一层角质层，角质层通常沿着盐腺外表面从分泌细胞的胞壁分开，在分泌细胞和角质层之间形成一个大的收集室；③在分泌细胞和收集细胞之间，分泌细胞相互之间通过胞间连丝相互联系；④在多数植物盐腺分泌细胞的细胞壁出现许多胞壁突起，这种结构在柽柳属和补血草属中特别明显；⑤盐腺细胞的细胞质浓稠，细胞核大，含有许多线粒体。在分泌细胞中大都可以观察到液泡和质体。

2. 盐腺与离子分泌

盐腺的结构影响着植物对离子的分泌能力，一般认为多细胞盐腺比双细胞盐腺的分泌能力强，下陷于表皮的盐腺的分泌能力强于突出表皮的盐腺。多细胞盐腺外的角质层在紫外激发光下具有自发荧光的现象（Tan 等，2010；Yuan 等，2013）。角质层将盐腺细胞包裹成一个整体，使之相对独立于表皮和叶肉细胞，盐腺细胞通过胞间连丝与表皮细胞和叶肉细胞相互联系。目前推测盐腺外的角质层有利于将盐离子区隔化在盐腺细胞中，有利于泌盐盐生植物的泌盐作用。

3. 盐腺具有较强的分泌能力

盐处理盐草属植物盐草的离体叶片 20~24h 后，叶片表面出现大量的盐结晶（Semenova 等，2010）。对盖氏虎尾草（*Chloris gayana*）的盐腺进行扫描电镜观察发现，盐腺的分泌物主要集中在盐腺的泌盐孔处，利用 X 射线管谱分析分泌物显示，分泌物主要是 Na^+、K^+ 和 Cl^-，且随着盐浓度的升高，Na^+ 和 Cl^- 的分泌量也逐渐上升

（Oi 等，2013）。利用叶圆盘泌盐模型分析二色补血草盐腺的分泌速率和分泌的离子种类发现，盐腺分泌物中的离子组成随着外界施加的不同的阳离子和阴离子的不同而不同，而且外源施加的离子浓度越高，盐腺分泌物中对应的离子浓度也越高，分泌速率也会增加，因此推测盐腺分泌的离子种类和分泌速率与外界环境中的离子组成和浓度相关（杨剑超等，2012）。

影响盐腺分泌的因素主要有 6 个方面：①盐腺的分泌能力与物种相关；②植株的不同发育时期的叶片的分泌能力不同，叶片的上下表皮盐腺的泌盐能力也会存在差异；③不同植物的盐腺，其分泌的离子的种类也存在差异，优先分泌 Na^+ 和 Cl^-，也分泌 K^+、Ca^{2+}、Mg^{2+} 等常见的离子；④盐腺分泌的离子种类和分泌速率受到外界环境中离子种类和浓度的影响。一般情况下，盐腺分泌物中的离子浓度与根际离子浓度呈正相关，环境中的 Na^+ 浓度升高时，分泌物中的 Na^+ 浓度也会升高；⑤植物激素也会影响植物盐腺的分泌能力，如脱落酸、赤霉素和茉莉酸等；⑥其他环境因素。外界环境中的温度、光照和土壤含水量等对盐腺的分泌密切相关。

（三）盐腺的泌盐机制

1. 盐腺分泌可能与质外体途径和共质体途径相关

植物的离子运输途径分为质外体途径和共质体途径（王宝山，赵可夫，1997）。质外体途径不经过共质体的传输，可以直接在细胞间隙和细胞壁之间完成离子运输，速度较快；共质体途径则通过细胞之间的逐级传递来进行离子的转运，涉及跨膜转运蛋白和各种离子通道的参与。由于凯氏带的作用，由根毛吸收的离子只能通过共质体途径向地上部位运输。

组成盐腺的细胞间及盐腺和叶肉细胞之间的离子运输可能与以上两种途径都有关系。土壤中的 Na^+ 等离子在蒸腾拉力的作用下由根部吸收并向地上部位运输。由于盐腺复合体外有角质层，离子只能通过共质体途径进入到盐腺中。进入盐腺的离子存在两种运输方式，一种是通过共质体途径在组成盐腺的各细胞之间进行转运；另一种方式可能是通过盐腺基部没有角质层覆盖的渗透区进行质外体运输。离子进入盐腺后，从外杯状细胞到内杯状细胞再到分泌细胞，由分泌细胞将盐分分泌到分泌腔中，最后通过分泌孔将离子分泌到体外。

2. 盐腺分泌的 3 个经典假说及其验证

人们在对盐腺结构组成及超微结构认知的基础上展开了大量的生理和细胞学实验，探索盐腺的离子分泌机制，以及盐腺的离子分泌与结构上的关系。关于盐腺泌盐机制，由于离子进入盐腺是逆着电化学梯度进行，是一个主动的生理过程，所需要的能量均由代谢过程提供，目前有 3 个经典的假设：分泌作用的渗透机制假设、盐腺的分泌作用是胞饮的相反过程的假设以及盐腺的分泌作用类似动物液流运输系统假说，分别在盐草（*Distichlis spicata*）、无叶柽柳（*Tamarix aphylla*）和大米草（*Spatina folio-sa*）中得到了初步的验证。

盐腺分泌的渗透机制假设认为盐腺的分泌作用是一个物理过程，由于离子积累导致了渗透势的增加而形成周期性的微水滴。通过对盐草属双细胞盐腺的结构进行观察发现，盐腺中确实存在一个阀门结构（Semenova 等，2010），单子叶植物盐腺分泌与渗透压之间存在更直接的联系，从而验证了这一假说。因为盐腺的泌盐作用具有离子选择性和能量依赖性，所以盐腺的泌盐不是简单的物理过程。

盐腺的分泌作用是胞饮的相反过程的假设，认为盐溶液通过积累在小囊泡中从而将离子向细胞外排出，最终小囊泡膜与细胞膜融合，实现分泌过程。观察二色补血草的超微结构发现了大量小囊泡积累和正在与细胞膜融合的现象，证实了囊泡运输参与盐腺泌盐的过程（Yuan 等，2015）。利用囊泡化抑制剂布雷非德菌素 A 处理二色补血草的叶片，植物细胞中的小囊泡消失、高尔基体解体，使得二色补血草的叶片的泌盐现象消失。互花米草（*Spartina alterniflora*）盐腺经显微切割后通过转录组发现 *VAMP* 基因（vesicle-associated membrane protein）参与盐腺的泌盐过程，说明囊泡运输基因直接参与了盐腺的分泌过程（刘瑜，2011）。

（四）盐腺泌盐的分子作用机理

近年来利用分子生物学手段使得盐腺泌盐的研究有了新的进展，同时利用抑制剂实验和探针标记，在不同的物种中发掘到了参与盐腺泌盐的关键基因。通过转录组测序技术，从红砂和补血草属植物中获得了一系列可能参与到盐腺分泌的候选基因（Dang 等，2013；Yuan 等，2015）。

1. 植物细胞质膜 H^+-ATPase 参与盐腺泌盐

对海榄雌属植物 *Avicennia germinans* 的研究发现，H^+-ATPase 的抑制剂钒酸盐能够降低盐腺的分泌能力，利用 DIDS（4, 4'-二异硫氰酸基-2, 2'-二苯乙烯磺酸二钠）破坏质膜质子梯度，能够强烈抑制盐腺的泌盐活动（Balsamo 等，1995）。通过对海榄雌的盐腺进行分离和酸性探针定位，发现海榄雌盐腺外周的角质层呈酸性，分泌细胞的内部也呈现酸性，说明细胞内膜、盐腺内部细胞膜以及角质层偶联的生物膜系统在分泌过程中都表现为酸性，盐腺的分泌作用依赖于跨膜电动势（Tan 等，2010）。利用实时定量鉴定海榄雌盐腺细胞质膜 H^+-ATPase 基因的表达水平发现，NO 处理会增加海榄雌对 Na^+ 的分泌速率，H^+-ATPase 的表达被诱导，从基因水平上对 H^+-ATPase 参与盐腺的泌盐进行了验证（Chen 等，2010）。二色补血草中 H^+-ATPase 在盐腺中表达量最高，且表达量随着 NaCl 处理浓度的升高而上调（丁烽，2010）。

2. 各类 Na^+ 转运体参与盐腺的分泌过程

在模式植物拟南芥中，各类 Na^+ 转运体的研究较为深入，Na^+/H^+ 逆向转运蛋白已分离得到 8 个 NHX 家族成员，其中 NHX1 和 NHX7（SOS1）研究得最为深入（Li 等，2010）。*NHX*1 是将 Na$^+$ 区域化进入植物液泡的关键基因。在泌盐盐生植物二色补血草中，*NHX* 基因的通用抑制剂阿米咯利（amiloride）降低了盐腺泌盐速率（丁烽，2010）。对中华补血草（*Limonium sinense*）的 *LsNHX* 基因家族的研究表明，*NHX*1、*NHX*3 可能并不直接参与盐腺的泌盐过程，推测 *NHX*2 可能参与到补血草对 Na$^+$ 的囊泡化转运活动。外源添加 NO 可以提高海榄雌对于 Na$^+$ 的分泌速率，增强了 *SOS*1 以及 *NHX*1 基因的表达水平。目前对于泌盐盐生植物的研究都是采用植物叶片为研究对象，不能确定针对盐腺细胞的作用，因此对于 *SOS*1 和 *NHX*1 参与盐腺的泌盐过程也只是推测，有待于更多的细胞生物学和分子生物学研究证实。

有研究表明，泌盐盐生植物中可能存在着 Na$^+$/K$^+$-ATPase 并可能参与到植物盐腺的分泌过程。利用脊椎动物 Na$^+$/K$^+$-ATPase 的抑制剂乌本苷处理盖氏虎尾草、柽柳与二色补血草，发现盐腺对于 Na$^+$ 的分泌速度明显下降（Kobayashi 等，2007；Ma 等，2011）。利用非损伤微测技术发现，乌本苷处理二色补血草会导致其盐腺 Na$^+$ 向外净流降低，K$^+$ 向外净流升高，推测可能与 Na$^+$/K$^+$-ATPase 活性降低有关。

Na$^+$：K$^+$：Cl$^-$ 共转体基因首次在模式植物拟南芥中获得，类似于动物的 Na$^+$：K$^+$：Cl$^-$ 共转体（NKCC），在 Cl$^-$ 的长距离运输、维持植物体内的 Na$^+$/Cl$^-$ 平衡态、水分运输及植株发育过程中发挥着重要作用（Colmenero-Flores 等，2007）。以 NKCC 专一性抑制剂布美他尼处理二色补血草，其盐腺分泌 Na$^+$ 的速率明显受到抑制（杨剑超等，2012）。

在海榄雌中发现两类水孔蛋白基因可能参与到盐腺的分泌过程，水孔蛋白基因探针直接定位在分离的盐腺复合体上，推测水孔蛋白可能与盐腺的分泌作用相关（Tan 等，2013）。

盐腺的分泌作用在泌盐盐生植物的抗盐过程中发挥着重要作用，虽然已有大量的结构和生理生化实验分析验证了盐腺分泌可能的作用机制，但是还有待于进一步深入研究。

（五）其他的排盐方式

1. 淋溶

盐生植物地上部分细胞中的可溶性物质，可以通过蒸腾流将叶片细胞内和积累在叶片表面的盐分排掉，这些盐分也可以通过胞间连丝或者角质层的破裂排除淋溶掉，即假分泌作用。植物中的 Na$^+$、Cl$^-$ 很容易被雨水淋溶。滨藜属植物叶片的盐分大约有一半是通过雨水淋溶掉的。在热带红树林植物和其他海岸盐生植物中，淋溶是一种重要的脱盐方式。

2. 吐水

部分盐生植物具有泌水结构—排水孔，地上部分的盐分可以通过排水孔排掉。叶片的吐水现象普遍存在于植物中，特别是一些幼年植物的叶片。吐水溶液中有 Na^+、K^+、Cl^- 等，可以通过吐水作用降低植物组织中的盐分，有利于幼年盐生植物的脱盐。

3. 盐饱和器官的脱落

一些盐生植物利用落叶的方法来降低植物体内的盐分。有的盐生植物的叶片在生长到老年时，其叶片中的盐分已经达到饱和，此时这些老叶片就会脱落，从而降低植物本身的盐分。

4. 盐的再运输

部分盐生植物能够将体内积累的盐分通过韧皮部再运输到植物根部，并从根部运输到根外，从而降低植物体内的盐分。

三、拒盐盐生植物的拒盐机理

拒盐盐生植物是指一些植物采用不让环境中的盐离子进入细胞，以避免离子毒害作用，或者允许环境中的盐离子进入植物体内，其后将进入植物体的盐离子进行重新分配，使其贮存于植物细胞的安全部位，从而使植物体内的重要部位免收盐离子的毒害。拒盐植物有盐生植物和非盐生植物。例如，盐生植物中禾本科的小麦、大麦、灯芯草、莎草等，非盐生植物中豆科的大豆、羽扇豆等，芸香科的柑橘、柚子等。除拒盐植物有不同类型外，拒盐植物的拒盐机理也不完全一样，多半是植物地上部分拒盐，另外有的拒盐植物拒 Na^+，有的拒 Cl^-，有的植物既拒 Na^+ 又拒 Cl^-。拒盐植物的耐盐性一般小于稀盐盐生植物和泌盐盐生植物。耐盐的甜土植物中拒盐植物数量较多。

（一）中国的拒盐盐生植物

在盐生植物中，属于拒盐类型的盐生植物并不多且研究的也较少。然而，在较耐盐的非盐生植物当中，拒盐类型的植物较多，而且对其拒盐机理研究得也比较清楚。在拒盐的盐生植物中，属于盐生植物的有：禾本科的芦苇属植物、藜科的蒿属植物、灯芯草科的灯心草属植物。耐盐的非盐生植物中拒盐的种类很多，如豆科植物（大豆属、羽扇豆属、苜蓿属、车轴草属、鹰嘴豆属、菜豆属）、禾本科植物（玉蜀黍属、小麦属、高粱属）、芸香科植物（柑橘属、枳属）等。

（二）拒盐盐生植物的拒盐机理

能够阻止盐分进入体内从而避免盐分胁迫的植物称为拒盐盐生植物，这类植物的根细胞对盐分的通透性很小，能够保持对离子的选择透性，主要与其膜酯组成有关。

有的植物根系允许土壤中的盐分进入根部，但进入后大部分储存在外皮层和表皮细胞，不再向地上部分运输，从而使地上部保持较低的盐分水平。

目前关于植物的拒盐机制的研究主要集中在豆科植物当中。一些豆科植物的叶片既能拒 Na^+ 又能够拒 Cl^-，如大豆（*Glycine max*）、鹰嘴豆（*Cicer arietinum*）、狭叶羽扇豆（*Lupinus angustifolius*）和埃及车轴草（*Trigolium alexandrinum*）。但是，菜豆（*Phaseolus coccineus*）和苜蓿（*Medicagosativa*）只能拒 Na^+。

1. 传递细胞在拒盐中的作用

传递细胞在多种植物中存在，其中包含韧皮部传递细胞、木质部传递细胞等。传递细胞的细胞壁内壁上有许多突起，可以增大细胞质膜的表面积，从而有利于植物对有机物质的吸收和转运，与植物体内盐分的分配和盐分的再循环也有联系。研究发现，大豆根部的木质薄壁细胞可以从木质导管中吸收 Na^+。红花菜豆在盐渍环境下，其近根部位可以从蒸腾流中重新吸收 Na^+，而且该处的木质薄壁细胞可以分化成为传递细胞（Jacoby 等，1974）。

2. 脉内再循环在植物拒盐中的作用

通过对羽扇豆的研究发现，当其生长在盐渍环境下，可以从地上部分木质导管中重新吸收 Na^+，经过木质传递细胞传递到韧皮传递细胞，转运到韧皮部筛管中，下运到茎的下部和近根部，一部分的 Na^+ 会贮存在那里；另一部分从近根部或者根部再分泌到土壤中。因此提出了"脉内再循环"假说，即植物的地上部位木质传递细胞从木质导管中将 Na^+ 重新吸收，通过韧皮部传递细胞进入筛管中，向下运输到根部，其中一部分 Na^+ 被分泌到土壤中。

3. 液泡在植物拒盐中的作用

在植物地上部位拒 Na^+ 的过程中，Na^+ 被近根部位的木质传递细胞从木质导管中再吸收以后，一部分贮存在这些传递细胞和木质薄壁细胞中，而 Na^+ 在这些细胞的贮存部位主要是液泡。通过对两个大豆品种"Lee"和"Jackson"的研究发现，品种"Lee"的地上部位可以拒 Cl^-，而"Jackson"则与之相反。品种"Lee"在外界环境中 Cl^- 较多的条件下，初期将吸收的大量 Cl^- 向地上部位运输，而后能够把大量的 Cl^- 积累在根部皮层细胞的液泡中，从而有效得控制 Cl^- 向地上部位的运输，使得进入木质导管的 Cl^- 降低，维持地上部位较低的 Cl^- 水平，避免 Cl^- 造成的伤害。"Jackson"大豆的根部皮层细胞没有积累 Cl^- 的能力，因此在 Cl^- 进入到根部以后，大部分的 Cl^- 都被转运到导管中，向上运输到地上部位，导致地上部位 Cl^- 的大量积累。

四、盐生植物抗盐的分子作用机制

在长期的进化演变过程中，盐生植物形成了一系列的生理生化机制来保证其自身在高盐环境中的生存（Flowers 和 Colmer，2015）。盐生植物的耐高盐度相关的遗传、生理和生化属性是目前研究的热点。作物的生长状况及其产量是多年来衡量植物耐盐能力的有效标准，从植物的组织和细胞水平探讨植物耐盐机制很有必要，因此，需要从转录组学、蛋白质组学、代谢组学和离子组学等方面研究植物耐盐机理，为植物育种和基因改造提供重要理论基础。盐生植物是经过自然选择的具有较高耐盐水平的植物，是理想的研究植物耐盐机制的研究对象。

转录组学作为一种高通量的研究方法，可以从整体上分析植物在盐胁迫应答过程中 mRNA 的变化情况。通过对盐生植物转录组数据分析显示，参与离子转运、胁迫应答、转录调控及代谢等过程的相关基因的表达在盐胁迫下发生变化。蛋白质组学和代谢组学是后基因组时代重要的研究技术（Fernandez-Garcia 等，2011）。蛋白质组包括一个细胞乃至一个生物所表达的全部蛋白质，蛋白质组学分析是一种能够在细胞器、细胞、器官和组织水平上研究生物体蛋白组信息的有效工具（Zhang 等，2013）。蛋白质组学同样可以应用于比较对照及不同胁迫条件，如高盐胁迫下的蛋白质表达差异（Fernandez-Garcia 等，2011；Witzel 等，2009）。代谢组学是对生物体或细胞在一定生理时期的所有的低分子量代谢产物（研究对象大都是相对分子质量 1000 以内的小分子物质）进行的定性和定量分析（Brosche 等，2005）。在生物体受到来自外界环境的刺激时，通过鉴定生物体内的代谢产物，可以有效分析生物体的新陈代谢水平（Liu 等，2011）。蛋白质组学和代谢组学常被用来分析鉴定外界环境刺激引起的代谢途径、酶及胁迫相关蛋白的差异（Zhang 等，2012）。通过离子组学，可以研究植物体内的元素组成、分布和积累以及这些元素随植物生理状况、生物与非生物刺激、发育阶段、生存环境等因素的变化（Salt 等，2008）。蛋白质组学、代谢组学和离子组学之间可以相互补充验证。盐生植物为了在高盐环境下正常生存、完成整个生活史，其自身可能形成了一系列的适应调节机制。因此，通过研究盐生植物的耐盐机制，可以为提高植物的耐盐能力提供重要依据。

（一）盐生植物的基因组学研究

盐胁迫处理的紫羊茅的根中，液泡型 H^+-ATPase 基因表达量及 NHX 家族基因的表达水平受到盐的诱导（Diedhiou 等，2009），表明紫羊茅可能通过增强根中的离子区隔化来减少地上部位中 Na^+ 的含量，从而提高植物对于盐胁迫的耐受性。非特异性脂质转移蛋白（LTP）能够促进脂质的转移，在盐处理条件下，编码该蛋白的基因在刚毛柽柳中差异表达，可能参与了刚毛柽柳对于盐胁迫的响应过程（Gao 等，2008）。水通道蛋白能够介导水分的跨膜运输，盐胁迫处理条件下，水通道蛋白相关基因在獐毛、盐地碱蓬以及紫羊茅中均差异表达，表明水通道蛋白可能通过影响水分的跨膜运输参与到盐生植物对盐胁迫的应答（Zouari 等，2007）。

过氧化氢酶（CAT）是重要的 ROS 清除酶。碱性盐胁迫处理条件下，编码该酶的基因在星星草中上调表达（Wang 等，2007b；Wang 等，2007c）。编码金属硫蛋白（metallothionein，MT）与硫氧还蛋白（thioredoxin，TRX）能在非生物胁迫条件下清除活性氧。碱性盐处理条件下，刚毛柽柳中金属硫蛋白基因和硫氧还蛋白基因的表达水平上调。脱水素基因 LEA 编码的胚胎发育晚期丰富蛋白是一种渗透保护剂，能够保护细胞膜的完整性、维持细胞内的渗透平衡。在盐芥中该基因的表达受到胁迫的诱导（Wong 等，2006）。

植物在逆境条件下，植物体内的转录因子会与相应的顺式作用元件相互结合，启动相关基因的表达。在蒺藜苜蓿、红树以及星星草中，MYB、WRKY、AP2/EREBP、NAC、bZIP 等转录因子家族的基因在盐胁迫处理条件下差异表达（Gruber 等，2009；Miyama 和 Tada，2008；Wang 等，2007a）。大部分转录因子的表达模式在盐处理条件下表现出时间和空间上的差异，这与植物响应盐胁迫的高度复杂的调控网络是一致的。

1，5-二磷酸核酮糖羧化酶（Rubisico）催化了植物光合作用中 CO_2 的固定。刚毛柽柳中编码 Rubisico 小亚基的基因的表达在 $NaHCO_3$ 处理下变化明显，表明刚毛柽柳中 CO_2 的固定受到盐胁迫的影响。适度的盐胁迫可以提高滨海湿生盐土植物 *Atriplex portulacoides* 的羧化能力，因此推测，适度的盐胁迫可以促进盐生植物对 CO_2 的固定（Redondo-Gomez 等，2007）。

（二）盐生植物的蛋白质组学研究

蛋白质组学可以帮助人们了解生物体内的蛋白质及蛋白质的修饰。蛋白质组学能够对参与某一特定细胞响应途径的蛋白进行定量及定性分析（Perez-Clemente 等，2013），利用蛋白质组学可以从蛋白水平更全面地了解生物体的信息（Angel 等，2012）。盐胁迫蛋白质组学分析已经运用于多种盐生植物当中，如碱蓬（Askari 等，2006）、木榄（*Bruguiera gymnorrhiza*）（Tada 和 Kashimura，2009）、盐角草（Fan 等，2011；Wang 等，2009）、獐毛（Sobhanian 等，2010）、滨海卡克勒（*Cakile maritima*）（Debez 等，2012）、星星草（Yu 等，2011）、盐芥（Wang 等，2013），发现了一系列盐胁迫响应蛋白质，参与到光合作用、渗透调节、离子平衡、信号转导、ROS 清除等途径当中（Zhang 等，2012）。

1. 参与光合作用的蛋白质

离子胁迫、渗透胁迫、活性氧分子的产生会抑制植物的光合作用。光合作用调节是逆境胁迫下的重要调节途径（Gao 等，2008）。盐胁迫条件下，植物的气孔开度对盐胁迫敏感，导致植物气孔导读的下降。气孔的关闭导致植物叶片细胞中的二氧化碳含量降低，影响了植物的光合作用（Centritto 等，2003；Redondo-Gomez 等，2007）。

$NaHCO_3$ 胁迫作用下星星草中光合作用相关蛋白差异表达明显，表明光合作用可能参与到了盐生植物对盐胁迫的应答过程。有研究报道，在盐胁迫条件下，星星草的光合作用速率、气孔导度、细胞中的二氧化碳含量以及蒸腾速率随着盐浓度的提高而逐渐下降，但其水分的利用率则逐渐上升（Yu 等，2011）。唐古特白刺（*Tangut nitraria*）中也有同样的发现（Cheng 等，2015）。

2. 光系统相关的蛋白质

蛋白组数据分析显示，光系统相关的蛋白质在盐胁迫处理条件下的表达水平表现出差异。在木榄中的研究发现，光系统相关的 OEE1、OEE2、OEE3 蛋白在海水处理条件下表达量有明显的上调（Sugihara 等，2000）。在獐毛属植物中，OEE 及 PEP 的表达水平同样受到盐的诱导（Sobhanian 等，2010），与此相反，在星星草中，OEE1 的表达受到盐胁迫的抑制（Yu 等，2011）。CAB2 蛋白属于植物光系统 I 的捕光复合体，能够促进光的吸收和激发能的转运（Wan 和 Liu，2008），该蛋白在盐处理条件下，其表达水平在星星草（Yu 等，2011）、小立碗藓（Wang 等，2008）及唐古特白刺（Cheng 等，2015）中下降，而在獐毛属植物中得到积累（Sobhanian 等，2010）。植物光系统 II（PSII）相关的 D1 蛋白在星星草中被盐诱导（Yu 等，2011），但 D2 蛋白在獐毛中的表达被抑制（Sobhanian 等，2010）。在盐胁迫条件下，盐芥中的类囊体相关蛋白 TL18.3 的含量下降（Zhang 等，2012）。

短期盐胁迫会影响植物的气体交换和光合作用的电子传递。在亚致死的盐浓度处理下，拟南芥光系统（PSII）的电子传递被抑制，光系统 I（PSI）的电子流增加，而盐芥中的光系统 I 不受影响，光系统 II 的电子流有明显增加（Stepien 和 Johnson，2009）。高浓度的盐胁迫使得盐生植物 *Arthrocnemum macrostachyum* 的净光合速率提高，但对 PSII 没有影响（Redondo-Gomez 等，2010）。

3. 碳水化合物和能量代谢相关蛋白

植物在盐胁迫条件下为了维持正常的生长发育需要消耗大量的能量。这些能量主要由碳水化合物代谢提供，如糖酵解和三羧酸循环。2, 3-二磷酸甘油酸非依赖型磷酸甘油酸变位酶是糖酵解中的一种重要酶，催化 3-磷酸甘油酸转化为 2-磷酸甘油酸变位酶。秋茄中，磷酸甘油酸变位酶的表达受到 600mmol/L NaCl 的诱导（Wang 等，2014）。此外，糖酵解途径中的磷酸丙糖异构酶、甘油醛-3-磷酸脱氢酶、磷酸甘油酸激酶的表达在獐毛（Sobhanian 等，2010）、小立碗藓配子体（Wang 等，2008）中被盐诱导。小立碗藓中，一些 ATP 合成相关重要酶类的表达也受到盐的诱导（Wang 等，2008）。盐胁迫能够调控电子传输效率及跨膜质子电化学梯度，从而影响了 ATP 的合成和 NADPH 的形成。ATP 合成相关蛋白的上调表达暗示 ATP 合成及其在相容性物质合成中的应用调节可能参与植物对抗盐胁迫的过程。

盐生植物中糖酵解-三羧酸循环中的重要酶类被诱导表达，表明在盐胁迫条件下呼吸作用在盐生植物中得到增强。糖酵解和三羧酸循环活性的提高和ATP合成的增加表明植物在对抗盐胁迫时需要消耗较多的能量，盐生植物可能通过调节自身的能量代谢来响应环境中的盐胁迫。

4. 氧化清除相关蛋白

高盐胁迫会造成渗透胁迫、离子毒害，影响植物对营养元素的吸收，同时还会产生大量的活性氧（Asada，2006）。ROS的积累会打破细胞内的离子平衡，通过激活非选择性阳离子通道造成钾离子的外流，引起质膜的去极化（Demidchik等，2010）。胞质中钾离子浓度的降低会激活细胞的类胱天蛋白酶，最终导致细胞的程序性死亡（Shabala，2009）。活性氧会对蛋白质、脂和DNA造成氧化损伤，影响了细胞膜的完整性、酶活性，影响植物的光合系统（Yu等，2011）。当植物遭受盐胁迫时，ROS含量的增加会诱导氧化清除酶的活性（Abogadallah，2010；Jaspers和Kangasjarvi，2010）。为了避免ROS的过量积累，植物形成了抗氧化系统，分为酶促清除系统和非酶促清除系统。酶促清除系统主要是抗氧化酶类，包括超氧化物歧化酶（SOD）、过氧化氢酶（CAT）、抗坏血酸酶（DHAR）、谷胱甘肽还原酶（GST）等抗氧化酶类（Bose等，2014a）。超氧化物歧化酶在清除活性氧的过程中是第一个发挥作用的，它能将超氧阴离子自由基催化形成过氧化氢和分子氧。超氧化物歧化酶的活性的提高在油菜、盐角草和智利番茄抗盐中发挥了重要作用（Wang等，2009；Zhou等，2011）。研究发现，盐处理下秋茄和唐古特白刺中的SOD活性提高（Cheng等，2015；Wang等，2014），星星草中的SOD活性在50mmol/L NaCl处理条件下略有提高，但在150mmol/L NaCl处理条件下明显下降（Yu等，2011）。脱氢抗坏血酸还原酶（DHAR）在抗坏血酸的再生过程中起着重要作用，在谷胱甘肽的参与下将脱氢抗坏血酸还原为抗坏血酸，增加抗坏血酸在植物体内的积累，在植物抵抗氧化胁迫等非生物胁迫中起着重要作用。有研究发现，在盐胁迫条件下脱氢抗坏血酸在植物中得到积累。在盐胁迫条件下，植物中的氧化清除酶系统被诱导来清除体内积累的过量的活性氧，帮助植物抵御盐胁迫对植物造成的伤害（Abogadallah，2010；Jithesh等，2006）。此外，过氧化物酶（APX）、谷胱甘肽过氧化物酶（GPX）、谷胱甘肽转移酶（GST）的表达在星星草中受到盐的抑制（Yu等，2011），在唐古特白刺中则被诱导，过氧化氢酶也在白刺中被诱导表达（Cheng等，2015）。铁氧化还原蛋白-NADP$^+$氧化还原酶（FNR）是光合系统的重要酶类，可能参与到多种氧化还原反应中，在植物抵抗氧化胁迫中发挥作用（Krapp等，1997）。盐胁迫处理条件下，星星草叶片中的铁氧化还原蛋白-NADP$^+$氧化还原酶的表达量提高，促进了氧化还原反应，但不能促进光合作用（Yu等，2011）。唐古特白刺中该酶的活性也是提高的（Cheng等，2015）。

5. 分子伴侣蛋白

盐胁迫会引起蛋白的错误折叠和去折叠从而对植物细胞造成伤害。植物细胞为了避免这种伤害，利用分了伴侣如热激蛋白（HSP），介导蛋白质的正确折叠与装配，转变为成熟态或自然态（Pang 等，2010；Sun 等，2001）。HSP70 是分子伴侣复合物的重要组成成分，分布于不同的细胞结构中并发挥着多种功能，如蛋白折叠、装配、转运、跨膜运输、蛋白质降解调控和蛋白质不可逆聚合调控等。HSP70 以 ATP 依赖的方式在肽链折叠所需的所有片段集齐前维持新合成多肽的稳定性，再通过有控制地释放帮助其折叠。在唐古特白刺（Cheng 等，2015）、獐毛（Sobhanian 等，2010）以及小立碗藓（Wang 等，2008）中，HSP70 均参与到了盐胁迫的响应过程。

6. 信号转导相关蛋白

14-3-3 蛋白家族是由多个高度保守且各具特异性的成员构成的具有复杂功能的调节性蛋白家族，参与到多种植物响应胁迫途径当中。14-3-3 蛋白参与了多种细胞生理过程，如信号转导、酶活性调节、离子通道蛋白活性调节、植物的胁迫响应及对病原体的抗性。14-3-3 蛋白是 H^+-ATPase 的主要调节因子，能够提高细胞的 H^+-ATPase 活性来调节离子转运和胞质 pH（Finnie 等，1999）。在高等植物中，14-3-3 蛋白可以通过与蛋白激酶和磷酸酶的相互作用来调节酶的活性，从而推测其参与到植物响应盐胁迫的信号转导途径当中（He 等，2017；Tan 等，2016；Xu 和 Shi，2006；Zhou 等，2014）。在小立碗藓和白刺中，14-3-3 蛋白的表达均受到盐的调控（Cheng 等，2015；Wang 等，2008）。钙网织蛋白（Calreticulins，CRT）是一类内质网上的钙离子结合蛋白，在植物生物和非生物胁迫中均有响应（Jia 等，2008；Komatsu 等，2007）。在白刺和小立碗藓中 *CRT* 基因上调表达，可能参与到了盐生植物响应盐胁迫的途径当中（Cheng 等，2015；Wang 等，2008）。

（三）盐胁迫下盐生植物的代谢变化

代谢组学（Metabolomics）是一门旨在对生物体、组织或细胞特定时期下的全部小分子代谢产物进行定性和定量分析的新学科。代谢组学在高通量检测技术平台不断发展的基础上，以生物体内小分子代谢物分析与数据统计分析为基础，通过生物体内代谢物的种类、数量及其代谢途径的变化来研究生物体的代谢过程。继基因组学、转录组学以及蛋白组学之后，代谢组学应运而生，其可以弥补基因组学和蛋白质组学在生命科学研究中的不足，是系统生物学的重要环节（Liu 等，2011）。

盐胁迫会严重影响植物细胞内的渗透平衡，在生理和分子水平上对细胞成分造成伤害（Vinocur 和 Altman，2005）。植物为了抵御盐胁迫的伤害，会通过调节体内各种代谢产物的含量来保护自己免受盐害。在盐生植物响应盐胁迫的过程中，鉴定出了较多种类的代谢产物，包括单糖、寡糖和多糖，如葡萄糖、果糖、蔗糖、海藻糖及果聚糖；氨基酸，如脯氨酸、哌啶酸；甲基脯氨酸相关化合物，如甲基脯氨酸、脯氨酸甜菜碱和羟脯氨酸甜菜碱；糖醇（多元醇），如山梨糖醇、甘露糖醇、甘油、肌醇和甲基化肌醇；其他甜菜碱，如 GB、β-丙氨酸甜菜碱、硫酸胆碱；有机硫化合物，如二甲基磺基丙酸酯（DMSP）等（Hanson 等，1995）。

代谢组学分析表明，在植物响应盐胁迫的过程中氨基酸生物的合成增加（Gagneul 等，2007a）。在植物响应盐胁迫过程中，氨基酸在渗透调节中起着主要作用（Slama 等，2015）。此外，它们能够保护大分子的亚细胞结构并减轻由于盐胁迫而产生的自由基引起的氧化损伤（Hasegawa 等，2000b）。植物细胞中氨基酸和有机酸的积累与通过清除自由基增强对盐胁迫的耐受性相关（Flowers 和 Colmer，2015）。

1. 氨基酸和有机酸的代谢

研究表明，高盐胁迫下盐生植物体内的氨基酸、脯氨酸、酪氨酸、丙氨酸、半胱氨酸、精氨酸、甘氨酸，酰胺类物质如谷氨酰胺和天冬酰胺，以及非蛋白质氨基酸，如 γ-氨基丁酸、哌啶酸、瓜氨酸和鸟氨酸会得到积累（Mansour，2000）。

盐胁迫下植物为维持较高的细胞质渗透压，常积累多种无机盐离子以及小分子有机物，如脯氨酸、甜菜碱等。有机渗透调节物质分子质量小，易溶于水，不易透过细胞膜，引起膜结构变化作用小等特征。高浓度的可溶性物质一方面可以平衡细胞外的盐离子，同时还可以抵消液泡中高浓度的 Na^+ 和 Cl^-。

脯氨酸是一种可溶性有机物，可以调节细胞质中的渗透势，在细胞抵御胁迫中发挥着重要作用。脯氨酸是渗透胁迫下保护亚细胞结构和生物大分子的渗透调节物质，可以降低 Na^+ 对各种酶活性的抑制作用，防止酶的解离（Hasegawa 等，2000b）。高等植物在高盐、干旱、重金属以及生物胁迫等胁迫条件下会积累脯氨酸。两种重要的酶如吡咯啉-5-羧酸合成酶（P5CS）和吡咯啉-5-羧酸还原酶（P5CR）参与了脯氨酸的合成。在受到渗透胁迫的细胞中，谷氨酸是重要的前体物质。不同环境胁迫条件下细胞中积累脯氨酸的速率不同，在 200mmol/L NaCl 处理条件下，盐草细胞中脯氨酸的含量能够达到 230mmol/L。对耐盐滨藜施加外源脯氨酸可以提高滨藜的耐渗透胁迫的能力（Ben Hassine 等，2008）。有研究报道，盐生植物中可以产生脯氨酸的类似物，例如红茶树中脯氨酸类似物 4-羟基-N-甲基脯氨酸（MHP）得到积累（Naidu，2003）。这种脯氨酸类似物可以提高植物对盐胁迫的耐受能力（Aslam 等，2011）。脯氨酸还参与维持正常代谢所需的 $NADP^+$/NADPH 比值（Hare 等，1998）。高浓度的 $NADP^+$ 是 NADPH 再生和嘌呤合成所必需的（Slama 等，2015）。在盐地碱蓬中，与其他氨基酸如甘氨酸、谷氨酸、缬氨酸、亮氨酸和异亮氨酸相比，酪氨酸含量丰富（Liu 等，2011）。酪氨酸残基在叶绿体光合系统（PSII）中发挥着重要作用，在氧化态叶绿素的还原过程中作为电子供体（Wang 等，2013）。莲花中脯氨酸、丝氨酸、苏氨酸、甘氨酸和苯丙氨酸含量的增加可以提高植物对盐胁迫的耐受能力（Sanchez 等，2011）。在盐胁迫下，盐生植物枸杞中的有机酸含量会降低（Gagneul 等，2007b）。盐芥中柠檬酸、苹果酸及琥珀酸的含量适中高于拟南芥（Sanchez 等，2008）。

2. 季铵化合物

有机酸含量在植物中随着环境的变化而产生差异，盐胁迫条件下植物中的季铵化合物的含量也会发生变化。这些化合物包括甘氨酸甜菜碱、β-丙氨酸甜菜碱、脯氨酸甜菜碱、硫酸胆碱和羟脯氨酸甜菜碱等（Chen 和 Murata，2008；Hanson 等，1995；Mansour，2000）。甘氨酸甜菜碱是植物中重要的渗透调节物质。耐盐滨藜在高盐胁迫下积累更多的甘氨酸甜菜碱，耐旱滨藜则在失水胁迫下积累更多的脯氨酸，当向耐旱滨藜施加外源甘氨酸甜菜碱，耐旱滨藜的耐盐性得到提高（Ben Hassine 等，2008）。甘氨酸甜菜碱可能在海滨碱蓬的耐盐性中起着重要作用（Sahu 和 Shaw，2009）。在白花丹科中有其他 4 种季铵化合物（胆碱-O-硫酸、β-丙氨酸、脯氨酸和羟脯氨酸）已经发展为补充或代替甘氨酸甜菜碱的化合物。

3. 多胺

多胺是一类含有两个或多个氨基的化合物，其合成的原料为鸟氨酸。多胺受到多种因素，如缺钾、渗透胁迫、低 pH、营养缺乏及光强等因素的影响（Sairam 和 Tyagi，2004）。多胺参与到植物的生长发育、信号转导、胁迫响应等过程。研究表明，在各种逆境胁迫下，植物体内的多胺水平及其合成酶的活力会大大提高，以提高植物的抗逆能力（Kuznetsov 等，2002；Takahashi 和 Kakehi，2010）。植物在胁迫条件下多合成腐胺、亚精胺和精胺（Mansour，2000）。多胺在维持植物体 ROS 平衡中发挥着重要作用，以两种方式调节 ROS 稳态。首先，多胺的合成与积累能够有效清除自由基，激活抗氧化酶类，从而降低 ROS 的含量，结合态多胺的抗氧化调节能力要高于游离态多胺（Kuznetsov 等，2002）。

4. 糖代谢

在逆境胁迫条件下，植物体内的糖代谢均受到影响。高等植物有两类不同的甘油醛-3-磷酸脱氢酶（glyceraldehyde-3-phosphate dehydrogenase，GAPDH），一类位于叶绿体中参与卡尔文循环；另一类位于细胞质中参与糖酵解过程。相比于对照条件，盐胁迫下星星草叶片中的 GAPDH 基因在转录水平上发生变化（张国栋，2006）。

5. 植物激素

植物激素是植物体内合成的微量有机物质，在植物生长发育的各个阶段以及生物和非生物胁迫响应中均发挥着重要作用。有研究报道表明，在盐生植物遭受高浓度的盐胁迫时，其体内的茉莉酸、赤霉素、乙烯以及脱落酸的含量会发生变化，植物激素合成相关酶活性，如丙二烯氧化物环化酶、脂加氧酶、赤霉素合成酶、脱落酸合成酶等也会产生变化。脱落酸是一类重要的植物激素，被认为是胁迫激素。植物遭受盐胁迫等非生物胁迫后，内源脱落酸的含量增加，能够诱导多种逆境胁迫相关基因的表达、刺激气孔关闭、积累渗透调节物质，从而增强植物的抗性（Zhang 等，2006）。在盐芥中研究发现，盐胁迫通过诱导脱落酸合成酶基因的表达最终提高了脱落酸在植物中的含量，脱落酸响应途径中的相关基因的表达也会发生改变（Taji 等，2004）。

（四）盐生植物中的离子组学研究

矿质元素是植物的重要组成成分，参与植物的各项生命活动，在维持植物细胞渗透平衡过程中发挥着重要作用。离子组学主要研究植物细胞或组织的无机组成成分（Lahner 等，2003）。离子组学研究主要通过高通量元素分析结合功能基因组学以及生物信息学等分析植物体内元素的含量、分布以及代谢等随环境、不同发育时期以及外界刺激等的变化机制（Singh 等，2013）。植物体内的矿质元素种类较多，对植物体内多种元素进行同步定量是离子组学的关键。植物体内多种元素进行同步定量分析的方法有多种，主要有电感耦合等离子体光谱法（ICP-OES）、电感耦合等离子体质谱法（ICP-MS）、荧光 X 射线法（XRF）、离子束分析法（IBA）、中子活化分析法（NAA）等。近年来离子组学开始应用于研究非生物胁迫下植物体内离子分配的变化，并通过与遗传学、基因组学等相结合鉴定胁迫下与离子含量变化相关基因。

植物遭受高盐胁迫时，植物体内矿质元素的吸收、转运及分配会发生变化（Sanchez 等，2011）。植物在正常环境条件下能够维持较高的 K^+/Na^+。当植物遭受盐胁迫时，植物细胞去极化，导致 K^+ 的外流，使得细胞中的 K^+ 浓度降低，Na^+ 浓度升高，降低了细胞正常的 K^+/Na^+（Shabala 和 Mackay，2011；Volkov，2015）。此外，盐胁迫引起的较高 ROS 的积累也会造成 K^+ 通过非选择性阳离子通道（NSCC）排出到细胞外（Bose 等，2014a）。细胞中较高浓度的 Na^+ 通过影响蛋白质构象对 K^+ 转运体的活性产生影响（Zhu，2003）。在高盐环境下，Na^+ 可以通过选择性和非选择性转运蛋白及阳离子通道进入到细胞质中（Sanchez 等，2011）。盐生植物为了减少 Na^+ 在胞质中的积累形成了一些适应调节机制，包括 Na^+ 的外排、胞质中 Na^+ 的区隔化及提高质膜上 Na^+/H^+ 逆向转运蛋白的活性等（Hamada 等，2001；Shi 等，2003）。通过研究盐胁迫条件下滨藜和藜麦根系细胞膜电位和 Na^+、K^+ 及 H^+ 运输变化发现，细胞质膜的去极化能够快速诱导质膜上的 H^+-ATP 酶对细胞膜电位和 H^+ 电化学梯度的修复，以促使 Na^+ 运输到细胞外（Bose 等，2014b）。

植物细胞中的逆向运输蛋白和转运蛋白在维持细胞中的 Na^+ 含量和排出过量的 Na^+ 上发挥着重要作用。此外，通过 NHX1 型逆行转运蛋白将 Na^+ 区隔化到液泡中及 HKT1 型转运蛋白维持胞质中较低浓度的 Na^+ 含量，能够有效地阻止或者减少 Na^+ 向植物地上部分的运输。在正常条件及盐胁迫条件下，与拟南芥相比，盐芥中的 Na^+/H^+ 逆向转运蛋白 SOS1 的表达量较高（Kant 等，2006）。高盐环境中，冰叶日中花能够通过提高自身高亲和性 K^+ 通道的活性来维持细胞中的 K^+ 水平（Su 等，2003）。

盐生植物细胞中 Na^+ 的过量积累会影响 Ca^{2+} 及 Mg^{2+} 的吸收，有时甚至会影响碳素的同化作用（Parida 等，2004）。盐胁迫会导致细胞外钙离子浓度的增加（Zehra 等，2012）。植物为了能够在高盐环境下生存必须维持细胞内的离子平衡，才能进行正常的生理代谢和生命活动。细胞维持正常的离子平衡依赖于膜转运蛋白（Schroeder 等，2013），如质膜定位的 SOS1（Na^+/H^+ 逆向转运蛋白）、液泡膜定位的 NHX1（Na^+/H^+ 逆向转运蛋白）、H^+-ATP 酶（Shi 等，2002）、高亲和性 K^+ 转运蛋白（Maathuis，2006；Sanadhya 等，2015）等。

离子平衡调节是植物减轻盐分伤害的关键措施，主要是降低细胞内 Na^+ 浓度，促进细胞对 K^+ 的吸收。降低细胞内的 Na^+ 浓度主要通过将其释放到植物体外和 Na^+ 的液泡区隔化来实现。质膜 Na^+/H^+ 逆向转运蛋白发挥着重要作用。在盐生植物盐芥中研究发现，质膜 Na^+/H^+ 逆向转运蛋白 *SOS*1 基因在将 Na^+ 运输到植物体外的过程中发挥着重要作用（Kant 等，2006）。*SOS*1 基因的表达由 SOS2（蛋白激酶）和 SOS3（钙结合蛋白）组成的蛋白激酶复合体来调控，SOS 钙结合蛋白可与 SOS2 激酶产生互作并将 SOS2 招募到质膜上，通过 Ca^{2+} 依赖的方式激活 SOS2 的激酶活性，SOS2-SOS3 复合体通过磷酸化 SOS1 的 C 端结构域激活 SOS1 的活性（Chinnusamy 等，2005；Khan，2011）。有研究表明，在盐生植物 *Salicornia dolichostachya*（一种海蓬子属植物）中，其体内的 *SOS*1 基因的表达水平较高（Katschnig 等，2015）。盐芥中的 SOS1、SOS2、NHX1 及 HKT1 的表达水平均高于拟南芥（Taji 等，2010）。盐地碱蓬（*Suaeda salsa*）的 *HKT*1 基因受到盐胁迫的诱导表达。而在木榄中，K^+ 通道或转运蛋白相关基因及 Na^+/H^+ 逆向转运蛋白基因的表达不受盐的诱导，后者被认为可能是通过转录后水平的调节参与木榄响应盐胁迫。此外，NaCl 能够促进盐地碱蓬地上部位的生长，明显提高了根中 V 型-ATP 酶的活性（Miyama 和 Tada，2008）。盐胁迫下盐芥和拟南芥中的 Na^+ 的含量都会增加，但盐芥可以控制 Na^+ 在地上部位的积累，维持较高的 K^+/Na^+ 比值（Ghars 等，2008）。重要的离子平衡相关基因较高的本底表达水平及盐诱导表达水平、将盐离子运输并积累于地上部位可能是盐生植物抵御盐胁迫的重要机制。

盐生植物 *Hordeum maritimum* 可以在根和地上部分积累较高浓度的 Na^+ 而没有明显的毒害症状。在中等盐浓度胁迫条件下，*Hordeum maritimum* 利用无机离子作为渗透调节物质。红树具有较高的耐盐能力可能是因其具有较强的吸收 Na^+ 和 K^+ 的能力以及维持 K^+ 平衡的能力（Miyama 和 Tada，2008）。

第四节　中国盐生植被的特点及应用

一、植物群落的分类原则

植物群落一般是指占有一定空间的一定生态地段内的多种植物的组合，这些植物的群落结构（种群、层片、层）具有一定程度的相似性，表现在建群植物和优势植物具有一致的生活型或者外貌；群落的植物分类单位（科、属、种）的组成也有一定程度的一致性。因此，植物群落的概念一方面既包括植物本身的特点，也应该含有一定的生活环境的意义在内。不管是发育成熟的稳定群落，还是群落演替过程中的任何阶段的不稳定群落，不论是天然的，或是栽培的，都应看作植物群落。

1. **建群植物及其生活型**

每一种植物类型都有其最主要的层，建群植物就是主要层的优势植物。在自然界中，建群植物是植物群落中产量最大的生物资源，也是影响群落生境的主导植物，其生活型既是容易鉴别的群落外貌，又是植物群落的标志。所谓生活型是指植物对生活环境长期适应表现出的形态和外貌，一般可以分为乔木、灌木、矮灌木、半乔木、半灌木、半矮灌木、草类、苔藓和地衣等，根据植物与水分的关系，还可以分为湿生、中生、旱生等。

2. **植物群落的层和层片的组合**

植物群落片层是指乔木层、灌木层、草本层和地被层。层片是同一层内的具有相似植物生态学特性的植物种类组成的，一层可以由一层或者几个层片组成。例如，我国寒带、温带几亚热带、热带均有的松林，根据建群植物生活型所表现出的外貌分类，它们归类于常绿针叶林类型，但考虑到反映气候带特性的乔木层中的伴生层片以及灌木层、草本层和地被层的层片生活型组合的区别，则可将其划分为不同的类型。

3. **植物群落中优势植物种类组成及群落中的标志种**

在高级植被分类单位的各层的优势植物均具有一定的科、属的特点，例如温带矮半灌木荒漠分为由藜科的合头草属、戈壁藜属、假木贼属和怪柳科的琵琶柴属等植物组成。温带灌木、半灌木荒漠则由其他科的植物组成。植被分类中级单位的建群植物则是由一个或者多个植物组成。

所谓的标志种是指能够反映生境特征且在群落中不一定占优势的植物。标志种可以用来区分某些植被类型的中级单位。

4. **植物群落的生态地段的特征**

在进行植物分类时主要是根据植物群落本身的特点，即建群植物及其生活型、层和层片组合、优势植物的种类组成和标志植物种等，但在某种情况下，对一些生态幅度较大的建群植物来说，不能忽视生态地段的重要性。在植物类型比较贫乏的干旱和半干旱区，同一建群植物种类出现在不同土壤中，其伴生植物往往也不相同，需要结合生态地段进行植被分类。中国的盐生植被类型可以分为5个大的类型即盐生灌木、盐生荒漠、盐生草甸、盐生沼泽和盐生沉水植被。

二、中国盐生植物植被类型

本分类主要是根据吴征镒教授《中国植被》和侯学煜教授《中国植被地理及优势植物化学成分》来确定的。

（一）热带海滨常绿阔叶红树林

主要是指我国热带海滨红树林植物。我国共有20科，25属，37种红树林植物，广泛分布在我国南方热带及亚热带的广东、福建、台湾、广西和海南沿海的海湾和河口的盐渍化土壤上。由北到南，随气温的升高，组成的种类逐渐丰富，群落结构也由简单变为复杂，植株高度由矮变高，变化范围为0.5~15m。

1. 海莲、木榄林

本类型主要分布在海南省一些海湾的海滩上，优势植物一般为海莲（*Bruguiera*），在某些海湾则以木榄为优势植物。植株高度为3~15m，盖度可达80%~85%，伴生植物有椰子、榄仁树、海漆和苦郎树。

2. 红树、角果木林

此类植物主要分布于海南省的海滩上，多分布于平坦而宽阔的海滩。组成群落的优势种是红树和角果木，生长旺盛，覆盖度较大，总盖度为60%~80%，植株高度1.5~4m，群落结构可分为2~3层，上层主要由红树、角果木和木榄组成，中层由蜡烛果组成，有些地方在林下还有一层草本植物层。

3. 红海榄林

分布于海南、广东雷州半岛、广西钦州和台湾南部等地的沿海海湾，这些海湾是经常受海水浸没的泥滩，土层深厚，有机质含量较高。总覆盖度为80%~90%，株高一般为2~3m，最高可达4m，优势植被为红海榄（*Rhizophora styloza*），支柱根发达，呈屈膝状，在某些红海榄群落中还伴生一些其他种类，如海莲、角果木、秋茄树（*Kandelia candel*）、红榄李（*Lumnitzera littorea*）、蜡烛果和海榄雌等。在林缘地区还分布有盐地鼠尾粟和南方碱蓬（*Suaeda australis*）等草本植物。

4. 秋茄树、蜡烛果林

本群系适应性比较广，分布于两广、福建及台湾各地沿海海滩，在浙江南部沿海只有人工栽培的秋茄树，局部地区以秋茄树、蜡烛果或秋茄树、海榄雌为优势种。株高 2~5m，个别地区可达 10m，茎粗 3~36m，总覆盖度 65%~80%。本群系属于演替中期阶段的类型；在纬度较高的地区为演替后期阶段类型。

5. 蜡烛果林

本群系分布很广，分布于广东、广西及福建的沿海海岸或淡水汇合的河口地段。土壤表层为松软淤泥、较深厚，pH 值：6.5~8.0。

组成群系的优势种为蜡烛果（*Aegiceras corniculatum*），伴生的有秋茄树和海榄雌等，有时出现混合类型，株高 1~2m，分支多而树冠平整，覆盖度大小不均，为 30%~80%。群落结构简单，只有一层，植株多可阴生，在广东和广西沿海海滩较高地带，常有海漆、苦郎树和盐地鼠尾粟等。

6. 海榄雌、蜡烛果林

此类型分布普遍，在我国东南沿海海岸几乎都有分布，多生长在海滩前缘，或位于高潮线以下，涨潮时林冠也会受到不同程度的淹没，土壤类型多样。组成群落的优势种为海榄雌（*Avicennia marina*），伴生植物有蜡烛果、秋茄树等。群落覆盖度为 30%~85%，株高 1~2m，有时可达 3~6m。海榄雌的指状呼吸根很发达，布满于林下的地面。

7. 海桑林

群落组成种类单纯，优势种为海桑（*Sonneartia caseolaris*），有时混生少量杯萼海桑（*S. alba*）。株高 2.5~3m，指状呼吸根发达，半球形树冠，群落前缘有稀疏的线叶草（*Cymodocea rotundata*），林下有海榄雌、蜡烛果与红树等幼苗。此类型不稳定，在近岸边和河口或与咸水相交的河口岸边均有分布。少数的海桑株高可达 15~20m，突出于其他红树灌木之上，在红树林演替的前期和后期均可存在。

8. 水椰林

水椰（*Nypa fraticans*）适应性很强，在咸淡水相交的海滩地及河口冲击的沙洲上生长最好。群落组成优势种为水椰，为单优势种群落，覆盖度 40%~70%，株高 4~7m，最高的可达 9m。群落可分为三层：第一层以水椰为主；第二层常见的有海莲、榄李、苦郎树和海桑等；第三层分布稀疏，属于红树林演替阶段后期。

（二）盐生灌丛

我国的灌丛指的是荒漠以外的中生或旱中生灌木所组成的植被。在热带海边经常受到海水淹没的地方，植物虽具备适应海水淹没的根部结构和降低蒸腾作用的叶片，但在缺氧条件下根部吸取养分的能力弱，不能满足植物正常生长的需要，因而只能形成灌丛和矮林，如热带海滨硬叶常绿阔叶灌丛和红树林。在温带半干旱的中度盐渍化土壤上，虽然地下水可以补偿大气水分的不足，但由于土壤盐分过高，土壤溶液浓度大，乔木难以吸取足够的水分去维持正常生命活动的需要，因此只能存在灌丛，如盐生灌丛。盐生灌丛是由耐盐的落叶灌木组成的植物群落。盐生灌丛主要分布在温带落叶阔叶林、草原和荒漠区域内，呈不连续的带状分布，这些地区气候往往比较干燥，蒸发量大于降水量，地下水位高，盐分积聚，土壤含盐量高。在这种环境下，只有盐生植物能够生存，形成盐生植物群落。主要的植物有柽柳科柽柳属植物、蝶形花科的铃铛刺属，以及蒺藜科的白刺属植物。

1. 柽柳灌丛

主要分布在华北落叶阔叶林区的海滨泥滩和内陆盐渍土上。在海滨泥滩含盐量1%左右的地区，柽柳（*Tamarix chinensis*）灌丛沿着海岸呈带状分布，带宽1.3~3km，株高2m左右，成为天然海岸灌丛，在内陆盐渍土壤，柽柳灌丛呈零星分布，株高1~2m，伴生植物有：盐地碱蓬（*Suaeda salsa*）、獐毛（*Aeluroups sinesis*）、芦苇（*Phragmites communis*）、二色补血草（*Limonium bicolor*）、罗布麻（*Apocynum wenetum*）、白茅（*Imperata cyclindrica* var. *major*）、隐花草（*Crypsis aculeata*）等。

2. 多枝柽柳灌丛

多枝柽柳（*Tamarix ramosisisima*）灌丛适合生长于河漫滩、低阶地和扇缘地下水溢出带，在地下水深2~3m的地带生长最好，地下水位超过此限，生长受到抑制。建群植物多为多枝柽柳，覆盖度可以达到20%~40%，伴生植物随着地区不同而不同，属于次生植被类型，随着地下水位的下降向超旱生荒漠植被过渡，随地下水位上升和盐渍化的加重而向盐化荒漠植被过渡。

3. 刚毛柽柳灌丛

刚毛柽柳（*Tamarix hispida*）灌丛的建群植物为刚毛柽柳，其抗盐性大于其他多种柽柳，为重盐土较典型的柽柳灌丛，株高0.5~1m，覆盖度40%~50%，伴生灌木有长穗柽柳、盐木；伴生草本植物有盐角草、碱蓬、盐生草、芦苇等。刚毛柽柳灌丛是多枝柽柳灌丛向多汁盐柴类荒漠过渡的中间类型，其抗盐能力也在两者之间。

4. 盐木豆灌丛

盐木豆（*Halimodendron halodendron*）灌丛的植物组成随地区不同而有差异，在新疆的准格尔盆地，株高1~1.5m，覆盖度为50%~90%，伴生植物有芨芨草、甘草等；在塔里木盆地，盐木豆常与芦苇形成草甸化灌丛，覆盖率为30%~40%，伴生植物有苦豆子、大叶白麻。

5. 白刺灌丛

白刺（*Nitraria tangutorum*）为丛生灌木，分枝密集，群落覆盖度为50%~60%，伴生植物有柽柳、黑果枸杞、疏叶骆驼刺（*Alhagi sparsifolia*）、花花柴（*karelinia caspica*）、芨芨草、芦苇等耐盐灌木。

6. 小果白刺灌丛

小果白刺（*Nitraria sibirica*）也是丛状灌木，丛高20~30cm，集中生长区的覆盖度为40%～50%，零星分布时，常与其他植物混生，成为其他灌丛的伴生植物。小果白刺的伴生植物有黑果枸杞、盐爪爪、芨芨草等，在华北沿海盐渍土壤上与其他灌丛混生的植物有獐毛、柽柳、碱蓬、盐地碱蓬等。

（三）盐生荒漠

中国的荒漠大部分属于温带荒漠，主要特征是气候极端的干旱、日照强、蒸发量远远超过降水量，夏季酷热，冬季寒冷，土壤含盐量高。荒漠植被是由旱生和超旱生半木本植物和灌木组成的一类植被类型，其中盐生荒漠是由半灌木、小半灌木组成的植被类型，其生境土壤是富含石膏、碳酸钙和其他盐分的土壤，覆盖度小。

1. 红砂荒漠

红砂荒漠是我国荒漠地区分布最广的植被类型之一，生境土壤一般为灰棕荒漠土，在盐化以及强盐化土壤上也有分布。

红砂是此种荒漠的优势种，伴生植物有球果白刺、无叶假木贼、盐爪爪、柽柳、白刺、碱蓬、盐生草等。红砂群系在不同的生境中，其群落组成特点各有不同，在一些沙漠盐渍化或者强盐渍化黏壤土及沙壤土上，红砂与盐爪爪、白刺、柽柳等组成各类群落。

2. 驼绒藜荒漠

驼绒藜（*Ceratoides latens*）荒漠分布较广，常与盐柴类小半灌木形成群落，覆盖度为15%～20%，在天山以北可与东方猪毛菜（*Salsola orientalis*）、盐生假木贼等组成群落，在天山以南则与戈壁藜、无叶假木贼等组成群系，在柴达木西部与红砂组成群系。伴生植物有木地肤、胶果麻黄、球果白刺、细叶盐爪爪等。

3. 小蓬荒漠

小蓬（*Nanophyton erinaceum*）为单优势种群落，分布最广，群落覆盖度为10%～30%，伴生植物随地区而异。在土壤具有明显盐化特征的生活环境中，小蓬与红砂、盐生假木贼、小蒿组成超旱生小半灌木群落，覆盖度为20%～30%，伴生植物有驼绒藜等。

4. 盐生假木贼荒漠

盐生假木贼（*Anabasis salsa*）荒漠群落低矮，高5～10m，伴生植物小半灌木有木地肤、小蓬、驼绒藜等，多年生草本植物有翼果驼蹄瓣，一年生植物盐生草等。

5. 盐穗木荒漠

在塔里木盆地周围，盐穗木（*Halostachys caspica*）与部分灌木组成群落，由刚毛柽柳、多枝柽柳和长穗柽柳等组成群系，总覆盖度达到30%，其他伴生植物有黑果枸杞、盐爪爪、芦苇、小果白刺等。

随着地下水位的降低和土壤盐渍化增强，盐穗木可以形成稀疏单优势群落，高度为 1.2m，覆盖度 10%～15%，伴生植物有黑果枸杞、芦苇、刚毛柽柳等。

6. 盐节木荒漠

盐节木 (*Halocnemum strobilaceum*) 单优势群落是典型的木本盐柴类荒漠类型，单层结构，组成种类贫乏。盐节木生长旺盛，株高 30～100cm，覆盖度 5%～60%，伴生植物有芦苇、刚毛柽柳、多枝柽柳、大叶补血草。当水位降低至 1.5～2m 时，群落变稀疏，覆盖度降低至 10%～30%，伴生植物的种类增加，包括有盐穗木、小果白刺、花花柴等。

7. 白滨藜荒漠

白滨藜 (*Atriplex cana*) 株高 25～30cm，往往形成单优势种群落，覆盖度约 30%，伴生植物少。

在盐地周围较湿润的土壤上，白滨藜能够与草甸植物形成草甸化群落，覆盖度能达到 50%～60%，种类丰富。群落有三层结构，第一层为中生的草木层，高 1～1.5m，覆盖度 10%，优势植物有芦苇、芨芨草、赖草，伴生植物有多枝柽柳和盐木豆；第二层为白滨藜的建群层片，高 15～25cm，覆盖度为 30%～40%，伴生植物有盐爪爪、木地肤、囊果碱蓬；第三层为樟味藜、滨藜等，覆盖度约为 10%。

8. 囊果碱蓬、小叶碱蓬荒漠

囊果碱蓬 (*Suaeda physophora*) 常与盐生假木贼、红砂及盐爪爪分别构成不同的群落，群落高 50～80cm，覆盖度 10%～15%，伴生植物少，只有盐穗木、小果白刺、大叶补血草、翅碱蓬等。

囊果碱蓬与盐爪爪组成的群落在潮湿的盐土上生长得最好，覆盖度 5% 以上，伴生植物有白滨藜、盐节木、赖草等。小叶碱蓬常与此群落结合分布，或是形成共建的群落。

9. 圆叶盐爪爪荒漠

圆叶盐爪爪 (*Kalidium schrenkianum*) 为旱生小半灌木，常与超旱生半灌木构成群落，伴生植物有红砂、盐生草、展叶假木贼、天山猪毛菜等。

(四) 盐生草甸

草甸是以多年生中生草本植物为主体形成的群落类型，在适中的水分条件下发育而来。中生植物包括旱中生植物、湿中生植物以及部分适盐耐盐的盐中生草本植物。

盐生草甸是草甸中的一种，由抗盐的多年生盐中生植物组成，生长在不同程度的盐渍化土壤中，广泛分布于草原和荒漠地区的盐渍低地、宽谷、湖边缘与河滩，在落叶阔叶林地带的盐渍化低地和海滨也有分布。

盐生草甸的生境严苛，种类组成往往比较贫乏，很多种类具有适应盐渍化的生态生物学特性。有的根系较深，以躲避含盐量高的表层土，有的肉质化，有的能够泌盐。建群种类一般为草本植物，有的也包含一些小灌木、小半灌木及一年生植物。

1. 丛生禾草盐生草甸

（1）芨芨草草甸

芨芨草（*Achnatherum splendens*）群落为盐生旱中生丛生禾草，分布广、适应性强，常形成巨大的密丛，丛冠直径一般为 50～70cm，草丛高 100～150cm，总覆盖度为 40%～60%。

在排水良好、质地轻或低洼地周围的中度盐渍化草甸土上，常混生有赖草、小獐毛、芦苇、野胡麻、樟味藜等，总覆盖度 30%～40%。

在山麓洪积冲积扇边缘低地盐化草甸上，地下水供应充足，盐渍化程度低，群落种类较为丰富，形成了两个明显的亚层。第一亚层为建群层，高 60～80cm，主要由芨芨草、芦苇和赖草组成；第二亚层高 30～50cm，以杂草类为主，苦豆子（*Sophora olopecuroides*）和苦马豆（*Swainsonia salsula*）占优势，还有大叶白麻、盐生车前和大叶补血草等。

随着土壤盐渍化程度加深，芨芨草与多汁盐生草本和盐生灌木形成群落，是芨芨草草甸与多汁盐柴类荒漠的过渡类型。除芨芨草构成主要建群层片，还有多汁盐柴层片。

芨芨草真旱生小半灌木蒿类形成的群落是芨芨草群系与蒿类荒漠的过渡类型。在芨芨草层下发育有旱生小灌木和一年生植物层片，优势植物有草原绢蒿（*Seriphidium schrenkiana*）、纤细绢蒿（*S. gracilescens*）、樟味藜等。

（2）星星草草甸和碱茅草甸

星星草（*Puccinellia tenuiflora*）和碱茅（*P. distans*）都属于盐中生的多年生丛生禾草，构成群落建群种，草群高 25～50cm，覆盖度可达 80%，伴生植物有芦苇、车前、角果碱蓬、蒲公英、赖草、碱地肤等。此外，在星星草草甸中还伴生有短芒大麦（*Hordeum brevisubulatum*）、散穗早熟禾（*Poa subfastigiata*）、草地早熟禾等。

（3）短芒大麦和散穗早熟禾草甸

短芒大麦和散穗早熟禾主要生长在盐化草甸土上，群落建群种黑麦为根基疏丛禾草，株高 40～80cm。散穗早熟禾也是根基疏丛禾草，叶层高 55cm，常与羊草和星星草混生。

2. 根茎禾草盐生草甸

（1）赖草草甸

赖草（*leymus secalimus*）是一种耐盐的中生多年生根茎禾草。在新疆地区，赖草草甸种类组成较为丰富，建群种赖草叶层高 40～50cm，构成草群的上层，伴生植物有蒲公英、早熟禾等，构成草群的下层。在盐渍化程度较高的土壤中，赖草可以与芨芨草共同组成群落，混生植物有碱蓬、小果白刺等盐生植物。

在西藏高原地带，草群稀疏，覆盖度为 25%~45%，赖草单独建群，或是与硬叶苔草共同建群，伴生植物有碱茅、早熟禾、芦苇等。

（2）獐毛和小獐毛草甸

獐毛（*Aeluropus sinensis*）耐盐性较强，在北方沿海地区大面积分布，群落覆盖度可达 70%，伴生植物有羊草、二色补血草、猪毛蒿、盐地碱蓬和芦苇等。

（3）芦苇草甸

芦苇属于多生根茎禾草，生活能力和适应性强。芦苇既能生长在浅水中形成沼泽，也能在各种环境下形成草甸群落，非盐渍化草甸土及含盐量高的盐渍化土壤中均能够生长。芦苇具有多种多样的生态类型，能够与不同的植物共同形成各种不同的群落。

在西北荒漠地区，种类组成单纯，覆盖度 40%~60%，混生有赖草、大叶白麻、偃麦草和苦马豆等。在盐渍化较高的土壤中，芦苇常与小獐毛组成群落，覆盖度为 20%~50%，伴生植物有赖草、芨芨草、花花柴、盐木豆、黑果枸杞和小果白刺等。在典型的盐渍化土壤上，芦苇的生长发育受到严重的抑制，植株变矮，草群较稀疏。

3. 莎草类盐生草甸

这类草甸分布较广，生长地为流动或半流动性沙滩，由于海水的影响而含有一定的盐分。组成此草甸的植物有绢毛飘拂草（*Fimbristylis sericea*）、肾叶打碗花（*Calystegia soldanella*）、珊瑚菜（*Glehnia littoralis*）、大穗结缕草（*Zoysia macrostachya*）、砂引草（*Messerschmidia sibirica*）等，大都具有长匍匐茎或根茎，具有一定的固沙作用。

4. 杂草类盐生草甸

（1）马蔺草甸

马蔺（*Iris lactea* var. *chinensis*）草甸分布在轻度盐渍化的土壤上，草群高 30~50cm，覆盖度 40%~90%。马蔺常与多种亚建群种形成不同的群落。马蔺+羊草+杂草类草甸主要分布在典型草原地带的东部，土壤盐渍化程极低，伴生植物有地榆、篷子菜（*Galium verum*）等。马蔺+盐生禾草草甸分布于典型草原地带和荒漠草原地带，所在地带的土壤盐渍化程度极高，盐生杂草有角果碱蓬、西伯利亚滨藜等。

（2）苦豆子草甸

苦豆子（*Sophora alopecuroides*）草甸分布较广，但面积不大，土壤为草甸土，盐渍化程度低，草层高 40~60cm，覆盖度 50%~70%。在沙质土上，疏叶骆驼刺可以成为亚建群种。在轻度盐渍化土壤上，可与小獐毛组成群落。

（3）罗布麻草甸和大叶白麻草甸

罗布麻（*Apocynum venetum*）草甸所处生境为轻度盐渍化土壤，株高 50~120cm，伴生植物有二色补血草、白茅、蒺藜、芦苇以及肉质猪毛菜等。

大叶白麻的株高 1~1.5m，亚建群种有芦苇和小獐毛等，伴生植物有苦豆子、甘草、赖草、芨芨草、大叶补血草以及盐生半灌木和灌木，如盐穗木、黑果枸杞、柽柳、盐木豆和白刺等。

（4）胀果甘草草甸

胀果甘草（*Glycyrrhiza inflata*）草甸主要分布在盐化草甸土或草甸盐土上。胀果甘草株高 1m 左右，往往与小獐毛、碱蓬、多枝柽柳和盐生木豆等优势植物分别构成群落，覆盖度 30%~60%，伴生植物有苦豆子、骆驼刺、大叶白麻以及盐穗木、黑果枸杞和刚毛柽柳等。

（5）骆驼刺草甸

骆驼刺（*Alhagi spaisifolia*）草甸主要分布在盐化草甸土、草甸盐土以及低矮的沙丘和沙地上。疏叶骆驼刺株高 30~80cm，覆盖度 10%~20%，或与小獐毛、芦苇等构成群落。常见的伴生植物有胀果甘草、黑果枸杞、小果白刺、花花柴、刚毛柽柳等。

（6）花花柴草甸

花花柴（*Karelinia caspica*）主要生长在冲积平原的盐化沙地和沙质草甸盐土上。花花柴属于盐中生菊科杂类草，具有肉质化的叶片，耐盐能力强，常与疏叶骆驼刺、芦苇、小獐毛等分别构成群落，覆盖度 10%~50%，草层高 30~50cm，种类构成简单，伴生植物有刚毛柽柳、黑果枸杞、胀果甘草和大叶白麻等。

5. 一年生盐生植物草甸

（1）隐花草草甸

隐花草（*Crypsis aculeata*）主要分布在河南省东部盐碱土上，植株低矮，生长期短，为季节性群落，伴生植物有多种莎草、碱茅、无翅猪毛菜等。

（2）盐地碱蓬、灰绿碱蓬、角果碱蓬草甸

由盐地碱蓬（*Suaeda salsa*）、灰绿碱蓬（*S. glauca*）和角果碱蓬（*S. corniculata*）为优势植株构成的多汁盐生植物群落，广泛分布于华北海滨和内陆各省草甸草原地带，土壤含盐量 0.5%~3%，覆盖度为 50%~70%，常见的伴生植物有芦苇、补血草、白茅、獐毛、地肤、猪毛菜等。

（3）盐角草草甸

以盐角草（*Salicornia europaea*）为优势植株形成的一年生多汁盐生植物群落主要分布在宁夏和内蒙古草原地带，伴生植物有芦苇、碱茅、灰绿碱蓬、赖草等。

（五）沉水盐生植被

1. 川蔓藻群落

川蔓藻（*Ruppia rostellata*）属眼子菜科，是一种沉水草本植物，茎多分枝，长

20~60cm，叶丝状，长2~10cm，形成一种单种群落，生长茂盛，枝叶错综交织，覆盖度可以达到75%以上。

2. 大叶藻群落

大叶藻（*Zostera marina*）群落是一种单种群落，叶片长10~40cm，覆盖度可达30%~50%，叶片含盐量较高，可以达到6%。

3. 黑纤维虾海藻群落

黑纤维虾海藻（*Phyllospadix japonica*）属眼子菜科，具有水平地下根茎和特殊节间，属于多叶草本植物。它既能适应深水条件，也能在低潮或在低潮以下水域可以形成很大的植物体。

三、盐生植物资源的特点

1. 盐生植物资源具有耐盐性

盐生植物一般都具有耐盐性，可以忍耐大约200mmol/L NaCl 或更高浓度的盐分，可以生长在中生或旱生的盐渍化土壤中，也可以生长在盐水甚至于海水中。

2. 盐生植物的分布具有区域性

盐生植物分布的区域性与气候条件、土壤因素、生物因素以及人为因素相关。在最适生长范围内，植物的生长状态最好，超出这一范围植物的数量减少，这样就形成了植物分布的区域性。根据中国盐渍土壤的分布特点可以划分为8个盐渍土分布区，不同分布区的气候特征、成土类型和积盐类型不同，因此盐生植物分布也不一样。

3. 盐生植物资源近缘种化学成分的相似性

植物细胞的遗传基因决定着植物的生理功能、形态结构以及各种代谢过程，因此亲缘关系近的植物种类，其代谢产物往往具有较大的相似性。同属不同种的盐生植物海蓬子、欧洲海蓬子（*Salicornia europaea*）和毕氏海蓬子（*S. bigelovii*）种子中的脂肪酸种类相似，其不饱和脂肪酸中亚油酸含量较高。同科不同属植物中的代谢产物也具有相似性，如盐地碱蓬和欧洲碱蓬种子中脂肪酸和亚油酸的含量也具有很大的相似性。近缘种，如藜科的合头草、戈壁藜、短叶假木贼中的无机物含量也很相似。

4. 盐生植物开发利用具有时间性

植物体内的化学成分会随着植物不同发育阶段而异，不同化合物含量最高的时期也是开发利用中的最佳采摘时期。因此，在开发利用植物资源的过程中，应考虑目的物质含量最高的时期进行采摘。在叶片中提取蛋白质或糖时，应在植物开花期前进行采摘，此时叶片中贮存的有机物最丰富。

5. 盐生植物资源的多样性

盐生植物种类多种多样，其营养器官的构造、生理功能等的种类也较多，决定了盐生植物资源的用途也是多种多样的。例如，红树的树干可以用于提取单宁，根系可以用于酿造，叶片可以作为牛羊等家畜的饲料。盐地碱蓬的叶片中含有丰富的维生素、糖和蛋白质，是一种良好的蔬菜。其种子中含有丰富的油脂，不饱和脂肪酸含量高，是非常好的食用油，也是重要的药物和化工原料。重要盐生资源植物罗布麻，其种子可以作为治疗心血管病的药物，它的茎秆含有丰富的纤维，可以作为制造绳索的原料。

四、盐生植物资源的用途

（一）可食用盐生植物资源

我国食用盐生植物资源丰富，植株内含有人类能够直接食用的淀粉和糖类、蛋白质类和食用油脂类。

1. 淀粉和糖类

淀粉和糖类是人类生活所必需的重要营养物质，也是重要的工业原料和工业产品，是植物光合作用的产物，主要分布在植物的果实、种子和块根块茎等贮存器官当中。

大叶藻（*Zostera marina*）：眼子菜科，主要产于山东、河北和辽宁等省，生于沿海的浅海中。种子长 3～3.5mm，重 5～6mg，淀粉含量约 50%、蛋白质含量 13% 左右、脂肪含量 1%。

海榄雌（*Avicennia marina*）：马鞭草科，产于华南一带，生于海滨，果实中淀粉含量丰富，可用于食用和酿造。

海桑（*Sonneratia caseolaris*）：海桑科，产于广东、海南两省，生长于海边的泥滩中，果实中含有丰富的糖分和有机酸。

秋茄（*Kandelia candel*）：红树科，产于广东、广西、福建、台湾等省（区），生长于河流出口冲击带和浅海滩，胚轴含淀粉和糖。

马蔺（*Iris lactea* var. *chinensis*）：鸢尾科，产于华北、华中、东北和西北等地区，生长于盐荒地和碱化草地上。种子含有丰富的淀粉和糖类，可提取出来进行酿造。

沙枣（*Elaeagnus angustifolia*）：胡颓子科，产于华北、西北等地区，生长于山地、平原河滩的盐渍化土壤中。果实中含有大量的淀粉和糖，可以食用。

芦苇（*Phragmites australis*）：禾本科，产于全国各地，生于湖泊、河边、沼泽湿地等。其地下根茎中含有大量的淀粉和糖类，可以用于食用和酿造。

白花草木樨（*Melilotus albus*）：豆科，产于全国各地，生长在砂质土壤和轻度盐渍化的土壤中，种子中含有丰富的淀粉，可用于食用和酿酒。

2. 枝叶蛋白质盐生植物

异苞滨藜（*Atriplex micrantha*）：藜科，主要产于新疆，生长在盐碱湿地、草滩和戈壁。其叶片和嫩枝中含有20%左右的蛋白质，提取的粗蛋白可以作为饲料添加剂，提纯后可以用于人类食品添加剂。

滨藜（*Atriplex patens*）：藜科，产于华北、东北和西北等地区，生长在轻度盐碱化的湿地上，其枝和叶片中含有丰富的蛋白质。

野滨藜（*Atriplex fera*）：藜科，产于华北、东北和西北等地区，生长在盐渍荒漠和河滩上。其枝和叶含有大约19%的蛋白质，此外还含有大量的维生素C，可以直接作为蔬菜食用，也可以作为饲料和食品添加剂。

中亚滨藜（*Atriplex centralasiatica*）：藜科，产于华北、东北和西北等地区，生长在盐渍化土壤中，茎和叶中蛋白质含量可以达到50%左右，可用于饲料和食品添加剂。

野滨藜（*Atriplex fera*）：藜科，生于东北、西北等地区，生于盐渍荒漠和河滩，其枝叶中含有丰富的蛋白质，此外还含有大量的维生素C，可直接做蔬菜食用。

3. 种子蛋白质盐生植物

小叶碱蓬（*Suaeda microphylla*）：藜科，产于新疆的荒漠，生长在盐碱荒漠、戈壁、沙丘等处。种子中蛋白质含量可以达到18%~21%。

碱蓬（*Suadea glauca*）：藜科，产于华北、东北和西北等地区，生长在海滨、荒地含盐碱土中。种子中蛋白质含量为18%，脂肪含量为25%。

角果碱蓬（*Suaeda corniculata*）：藜科，产于华北、东北和西北等地区，生长于戈壁滩和盐渍化土壤中，种子中蛋白质含量约17%，是动物饲料的优质添加剂。

盐地碱蓬（*Suaeda salsa*）：藜科，产于华北、东北和西北等地区。生长在海滩和盐渍化土壤中，种子中蛋白质含量约20%，油脂含量约25%，适于做饲料添加剂和食品添加剂。

4. 食用油脂类盐生植物

油脂是重要的营养物质之一，其主要功能是氧化功能，化学组成为甘油和脂肪酸。人类食用油脂主要来自于植物和动物，多种盐生植物也含有丰富的食用油脂。

毕氏海蓬子（*Salicornia bigelovii*）：藜科，原产于美国的沙滩、海滨和沼泽中。种子中含油量约28.2%，且脂肪酸中的不饱和脂肪酸-亚油酸的含量较高，可以作为食用油。

欧洲海蓬子（*Salicornia europaea*）：藜科，产于华东、华北、东北和西北等地区，生长在海边及盐碱地中。种子中脂肪含量为30%左右，缺点是种子产量极低，但其耐盐能力较强，完全可以用海水灌溉。

碱地肤（*Kochia scoparia*）：藜科，产于华东、东北和西北等地区，生长在湿地、湖边和海滨地带。种子中脂肪含量约 15%，其中不饱和脂肪酸含量占 50% 左右，是一种较好的食用油。

榄仁树（*Terminalia catappa*）：使君子科，产于广东、云南、台湾。生长在海滨沙滩上，属于乔木，种子中脂肪酸含量可以达到 53%，可以食用以及药用。

小白藜（*Chenopodium iljinii*）：产于西北等地区，生长在荒漠草原和盐渍土壤上，种子中脂肪含量 15% 左右，不饱和脂肪酸的含量也较高。

（二）饲用盐生植物

饲料可以分为树叶饲料、青稞饲料、块根块茎饲料、甘草饲料、动物性饲料等，主要来自于植物。人们对饲料的经济价值、生产价值、应用价值、化学成分、营养价值及功能进行了深入了解。随着盐生植物的发展，并且实用性强的饲用盐生植物在中国盐生植物中也是比较多的（李梅梅等，2017；史传燕，2011；史传燕等，2010）。在这里只列举部分营养价值较高的饲料盐生植物。

1. 禾本科饲用盐生植物

大穗结缕草：（*Zoysia macrostachya*）：禾本科，产于山东、江苏、浙江等省，生长在海边沙滩或者砂质土壤及轻度盐渍化土壤中，其茎和叶都可以作为饲料。

多枝赖草（*Leymus multicanlis*）：禾本科，产于新疆、生长在盐渍化荒漠草甸，茎和叶均可以作为牧草，本属的盐生植物滨麦（*L. mollis*）、羊草（*L. chinensis*）和赖草（*L. secalinus*）都是优质的牧草。

短芒大麦草（*Hordeum brevisubulatum*）：禾本科，产于东北、西北和内蒙古等地区，生长于盐碱滩和河岸湿地，茎和叶都可作为优良的牧草。

獐毛（*Aeluropus sinensis*）：禾本科，产于山东、河北、江苏等地区，生长在内陆及海边的盐碱地中，茎叶可以作为饲料，是一种优良牧草。

隐花草（*Crypsis aculeata*）：禾本科，产于华东华北等地区，生长于海边的沙滩上，是一种优良的牧草。

互花米草（*Spartina alterniflora*）：禾本科，产于江苏等省，是从美国引入的物种，适应性强，既可以生长在盐碱海滩上，也可以生长在无盐的土壤中，其茎和叶是优良的牧草。

芨芨草（*Achnatherum splendens*）：禾本科，产于东北和西北等地区，生长于盐化的草甸，幼苗期的叶可以作为饲料。

2. 藜科饲用盐生植物

疣苞滨藜（*Atriplex verrucifera*）：产于新疆，生长在盐碱荒地和沙丘上，其叶片和嫩枝可以作为优良牧草。另外，异苞滨藜（*A. micrantha*）、匍匐滨藜（*A. repens*）、滨藜（*A. patens*）、中亚滨藜（*A. centralasiatica*）、海滨藜（*A. maximowicaiana*）等都可以作为饲料。

怪柳叶猪毛菜（*Salsola tamariscina*）：产于新疆，生长在含盐碱的草地及戈壁滩上，其嫩叶是可以作为饲料。苏打猪毛菜（*S. soda*）、无翅猪毛菜（*S. komarovii*）、刺沙蓬（*S. ruthenica*）、粗枝猪毛菜（*S. subcrassa*）、钝叶猪毛菜（*S. heptapotamica*）等的嫩叶是新疆各地野生动物及家畜的饲料作物。

碱地肤（*Kochia scoparia*）：产于华北、东北等地区，生长在盐渍化低湿地、河滩和海滨等含盐的土壤中，幼叶可以食用。此外，黑翅地肤（*K. melaboptera*）和宽翅地肤（*K. macroptera*）等的幼叶也可以作为饲料。

盐节木（*Halocnemum strobilaceum*）：产于新疆及甘肃北部，生长在盐湖边和盐土湿地，嫩枝和叶可以作为家畜的牧草。

盐穗木（*Kalidium foliatum*）：产于东北、华北和西北等地区，生长在盐碱滩、盐湖边以及盐渍化程度较高的盐荒地上，嫩枝叶可以作为饲料。

灰绿藜（*Chenopodium glaucum*）：产于长江以北等地区，生长在轻度盐渍化的土壤中，树叶可以作为家畜的饲料。

3. 豆科饲用盐生植物

野大豆（*Glycine soja*）：产于华东、华北、东北及西北等地区，生长在荒地及轻度盐渍化土壤中，营养价值较高。

细齿草木樨（*Melilotus dentatus*）：产于华北、山西等地区，生长在轻度盐渍化低湿地带，其茎和叶均可以作为牧草。

海边香豌豆（*Lathyrus maritimus*）：产于山东、河北、江苏等省，生长在海边的沙地中，全草皆可作为牧草。

田菁（*Sesbania cannabina*）：产于山东、江苏、浙江等省，生长在低湿度的田间及海边，茎和叶可以作为绿肥。

天蓝苜蓿（*Medicago lupulina*）：产于西北一带，生长在轻度盐渍化的潮湿草地上，其茎和叶的营养丰富，是一种优良的饲料。

苦马豆（*Sphaerophysa salsula*）：产于华北、东北和西北等地区，生长在草原和盐渍化土壤上，嫩枝叶可以作为饲料。

4. 其他科饲用盐生植物

筛草（*Carex kobomugi*）：莎草科，产于江苏、山东、河北及东北等地区，生长在海边的沙滩上，叶片可以作为家畜的饲料。

海乳草（*Glaux maritime*）：报春花科，产于华北、东北及西北等地区，生长在海边及内陆的盐渍化土壤和沼泽草甸中，茎和叶的营养较为丰富，可以作为饲料作物。

拟漆姑（*Spergularia marina*）：石竹科，产于华东华北等地区，生长在低湿的盐渍化土壤、盐渍化草甸及轻度盐碱地上，其嫩苗可以食用。

西伯利亚蓼（*Polygonum sibiricum*）：蓼科，产于华北华东、东北等地区，生长在盐碱荒地或砂质盐渍化土壤上，茎叶中营养物质丰富。

（三）药用盐生植物资源

中国的药用植物中有一部分属于盐生植物，在中草药中占有重要地位。如甘草属植物，甘草（*Gkycyrrhiza uralensis*）、腺荚甘草（*G. horshinskii*）、刺果甘草（*G. pallidiflora*）等；骆驼刺（*Alhagi pseudoalhagi*）、宁夏枸杞（*Lycium barbarum*）、罗布麻（*Apocynum venetum*）、补血草（*Limonium sinense*）、单叶蔓荆（*Vitex trifolia* var. *simplicifolia*）、野胡麻（*Dodartia orientalis*）、芦苇（*Phragmites australis*）、獐毛（*Aeluropus littoralis*）、柽柳（*Tamarix chinensis*）、筛草（*Carex kobomugi*）等都属于药用盐生植物（表2-1）。

表2-1　部分盐生植物分布及用途

植物	分类	生境	用途
罗布麻	夹竹桃科	盐碱荒地、海岸	高级用线原料
大叶白麻	夹竹桃科	干旱盐碱地	高级纺织品
草木樨	豆科	轻度盐渍化土壤	造纸、人造棉原料
田菁	豆科	轻盐渍化土壤	一般纺织品
甘草	豆科	荒漠盐渍化土壤	造纸、纺织麻袋
刺果甘草	豆科	盐荒地	纺织麻袋、编织
芦苇	禾本科	多种环境	造纸原料
赖草	禾本科	草原盐化草甸	造纸原料
大米草	禾本科	海滩沼泽地	造纸原料
羊草	禾本科	盐碱草甸	纤维原料
芨芨草	禾本科	盐化草甸	人造棉原料
柽柳	柽柳科	海滨滩头	制作纸浆
白花柽柳	柽柳科	荒漠盐化地带	制作纸浆
长穗柽柳	柽柳科	荒漠盐花地带	制作纸浆
沙枣	胡颓子科	荒漠化土壤	造纸
马蔺	鸢尾科	盐荒地	人造棉原料
单叶蔓荆	马鞭草科	海边沙滩	造纸
灯心草	灯心草科	潮湿地区	纤维混纺原料

（四）纤维类盐生植物

纤维与人类的关系也十分重要。植物纤维是日常生活必需的纺织用品的重要原料，除此以外还是一些绳索、编织用品、纸张生产的必要原料。盐生植物中的一些种类是提取纤维的良好原料，如罗布麻属植物、芦苇属植物、大米属植物及柽柳属植物等。

（五）绿肥类盐生植物资源

在维持农业土壤肥力的过程中，绿肥起着重要的作用。绿肥具有保持水土、培养地力的作用。

1. 绿肥类盐生植物资源

白花草木樨（*Melilotus albus*）：豆科，草本，具有肥料的作用，同时又具有作为饲料和保持水土、培养地力的能力。

田菁（*Sesbania cannabina*）：豆科，草本，生长在田间海滨，是一种广泛种植的绿肥作物，生物产量较高，具有提高土壤肥力和保持水土的作用。

沙打旺（*Astragalus adsurgens*）：豆科，多年生草本，生长在沙质草原或轻度盐碱化土壤上，生长旺盛，含有丰富的营养，可以用作绿肥。

披碱草（*Elymus dahuricus*）：豆科，多年生草本，生长在草地及轻质盐渍化土壤上，适应性强，营养丰富，有改良土壤的功能。

2. 固氮类盐生植物资源

豆科盐生植物都可以固氮，如苦豆子、骆驼刺、野大豆、白花草木犀、海边香豌豆、田菁、苦马豆及海滨米口袋等；非豆科固氮盐生植物资源在我国较少，常见的有沙棘和沙刺，它们的根瘤菌不是固氮菌，而是放线菌，能够寄生到沙刺和沙棘的根系上形成根瘤固氮。

五、盐生植物的引种驯化

由于盐生植物都具有一定的耐盐性，所以有必要讨论这些植物的驯化手段。然而，如传统作物水稻、小麦、谷物那样，野生植物物种的驯化需要将它们改变成能够在盐渍化土壤上生存繁殖并能够高产的作物，可以从筛选生产能力大、耐逆性强的盐生植物开始。驯化过程中包括很多不确定的因素，包括种子萌发、植物病害、市场需求等。

1. 引种的第一步

从国内外选择要引种的对象应具有一定经济价值，例如可以用于生产粮食、纤维、蔬菜、饲料及医药等。在引种前要了解被引种植物的最适生长条件，如日照时间、温度、湿度及土壤酸碱度等因素。

由于大多数盐生植物在萌发时的抗盐性都较小，因此最好将盐生植物的种子置于淡水中萌发，萌发生长一段时间后再转移到用低盐度盐水灌溉的土壤中，两周后再将其移植到较高盐水灌溉的土壤中，最后再移植到更高浓度盐水浇灌的土壤中，经过 4~5 周，记录每一盐度水平下幼苗的存活率，测定其干鲜重。在低盐度水平下（低于 0.5% NaCl）生长最好，生长状况随盐度增加而稳定降低的植物，称为异盐生植物（miohalophyte），而在 1% 盐度下生长最好，并在低于或高于此盐度条件下生长降低的植物，称为真盐生植物（cuhalophyte），这样就可以确定植物的耐盐能力，为其引种和驯化提供基础信息。如果已经确定了被引进植物的耐盐范围，可直接根据其耐盐性大小选择该植物耐盐范围的盐渍土壤进行播种。部分盐生植物的种子在一定盐浓度条件下也可以萌发，即可直接播种在接近其种子萌发耐受盐度的盐渍化土壤中。

2. 引种第二步

选择合适的引种地区，保证该地区的生态环境尽可能地与被引种的植物原始的生长环境相同或接近，应当注意土壤的含盐量及日照长度等因素，灌溉时可用淡水或浓度低的盐水，不能采用海水或高盐度的水，否则会抑制植物生长，甚至导致植物死亡。

3. 生产力的测定

如果被选择出来的盐生植物营养部分或种子产量很低或产量不稳定，随着土壤盐度的增加而明显下降，也是没有种植价值的。因此，一旦确定某种或某些盐生植物符合上述筛选要求，一定要将该盐生植物在正常生长的季节分别种植在不同盐度水平的土壤中，分别测定其生产力或经济产量。

4. 大量繁殖种子

在加速引种驯化过程中，如何获得足够量的种子是重要的限制因素。新筛选出来的种质植物，往往可利用的种子较少。因此，在引种和驯化过程中，需要大量种植被筛选出来的种质植物以获得足够量的植物种子。

5. 被选定植物生产方法的研究

在证实某种或某些盐生植物作为种质资源的可行性后，需要在实际农业生产条件下对它们进行种植，研究它们的播种、栽培、施肥、灌溉、田间管理以及收获和贮存的方法，掌握其生长和发育规律，使得这些有价值的盐生植物能够更大范围的推广种植。

6. 基因改良

某种或某些盐生植物，经过多次筛选成为符合人们需求的植物时，应进一步改进该植物的有利性状，以使其更加符合人们的需求，可以通过人工选育或者杂交，利用基因工程或其他现代生物学技术手段来改进这种有价值的基因性状，以使该织物更好地为人类所利用。

六、植物资源的合理开发利用

人口的快速增长与经济发展的压力使得植物资源的有限性和社会需求的相对无限性之间的矛盾日益突出。植物资源既具有再生性，又具有可解体性，在植物资源的开发和利用上要保护野生植物资源的可持续利用。

植物资源的合理利用，就是要达到经济效益、生态效益和社会效益的协调统一。过去对植物资源的开发利用多为传统的单一生产经营模式，容易造成资源的浪费，而且生产过程中还会产生大量的"余料"，造成环境的污染，解决这一问题的有效途径就是能够综合利用植物资源。此外，在开发利用植物资源的同时要考虑到资源的可持续利用。要根据资源的储量及生产年限等有计划的开发利用，不能过度采集。在采集植物资源的过程中，要采大留小，维持种群规模，不能大于生产量。

对我国的盐生植物应当建立盐生植物保护园。通过建立盐生植物保护园，将我国的濒危盐生植物保护起来，可以将野外稀有的盐生植物资源种植在保护园中加以保护扩繁；通过对不同地区的珍贵野生盐生植物资源进行引种驯化，待驯化后能够向外推广，建立盐生植物档案进行负责管理；深入盐生植物生长环境进行植物区系和植被的调查研究，确定盐生植物生物多样性的保护地区；在原产地重新种植一些重要的濒危野生植物资源，使其恢复天然分布，促进其繁衍；对珍稀盐生植物资源和尚待开发利用的盐生植物资源进行基础研究，如生态学、遗传学、引种栽培、功能成分提取及鉴定等研究，对盐生植物资源进行大量繁殖及向外推广种植。

我国有大量的盐碱地，盐碱地的改良是十分困难的，而有效的办法就是在盐碱地上种植耐盐植物。耐盐植物资源在自然环境中十分匮乏，利用传统和现代的基因工程和分子生物学及遗传学手段很难改良植物的耐盐性，所以最好的有效得方法就是将有经济价值的盐生植物作为作物进行种植，因此我们需要开展盐地农业来提高农产品的产量，同时还应发展海水灌溉农业，即利用海水代替淡水来进行灌溉的农业。此外，自然界中的盐碱地面积不断扩大，耕地面积不断减少，需要利用有价值的盐生植物，从而有效利用盐碱地进行生产，扩大农业生产。

参考文献

陈洁，林栖凤. 2003. 植物耐盐生理及耐盐机理研究进展［J］. 海南大学学报
　（自然科学版），21（2）：177-182.

丁烽 . 2010. 二色补血草叶片盐腺泌盐机理的研究 ［D］. 济南：山东师范大学 .

冯兰东，丁同楼，王宝山 . 2005. 植物液泡膜 H⁺-ATPase 及其在胁迫中的响应 ［J］. 湛江师范学院学报，26（6）：71-76.

冯中涛 . 2015. 囊泡运输在二色补血草盐腺泌盐中的作用研究 ［D］. 济南：山东师范大学 .

郭书奎，赵可夫 . 2001. NaCl 胁迫抑制玉米幼苗光合作用的可能机理 ［J］. 植物生理学报，27（6）：461-466.

姜虎生，张常钟，陆静梅，等 . 2001. 碱茅抗盐性的研究进展 ［J］. 长春师范大学学报（5）：50-53.

李梅梅，吴国华，赵振勇，等 . 2017. 新疆 5 种藜科盐生植物的饲用价值 ［J］. 草业科学，34（2）：361-368.

李瑞梅，周广奇，符少萍，等 . 2010. 盐胁迫下海马齿叶片结构变化 ［J］. 西北植物学报，30（2）：287-292.

林莺，李伟，范海，等 . 2006. 海滨锦葵光合作用对盐胁迫的响应 ［J］. 山东师范大学学报（自然科学版），21（2）：118-120.

刘爱荣，张远兵，陈登科 . 2006. 盐胁迫对盐芥（*Thellungiella halophila*）生长和抗氧化酶活性的影响 ［J］. 植物研究，26（2）：216-221.

刘国花 . 2006. 植物抗盐机理研究进展 ［J］. 安徽农业科学，34（23）：6111-6112.

刘瑜 . 2011. 互花米草富集盐腺细胞转录组测序分析及耐盐相关基因的克隆与鉴定 ［D］. 烟台：烟台大学 .

陆静梅，李建东 . 1994. 星星草 *Puccinellia tenuiflora*（Turcz.）Scribn. et Merr. 解剖研究 ［J］. 东北师大学报：自然科学版（1）：63-66.

罗以筛 . 2012. 盐胁迫下植物质膜和液泡膜 H⁺-ATPase 活性的研究进展 ［J］. 安徽农业科学，40（3）：1263-1265.

苗莉云 . 2007. 盐生植物对盐渍化土壤适应的研究进展 ［J］. 安徽农学通报，13（7）：52-53.

綦翠华，韩宁，王宝山 . 2005. 不同盐处理对盐地碱蓬幼苗肉质化的影响 ［J］. 植物学报，22（2）：175-182.

綦翠华 . 2003. 盐处理对碱蓬幼苗肉质化及水孔蛋白的影响 ［D］. 济南：山东师范大学 .

史传燕，覃凤飞，钦佩 . 2010. 2 种盐生植物饲用价值的研究 ［J］. 草地学报，18（5）：698-702.

史传燕 . 2011. 三种盐生植物的饲用价值研究 ［D］. 南京：南京大学 .

王宝山，赵可夫 . 1997. NaCl 胁迫下玉米黄化苗质外体和共质体 Na、Ca 浓度的变化 [J]. 作物学报（1）：27-33.

杨剑超，丁烽，吴懿懿，等 . 2012. 不同阴离子对二色补血草盐腺 Na^+ 分泌速率的影响 [J]. 植物生理学报，48（4）：397-402.

张国栋 . 2006. 抑制性消减杂交和 cDNA 微阵列技术研究星星草耐盐机理 [D]. 哈尔滨：东北林业大学 .

张洁明，孙景宽，刘宝玉，等 . 2006. 盐胁迫对荆条、白蜡、沙枣种子萌发的影响 [J]. 植物研究，27（5）：595-599.

赵雅丽，韩冰，李淑芬，等 . 2006. 液泡膜 H^+-ATPase 在植物的非生物胁迫响应和信号转导中的作用 [J]. 植物生理学报，42（5）：812-816.

周三，韩军丽，赵可夫 . 2001. 泌盐盐生植物研究进展 [J]. 应用与环境生物学报，7（5）：496-501.

朱义，谭贵娥，何池全，等 . 2007. 盐胁迫对高羊茅（*Festuca arundinacea*）幼苗生长和离子分布的影响 [J]. 生态学报，27（12）：5447-5454.

Abogadallah G M. 2010. Antioxidative defense under salt stress [J]. Plant Signaling & Behavior, 5（4）：369-374.

Altman A. 2005. Recent advances in engineering plant tolerance to abiotic stress: achievements and limitations. [J]. Current Opinion in Biotechnology, 16（2）：123.

Amtmann A, Sanders D. 1998. Mechanisms of Na^+ uptake by plant cells. [J]. Advances in Botanical Research, 29（08）：75-112.

And P M H, Bressan R A, ZhuJ K, et al. 2000. Plant Cellular and Molecuiar Responses to High Salinity [J]. Annu Rev Plant Physiol Plant Mol Biol, 51（51）：463-499.

Angel T E, Aryal U K, Hengel S M, et al. 2012. Mass spectrometry - based proteomics: existing capabilities and future directions [J]. Chemical Society Reviews, 41（10）：3912-3928.

Asada K. 2006. Production and Scavenging of Reactive Oxygen Species in Chloroplasts and Their Functions [J]. Plant Physiology, 141（2）：391-396.

Askari H, Edqvist J, Hajheidari M, et al. 2010. Effects of salinity levels on proteome of *Suaeda aegyptiaca* leaves [J]. Proteomics, 6（8）：2542-2554.

Aslam R. 2011. A critical review on halophytes: Salt tolerant plants [J]. Journal of Medicinal Plant Research, 5（33）：7108-7118.

Ballesteros E, Blumwald E, Donaire J P, *et al.* 2010. Na$^+$/H$^+$ antiport activity in tonoplast vesicles isolated from sunflower roots induced by NaCl stress [J]. Physiologia Plantarum, 99 (2): 328-334.

Balnokin Y V, Popova L G, Pagis L Y, *et al.* 2004. The Na$^+$-translocating ATPase in the plasma membrane of the marine microalga *Tetraselmis* viridis catalyzes Na$^+$/H$^+$ exchange [J]. Planta, 219 (2): 332-337.

Balsamo R A, Adams M E, Thomson W W. 1995. Electrophysiology of the Salt Glands of *Avicennia germinans* [J]. International Journal of Plant Sciences, 156 (5): 658-667.

Ben H A, Ghanem M E, Bouzid S, *et al.* 2008. An inland and a coastal population of the Mediterranean xero-halophyte species *Atriplex halimus* L. differ in their ability to accumulate proline and glycinebetaine in response to salinity and water stress [J]. Journal of Experimental Botany, 59 (6): 1315-1326.

Ben H A, Ghanem M E, Bouzid S, *et al.* 2009. Abscisic acid has contrasting effects on salt excretion and polyamine concentrations of an inland and a coastal population of the Mediterranean xero-halophyte species *Atriplex halimus* [J]. Ann Bot, 104 (5): 925-936.

Bose J, Rodrigomoreno A, Shabala S. 2014. ROS homeostasis in halophytes in the context of salinity stress tolerance [J]. Journal of Experimental Botany, 65 (5): 1241-1257.

Bose J, Shabala L, Pottosin I, *et al.* 2014. Kinetics of xylem loading, membrane potential maintenance, and sensitivity of K ($^+$) - permeable channels to reactive oxygen species: physiological traits that differentiate salinity tolerance between pea and barley. [J]. Plant Cell & Environment, 37 (3): 589-600.

Budimir M, Damjanovic D, Setter N. 2010. The use of low [CO_2] to estimate diffusional and non-diffusional limitations of photosynthetic capacity of salt-stressed olive saplings [J]. Plant Cell & Environment, 26 (4): 585-594.

Chen J, Xiao Q, Wu F, *et al.* 2010. Nitric oxide enhances salt secretion and Na$^+$ sequestration in a mangrove plant, *Avicennia marina*, through increasing the expression of H$^+$-ATPase and Na$^+$/H$^+$ antiporter under high salinity [M]. Oxford Univ Press.

Chen T H, Murata N. 2008. Glycinebetaine: an effective protectant against abiotic stress in plants [J]. Trends in Plant Science, 13 (9): 499-505.

Cheng T, Chen J, Zhang J, *et al.* 2015. Physiological and proteomic analyses of leaves from the halophyte *Tangut nitraria* reveals diverse response pathways critical for high salinity tolerance [J]. Front Plant Sci, 6 (30): 30.

Colmeneroflores J M, Martínez G, Gamba G, *et al.* 2010. Identification and functional characterization of cation-chloride cotransporters in plants. [J]. Plant Journal, 50 (2): 278-292.

Dang Z H, Zheng L L, Wang J, *et al.* 2013. Transcriptomic profiling of the salt-stress response in the wild recretohalophyte *Reaumuria trigyna* [J]. Bmc Genomics, 14 (1): 29-29.

Debez A, Braun H P, Pich A, *et al.* 2012. Proteomic and physiological responses of the halophyte Cakile maritima to moderate salinity at the germinative and vegetative stages. [J]. Journal of Proteomics, 75 (18): 5667-5694.

Deinlein U, Stephan A B, Horie T, *et al.* 2014. Plant salt-tolerance mechanisms. [J]. Trends in Plant Science, 19 (6): 371-379.

Demidchik V, Cuin T A, Svistunenko D, *et al.* 2010. Arabidopsis root K^+-efflux conductance activated by hydroxyl radicals: single-channel properties, genetic basis and involvement in stress-induced cell death. [J]. Journal of Cell Science, 123 (Pt 9): 1468-1479.

Diedhiou C J, Popova O V, Golldack D. 2009. Transcript profiling of the salt-tolerant *Festuca rubra* ssp. litoralis reveals a regulatory network controlling salt acclimatization [J]. Journal of Plant Physiology, 166 (7): 697-711.

Fernandez-Garcia N, Hernandez M, J. Casado-vela, *et al.* 2011. Changes to the proteome and targeted metabolites of xylem sap in Brassica oleracea, in response to salt stress [J]. Plant Cell & Environment, 34 (5): 821-836.

Finnie C, Borch J, Collinge D B, *et al.* 1999. 14-3-3 proteins: eukaryotic regulatory proteins with many functions [J]. Plant Molecular Biology, 40 (4): 545-554.

Flowers T J, Colmer T D. 2015. Plant salt tolerance: adaptations in halophytes [J]. Ann Bot, 115 (3): 327-331.

Gao C, Wang Y, Liu G, *et al.* 2008. Expression profiling of salinity-alkali stress responses by large-scale expressed sequence tag analysis in *Tamarix hispid* [J]. Plant Molecular Biology, 66 (3): 245-258.

Ghars M A, Parre E, Debez A, *et al.* 2008. Comparative salt tolerance analysis between *Arabidopsis thaliana* and *Thellungiella halophila*, with special emphasis on K ($^+$) /Na ($^+$) selectivity and proline accumulation [J]. Journal of Plant

Physiology, 165 (6): 588-599.

Gruber V, Blanchet S, Diet A, *et al.* 2009. Identification of transcription factors involved in root apex responses to salt stress in*Medicago truncatula* [J]. Molecular Genetics & Genomics Mgg, 281 (1): 55-66.

Grumolato L, Elkahloun A G, Ghzili H, *et al.* 2003. Microarray and suppression subtractive hybridization analyses of gene expression in pheochromocytoma cells reveal pleiotropic effects of pituitary adenylate cyclase-activating polypeptide on cell proliferation, survival, and adhesion [J]. Endocrinology, 144 (6): 2368.

Guerra D, Prieto G, Pena I, *et al.* 2018. A Reassessment of the Function of the So-Called Compatible Solutes in the Halophytic Plumbaginaceae [J]. Current Vascular Pharmacology, 144 (3): 1598-1611.

Guinn E J, Pegram L M, Capp M W, *et al.* 2011. Quantifying why urea is a protein denaturant, whereas glycine betaine is a protein stabilizer [J]. Proceedings of the National Academy of Sciences of the United States of America, 108 (41): 16932-16937.

Hamada A, Shono M, Xia T, *et al.* 2001. Isolation and characterization of a Na^+/H^+ antiporter gene from the halophyte *Atriplex gmelini* [J]. Plant Molecular Biology, 46 (1): 35-42.

Hare P D, Cress W A, Van Staden J. 2010. Dissecting the roles of osmolyte accumulation during stress [J]. Plant Cell & Environment, 21 (6): 535.

Hasegawa P M, Bressan R A, Zhu J K, *et al.* 2000. Plant Cellular and Molecular Responses To High Salinity [J]. Annu Rev Plant Physiol Plant Mol Biol, 51 (51): 463-499.

He Y, Zhang Y, Chen L, *et al.* 2017. A Member of the14 - 3 - 3Gene Family in *Brachypodium* distachyon, BdGF14d, Confers Salt Tolerance in Transgenic Tobacco Plants: [J]. Frontiers in Plant Science, 8 (1099).

Inès S, Chedly A, Alain B, *et al.* 2015. Diversity, distribution and roles of osmoprotective compounds accumulated in halophytes under abiotic stress [J]. Annals of Botany, 115 (3): 433-47.

Jaspers P, Kangasjärvi J. 2010. Reactive oxygen species in abiotic stress signaling [J]. Physiologia Plantarum, 138 (4): 405.

Jia X Y, Xu C Y, Jing R L, *et al.* 2008. Molecular cloning and characterization of wheat calreticulin (CRT) gene involved in drought - stressed responses. [J].

Journal of Experimental Botany, 59 (4): 739.

Jithesh M N, Prashanth S R, Sivaprakash K R, et al. 2006. Antioxidative response mechanisms in halophytes: their role in stress defence [J]. Journal of Genetics, 85 (3): 237.

Kant S, Kant P, Raveh E, et al. 2006. Evidence that differential gene expression between the halophyte, *Thellungiella halophila*, and *Arabidopsis thaliana* is responsible for higher levels of the compatible osmolyte proline and tight control of Na^+ uptake in *T. halophila* [J]. Plant Cell & Environment, 29 (7): 1220.

Katschnig D, Bliek T, Rozema J, et al. 2015. Constitutive high-level SOS1 expression and absence of HKT1; 1 expression in the salt-accumulating halophyte *Salicornia dolichostachya* [J]. Plant Science, 234: 144-54.

Khan M S. 2011. Role of sodium and hydrogen (Na^+/H^+) antiporters in salt tolerance of plants: Present and future challenges [J]. African Journal of Biotechnology, 10 (63): 13693-13704.

Kobayashi H, Masaoka Y, Takahashi Y, et al. 2007. Ability of salt glands in Rhodes grass (*Chloris gayana* Kunth) to secrete Na^+ and K^+ [J]. Soil Science And Plant Nutrition, 53 (6): 764-771.

Komatsu S, Yang G, Khan M, et al. 2007. Over-expression of calcium-dependent protein kinase 13 and calreticulin interacting protein 1 confers cold tolerance on rice plants. [J]. Molecular Genetics & Genomics, 277 (6): 713-723.

Krapp A R, Tognetti V B, Carrillo N, et al. 1997. The role of ferredoxin-$NADP^+$ reductase in the concerted cell defense against oxidative damage-studies using Escherichia coli mutants and cloned plant genes [J]. Febs Journal, 249 (2): 556.

Kuznetsov V V, Rakitin V Y, Sadomov N G, et al. 2002. Do Polyamines Participate in the Long-Distance Translocation of Stress Signals in Plants? [J]. Russian Journal of Plant Physiology, 49 (1): 120-130.

K. Kabała, Janicka-Russak M. 2012. Na^+/H^+ antiport activity in plasma membrane and tonoplast vesicles isolated from $NaCl^-$ treated cucumber roots [J]. Biologia Plantarum, 56 (2): 377-382.

Lahner B, Gong J, Mahmoudian M, et al. 2003. Genomic scale profiling of nutrient and trace elements in *Arabidopsis thaliana* [J]. Nature Biotechnology, 21 (10): 1215-1221.

Li T X, Zhang Y, Liu H, et al. 2010. Stable expression of *Arabidopsis*, vacuolar $Na^+/$

H$^+$, antiporter gene AtNHX1, and salt tolerance in transgenic soybean for over six generations [J]. Science Bulletin, 55 (12): 1127-1134.

Liu X, Yang C, Zhang L, *et al.* 2011. Metabolic profiling of cadmium-induced effects in one pioneer intertidal halophyte *Suaeda salsa*, by NMR-based metabolomics [J]. Ecotoxicology, 20 (6): 1422.

Loh C S, Lim T M, Tan W K. 2010. A simple, rapid method to isolate salt glands for three-dimensional visualization, fluorescence imaging and cytological studies [J]. Plant Methods, 6 (1): 24.

Ma H Y, Tian C Y, Feng G, *et al.* 2011. Ability of multicellular salt glands in Tamarix species to secrete Na$^+$ and K$^+$ selectively. [J]. Science China Life Sciences, 54 (3): 282-289.

Maathuis F J. 2006. The role of monovalent cation transporters in plant responses to salinity [J]. Journal of Experimental Botany, 57 (5): 1137-1147.

Mansour M M F. 2004. Nitrogen Containing Compounds and Adaptation of Plants to Salinity Stress [J]. Biologia Plantarum, 43 (4): 491-500.

Mikael B, Basia V, Alatalo E R, *et al.* 2005. Gene expression and metabolite profiling of Populus euphraticagrowing in the Negev desert [J]. Genome Biology, 6 (12): 101.

Miyama M, Tada Y. 2008. Transcriptional and physiological study of the response of *Burma mangrove* (*Bruguiera gymnorhiza*) to salt and osmotic stress. [J]. Plant Molecular Biology, 68 (1-2): 119-129.

Mohanty P. 2004. Defense potentials to NaCl in a mangrove, Bruguiera parviflora: differential changes of isoforms of some antioxidative enzymes. [J]. Journal of Plant Physiology, 161 (5): 531-542.

Muchate N S, Nikalje G C, Rajurkar N S, *et al.* 2016. Plant Salt Stress: Adaptive Responses, Tolerance Mechanism and Bioengineering for Salt Tolerance [J]. Botanical Review, 1-36.

Naidu B P. 2003. Production of betaine from Australian *Melaleuca* spp. for use in agriculture to reduce plant stress [J]. Australian Journal of Experimental Agriculture, 43 (9): 1163-1170.

Oi T, Hirunagi K, Taniguchi M, *et al.* 2013. Salt excretion from the salt glands in Rhodes grass (*Chloris gayana* Kunth) as evidenced by low-vacuum scanning electron microscopy [J]. Flora, 208 (1): 52-57.

Pang Q, Chen S, Dai S, *et al.* 2010. Comparative proteomics of salt tolerance in *Arabidopsis thaliana* and *Thellungiella halophila* [J]. Journal of Proteome Research, 9 (5): 2584-2599.

Parida A K, Das A B, Sanada Y, *et al.* 2004. Effects of salinity on biochemical components of the mangrove, Aegiceras corniculatum [J]. Aquatic Botany, 80 (2): 77-87.

Parks G E, Dietrich M A, Schumaker K S. 2002. Increased vacuolar Na^+/H^+ exchange activity in *Salicornia bigelovii* Torr. in response to NaCl [J]. Journal of Experimental Botany, 53 (371): 1055-1065.

Pengxiang F, Juanjuan F, Ping J, *et al.* 2011. Coordination of carbon fixation and nitrogen metabolism in*Salicornia europaea* under salinity: Comparative proteomic analysis on chloroplast proteins [J]. Proteomics, 11 (22): 4346-4367.

Pérezclemente R M, Vives V, Zandalinas S I, *et al.* 2012. Biotechnological Approaches to Study Plant Responses to Stress [J]. BioMed Research International, 2013, (2012-12-30), 2013 (1): 654120.

Qiu Q S, Barkla B J, Zhu J K, *et al.* 2003. Na^+/H^+ Exchange Activity in the Plasma Membrane of *Arabidopsis* [J]. Plant Physiology, 132 (2): 1041.

Redondogómez S, Mateosnaranjo E, Figueroa M E, *et al.* 2010. Salt stimulation of growth and photosynthesis in an extreme halophyte, *Arthrocnemum macrostachyum* [J]. Plant Biology, 12 (1): 79-87.

Sahu B B, Shaw B P. 2009. Isolation, identification and expression analysis of salt-induced genes in Suaeda maritima, a natural halophyte, using PCR-based suppression subtractive hybridization [J]. Bmc Plant Biology, 9 (1): 69.

Sairam R K, Tyagi A. 2002. Physiology and molecular biology of salinity stress tolerance in plants. Cur Sci [J]. Current Science, 86 (3).

Salt D E, Baxter I, Lahner B. 2008. Ionomics and the Study of the Plant Ionome [J]. Annual Review of Plant Biology, 59 (59): 709.

Sanadhya P, Agarwal P, Agarwal P K. 2015. Ion homeostasis in a salt-secreting halophytic grass [J]. AoB PLANTS, 7.

Sanchez D H, Pieckenstain F L, Escaray F, *et al.* 2011. Comparative ionomics and metabolomics in extremophile and glycophytic Lotus species under salt stress challenge the metabolic pre - adaptation hypothesis [J]. Plant Cell & Environment, 34 (4): 605.

Sanchez D H, Siahpoosh M R, Roessner U, et al. 2008. Plant metabolomics reveals conserved and divergent metabolic responses to salinity [J]. Physiologia Plantarum, 132 (2): 209-219.

Sauve R J, Zhou S, Liu Z, et al. 2011. Identification of Salt-induced Changes in Leaf and Root Proteomes of the Wild Tomato, *Solanum* chilense [J]. Journal of the American Society for Horticultural Science American Society for Horticultural Science, 136 (4): 288-302.

Schroeder J I, Delhaize E, Frommer W B, et al. 2013. Using membrane transporters to improve crops for sustainable food production [J]. Nature, 497 (7447): 60-66.

Semenova G A, Fomina I R, Biel K Y. 2010. Structural features of the salt glands of the leaf of Distichlis spicata, 'Yensen 4a' (Poaceae) [J]. Protoplasma, 240 (4): 75-82.

Shabala S, Mackay A. 2011. Ion Transport in Halophytes [J]. Advances in Botanical Research, 57 (Suppl 2): 151-199.

Shabala S. 2009. Salinity and programmed cell death: unravelling mechanisms for ion specific signalling [J]. Journal of Experimental Botany, 60 (3): 709-712.

Shi H, Quintero F J, Pardo J M, et al. 2002. The putative plasma membrane Na ($^+$) /H ($^+$) antiporter SOS1 controls long-distance Na ($^+$) transport in plants [J]. Plant Cell, 14 (2): 465-477.

Singh U M, Sareen P, Sengar R S, et al. 2013. Plant ionomics: a newer approach to study mineral transport and its regulation [J]. Acta Physiologiae Plantarum, 35 (9): 2641-2653.

Sobhanian H, Motamed N, Jazii F R, et al. 2010. Salt Stress Induced Differential Proteome and Metabolome Response in the Shoots of *Aeluropus lagopoides* (Poaceae), a Halophyte C-4 Plant [J]. Journal of Proteome Research, 9 (6): 2882-2897.

Soussi M, Lluch C, Ocaña A. 1999. Comparative study of nitrogen fixation and carbon metabolism in two chick-pea (*Cicer arietinum* L.) cultivars under salt stress [J]. Journal of Experimental Botany, 50 (340): 1701-1708.

Stepien P, Johnson G N. 2009. Contrasting responses of photosynthesis to salt stress in the glycophyte *Arabidopsis* and the halophyte thellungiella: role of the plastid terminal oxidase as an alternative electron sink. [J]. Plant Physiology, 149 (2): 1154-1165.

Su H, Balderas E, Veraestrella R, et al. 2003. Expression of the cation transporter

McHKT1 in a halophyte [J]. Plant Molecular Biology, 52 (5): 967-980.

Sugihara K, Hanagata N, Dubinsky Z, *et al.* 2000. Molecular Characterization of cDNA Encoding Oxygen Evolving Enhancer Protein 1 Increased by Salt Treatment in the Mangrove *Bruguiera gymnorrhiza* [J]. Plant & Cell Physiology, 41 (11): 1279-1285.

Sun W, Bernard C, Cotte B V D, *et al.* 2001. At-HSP17.6A, encoding a small heat-shock protein in Arabidopsis, can enhance osmotolerance upon overexpression [J]. Plant Journal, 27 (5): 407-415.

Tada Y, Kashimura T. 2009. Proteomic analysis of salt-responsive proteins in the mangrove plant, *Bruguiera gymnorhiza* [J]. Plant & Cell Physiology, 50 (3): 439-446.

Taji T, Komatsu K, Katori T, *et al.* 2010. Comparative genomic analysis of 1047 completely sequenced cDNAs from an *Arabidopsis*-related model halophyte, Thellungiella halophila [J]. Bmc Plant Biology, 10 (1): 261.

Taji T, Seki M, Satou M, *et al.* 2004. Comparative Genomics in Salt Tolerance between *Arabidopsis* and *Arabidopsis*-Related Halophyte Salt Cress Using Arabidopsis Microarray [J]. Plant Physiology, 135 (3): 1697-1709.

Takahashi J I. 2010. Polyamines: ubiquitous polycations with unique roles in growth and stress responses. [J]. Ann Bot, 105 (1): 1-6.

Tan T, Cai J, Zhan E, *et al.* 2016. Stability and localization of 14-3-3 proteins are involved in salt tolerance in *Arabidopsis* [J]. Plant Molecular Biology, 92 (3): 391-400.

Tan W K, Lin Q, Lim T M, *et al.* 2013. Dynamic secretion changes in the salt glands of the mangrove tree species *Avicennia officinalis* in response to a changing saline environment [J]. Plant Cell & Environment, 36 (8): 1410-1422.

Timothyj F, Hanaak G, Lindell B. 2010. Evolution of halophytes: multiple origins of salt tolerance in land plants [J]. Functional Plant Biology, 37 (7): 604-612.

Volkov V. 2015. Salinity tolerance in plants. Quantitative approach to ion transport starting from halophytes and stepping to genetic and protein engineering for manipulating ion fluxes [J]. Frontiers in Plant Science, 6: 873.

Wan X Y, Liu J Y. 2008. Comparative proteomics analysis reveals an intimate protein network provoked by hydrogen peroxide stress in rice seedling leaves [J]. Molecular & Cellular Proteomics, 7 (8): 1469-1488.

Wang L, Liu X, Liang M, *et al.* 2014. Proteomic analysis of salt-responsive proteins in the leaves of mangrove Kandelia candel during short-term stress. [J]. Plos One, 9 (1): e83141.

Wang X, Chang L, Wang B, *et al.* 2013. Comparative proteomics of *Thellungiella halophila* leaves from plants subjected to salinity reveals the importance of chloroplastic starch and soluble sugars in halophyte salt tolerance [J]. Molecular & Cellular Proteomics, 12 (8): 2174-2195.

Wang X, Fan P, Song H, *et al.* 2009. Comparative Proteomic Analysis of Differentially Expressed Proteins in Shoots of *Salicornia europaea* under Different Salinity [J]. Journal of Proteome Research, 8 (7): 3331-3345.

Wang Y, Chu Y, Liu G, *et al.* 2007. Identification of expressed sequence tags in an alkali grass (*Puccinellia tenuiflora*) cDNA library. [J]. Journal of Plant Physiology, 164 (1): 78-89.

Wang Y, Yang C, Liu G, *et al.* 2007. Development of a cDNA microarray to identify gene expression of *Puccinellia tenuiflora* under saline-alkali stress [J]. Plant Physiology & Biochemistry, 45 (8): 567-576.

Wang Y, Yang C, Liu G, *et al.* 2007. Microarray and suppression subtractive hybridization analyses of gene expression in *Puccinellia tenuiflora*, after exposure to NaHCO$_3$ [J]. Plant Science, 173 (3): 309-320.

Witzel K, Weidner A, Surabhi G K, *et al.* 2009. Salt stress-induced alterations in the root proteome of barley genotypes with contrasting response towards salinity. [J]. 60 (12): 3545-3557.

Wu S J. 2003. Overexpression of a plasma membrane Na$^+$/H$^+$ antiporter gene improves salt tolerance in *Arabidopsis thaliana* [J]. Nature Biotechnology, 21 (1): 81-85.

Xu W F, Shi W M. 2006. Expression profiling of the 14-3-3 gene family in response to salt stress and potassium and iron deficiencies in young tomato (Sol*anum lycopersicum*) roots: analysis by real-time RT-PCR. [J]. Annals of Botany, 98 (5): 965-974.

Yang M F, Song J, Wang B S. 2010. Organ-specific responses of vacuolar H$^+$-ATPase in the shoots and roots of C halophyte *Suaeda salsa* to NaCl [J]. Plant Science, 52 (3): 308-314.

YiL P, Ma J, Li Y. 2007. Impact of salt stress on the features and activities of root system for three desert halophyte species in their seedling stage [J]. Science China

Earth Sciences, 50 (S1): 97-106.

Yu J, Chen S, Zhao Q, et al. 2011. Physiological and proteomic analysis of salinity tolerance in *Puccinellia tenuiflora* [J]. Journal of Proteome Research, 10 (9): 3852-3870.

Yuan F, Chen M, Leng B Y, et al. 2013. An efficient autofluorescence method for screening Limonium bicolor, mutants for abnormal salt gland density and salt secretion [J]. South African Journal of Botany, 88 (9): 110-117.

Yuan F, Lyu M J, Leng B Y, et al. 2015. Comparative Transcriptome Analysis of Developmental Stages of the Limonium bicolor Leaf Generates Insights into Salt Gland Differentiation [J]. Plant Cell & Environment, 38 (8): 1637-1657.

Zehra A, Gul B, Ansari R, et al. 2012. Role of calcium in alleviating effect of salinity on germination of Phragmites karka seeds [J]. South African Journal of Botany, 78 (1): 122-128.

Zhang H, Han B, Wang T, et al. 2012. Mechanisms of Plant Salt Response: Insights from Proteomics [J]. Journal of Proteome Research, 11 (1): 49-67.

Zhang J, Jia W, Yang J, et al. 2006. Role of ABA in integrating plant responses to drought and salt stresses [J]. Field Crops Research, 97 (1): 111-119.

Zhang Y, Fonslow B R, Shan B, et al. 2013. Protein Analysis by Shotgun/Bottom-up Proteomics [J]. Chemical Reviews, 113 (4): 2343-2394.

Zhou H, Guo Y. 2014. Inhibition of the Arabidopsis Salt Overly Sensitive Pathway by 14-3-3 Proteins [J]. Plant Cell, 26 (3): 1166-1182.

Zhu J K. 2002. Salt and Drought Stress Signal Transduction in Plants [J]. Annual Review of Plant Biology, 53 (53): 247-273.

Zhu J, Zhu J, Chinnusamy V, et al. 2005. Understanding and Improving Salt Tolerance in Plants [J]. Crop Science, 45 (2): 437-448.

Zouari N, Saad R B, Legavre T, et al. 2007. Identification and sequencing of ESTs from the halophyte grass *Aeluropus littoralis* [J]. Gene, 404 (1): 61-69.

第三章　海水作物的种类与栽培现状

第一节　粮食作物

进入 21 世纪，我国人口总量还在不断增加，人均耕地不断减少，远远低于世界平均水平。与此同时，我国土地盐碱化、次生盐渍化面积不断扩大，形势异常严峻。山东大学海水灌溉农业专家夏光敏教授指出，若在盐碱荒地和沿海滩涂种植耐盐作物，那么全国可多增耕地 0.4 亿 hm^2，相当于中国现有耕地面积的 1/3，从而大幅度增加了可利用的土地面积。因此，发展海水灌溉农业，充分利用沿海滩涂，可以有效缓解我国人多地少的紧张状况，同时对土地改良，提高土地肥力也具有积极的作用（韩立民和张振，2014）。发展海水灌溉农业有利于实现粮食和营养安全的目标，在现有耕地面积基础上，依靠提高单产来提高粮食产出的空间逐渐缩小，而开辟广袤的沿海滩涂，发展海水灌溉农业，可有效增加农业生产面积和粮食产量，对保障国家粮食和营养安全起到促进作用。据估算，发展海水灌溉农业，我国每年可增产耐盐小麦、水稻、油料作物约 1.5 亿 t，从而极大地降低粮食和营养风险，保障国家食品安全。一旦海水农业得以实现，以淡水灌溉的传统农业将发生巨大变化，巨量的海水和荒废的滩涂转化为资源，农业生产将进入一个更为广阔的空间。由于世界上淡水资源的不足，农田次生盐渍化的日益加剧，迫使人们考虑在作物栽培中如何利用海水灌溉的问题（赵可夫，1999）。

目前，可获得耐海水植物的途径有：①对盐生植物进行筛选、驯化，选育有经济价值的耐盐品种；②通过基因工程和细胞工程提高普通农作物耐盐性，培育耐盐作物品种。一般认为，驯化野生盐生植物并使之作物化是发展海水农业的捷径。据估计世界上盐生植物种类 2 000~3 000 种，已经鉴定的有 1 500 种左右（林栖凤，2005），它们广阔的分布在湿地、沿海滩涂、沼泽地带及干旱、内陆盐化沙漠，其中有一些可以实现海水浇灌并被当作食物。

一、盐草

盐草（*Distichlis palmer*）为多年生 C_4 植物，主要分布在北美加利福尼亚湾（Felger，2000；Pearlstein 等，2012）。其分布的中心是科罗拉多河三角洲的潮间带，那里的潮汐振幅为 5m，每天被海水浇灌，盐草在这些泥滩里密集生长，往往形成单一群落。它是一种多年生植物，雌雄异株，雌株每年产生大量的种子。自然条件下盐草植株生长茂密，随着潮汐分布高度从 15~45cm。雌株和雄株分布错落有致，雌株或雄株绵延数百平方米。这种分布说明植株主要靠根茎进行无性繁殖，而不是靠种子传播。植株在 4 月开花，5 月成熟。盐草种子发芽的盐度高达 30g/L（TDS 最高盐度测试）。盐草能够生长在淹水条件下，通过通气组织呼吸。盐草有盐腺，叶表面分泌 NaCl，可以通过洗涤去除，即使生长在高盐环境中，内部组织也不积累 NaCl。

盐草的食用价值被生活在科科帕三角洲的人们发现（Castetter 和 Bell，1951；Felger，1976；Felger 和 Nabhan，1978；Felger，2000）。他们在 6 月收获被高潮冲洗过的种子，种子被称为 nipa，这个词也被首次用来向西方人介绍小麦。将盐草作为现代作物始于 20 世纪 70 年代（Felger 和 Nabhan，1978）。大部分粮食作物都是一年生的，而盐草不需要每年重新播种（Glover 等，2010）。在常规粮食作物中，只有水稻能够在厌氧条件下生长，其他的则需要水良好的好氧土壤。近年来，人们试图将谷物的种植范围扩大到缺氧条件的盐渍土（Barrett-Lennard，2003；Colmer 和 Flowers，2008）。而盐草是排水不良、土地贫瘠土壤的自然物种。因此，能在淹水条件下正常生长的能力使盐草作为土地改良作物具有明显的优势，使其有望在盐碱土上进行食品生产。

Pearlstein 通过调查盐草天然种群和温室试验来评估其粮食作物潜力（Pearlstein 等，2012）。尽管盐草种子生产量巨大，但没有新的幼苗分布。盐草雌株茎密度 700~1 100个/m^2，每个茎约有 11.6 个成熟的种子，完整的谷穗有 50.6% 是空的。茎平均重 3.02g，种子干重 0.139g，收获指数（种子占总生物量比例）0.044。因此，推断生物量和种子产量分别为 2.72kg 和 0.125kg/m^2。雌株的种子产量相当于 1.25t/hm^2，这已经超出了粮食作物产量低限（美国农业部，2011）。但是，Yensen（2006）报道在野外条件下产量可以达到 2~4t/hm^2。将盐草发展成为粮食作物最严重的障碍是缺乏了解控制粮食生产的影响因素，虽然盐草生产种子是可靠的，但目前为止我们还没有在温室条件下观察到大量开花结实。目前，盐草作为粮食作物的潜力在田间试验条件下尚未取得成功。

二、藜麦

藜麦（*Chenopodium quinoa* Willd）是藜科（Chenopodiaceae）藜属（*Chenopodium*）

一年生植物。藜麦原产于南美洲安第斯山脉海拔 2 800～4 500m 的一年生草本的谷物，有长达 7 000 多年的栽培历史（Vega-Gálvez 等，2010）。藜麦名字里虽然有个"麦"，但它在植物分类学中与小麦、大麦、燕麦等禾本科植物并不是同一类，也不属于谷类作物，而是与菠菜、甜菜等同属藜科植物，有人称其为"假谷物"（pseudo-cereal）。玻利维亚是世界上最大的藜麦出口国，2009 年出口藜麦 14 280t，约为总产的 51%，其中美国藜麦进口量占玻利维亚出口总量的 45%。根据玻利维亚政府建议，联合国大会将 2013 年定为"国际藜麦年"。西藏农牧学院和西藏自治区农牧科学院早在 1987 年就开始了藜麦的引种栽培试验，随后在西藏境内小面积试种成功（贡布扎西，旺姆，1995）。目前，在中国境内，甘肃、青海、山西、陕西、浙江等地，都有小规模的适应性种植。

藜麦是一年生草本，植株呈扫帚状，株高 60～300cm，茎木质粗壮直立，单叶互生，叶全缘或波状锯齿。藜麦花序有穗状、圆锥和伞房等多种类型；花两性，白花授粉为主。藜麦根系庞大、须根多、气孔结构独特及囊泡吸水性强因而抗旱性强，生育期 90～225 天。藜麦主要食用种子，种子形状呈药片状，扁圆形，大小与小米一样，颜色有乳白色、乳黄色、紫色等多种颜色，其营养价值极高。

藜麦是一种高度耐盐的盐生植物，Gómez-Pando 等评价了 182 份藜麦资源的芽期耐盐性，发现其中 15 份资源在 25dS/m 的盐溶液中发芽率能达到 60%（Gómez-Pando 等，2010）。秘鲁藜麦品种 Kancolla 在 57dS/m 的盐溶液中发芽率高达 75%（Jacobsen，2003）。在苗期，150mmol/L NaCl 溶液对不同品种的藜麦幼苗的生长没有显著影响，但 300mmol/L NaCl 溶液处理幼苗，不同品种表现出不同耐受性（Ruiz-Carrasco 等，2011）。Mulica 等在盐水灌溉情况下发现藜麦耐酸碱值范围为 4.8～9.5（Mulica，1994）。

藜麦中含有大量的优质蛋白，平均含量达到 12%～23%（Abugoch，2008），与肉类及奶粉相当。与其他谷物相比，藜麦的蛋白质含量高于大麦（11%）、水稻（7.5%）和玉米（13.4%），与小麦（15.4%）蛋白质含量相当（Wright，2002）。蛋白质的营养品质由必需氨基酸的比例决定，藜麦中含有人体必需的 9 种氨基酸，比例适当且易于吸收，尤其富含其他植物中缺乏的赖氨酸，赖氨酸对促进免疫反应中抗体的形成、调节脂肪酸代谢、促进钙的吸收和转运，以及在参与细胞损伤修复和癌症预防等方面有重要作用。单从氨基酸角度考量，藜麦的健康价值超过多数"全谷物"，这也是藜麦被认作是"健康食品"的最主要原因。

种子含油量为 6.58%～7.17%，其中不饱和脂肪酸高达 89.42%，另外还富含类黄酮、B 族维生素和维生素 E 等多种有益化合物。藜麦中富含的类黄酮和植物甾醇类物质，具有很强的抗氧化能力，能够防止皮肤老化（Graf，2015；Laus，2012）。藜麦膳食纤维的持水性强，在增强饱腹感方面的作用明显，适合减肥人群食用，是目前国际市场上流行的减肥食品之一（Alan，2011）。

近年来，由于藜麦所特有的功能特性与生物特性，受到越来越多人的关注，成为一种非常有前途的植物。在我国藜麦也得到了迅速发展，山西静乐县在 2008 年引进种植，到 2012 年藜麦种植面积突破 67hm²，产量平均在 2 250kg/hm² 左右，最高可达 4 500kg/hm²，获得非常大的成功。基于藜麦的高蛋白质水平，独特的氨基酸模式，各种维生素、矿物质和生物活性物质，它将作为一种新型的全营养食品具有广阔的应用前景。

三、大麦

大麦（*Hordeum vulgare*），别名牟麦、饭麦、赤膊麦，禾本科一年生草本植物，秆粗壮，光滑无毛，直立，叶鞘松弛抱茎，多无毛或基部具柔毛；两侧有两披针形叶耳；叶舌膜质，具坚果香味。我国各地都有栽培。我国大麦的分布在栽培作物中最广泛，但主要产区相对集中，主要分布在长江流域、黄河流域和青藏高原。

大麦是世界上栽培历史最悠久的作物之一，具有生育期短，早熟高产、适应性强等特点，是禾本科植物中较为耐盐的作物。研究发现，在 120mmol/L NaCl 胁迫下，大麦相对发芽率到 80% 以上；在土壤含盐量 4‰ 的盐土条件下，海盐大麦产量最高达到 4 344kg/hm²，说明其在苗期及成熟期具有较强的耐盐性，在盐土条件下均表现出较好的产量（乔海龙等，2015）。

大麦营养成分丰富、全面，未经加工处理的大麦含有 65%~68% 的淀粉，10%~17% 的蛋白质，4%~9% 的 β-葡聚糖，2%~3% 的脂类和 1.5%~2.5% 的矿物质。大麦具有比小麦和大米等其他常见粮食作物更高的直链淀粉含量，未去壳精细化的大麦属于低血糖生成指数的食物，能缓慢而持续地为人体提供能量并有效控制血糖水平（Izydorczyk，2005）。大麦的壳、麸皮及胚芽中富含膳食纤维，总膳食纤维含量为 11%~34%，平均总膳食纤维为 14.6%（Abdel，2006）。大麦壳与麸皮中的膳食纤维不会被小肠内的酶分解生成葡萄糖，也不为机体提供能量，但它同其他蔬果中膳食纤维相比更容易吸水膨胀至原先体积的数倍而增加食用者的饱腹感，是减肥人群的理想选择（Hansen 等，2012）。与小麦相比，大麦中氨基酸种类比较齐全，总体含量略低于小麦，但大麦中必需氨基酸含量略高，特别是第一、第二限制性氨基酸赖氨酸、苏氨酸含量均高于小麦含量的 15.0% 左右，表现出较好的营养品质；大麦蛋白质组分中醇溶蛋白和麦谷蛋白的含量较低，是其不能形成面筋网络组织的主要原因。

另外，大麦中含有 α-生育三烯醇、γ-氨基丁酸（GABA）、黄酮等多种功能成分。研究表明，γ-氨基丁酸是一种神经递质非蛋白类氨基酸，以自由态形式广泛存在于植物中，具有降血压、抗惊厥、营养神经细胞、改善脑机能、促进生长激素分泌等功能，以及肝、肾功能活化和促进乙醇代谢、改善更年期综合征等作用（张晖，姚惠源，姜元荣，2002）。黄酮类化合物（Flavonoids）是植物界分布广泛的多酚类物质，具有保肝护肝、治疗心血管疾病、抗癌防癌、消炎缓解疼痛等重要的作用（吴冬青等，2008；Makris 和 Rossiter，2001）。

近 20 年来，"麦草食品热"风靡日本、韩国、北美等地，带动了大麦若叶苗粉的销售。大麦若叶苗（Young barley grasses）是指苗高 15~30cm 的新鲜大麦嫩茎叶，其嫩苗富含蛋白质、叶绿素、维生素、类黄酮、抗氧化酶等多种功能营养成分，具有排毒、减脂、保护胃肠道、抗疲劳、提高免疫力等功效，日益受到广大消费者的接受和喜爱。

四、海水稻

海水稻是我国近期海水农业的热点。海水稻为一年生禾本科稻属植物，介于野生稻和栽培稻之间，由海边滩涂的野生水稻繁育、海水灌溉生长结穗的水稻品种。稻苗生长长势快，再生能力强，高度可达 1.8~2.3m，而普通水稻高度仅为 1.2~1.3m。海水稻根系深，可达 30~40cm，具有抗倒伏的特点。灌浆期的海水稻，稻穗青白色，如芦苇荡。稻谷具芒刺，稻米呈红色。

2014 年 4 月，陈日胜和段洪波作为共同申请人，以"海稻 86"为品种名，向农业部申请品种权。2014 年 9 月 1 日"海稻 86"通过农业部植物新品种保护办公室颁布的农业植物新品种保护公报。2014 年 10 月 18 日，专家组对海水稻进行了现场考察，鉴于海水稻耐盐、耐淹能力强，专家组一致认为：海水稻是一种特异的水稻种质资源，具有很高的科学和研究价值，建议国家加强对海水稻资源的全面保护，并大力支持开展系统研究（陈启彪等，2016）。

海水稻的稻米也称海红米，米身呈赤红色，含有天然红色素，营养丰富。经过检测，海水稻稻米与普通精白米相比，氨基酸含量高 4.71 倍，硒含量高 7.2 倍。硒是人体必需的微量元素之一，如果人体缺硒，容易患大骨节病、克山病、胃癌、肝癌等。从这些成分考虑，海水稻的营养价值高于白稻。

据统计，我国盐碱地面积达 15 亿亩左右，如果在盐碱地上种植海水稻，按照目前亩产约 300 斤（1 斤 = 0.5 千克。全书同）计算，年产量可达 4 000 多亿斤，约为我国 2013 年粮食总产量 12 038.7 亿斤的 1/3。据估算，全世界有 143 亿亩盐碱地，如种上海水稻，可多产 21 450 亿 kg 粮食，大大缓解世界的粮食危机。通过改良海水稻的品种，提高海水稻的产量和口感问题，海水稻将会为破解人类粮食紧缺问题做出应有的贡献。

五、野大豆

野大豆（*Glycine soja*），俗称乌豆、野黄豆，属于豆科（Leguminosae）大豆属（*Glycine*）一年生草本植物，是国家二级重点保护野生植物。植株各个部分疏生黄色绒毛，主根细长，茎柔软纤细，叶为三出羽状复叶，花冠为蝶形花冠，紫红色。果为荚果，长圆形，外被褐黄色的硬毛，成熟时开裂，种子椭圆形、长圆形或近圆形稍扁，黑色、黑褐色或者褐色，种子外被泥膜。野大豆喜温且多分布于潮湿的环境中，如河沟、河流沿岸、湖边、湿草地、沼泽附近。在世界上野大豆主要分布地在中国、朝鲜、日本以及苏联与我国东北部分相连的地区，其中以我国分布最多最为广泛，除新疆、宁夏、青海、西藏外，几乎遍布全国。

野大豆耐盐碱，抗旱，耐贫瘠，在土壤 pH 值 4~9.2 的环境中都能生长，但最适微酸性至中性土壤，pH 值超过 8.5 时生长有受抑现象；野大豆喜水耐湿，在苇塘和沼泽地等多湿环境中长势良好。研究发现，150mmol/L NaCl 溶液胁迫下，野大豆植株中作为渗透调节物质的脯氨酸和可溶性糖逐渐积累以抵抗盐胁迫（张美云等，2002）。

野大豆营养丰富，具有较高的食用和药用价值。周三等（2008）研究表明野大豆中蛋白质含量为 42.71%±3.67%，脂肪含量为 8.92%±1.74%，总异黄酮含量（5 660±973.87）μg/g。大豆异黄酮是一类重要的植物雌激素，在自然界中资源十分有限，仅存在于豆科蝶形花亚科的少数植物中。大豆异黄酮是大豆中一类多酚化合物的总称，是一类具有广泛营养学价值和健康保护作用的非固醇类物质，主要包括染料木黄酮（geni stein）、黄豆苷元（daidzein）和黄豆黄素（glycitein）。大豆异黄酮对于防止骨质疏松、预防心血管疾病、缓解更年期综合征、抗氧化衰老等都起到一定的作用（刘志胜等，2000）。研究发现，染料木黄酮可以通过对酪氨酸激酶的抑制作用来抑制血小板激活和凝聚，抗血栓生成，从而预防心血管疾病（杨科峰和蔡美琴，2005）。Nagata 对上千名日本妇女做了为期 6 年的跟踪调查，发现大豆异黄酮可明显减轻由于更年期潮热而引起的不适应症状（Nagata 等，2001）。

野大豆籽粒中含有人体必需的不饱和脂肪酸，如亚油酸、油酸、亚麻酸等。郑琳等（2012）从野生大豆中共检测出 12 种脂肪酸，其中不饱和脂肪酸含量为 78.81%，以亚油酸、油酸、亚麻酸为主，其含量分别为 47.33%、15.66%、15.40%，该油脂中还含有其他植物中很少见的脂肪酸十七烷酸，该油脂具有抗癌功能。不饱和脂肪酸对于合成磷脂、形成细胞结构、维持一切组织的正常功能、合成前列腺素都是必需的。同时，它们能够使胆固醇脂化，从而降低体内血清和肝脏的胆固醇水平。

野大豆的种子呈黑色，是因为它的种皮色素中含有极其丰富的花色苷类物质。研究表明，野生大豆黑色种皮色素提取物的 DPPH 自由基清除能力和总抗氧化能力均优于栽培黑大豆，是一种天然抗氧化剂，具有很高保健价值（田萍等，2008）。

野大豆作为一种营养价值很高的药食兼用型食品，发展前景广阔。而且野大豆具有较强的抗逆性和繁殖能力，便于发展人工栽培和深加工，综合利用野大豆资源。在开发利用野大豆的同时，应加强对其优良种质资源的保护和杂交选育，确保将这一野生资源优势持续、有效地利用。

六、月见草

月见草（*Oenothera biennis*），俗称山芝麻、夜来香，柳叶菜科月见草属，一二年或多年生草本植物。原产于墨西哥和中美洲，后被作为花卉及药用植物引入我国，多属野生。月见草在我国分布广且变异大，主要分布在吉林、黑龙江和辽宁省，河北、山东、江苏等地也有少量栽培，作观赏用。

月见草株高 150～200cm。根圆柱状，白色肉质，粗壮，长 10～20cm，直立，有分枝。幼苗期基生叶丛生，莲座状；茎生叶互生，茎下部的叶有叶柄，上部的叶近无叶柄，叶片长圆状，披针形或倒披针形，稀为椭圆形，长 5～10cm、宽 1.5～3cm，叶缘具不整齐的疏锯齿。两面疏生细毛或不明显。花单生于茎上部叶腋间，穗状，黄色或黄白色，芳香，夜晚芬芳尤浓。蒴果长圆形，稍弯，先端尖；种子多数，棕褐色，不规则三棱状。野生月见草多生长于向阳山坡、荒地、河岸沙砾地等处，适应性强，耐旱涝，抗风寒。对土壤要求不严，一般中性微酸或微碱性土壤均能生长。

月见草油富含多种不饱和脂肪酸，亚油酸含量为 73%～76%，γ-亚麻酸含量为 9%～12%。作为人体必需脂肪酸之一，γ-亚麻酸及其系列代谢物对人体免疫、循环、生殖、内分泌等都有重要而广泛的生理作用。研究证实，γ-亚麻酸具有调节血脂的功能，对血小板在动脉内皮细胞促使脂质沉积有明显抑制作用，可抑制血栓形成，防治动脉粥样硬化。γ-亚麻酸对类风湿性关节炎、肠炎、肾炎等多种炎症有疗效或改善作用。另外，月见草是欧美十大防治妇女更年期综合征（PMS）天然药用植物之一（汪开治，2002）。临床研究证实，月见草油对更年期综合征显示了高度疗效。因 γ-亚麻酸，有助于前列腺素的合成。前列腺素可改善血压和消化液分泌，促进类固醇产生，维持体内激素的平衡等，从而缓解更年期综合征。

另外，月见草富含钙、镁等人体不可缺少的矿质元素。经试验测定，月见草中 8 种元素的含量较大，除了钾、钠、钙、镁等大量生命元素以外，微量元素中铁、锌和硒元素的含量较高（倪刚，2002）。

由于月见草种含有的多种生化活性物质，及其在免疫、遗传、优生优育、延缓衰老及防治疾病等方面发挥的作用，使月见草成为一种具有防治心血管疾病、美容、减肥、抗癌和延缓衰老等功效的保健油料作物。

七、盐生粮食作物发展前景及面临挑战

在海滨沙地上利用海水浇灌来进行作物生产早在 40 年前就被提出，并取得了很大的进展，但到现在还远没有得到真正推广。海水农业的可行性还需要解决两个关键问题。

第一，找到优良的耐盐种质。发展海水农业最重要的就是要有相应的优良耐盐作物品种，但目前可用良种不多。耐盐作物不但需要具有高耐盐性，还应能在海水灌溉下有高生物量和种子的产出。即使有部分作物品种可以实现海水灌溉，但多数品种产量较低，达不到商业开发的要求。

第二，发展适宜的农事技术。如何在盐碱地中种植农作物，如何使用海水灌溉，以及如何进行土地的耕作、播种、田间管理等一系列相关农事技术还有待进一步研究和实践，尤其应该避免土壤的次生盐渍化。海水灌溉将高盐海水引向陆地，海水向地下渗透，影响地下水质，也会在地表积累盐分，使土壤中可溶性盐含量升高，黏粒成分减少，渗透性变差，导致土壤次生盐渍化。林栖凤（2005）指出，只有在沙质土壤才有可能实现海水灌溉，且应在近海沙质土壤上修建排灌系统，使海水灌溉后能及时将多余的咸水排入大海。虽然咸水灌溉的可持续性遭到质疑（Breckle，2009），但是，田间试验已经表明范围广泛的土壤和盐水资源，可以安全地用于植物栽培。同时，传统作物的灌溉规律已经被修订，考虑到植物–土壤–水系统的高度自我调节功能（Shani 和 Dudley，2001；Dudley 等，2008；Letey 等，2011）。现在，人们已经认识到，应用咸水灌溉进行作物生产，不仅不会破坏土壤结构，而且还是一个处理盐碱废水的有效方法（Oster 和 Grattan，2002）。

第二节　蔬　菜

海水蔬菜是具有较强耐盐性、可以耐受海水或者混合海水灌溉的特色蔬菜品种，也被称为"耐海水蔬菜"或者"耐盐蔬菜"。海水蔬菜不仅含有丰富的生物盐，而且氨基酸、β-胡萝卜素、维生素 C 以及钾、钙、铁、镁、碘矿物质、微量元素含量高，是极具营养价值的新兴特色蔬菜。海水蔬菜种植是海水农业的重要组成部分。海水蔬菜可以直接在沿海滩涂上种植，可得到理想无污染的绿色食品，丰富百姓的餐桌，还可以开发利用滩涂地，防止海岸侵蚀，改善滩涂土壤结构，增进土壤肥力，有利于综合治理生态环境。

　　基于利用丰富的滨海盐碱土和海水资源发展农业生产的战略构想，世界各地的科学家在盐生植物耐盐机理和利用海水进行农业生产等领域进行了大量的试验研究。20世纪50—60年代，以色列生态学家Hugo Boyko进行了多次海水浇灌甜土植物的试验并取得得了重要研究成果，激发了各国科学家对海水农业的研究兴趣。自1978年开始，美国亚利桑那大学Carl Hodges历时十几年，从1 300多种野生盐生植物中筛选出了20多种生命力强、产量高且品质优良的强耐盐作物。其中，原产于北美的北美海蓬子优势明显，嫩枝可作为特色蔬菜，籽粒成熟可榨油，也可作饲料等。我国海水蔬菜种植起步较晚，从2001年开始，毕氏海蓬子从美国引入我国，在江苏、浙江、福建等沿海地区陆续引种试植并相继取得成功。与此同时，我国科学家也发掘驯化了一批本地耐海水蔬菜，包括盐生植物碱蓬和可以耐受混合海水的传统甜土蔬菜品种等，丰富了海水蔬菜的内涵。

一、海蓬子

　　海蓬子，别名盐角草、抽筋菜、盐葫芦、胖蒿子草、蜡烛蒿子、海胖子、海甲菜等，属藜科（Chenopodiaceae）盐角草属（*Salicornia*）。茎直立，分枝对生，肉质呈绿色，有关节；叶片退化成鳞片状，对生，基部连合成鞘状，边缘膜质；穗状花序；种子繁殖。其自然产地主要包括欧洲海蓬子（*Salicornia europaea*）和北美海蓬子（*Salicornia bigelovii*），目前驯化栽培的主要是北美海蓬子。世界范围内，北美海蓬子分布在北纬16°~32°的热带、亚热带地区的滨海及内陆盐沼中。作蔬菜用的海蓬子（在我国的商品名为"西洋海笋"），一般在其营养生长期（5—7月）采收幼嫩茎叶和未成熟籽荚，鲜食或制作腌菜。

　　海蓬子生物体化学元素组分丰富，可溶性盐分含量高达37%左右，为典型盐生植物。经权威机构检测，海蓬子干燥植株含纤维素5%~20%，蛋白质9.0%，其中包括8种人体不能自然合成的必需氨基酸（表3-1），以及其他微量元素、维生素。据Lu等研究，西洋海笋嫩尖（以每100g鲜重计，下同）含有近90%的水分、1.4g蛋白质、0~0.5g脂肪、5.8g碳水化合物、2.0g纤维、2.6g灰分，总能量105~160J。海蓬子富含β-胡萝卜素（维生素A，2 400IU）、维生素C（10.7mg），维生素B_1、核黄素、烟酸的含量分别是0.27mg、0.04mg、1.5mg，其矿质元素Na、K、Mg、Ca、N、S和P的含量分别是1 660mg、217mg、131mg、59mg、406mg、54mg、26mg，人体必需的微量元素Fe、Al、Mn、I、B和Cu的含量分别为710mg、730mg、650mg、500mg、250mg、130mg，对人体健康有害的重金属As、Pb的含量分别小于0.2mg、0.3mg。因此，海蓬子是很好的矿物质、蛋白质、β-胡萝卜素和维生素C来源。海蓬子还含有天然的植物保健盐和天然的植物碱（微角皂苷），食用后与人体血液中的脂肪酸中和，产生盐和水自然代谢，因此，食用海蓬子具有帮助清除血管壁上胆固醇、降压、降脂、减肥、促进体内的酸碱平衡等功效。

表 3-1　海蓬子所含氨基酸种类及含量与鸡蛋比较结果

氨基酸名称	含量（%）	
	海蓬子种子	鸡蛋
异亮氨酸	0.97	0.629
天冬氨酸	2.05	1.151
苏氨酸	0.93	0.577
丝氨酸	1.18	0.867
谷氨酸	5.59	1.565
甘氨酸	1.43	0.390
丙氨酸	0.85	0.649
胱氨酸	0.25	0.245
缬氨酸	1.08	0.699
蛋氨酸	0.77	0.363
脯氨酸	0.68	0.436
酪氨酸	0.73	0.492
苯丙氨酸	1.06	0.622
赖氨酸	1.10	0.850
色氨酸	0.23	0.222
组氨酸	0.51	0.270
精氨酸	2.07	0.736
亮氨酸	1.16	1.016
总计	22.97	11.81

　　海蓬子耐盐度高，可用海水直接灌溉，且不容易患病生虫，基本上无需喷洒农药，种植管理简便，是一种具有很好市场前景的海水蔬菜。由美国亚利桑那大学驯化的海蓬子可在含5% NaCl的高盐度海水中生长（海水浓度一般为 3.5%~4%），其每亩嫩茎蔬菜产量为2 000kg左右，种子产量为150kg左右。用海水灌溉海蓬子大面积试验在沙特阿拉伯、墨西哥、阿联酋、印度、法国等国均取得了成功。我国江苏省盐

城、连云港市等从2001年起开始在滩涂沿海引种北美海蓬子，成功掌握了北美海蓬子的生理习性和栽培技术，产量不断提高，露地栽培每亩产量可达1 000~1 500kg，纯收入3 000~4 000元，比常规绿叶蔬菜增收1倍左右，比茄果类蔬菜增收30%~40%；设施栽培条件下，每亩产量1 500~2 000kg，纯收入4 000~5 000元。种子产量150kg左右。由盐城绿苑海蓬子有限公司和江苏省农业科学院生物技术研究所共同选育的绿苑海蓬子1号已于2009年10月通过江苏省农作物品种审定委员会鉴定，该品种适用于我国山东以南沿海滩涂种植。但在高纬度地区种植海蓬子易遇到萌发迟缓、生长量小、开花结实晚、种子产量低且在露天条件下不能自然成熟等难题，需要进一步探索研究。

二、碱蓬

碱蓬，为藜科一年生草本植物，一般生于海滨、湖边、荒漠等处的盐碱荒地上，在含盐量高达3%的潮间带也能稀疏丛生，是一种典型的盐碱指示植物，也是由陆地向海岸方向发展的先锋植物。碱蓬是一种无叶的肉质化植物，一般株高20~60cm。茎直立、有红色条纹及分枝，枝细长、斜伸或开展；叶线形、肉质对生，长1.5~5cm，宽1~3cm，花两性或兼有雌性；种子呈双凸镜形，直径0.8~1.5cm，黑色有光泽，千粒重2.7g。正常年份在3月上旬均可出苗，出土后的子叶鲜红，7—8月开花，9—10月结实，11月初种子完全成熟，最适生长期在5月中旬至8月中旬。我国共有碱蓬属植物20种及1变种，常见种为灰绿碱蓬和盐地碱蓬。碱蓬嫩茎叶可鲜食，味道鲜美，营养价值很高，是一种很好的蔬菜，可用于凉拌或炒食，又可制干，便于运输和储藏。由于其生长在荒野滩涂，远离污染，生长环境没有使用化肥和农药，是典型的绿色蔬菜。

碱蓬茎叶和种子营养丰富，其种子脂肪含量占干物质的36.5%，高于大豆，不饱和脂肪酸占90%，其中亚油酸占70%，亚麻酸占6.08%。鲜嫩茎叶的蛋白质含量占干物质的40%，并含有丰富的维生素和微量元素，例如，100g碱蓬鲜梢部分含胡萝卜素1.75mg、维生素 B_2 20.10mg、维生素 C 78mg，还含有其他微量元素，如 Ca、P、Fe、Zn、Se 等，其中许多指标都高于螺旋藻。碱蓬中 Ca、P、Fe 含量高于菠菜、番茄和胡萝卜等蔬菜；维生素 C 含量高于或相当于一般蔬菜；维生素 B_2 含量为一般蔬菜的5~8倍；含 Se 量较一般食物高10倍左右。碱蓬种子和茎叶的蛋白质中人体必需氨基酸含量高，而且结构比目前已知的优良天然食物都更为均衡，其蛋白质中人体必需氨基酸含量与世界卫生组织给出的完全蛋白质指标相当接近，优于螺旋藻、大豆、鸡蛋中必需氨基酸的组成（表3-2）。据《本草纲目拾遗》介绍，碱蓬性咸凉、无毒、清热、消积。现代医学研究发现，碱蓬属植物具有降糖、降压、扩张血管、防治心脏病和增强人体免疫力等作用，适用于预防心血管系统疾病，对老年人、高血压病人具有保健作用。

表 3-2　盐地碱蓬茎叶和种子种氨基酸的含量

氨基酸名称	含量（%）	
	盐地碱蓬茎叶	盐地碱蓬种子
天门氨酸	3.63	1.72
异亮氨酸	2.08	0.79
苯丙氨酸	3.47	0.94
甘氨酸	2.16	1.13
苏氨酸	1.92	0.74
丝氨酸	1.72	1.16
酪氨酸	2.55	0.87
脯氨酸	2.11	0.78
精氨酸	2.91	2.25
谷氨酸	5.56	3.28
丙氨酸	2.41	0.78
胱氨酸	0.42	0.21
缬氨酸	2.53	0.98
蛋氨酸	0.79	0.45
亮氨酸	3.61	1.26
组氨酸	0.95	0.57
赖氨酸	2.31	1.13
总计	41.13	18.76

　　碱蓬对土壤含盐量适应范围很宽，可在 NaCl 含量 0.031%～4.356% 的土壤上正常开花结实。盐水浸泡试验发现，碱蓬种子可在 NaCl 浓度小于 20.0g/kg 的溶液中正常发芽，其发芽率、发芽势和胚根生长量均无明显降低。于德华等采用盐水胁迫发芽、盐水浇灌盆栽和田间耐盐实验，研究植物的耐盐能力，结果表明，盐地碱蓬能在盐质量分数为 20g/kg 以上的重盐土上生长。中国科学院海洋研究所选育出的"中科碱蓬蔬菜 1 号品系"，在盐度 2% 的盐碱地，亩产鲜菜达到 2 500kg，经济效益非常显著。王凯等研究了碱蓬在江苏沿海地区的栽培技术，结果表明：4 月中旬是适宜的大田播种时期；它的鲜茎叶最高产量时的播种量和施氮量分别是 9.105kg/hm² 和

198.69kg/hm²，籽粒最高产量时的播种量和施氮量分别是 2.850kg/hm² 和 165.40kg/hm²；碱蓬在江苏沿海滩涂有很好的适应性，通过设施栽培，基本没有病虫害，可以实现全年上市，是绿色安全的耐盐蔬菜，可作为沿海滩涂特色海水蔬菜进行产业化开发。江苏省农业科学院从野生碱蓬中以系谱选择法选育的"绿海碱蓬 1 号"，出芽率可达 95%，主要营养成分与北美海蓬子相比，没有明显变化，且全生育期基本无病虫害，适宜江苏、山东、浙江及同纬度沿海地区露地及保护地栽培，并已取得国家环保总局的 OFDC 有机认证。

三、蒲公英

蒲公英（*Taraxacum mongolicum* Hand.-Mazz），别名蒲公草、黄花地丁、黄花三七、婆婆丁等，为菊科多年生草本植物。直根系，主根粗大，株高 20~40cm，无地上茎，叶为基生叶，无柄，簇生，披针形或倒披针形，叶先端三角状钝尖或锐尖，大头羽状深裂叶，花草及叶肉均有白色乳汁，花葶单一中空，顶端着生头状花序，直径达 3~4cm，多为黄色，瘦果长卵形、褐色，被有长长的白色冠毛。全球约有 2 000 多种蒲公英，我国初步整理有 75 种，在我国除华南外，全国各地都有，其独特的种子构造使它能到处传播。蒲公英味道鲜美，风味独特，营养丰富，无污染，食用部分如幼苗，可生食、凉拌、炒食及掺在其他食物中共食，其花序也可炒食或做汤。还可做成软罐头，可延长保质期，促进外销。

蒲公英的营养成分极其丰富。其叶的可食部分达 84%，其中含碳水化合物 5g/100g，蛋白质 4.8g，脂肪 1.1g，粗纤维 2.1g，灰分 3.1g，胡萝卜素 7.35mg，维生素 C 47mg，烟酸 1.9mg，硫胺素 0.03mg，核黄素 0.39mg，钙 216mg，磷 115mg，铁 10.2mg，其中维生素 C 的含量比番茄高 50%，蛋白质含量是茄子的 2 倍。还含有丙氨酸、半胱氨酸、赖氨酸、苏氨酸、缬氨酸等 17 种氨基酸。蒲公英根含蒲公英甾醇、蒲公英赛醇、蒲公英苦素及咖啡酸，全草含肌醇、天冬酰胺、苦味质、皂甙、树脂、菊糖、果胶、胆碱等，尤其果胶的含量在蔬菜中是少见的，可以满足人体对可溶性膳食纤维素的需求。蒲公英中还含有多种矿物质元素，如 Na、Fe、K、Ca、Cu、Zn、Co、P、Mn 和 Se 等，其中 K 的含量最高，是 Na 含量的 8 倍，因此蒲公英是难得的高钾低钠盐食品。其 Ca 的含量为番石榴的 22 倍、刺梨的 3.2 倍，Fe 的含量为刺梨的 4 倍、山楂的 3.5 倍，Se 含量达到 14.7mg/100g，是自然界罕见的富硒植物。维生素类和微量元素的这些物质对维持人体正常的新陈代谢和生化反应具重要作用。现代营养医学表明，蒲公英具有广谱抑菌和明显的杀菌效果，可清热解毒，利胆保肝，提高免疫力，预防癌症、心脑血管疾病。蒲公英是中药界清热解毒、抗感染作用草药的"八大金刚"之一，被誉为"天然抗生素"，常食蒲公英具有食疗保健作用。

蒲公英适应性很强,多生长于草地、路旁、河岸沙地以及田野间。它耐寒性强,早春地温1~2℃时能破土出芽,其根在露地越冬,可耐-40℃的低温,最适生长温度为10~22℃。蒲公英耐涝、抗旱、耐病虫害,不受农药化肥、城市污水、工业废水的污染。在人工栽培条件下也不使用农药,是生产绿色食品的理想种类。随着蒲公英开发利用价值的深入研究,人工栽培蒲公英正悄然兴起,法国、日本及我国均有人工栽培的蒲公英。近来,蒲公英作为一种耐海水蔬菜的优质种质资源,得到了一定的开发研究。陈华等指出可以利用生物技术来培育抗盐、耐海水蒲公英,主要包括利用组织和细胞培养筛选耐盐性较高的蒲公英,以及利用基因工程转化生物量较大的药用蒲公英。通过细胞工程技术,已经成功培育出耐1/3海水浓度的蒲公英,从而为耐海水蔬菜家族增添了一个新的成员。随着世界范围内"崇尚自然,返璞归真"保健时尚的兴起,国内外市场对天然保健品的需求日益增加,"绿色食品"备受青睐,而耐海水的蒲公英,集食用和药用于一身,必将成为蔬菜市场的新宠,给人们带来健康的同时,也会创造出十分可观的经济效益。

四、番杏

番杏 [*Tetragonia tetragonoides* (Pall.) Kuntze],别称澳洲菠菜、新西兰菠菜、夏菠菜、法国菠菜、洋菠菜等,为一年生半蔓性草本植物,原产新西兰、澳大利亚、东南亚和智利、欧美等地,在中国浙江、福建、海南、广西、广东、台湾均有天然分布。其根系发达,茎绿色,横断面呈圆形,初期直立生长,后期则匍匐蔓生,每一叶腋基本上都能抽生枝条,嫩尖采收后,侧枝萌发更快。叶片似三角形,互生,绿色,肉质肥厚,多茸毛。花着生于叶腋,为无瓣花,小花黄色,一般生长季节都能开花并结实。果实成熟后为褐色或黑色,坚硬,形似菱角,有4~5个角,千粒重在90g左右。番杏主要食用鲜嫩茎叶,生食嫩脆无味,熟食鲜嫩爽口,可以凉拌、清炒、做汤,亦可作火锅配菜。

番杏营养价值极高,富含大量氨基酸、无机盐、类胡萝卜素、还原糖等物质,每100g可食部分含水分94g、蛋白质1.5g(高于瓜果类蔬菜)、脂肪0.2g、碳水化合物0.6g、钙58mg、磷28mg、铁0.8mg、胡萝卜素4 400国际单位、硫胺素0.04mg、核黄素0.13mg、抗坏血酸30mg和烟酸0.5mg,还含有锌、硒等多种微量元素。另外,番杏中含有一种具有苦涩味的单宁物质,因此,烹调前应先用开水煮透。番杏食用性多样,还有清热解毒、祛风消肿、凉血利尿等医疗保健功效,具有较高的经济价值,是一种新型绿色蔬菜。

番杏广泛生长于海岸沙地、鱼塘堤岸、红树林林缘及基岩海岸高潮线附近,具有速生、根系发达、不择土壤、耐高温和低温、抗干旱、病虫害少等特征。近来,有研究表明：番杏对盐胁迫具有较强的适应性和耐受性。王蕾等研究结果表明：番杏能在 0~70%海水浓度胁迫下完成生活史，且 10%~40%海水浓度胁迫促进了植物生物量增加；高于 60%海水浓度处理，番杏株高、鲜质量均较少，生长受到抑制；番杏在低于 50%海水浓度处理中，可溶性糖含量、脯氨酸含量、MDA 含量均低于对照，表现出极强的盐适应性。贺林等的研究表明：番杏生长的适宜盐度范围为 0~400mmol/L，受抑制盐度为 600mmol/L，说明番杏是一种耐盐性较高的盐生植物。赖兴凯等在泉州湾对番杏进行了栽培试验，研究结果表明：在海边未受海水淹没的盐碱地栽培番杏 100%存活，生长状况良好，可完成整个生活史过程，相对生长率达到 1 965.28%；经常受到海水周期性淹没的地带则不适宜种植番杏。由此可见，番杏对海水胁迫具有较强的适应性和耐受性，可以进一步挖掘其在滨海滩涂地、盐荒地、海水倒灌农田中的利用价值。

五、三角叶滨藜

三角叶滨藜（*Atriplex patens*）为藜科滨藜属一年生多叶草本植物，是从美国东北部沿海沼泽边缘筛选出来的优良耐盐特色蔬菜，茎直立、粗壮、多分枝，叶片呈椭圆状三角形，单叶互生。三角叶滨藜主要食用鲜嫩茎叶，外形和营养成分都与菠菜相似。

三角叶滨藜主要营养物中含水量 90.53%、粗蛋白 2.62%、粗脂肪 0.31%、粗纤维 1.38%、灰分 1.52%、总糖 4.61%；含 18 种氨基酸，氨基酸总量为 191.19mg/g，鲜味氨基酸含量为 48.72mg/g，必需氨基酸模式与 FAO/WHO 接近；抗坏血酸含量较高，达 45.23mg/100g；铁、锰的含量丰富，铜、锌、镉、铬、铅的含量未超国家限量标准，食用安全。

三角叶滨藜经南京大学生物技术研究所引种，已成功种植在我国江苏盐城沿海滩涂。三角叶滨藜不仅营养丰富，而且具有极强的耐盐性和对沿海滩涂很好的适应性。研究表明：沿海滩涂大面积人工栽培三角叶滨藜，在注重磷肥、有机肥施用的同时，要依据生产目的，调节栽培密度，控制氮肥的投入。生产蔬菜时，鲜叶最高产量的播种量和施氮量分别是 0.607kg/亩和 13.246kg/亩；繁种时，籽粒最高产量的播种量和施氮量分别是 0.190kg/亩和 11.027kg/亩。与此同时，种植三角叶滨藜的滨海盐土含盐量有所下降，各种养分含量有明显提高。关于三角叶滨藜耐盐机制的研究表明：盐胁迫条件下，三角叶滨藜根系对离子吸收有较强的调节能力；而根系反射系数的减小有利于根系用较小的负压力吸收水分，减小木质部空化的危险，说明三角叶滨藜具有较高的抗盐能力。因此，三角叶滨藜可作为沿海滩涂特色耐盐蔬菜进行产业化开发，具有较好的经济效益和生态效益。

六、其他海水蔬菜

驯化野生盐生植物是现阶段培育海水农业作物的主要途径，海水蔬菜的首选植物海蓬子就是由野生盐生植物驯化而来。我国沿海地区的盐碱地分布有大量盐生野菜品种（表3-3），其中许多是"药食同源"的珍贵野菜，含有丰富的氨基酸、维生素、纤维素、盐元素等，具有抗病保健功能。这些分布在盐渍地区的盐生野菜为开发海水蔬菜新品种和促进海水蔬菜业发展提供了种质资源基础。

表3-3　我国盐生野菜资源

分类地位	盐生野菜品种	可耐受盐度	作蔬菜食用部分
菊科	蒲公英	0.7%	幼嫩苗
	苦菜	0.6%	嫩茎叶
	苣荬菜	0.5%~0.7%	嫩苗
	蒙古鸦葱	1.5%	嫩茎叶
	茵陈蒿	0.5%	嫩苗
	盐地碱蓬	2.5%~3%	幼苗
	猪毛菜	1%	幼苗
藜科	盐角草	3.7%	嫩苗
	地肤	1.5%~2%	嫩茎叶、幼苗
	灰绿藜	0.8%	嫩芽
蓼科	扁蓄	1.0%	茎叶
	酸模	0.5%	嫩茎叶
蔷薇科	朝天委陵菜	0.5%	嫩叶、块根
	鲁梅克斯 K-1 杂交酸模	0.5%~3%	枝叶

除了驯化野生盐生植物以外，植物生理学家近年来也开展了以现有的耐盐农作物种质资源为材料，筛选可利用的耐海水种质资源的相关工作。中国科学院植物研究所对芹菜、白菜、叶用甜菜、甘蓝、西洋菜、番茄、菠菜等18种蔬菜的300个材料进行了大规模的种质资源筛选，从芹菜、叶用甜菜等植物中筛选出20多个能耐1% NaCl 或1/3 海水盐度的蔬菜品系，产量为淡水水培的80%~90%，其中芹菜的1个品系可在1/2 海水中正常生长。Atzori 等利用含有 5%~15% 海水的水溶液栽培生菜（lettuce）、玉兰菜（chicory）以及甜菜（chard），结果表明10%~15% 海水浓度对于生菜生长有不利影响，而玉兰菜和甜菜在所研究的海水浓度范围内（5%~15%）长

势良好，没有观察到负面影响。王贝贝等以普通白菜品种改良京春绿、七宝青、上海抗热 605 及羽衣甘蓝品种东方绿嫩为试材，研究不同浓度海水（0~100%）对种子萌发、植株生长及其品质的影响。结果表明：供试的 4 种蔬菜中，改良京春绿耐盐能力最强，当相对海水浓度为 40%~60% 时，种子萌发率最高（100%），当相对海水浓度为80% 时，种子萌发率仍达 40%；当相对海水浓度为 40% 时，改良京春绿、七宝青、上海抗热 605 及东方绿嫩的可溶性蛋白质、维生素 C、叶绿素（除上海抗热 605 外）和β-胡萝卜素含量均显著高于对照，表明一定浓度的海水可提高水培蔬菜的营养品质。

在耐盐海水蔬菜品种资源筛选的基础上，进一步研究耐海水植物的分子生物学和分子遗传学有可能查明植物耐海水的分子基础，再通过细胞工程和基因工程，培育出高度耐盐、耐海水的农作物新品种。朱志清等对盐敏感蔬菜——豆瓣菜进行了生物技术改造。一方面利用豆瓣菜的体细胞愈伤组织筛选耐盐细胞系，然后从它们再生出耐盐的再生植株，获得了 9 个耐 1/3 海水浓度的豆瓣菜变异体。这些变异体可以通过无性繁殖扩大群体，并保持耐盐和耐海水特性。另一方面通过将盐生植物山菠菜（*Atriplex hortensis*）的耐盐相关基因——甜菜碱醛脱氢酶（BADH）基因转入豆瓣菜，使该基因在豆瓣菜中过量表达和积累甜菜碱，提高了豆瓣菜的渗透调节能力，从而提高了它的耐盐性。

七、我国海水蔬菜发展前景及面临挑战

海水蔬菜在我国是一个新兴产业。随着我国居民收入水平的提高，消费者将更加重视膳食的营养结构均衡和食品健康安全，对有机蔬菜和绿色蔬菜的需求量会持续扩大，而随着交通运输和市场流通渠道的高效化发展，传统蔬菜的区位优势逐渐趋于弱化，这为包括海水蔬菜在内的特色高档蔬菜提供了良好的发展空间。与此同时，伴随着全球气候变暖、海水入侵和耕地退化等自然和人为灾害，土壤盐碱化、水资源污染等问题日益突出。有机蔬菜、无公害蔬菜等对环境要求较高，陆域环境危机频发严重限制了利用传统耕地与淡水资源发展优质蔬菜的空间。相比之下，黄河三角洲、江苏苏北沿海等地分布有大量不同程度的盐碱地，尚未开发利用，海水蔬菜不仅能够直接在盐碱地上种植，不与粮食"争"地，而且对盐碱地具有生物修复作用。有些海水蔬菜品种可适应我国南北不同纬度沿海地区气候环境，从而为海水蔬菜产业的发展提供了广阔的发展空间。

经过十多年的发展，我国经济品种已经初步筛选成功，种植技术基本成型，市场需求潜力很大，社会各界开始重视海水蔬菜产业的发展。然而，我国海水蔬菜种植整体仍处于起步阶段，面临巨大挑战。与传统蔬菜相比，海水蔬菜生产成本与市场价格处于竞争劣势，难以形成规模化生产。近些年，沿海地区各级政府虽然在海水蔬菜的

科技研发环节给予了积极扶持，资助了一批科研项目和专业化园区的启动开发。但是，迄今仅限于科研环节的支持，尚未建立起完善的海水蔬菜种植生态补偿机制。相对其他市场成熟的农产品种类而言，海水蔬菜的投资周期长、回报比较慢，企业在做跨期投资决策时会考虑到贴现因素，在物价水平、需求偏好等不确定的情况下，较高的心理贴现率可能会阻碍企业投资于海水蔬菜的种植。作为新兴的蔬菜品种，海水蔬菜在我国南北沿海区域均有规模不一的引种试验，但多数没有形成规模化种植，致使海水蔬菜在国内蔬菜市场上的认可度非常低。除此之外，海水蔬菜的种植标准、加工标准、有机认证、营销理念等尚未形成，且品种混杂，漏洞很多。因此，要实现我国海水蔬菜种植的健康稳定发展，除了强化企业资金投入和提升企业资源整合能力外，还需要沿海各级政府系统配套的扶持政策和科技创新支撑措施。

第三节 饲料作物

饲料，是所有人饲养的动物的食物的总称，比较狭义地一般饲料主要指的是农业或牧业饲养的动物的食物。根据饲料的物理性状、化学组成、消化率和生产价值等条件，主要分为以下几类：青绿、多汁饲料，粗饲料，精饲料等。

青绿、多汁饲料：是指在植物生长繁茂季节收割，在新鲜状态下饲喂牲畜。这类饲料一般鲜嫩适口，富含多种维生素和微量元素，是各种畜禽常年不可缺少的辅助饲料。根据不同性质、特点，青绿、多汁饲料又可以分为以下几种。①青割（刈）饲料，根据饲料作物生长势或生育阶段和畜禽饲养的要求，在作物生长季节，按需要量每天进行刈割，切碎、粉碎或打浆饲喂畜禽，如苜蓿、草木樨、小冠花等。这类饲料一般适口性强，营养丰富，是各种畜禽必备的饲料。②青贮饲料，在饲料作物单位面积营养物质产量最高，适口性最好，饲料质地最佳的鲜嫩状态时，适时收割，调制成青贮饲料，供畜禽在冬春（或全年）缺乏青饲料时饲喂。常见的青贮饲料有：玉米、甜高粱、野草和野菜等。

粗饲料：是各种家畜不可缺少的饲料，对促进肠胃蠕动和增强消化力有重要作用；它还是草食家畜冬春季节的主要饲料。粗饲料的特点是纤维素含量高（25%~45%），营养成分含量较低，有机物消化率在70%以下，质地较粗硬（秸秆饲料）和适口性差（栽培牧草例外）。粗饲料种类很多，其品质和特点差异也很大。主要有以下3类：①野干草，在天然草地上采集并调制成的干草称为野干草。由于草地所处的生态环境、植被类型、牧草种类和收割与调制方法等的不同，干草品质差异很大。野干草是广大牧区牧民们冬春必备的饲草，尤其是在北方地区。②栽培牧草干草，在我国农区和牧区人工栽培牧草已达 400 万～500 万 hm²。各地因气候、土壤等自然环境条件不同，主要栽培牧草有近 50 个种或品种。"三北"地区主要是苜蓿、草木樨、沙打旺等，长江流域主要是白三叶、黑麦草等。用这些栽培牧草所调制的干草，质量好，产量高，适口性强，是畜禽常年必需的主要饲料成分。③秸秆饲料，农作物的秸秆和颖壳的产量约占其光合作用产物的一半，我国各种秸秆年产量约 5 亿～6 亿 t，约有 50%用作燃料和肥料，另 50%用作家畜饲料，是家畜粗饲料的主要来源。但秸秆饲料一般质地较差，营养成分含量较低，必须合理加工调制，才能提高其适口性和营养价值。我国秸秆饲料的主要种类有稻草、麦秸、玉米秸等。

精饲料：又称"精料"或"浓厚饲料"。一般体积小，粗纤维含量低，是消化能、代谢能或净能含量高的饲料。精饲料是各种畜禽生长、繁殖和生产畜产品必不可缺少的饲料。根据其性能与特点，可分为以下几种：①禾谷类饲料，一般指禾本科作物籽实饲料，如玉米、高粱、小麦等。这类饲料无氮浸出物（主要是淀粉）含量高，一般为 75%～83%，粗蛋白质 8%～10%，矿物质中磷多钙少，是畜禽的热能饲料。②豆类与饼粕饲料，豆类籽实作为饲料的种类较多，主要有饲用大豆（秣食豆）、豌豆、蚕豆等。饼粕类饲料主要有豆饼、豆粕、棉籽饼、菜籽饼、花生油饼等。这两类饲料的共同特点是粗蛋白质含量较高，占 35%～45%，是畜禽蛋白饲料的主要来源。③糠麸类饲料，这类饲料的无氮浸出物（53%～64%）和粗蛋白质（12%左右）含量都很高，其营养价值相当于籽实饲料。

我国滩涂、沼泽面积辽阔，资源丰富，尤其是牧草饲料资源种类繁多。盐生植物是生长在盐碱土壤中的一类天然植物区系，在高盐土壤环境和海水灌溉条件下，许多盐生植物不仅能够存活，而且能产生可观的生物量，不乏大量的优良牧草，如藜科的海蓬子和碱蓬，禾本科的大米草，豆科的苜蓿、草木樨等。它们既可以作为青绿、多汁饲料，又可以加工成粗饲料及精饲料，在滩涂、荒漠地区畜牧业生产中发挥着重要作用，也在生态环境保护中具有重要意义。

一、北美海蓬子

北美海蓬子（*Salicornia bigelovii* Torr.）俗称海芦笋、盐角草，属于藜科（Chenopodiaceae）盐角草属（*Salicornia*）。北美海蓬子生长于滨海及内陆盐沼中，分布广泛，在我国辽宁、河北、山西、陕西、宁夏、甘肃、山东、江苏、海南等省（区）均有广泛的分布。北美海蓬子经过长期的进化及适应过程，已成为一种喜盐植物，其嫩茎中的可溶性盐分含量高达 37%（干质量百分比），具有很高的渗透压。根据 Ayala 和 O'Leary 的研究，在无盐或低于 50 000mg/kg 的钠盐营养液中，其植株营养体的正常生长反而受到抑制。而海水的盐度水平一般在 32 000～35 000mg/kg，海蓬子抗盐能力超过海水盐度的 20%~40%。试验结果表明，海蓬子可用海水直接灌溉，也可混灌淡水并施以尿素、硫铵、硝铵等氮肥（张颂培，2001）。

据 Mota（1987）报道，在海水灌溉条件下，北美海蓬子作为饲草作物能产出 18t/hm² 的干生物量，与淡水灌溉的传统饲草作物产量相近。当将北美海蓬子青枝或秸秆作为青饲料时，其蛋白质含量为 5%~7%，连同种子作为青饲料时，其蛋白质含量为 10%~12%（Charnock，1998），饲养效果和紫花苜蓿（*Medicago sativa*）相当。且北美海蓬子成分中不易消化的纤维素成分——木质素含量较低，为 5%~6%。对北美海蓬子进行化学分析发现，其种子榨油后含粗蛋白 340g/kg、粗纤维 36g/kg 以及 19.4MJ/kg 总生物量（Attia 等，1997）。籽粒收获后的海蓬子秸秆与青饲相比，其粗蛋白及脂肪含量大大降低，其中粗蛋白为 5.5%~6.5%，脂肪含量为 1%~2%。但是它的代谢能仍达 1 824kcal/kg，与罗得氏草没有显著差异。在阿联酋进行的山羊饲喂试验显示，只要适量增加饲料中的蛋白源，海蓬子秸秆可以替代 50% 的罗得氏草用量来饲喂家畜，而不降低动物生长率。

北美海蓬子植株内含有高浓度的无机盐，青饲中灰分含量是其干重的 35%~46%；秸秆中灰分含量在 30%~36%，这将引起饲料适口性的降低，限制动物的进食量（Glenn 等，1992）。用来饲养家畜的食物量需要非常精心地调节，从而使所有对动物生产率有不良影响的因素降到最小（Swingle，1994）。根据研究表明，将北美海蓬子青饲料以占总进食量 30%~50% 的比例混合常规饲料喂养山羊、绵羊等，发现动物生长状况与喂食常规饲料相当，而且动物的肉味也不受影响。但是，试验动物的生长率（每喂食 1kg 所生长出的肉）要比传统饲料喂食的动物低 10%（Glenn 等，1998）。而且动物吃了混合饲料后，需要饮用更多的水来补偿额外的盐分摄入。另外，北美海蓬子中主要的抗营养因子是皂角苷，这是一种苦味的化学物质，能够影响北美海蓬子的动物适口性。但 Glenn 等试验发现，在北美海蓬子中添加 1% 胆固醇可有效去除皂角苷的抗营养效应（Glenn 等，1998）。

虽然北美海蓬子秸秆作为动物饲料有以上两个缺点，但是都可以通过简单处理从而使之适合于动物饲用。据计算，每公顷北美海蓬子青饲料可喂养大约 400 只羔羊（Glenn 等，1992）。这对许多淡水紧缺的国家，特别是中东地区，如，科威特、沙特阿拉伯、伊拉克、阿联酋等国家解决饲草生产依赖于淡水灌溉或进口的难题具有积极意义，同时，也为全球淡水紧缺问题减轻压力（Bashan 等，2000）。亚利桑那大学环研室及国际海蓬子公司对野生北美海蓬子在全海水灌溉的海滨农场中，经过多年的驯化与选育，于 1986 年筛选出第一个大粒高产品系 SOS-7，并在杂交育种的基础上于 1989 年育成更为优良的品系 SOS-10。该品系在生长活力、产量潜势、产品品质上表现最佳，现已经被美国国际海蓬子公司（Seaphire International）将其在大田栽培及多途径产品增值开发利用上逐步商业化及规模化。

二、碱蓬

碱蓬（*Suaeda glauca* Bunge.）属于藜科（Chenopodiaceae）碱蓬属（*Suaeda*）。一年生草本，高可达 1m；茎直立，圆柱状，浅绿色，有条棱，上部多分枝；枝细长，上升或斜伸；叶丝状条形，半圆柱状，灰绿色，光滑无毛，稍向上弯曲，先端微尖，基部稍收缩；花两性兼有雌性，单生或 2~5 朵团集，大多着生于叶的近基部处；种子横生或斜生，双凸镜形，黑色，周边钝或锐，表面具清晰的颗粒状点纹，稍有光泽；花果期 7—9 月。

碱蓬主要生于海滨、湖边等荒漠半荒漠地区浅平洼地边缘的盐生沼泽环境。碱蓬是一种典型的盐碱地指示植物，也是由陆地向海岸方向发展的先锋植物（张学杰等，2003）。碱蓬主要分布于欧洲及亚洲，在我国产自东北、内蒙古、河北、山西、陕西北部、宁夏、甘肃北部、青海、新疆、浙江、江苏、山东等地区。我国共有碱蓬属植物 20 种及 1 个变种，常见种为灰绿碱蓬和盐地碱蓬，其中灰绿碱蓬的产量最高。盐地碱蓬是一种耐盐能力很强的真盐生植物，对土壤含盐量适应范围很宽，可在 NaCl 含量 0.031%~4.356% 的土壤上正常开花结实。盐水浸泡试验发现，碱蓬种子可在 NaCl 浓度小于 20.0g/kg 的溶液中正常发芽，其发芽率、发芽势和胚根生长量均无明显降低（章英才，张晋宁，2001）。

碱蓬植株可直接用作饲料，将碱蓬作为牲畜混合饲料的一部分，取代传统的干草饲料，牲畜肉质及增重幅度未受影响（Glenn 等，1998）。碱蓬的种子和茎叶中营养成分完整而丰富，其种子脂肪含量占干物质的 36.5%，高于大豆；不饱和脂肪酸占 90%，亚油酸占 70%，亚麻酸占 6.08%（邵秋玲等，1998）。碱蓬的鲜嫩茎叶的蛋白质含量占干物质的 40%，榨油后的籽粕粗蛋白含量为 27% 左右，且含有丰富的氨基酸、维生素和微量元素，这些都是很好的饲料蛋白源，经微生物发酵后有更高的利用效率。用碱蓬籽油渣作为原料可采用假丝酵母（*Candida utilis*）E 与米曲霉（*Aspergillus oryzae*）S 混合发酵法生产蛋白饲料，蛋白含量可提高到 25.38%，可溶性物质含量增加到 40.20%，粗蛋白、钙、磷等含量有所增加，氨基酸增加幅度较大，特别是必需氨基酸蛋氨酸和色氨酸分别提高了 127.69% 和 39.01%，具有较高的营养价值。以碱蓬作为饲料已是我国各碱蓬产区的主要用途，不仅能够降低饲养成本，而且可以提高畜产品的绿色化程度（吴咏梅等，2001；王晓玲等，2003）

碱蓬是一种深具应用潜力的饲料资源，但其矿物元素富集的特征增加了家畜采食后的矿物质缺乏和不平衡的风险。孙海霞等（2013）研究了羔羊日粮中添加碱蓬干草饲料后，对羔羊肌肉组织、心、肝、肾中矿物元素含量的影响。试验结果表明，日粮中添加碱蓬对肌肉组织中钙含有显著的影响，随着碱蓬含量的增加，羊肉中钙含量显著的减少；铁含量随碱蓬增加有提高的趋势，而且接近显著的水平，铜含量表现降低的趋势，但统计差异不显著。肝中铁和铜的含量变化也表现出与肌肉组织相似的趋势。添加碱蓬对心和肾组织中的各种矿物元素无显著的影响。因此，短期饲喂碱蓬干草对羔羊组织中矿物元素无明显的不利影响，但长期饲喂应关注动物发生铁过量和钙、铜缺乏的风险。

三、大米草

大米草（*Spartina anglica* Hubb.），别名食人草，属于禾本科（Gramineae）大米草属（*Spartina* Schreber）植物，是禾本科米草属几种植物的总称。秆直立，高 10～120cm；分蘖多而密聚成丛；叶片线形，长约 20cm，宽 8～10mm，先端渐尖，基部圆形，叶鞘大多长于节间，基部叶鞘常撕裂成纤维状而宿存，叶舌短小，具长约1.5mm 的白色纤毛；穗状花序长 7～11cm，颖果圆柱形。花果期 8—10 月。

大米草原产于英国南海岸汉普郡的海滩盐沼地，是英国本地的一种欧洲米草与北美互花米草杂交后产生的多倍体不育米草变异种（唐延贵等，2003）。我国大米草主要有 4 种，分别为大米草、互花米草、大绳草和狐米草，通常说的大米草也包括互花米草。因其具有显著的生态经济价值而被许多国家广泛引种开发。我国自 1963 年成为亚洲第一个引种成功的国家以来，现北起辽宁盘山，南至广东电白均有分布，目前是世界上大米草种植面积最大的国家。大米草具有很强的耐盐、耐淹特性，能在潮水经常淹到的海滩中的潮带栽植成活，但在海水淹没时间太长、缺少光照的低滩不能生存。大米草密集成草丛、群落生物量大，即可抵挡较大风浪。大米草分蘖率和繁殖力强，在潮间第 1 年可增加几十倍到 100 多倍，几年便可连片成草场。

大米草繁殖快、再生力强，种植 2～3 年便可发展成茂密的群落，以供放牧和收割饲料，且耐牧性好、载畜量高。据对大米草的营养成分测定表明（黄寿祺等，2005），大米草与其他饲料原料一样，营养成分比较齐全：大米草的粗蛋白质含量为9%～13%，粗脂肪含量为 1.43%～2.16%，粗纤维含量为 23%～27%，粗灰分含量为7.36%～9.67%，钙含量为 0.23%～1.30%，磷含量为 0.18%～0.19%，盐含量为1.54%。同时，大米草含有多种氨基酸成分与生物活性物质以及多种微量元素与维生素，其中氨基酸以谷氨酸及亮氨酸含量较高，微量元素以铜、铁、锰、锌含量较高（徐年军等，2005）。大米草饲料的加工利用方式是微贮，其经过微贮后的粗蛋白含量与燕麦草接近，相比传统粗饲料成本降低（王仪明等，2010）。大米草饲料的营养含量较高，是一种可充分利用的理想饲料。

大米草不仅有助于提高畜禽的生产性能，增加畜禽适口性，促进胃肠蠕动，增强抗病能力。其嫩叶和根状茎有甜味，草粉清香，评价属于良等饲草。1976年江苏启东建成了我国第一个大米草海滩牧场，用大米草饲养的山羊平均增重量比喂食杂草的高78%；大米草场放牧的绵羊，体质较林带区放牧的好。大米草晒干轧粉，是良好的冬季饲料，用来喂猪，饲料比传统饲料减少28.75%，而体重却增加23.14%（齐国祥等，1993）。大米草可作为精料补充料的原料，配制发酵全混合日粮后对6月龄的后备牛进行饲喂，其生产性能提高，超过传统混合日粮，因而大米草是一种优质的奶牛饲料（卞付国，2008）。大米草生长繁殖的特殊环境对寄生虫与病原菌的繁殖产生抑制作用，饲用后不会对畜禽健康造成危害，饲用安全性明显提高。大米草饲料粗纤维与盐含量较高，添加时应适量（王珠娜等，2006），其在畜禽混合饲料中的最适添加量应保持在15%～20%为最佳，如果大米草饲料的添加量超过20%，饲料中粗纤维与盐含量过量，易致使畜禽采食量与消化能力明显降低，对畜禽生长发育造成影响，但其经过青贮氨化后与传统粗饲料混合饲喂，则畜禽生长发育不会受到影响（缪伏荣等，2008）。

20世纪60年代，为防浪固堤，促淤保滩，我国引进了这一外来物种。然而，大米草在滩涂的迅速繁殖蔓延，大米草疯长，不仅造成滩涂中的蟹类、贝类、藻类等沿海水产资源锐减，而且使进港潮汐流速减缓，滩涂快速淤涨，海床逐步抬高。如果大米草不加治理，任其发展，对于生态环境来说将是毁灭性的灾害。在资源日益紧缺的今天，大米草如果能作为饲料原料加以开发，既可以获得经济效益，又可以通过持续收割，达到抑制其恶性扩张的目的。因此在治理中，除了对生态环境可能带来毁灭性灾害的大米草进行围剿外，对尚可控制的，应尽快采取因地制宜的方法，变害为宝。

四、苜蓿

苜蓿是苜蓿属（*Medicago*）植物的通称，其中最著名的是作为牧草的紫苜蓿（*Medicago sativa* Linn）。一年生或多年生草本，稀灌木，无香草气味。羽状复叶，互生；托叶部分与叶柄合生，全缘或齿裂；总状花序腋生，花小，一般具花梗；苞片小或无；荚果螺旋形转曲、肾形、镰形或近于挺直，比萼长，背缝常具棱或刺；有种子1至多数。种子小，通常平滑，多少呈肾形，无种阜；幼苗出土子叶基部不膨大，也无关节。苜蓿是多年生草本植物，似三叶草，耐干旱，耐冷热，产量高而质优，又能改良土壤，因而为人所知。苜蓿原产伊朗，是当今世界分布最广的栽培牧草，在我国已有2 000多年的栽培历史，主要产区在西北、华北、东北、江淮流域。

苜蓿是世界上最重要、种植面积最广泛的豆科牧草之一，由于其适应性广、产草量高，且富含蛋白质、维生素和矿物质等营养物质，被誉为"牧草之王"（耿华珠，1995）。苜蓿是世界上最重要的饲料作物。在美国，苜蓿是仅次于大豆和玉米的第三大植物蛋白来源（Putman 等，2007）。在全球范围内，苜蓿种植面积约 $3.22\times10^7hm^2$，苜蓿占全球蛋白质供应量的 5%（FAO，2006）。我国苜蓿种植面积约 $3.77\times10^6hm^2$，居各类人工草地之首（何新天，2011）。据统计，世界上苜蓿单产一般可达 $10.0\sim22.2t/hm^2$（洪绂曾，2009）、苜蓿是高蛋白含量的优质牧草，在现蕾末期至开花期苜蓿干草蛋白质含量在 19% 以上，优质苜蓿干草蛋白质含量高达 22% 以上，蛋白质的消化率达 70% 以上，是所有牧草中含可消化蛋白质最高的牧草之一。苜蓿中矿物质含量丰富，与添加剂相比，通过饲喂苜蓿获得矿物质和维生素不仅成本低，而且安全可靠。据文献报道，0.453kg 苜蓿干草可基本满足 45.36kg 体重的家畜对钙、钾、镁、硫、铁、铜、钴、锌等矿质元素的日需求。苜蓿中丰富的钙含量，对泌乳奶牛（Bovine）及发育中的小母牛和公牛尤其重要。苜蓿也富含各种维生素、核黄素和叶酸等营养成分，维生素 A 是家畜日粮中必需的成分，对家畜某些疾病具有治疗作用，还能缓减不良环境条件胁迫所造成的家畜烦躁不安（洪绂曾，2009）。

苜蓿不仅是食草家畜的主要优质饲草，也是猪、禽、鱼配合饲料中重要的蛋白质、维生素补充饲料，含有动物生长发育必需的营养成分、氨基酸、矿物质、各种维生素以及未知生长因子。研究结果表明，苜蓿初花期蛋白含量一般在 17%~20%，脂肪含量一般 2%~3%，初花期苜蓿干物质中粗纤维含量 30% 左右；微量元素中含有畜禽必需的铁、铜、锰、锌、钴和硒，其中铁、锰含量较多；苜蓿中还含有动物需要的各种必需氨基酸，且含量丰富。苜蓿中粗蛋白质和无氮浸出物消化率较高，一般都在 60% 以上，合适的收获时期可以最大限度保持苜蓿的营养物质和适口性，各种畜禽都喜食，1kg 优质苜蓿草粉相当于 0.5kg 精料的营养价值。苜蓿中还含有苜蓿多糖（alfalfa polysaccharides，APS），苜蓿多糖含葡萄糖、甘露糖、鼠李糖等活性成分，通过促进畜禽免疫器官的生长和淋巴细胞的增殖转化来提高畜禽的免疫功能，通过清除自由基起到抗氧化作用（陈元元等，2013）。

苜蓿利用方式广泛，既可青刈青饲，又可以制成干草、青贮、草块、草粉和草颗粒等。苜蓿青贮饲料是将含水率为 50%~70% 的苜蓿原料经切碎后，在密闭缺氧条件下，通过厌氧乳酸菌的发酵作用，抑制各种杂菌繁殖，而得到的一种粗饲料（玉柱等，2011）。苜蓿青贮的过程是多种微生物发酵的过程，主要是乳酸菌发酵产生乳酸，降低了青贮料的 pH 值，乳酸既是营养物质，又具有抑制饲料中其他微生物（如腐败微生物）生长的作用，使饲料能够长期保存下来（Wan 等，2007；Bhandari 等，2007）。沧州同发奶牛场的饲喂实践表明，用 5kg 青贮苜蓿替代 5kg 青贮玉米，奶牛产奶量平均提高 1.6kg/头，增加收入 6.4 元/头；青贮苜蓿成本 750 元/t，玉米青贮成本 360 元/t，奶牛青贮成本提高了 1.95 元/头，但平均日增加纯收益 4.45 元/头。因此，饲喂苜蓿青贮的效果和效益明显（刘忠宽等，2016）。

但是，苜蓿含有较多的皂素和可溶性蛋白质，牛、羊等反刍动物采食大量鲜嫩苜蓿后，可在瘤胃中形成泡沫状物质不能排除，引起膨胀病，造成死亡或生产力下降，因此当牲畜直接食用苜蓿时要注意（杨青川，2003；李栋，2012）。

五、草木樨

草木樨（*Metlilotus suaverolens* L.）为豆科（Leguminosae）草木樨属（*Melilotus*）一年或二年生草本植物，早在 2000 多年前地中海地区将其作为绿肥及蜜源植物栽培。在我国多为二年生，主要有白花草木樨和黄花草木樨两种分布广泛。草木樨耐盐，在含盐量 0.3% 的土壤上能正常生长。繁殖能力强、生长速度快，第一年冬前根系生长迅速，贮蓄养分较多，并在根茎处形成越冬芽；第二年丛生的越冬芽萌发抽枝后，植株生长加快，在我国华北地区于 4 月中下旬至 5 月上旬的一段时间内，平均每日株高可伸长 10cm 以上，夏季开花结果，植株木质化。草木樨根系发达，入土深，根幅大，抗旱性强，覆盖度大，防风防土效果极好。

当前草木樨已经成为我国分布最广泛的牧草绿肥植物之一。草木樨鲜草含氮 0.48%~0.66%，磷酸 0.13%~0.17%，氧化钾 0.44%~0.77%。生长第一年的风干草，粗蛋白 17.51%，粗脂肪 3.17%，粗纤维 30.35%，无氮浸出物 34.55%，灰分 7.05%，同时还含有大量的胡萝卜素，丰富的钙、磷、钾、钠、锌、铜、钴、锰、铁等矿物质和多种氨基酸，是重要的饲用作物，有"宝贝草"之称。我国种植的草木樨多为二年生品种，在整个生长周期可刈割 2~3 茬，产量较高，可产鲜草为 30 000~53 000kg/hm^2，可为畜牧业提供大量的饲草饲料。草木樨在开花前，茎叶幼嫩柔软，可直接饲喂。草木樨现蕾期的粗蛋白含量较高，同时粗纤维的含量较其他生育期低（Ates，2011），因此在现蕾期收割最佳。但是，草木樨因含有香豆素，这是一种低毒的物质，因味道苦涩，所以适口性较差，尤其是在开花结实后，所以如果选择青饲，一般在开花前现蕾期刈割，或者将草木樨调制成青干草，制成青贮料，或者制草粉，均可发挥优良的饲喂作用。调制干草时喷洒碳酸钾，可以减少营养物质损失（李鸿祥等，1999）。用间作的玉米秸秆和草木樨饲喂奶牛，产奶量可提高 5%~8%（叶莉，2004），喂猪时添加脱毒后的草木樨粉，日增重可提高 23.4%（李勇等，1990）。草木樨的籽实中蛋白质的含量更高，可高达 50%，所以草木樨不但是一种优良的饲草饲料，还是一种良好的蛋白质饲料（赵海阳等，2013）。

在饲喂草木樨时，要注意单一饲喂时不可饲喂过多，要从少到多逐渐地增加饲喂量，也可以与其他饲草饲料混合饲喂，并且要严禁饲喂发生霉变的饲料，否则草木樨含有的香豆素会在家畜体内转变为抗凝血素，引起家畜出血性败血症。直接在草木樨地放牧，牲畜摄食过多易发生膨胀病。

六、甜高粱

甜高粱（*Sorghum bicolor* L. Moench）也叫芦粟、甜秫秸、甜秆和糖高粱，属于禾本科高粱族高粱属甜高粱种下的一个亚种。甜高粱除具有普通高粱的一般特征外，其植株高大，茎秆中含有大量的汁液，含糖量为 11%～21%，是粒用高粱的 2～5 倍。甜高粱是目前世界上生物量最高的作物之一，其生物产量比青饲玉米高 0.5～1 倍，可产鲜茎叶 90t/hm²、高粱籽粒 6 t/hm²。而且由于甜高粱具有很强的再生力，茎秆收获后可从基部发出新芽长出新的茎秆，因此在适宜地区 1 年只种 1 次，但可收割 2～3 次，其单位面积产量更高。澳大利亚是一个畜牧业比较发达的国家，甜高粱已成为其主要的饲料作物，他们用甜高粱做牧草、青饲料、青贮饲料和干草，种植面积已经达到 10 万 hm²，美国饲料高粱种植面积年均在 30 多万 hm²左右。

甜高粱起源于非洲，经过长期的自然选择和人工选择，甜高粱具有抗旱、耐涝、耐盐碱、耐瘠薄等特点。甜高粱可耐受的盐浓度为 0.5%～0.9%，高于玉米、小麦、水稻等作物。甜高粱适应性广，在 pH 值 5～8.5 的各种类型土壤中均可生长，除个别高寒地区外，我国各地均可栽培（唐三元等，2012）。由于甜高粱根、茎、叶鞘中髓部组织发达，具有一定的通气作用；且茎叶表面的蜡粉层在遇水淹时能防止水分渗入茎叶内部，所以甜高粱具有很强的耐涝性，短时间的田间积水对其发育和产量的影响都不会太大（赵香娜，2008）。

甜高粱的饲用价值很高，营养生长期长，粗蛋白含量可达到 12.8%以上，高于抽穗后的青贮玉米；单位面积上的蛋白总产量是青贮玉米的 3～4.5 倍。甜高粱的含糖量高，糖度可达 14%～22%，青贮品质的好坏与含糖量有直接关系。在同等生长条件下，甜高粱生物产量是青贮玉米的 2.5～3 倍，干物质收获量比玉米高 2～3 倍，可消化能高 1.8 倍以上（徐文杰等，2015）。甜高粱在快速生长的幼嫩期，粗蛋白含量高达 16%左右，多汁爽口，适口性好，牲畜喜食，是营养丰富的优质青饲料。并且，甜高粱在刈割后施肥浇水，生长速度快，可以多次刈割。同时，甜高粱也可以做高品质青贮饲料。甜高粱作为青贮饲料具有转化率高、营养丰富的优势（宋金昌等，2009）。研究表明甜高粱青贮的干物质产量、蛋白质、有氧稳定性高于玉米青贮（Avasi 等，2006），干物质降解率、中性洗涤纤维在反刍动物体内消化率也高于玉米青贮（Marcoa 等，2009）pH 值、乳酸含量与玉米青贮相近（Podkówka，2011）。

经乳酸发酵制备的甜高粱青贮饲料，气味芳香，酸甜可口，耐贮藏，是可供牲畜冬季或常年喂饲的多汁饲料。甜高粱青贮饲喂育肥牛、奶牛、山羊具有良好的生产性能，其中的有机酸能促进家畜消化腺的分泌活动，提高消化率、增强机体的免疫力。李新胜等（2001）用甜高粱青贮饲料饲喂奶牛，试验组奶牛平均产奶量比饲喂全株玉米青贮高 2. 72kg, 平均日产奶量增加 10. 19%; 柴庆伟 (2010) 以甜高粱渣青贮料饲喂育肥牛和奶牛, 结果显示饲喂甜高粱渣料较饲喂青贮玉米的肉牛增重提高 22. 78g/天, 青贮干物质采食量提高了 0. 04kg/头/天, 日粮干物质采食量提高了 10g/天, 奶牛日平均产奶量增加了 4. 33%, 乳脂含量增加了 3. 34%, 乳蛋白含量增加了 6. 51%, 乳糖的含量增加了 2. 45%, 还提高了奶牛机体的免疫能力。Amer 等 (2012) 分别以甜高粱青贮、苜蓿青贮做粗饲料喂饲奶牛, 结果发现饲喂甜高粱青贮的奶牛干物质采食量、能量校正乳含量和牛奶转化率与喂饲苜蓿青贮相当。同时, 甜高粱青贮还有轻泻作用, 可以防止便秘 (李建平, 2004)。

七、盐生饲料作物发展前景及面临挑战

受土地盐渍化和牧草资源短缺的影响, 盐生植物作为饲料资源在干旱半干旱地区家畜生产中的作用得到了日益广泛的关注。开发盐生植物的饲用价值, 首先需要对其饲用价值进行评价, 盐生饲草的饲用评价可参考普通牧草的评价方法。营养成分是评定牧草饲用价值的重要指标, 牧草的营养价值取决于所含营养成分 (李艳琴等, 2008)。在生产中, 常以粗蛋白、粗脂肪、粗纤维、无氮浸出物和粗灰分含量的多少来表示牧草营养价值的高低。一般来说, 牧草中粗蛋白、粗脂肪、可溶性糖和有益矿物质含量越高, 粗纤维含量越低, 则牧草的营养价值就越高 (陈玲玲等, 2013)。饲草的营养价值会随着生育期的推移而发生变化, 生长发育早期, 植株鲜嫩可口, 到了生长后期, 植株老化, 适口性和消化率不断降低 (赵雅姣等, 2015)。盐生植物由于其生理生态的特殊性, 其饲用价值评价还需要考虑一些其他因素, 如有效能值低和矿物质含量高是其最突出的 2 个限制因素。

一般认为, 优质的饲草应具备多叶, 富含营养, 可口, 易消化, 蛋白含量大于 5%~6%, 灰分含量小于 9%~10% 等特征, 而盐生饲草可以满足反刍动物的蛋白需求, 却难以满足灰分限制, 尤其是真盐生植物 (Badri 和 Hamed, 2000)。因此限制盐生牧草营养价值的主要因素是盐分含量太高, 对反刍动物采食和消化产生抑制, 养分利用效率较低 (Ben 等, 2010)。盐生饲草除了 NaCl 含量偏高外, 其矿质营养也不均衡, 如普遍缺乏钾和磷, 部分植物的镁和硫含量偏高, 但不同植物矿质营养状况各不相同, 因此实际生产中, 应适宜搭配混合饲喂, 避免单一饲喂造成牲畜某些矿质元素的缺乏或过剩。

盐生植物由于其生境的不良条件, 主要是生理干旱, 使其体内积累一些次生化合物以应对渗透胁迫和离子胁迫, 这类有机化合物中对畜牧生产有影响的主要是甜菜碱和草酸盐。盐生饲草的甜菜碱含量比较丰富, 不同生育期的含量也相对比较稳定, 许多研究表明, 用盐生牧草饲喂反刍动物能改善肉的品质, 降低胴体脂肪含量, 这与盐

生植物富含甜菜碱呈正相关关系（Fernandez 等，1998）。草酸盐被主要用于平衡吸收的过多的阳离子，许多藜科植物的草酸盐含量都接近毒性阈值（Masters 等，2001）。草酸与钙在体内结合成草酸钙沉淀从而降低了血钙浓度，草酸钙沉淀也会给瘤胃和肾脏带来损害，草酸盐也会屏蔽其他的一些矿物元素，如 Mn、Fe、Cu 和 Zn（冯仰廉，2006）。而草酸盐含量会随着植物种类和生长季节发生变化，如大洋洲滨藜的草酸盐含量随着植物成熟而降低，其浓度随着季节和生长环境（土壤盐分）的不同而不同，最低为 3.1%，最高在 7.6%~9.6%（Abu-Zanat 等，2003）。还有一些研究结果表明，盐生植物对重金属有富集作用，被用于重金属污染土地的改良（陈雷等，2014；李超峰等，2014）。测试的几种盐生植物初花期的铬、镉、汞、铅、砷、铜等有害重金属元素含量均未超出饲用安全标准（张丽英，2007），处于常规范围内，长期饲喂不会对动物造成重金属中毒危害。原因可能是种植盐生植物的盐碱地为新垦盐碱荒地，未受到工业和农业污染，还有可能是因为土壤重金属背景值比较低，植物地上部分积累的也相应比较低。

盐生植物盐分含量偏高，矿质营养不均衡，部分植物草酸盐含量超标，因此不适合直接放牧利用，宜将盐生植物与非盐生牧草调制成混合青贮饲料以提高盐生植物适口性和养分利用效率，此外，将盐生植物与豆科及禾本科耐盐牧草混合种植，能有效提高混合饲草的营养价值，降低抗营养因子含量，稀释盐分，提高适口性。盐生植物体内由于含有大量的可溶性盐，所以在盐生植物放牧场上放养的家畜不需要补饲食盐。而且，盐生植物富含甜菜碱，甜菜碱与改善肉的品质密切相关，因此有望利用盐生牧草生产高品质的畜产品。

我国有数千万公顷盐碱地资源，有广阔的未利用边际性土壤，这些地块种植大田农作物产量很低，改造起来难度大、成本高，如果能将其合理利用种植海蓬子、甜高粱等饲料作物，则完全可以缓解人、畜争地的矛盾。

第四节　能源作物

能源植物（energy plant）是指一年生和多年生植物，其栽培目的是生产固体、液体、气体或其他形式的能源。Lemus 和 Lai 定义生物能源作物（bioenergy crop）为专门生产生物能源的任何植物材料，在此基础上，强调生物质高产能力、高能含量和适应于边际土地（marginal soil）等特征。能源植物和能源作物的区别在于后者是经一定人工驯化而广泛应用于农业生产，前者则包括还没有应用于栽培生产的能源植物种类。谢光辉定义将专门用于加工形成食品和饲料以外以能源为主的生物基产品的植物叫作"能源植物",其中规模化人工栽培生产的植物称作"能源作物"。因此,尽管传统农作物生产形成的有机残余物(agricultural waste)也有很大的生产能源的潜力,如小麦收获籽粒或棉花收获纤维后的秸秆,但这些作物不属于能源植物的范畴。

能源植物的转化利用与其化学成分组成是密切相关的,其某一组分将是转化利用的主要原料成分,或者说其主要组分体现着该植物主要特征,依此将能源植物分为糖料植物(sugar plant)、淀粉植物(starch plant)、油料植物(oil plant)、木质纤维素植物(lignocellulosic plant)和含油微藻(oil microalgae)5类。糖料植物富含可溶性糖,用于生产燃料乙醇,主要作物有甘蔗、甜高粱和甜菜等。巴西主要利用甘蔗生产燃料乙醇,是世界上最大的乙醇产量和消费量国家之一。淀粉植物富含淀粉,也主要用于生产燃料乙醇,主要包括小麦、大麦、玉米、籽粒高粱等禾谷类作物和甘薯、木薯、马铃薯等薯类作物。油料植物富含油脂,提取油脂后通过脂化过程形成脂肪酸甲酯类物质,即生物柴油。油菜、向日葵、蓖麻和大豆是最主要的产油作物,已经在商业化生产水平上实现了以生产生物柴油为目的大田种植。目前美国主要以大豆为原料,欧洲主要以油菜籽为原料,巴西主要以蓖麻籽和油棕榈为原料生产生物柴油。木质纤维素植物富含纤维素、半纤维素和木质素,这类作物多数属多年生,主要包括短期轮伐木本作物(short-rotation woody crops),例如杨树(*Populus* spp.)、柳树(*Salix* spp.)、桉树(*Eucalyptus* spp.)、银槭(*Acer saccharinum*)、枫树(*Liquidambar styraciflua*)、悬铃木(*Platanus occidentalis*)和刺槐(*Robinia pseudoacacia*)等;以及生物量较高的草本植物,例如柳枝稷(*Panicum virgatum*)、象草(*Pennisetum purpureum*)、绊根草(*Cynodon dactylon*)、百喜草(*Paspalum notatum*)和芒草(*Miscanthus*)等。

我国发展生物质能源产业的前提是不能与粮争地,不能与人争油,这就需要利用非耕地资源发展能源植物,而我国约有 $200 \times 10^4 hm^2$ 沿海海涂非耕地资源,每年还以 $(1.33 \sim 2.00) \times 10^4 hm^2$ 的速度在递增,仅黄河三角洲、苏北沿海两地就有数百万亩的海涂盐渍土资源可用于发展能源植物。近年来,我国科学工作者在东部沿海滩涂进行了大量耐盐耐海水能源植物的引种、筛选与栽培研究,主要包括甜高粱、菊芋、油葵等。

一、甜高粱

甜高粱(*Sorghum dochna*)起源于非洲,也叫芦粟、甜秫秸、甜秆、糖高粱和高粱甘蔗,是粒用高粱的一个变种,20世纪70年代引入我国。由于 CO_2 光补偿点很低,饱和点很高,甜高粱的光合效率很高,为大豆、甜菜、小麦的 $2 \sim 3$ 倍,其茎秆含糖量高,甘甜可口,可与南方甘蔗媲美。甜高粱具有非常高的生物学产量,每亩地可生产 $150 \sim 500kg$ 粮食,还可生产 $4\,000 \sim 5\,000kg$ 富含糖分的茎秆。因甜高粱单位面积酒精产量远高于玉米、甜菜和甘蔗，被誉为"生物能源系统中的最有力竞争者"。表3-4为我国现阶段甜高粱乙醇产量。

表 3-4　中国甜高粱乙醇产量

项目	茎秆单产 （t/hm²）	茎汁锤度 （%）	籽粒单产 （t/hm²）	1t无水乙醇需 甜高粱茎秆 （t）	无水乙醇单产 （t/hm²）
一般范围	40~120	5~22	2.25~7.5	13~20	2~9.23
平均值	60	18	4	16	3.75

甜高粱具有抗旱、耐涝、耐盐碱、耐瘠薄、耐高温和耐干热风等特点。甜高粱在33℃高温干旱条件下，柱头和花粉生活力可维持2h，在相同条件下玉米的花丝和花粉寿命只有十几分钟。甜高粱可耐受的盐浓度为0.5%~0.9%，高于玉米等作物。甜高粱适应性广，在pH值5~8.5的各种类型土壤中均可栽培。张彩霞等研究了甜高粱在我国的空间适宜分布，结果表明，我国大部分省份或多或少均可种植甜高粱，东南沿海地区省份几乎都适宜种植甜高粱。综合土壤坡度、土壤综合肥力和年日均温大于10℃期间的降水量3个条件，东部沿海的辽宁、天津、河北东部、山东、江苏等省最适宜开发种植甜高粱，种植甜高粱的能耗较低，可能引起的土壤侵蚀也较小；浙江、福建、海南等地区为较适宜区，需要保证排水条件良好及培肥土力。因此，利用沿海滩涂开发甜高粱有很大的潜力。

关于盐碱胁迫对甜高粱种子及幼苗的影响，科学家们做了大量的工作，以期为甜高粱在沿海滩涂的引种及育种工作提供参考。邱晓等以六环美迪、醇甜1号和辽甜1号3个甜高粱品种的种子为材料，选取0.43g/kg、2.88g/kg、4.06g/kg、6.10g/kg 4个含盐量不同的田间自然土，进行了甜高粱耐盐试验。结果表明：甜高粱种子萌发阶段耐盐范围为土壤含盐量0~2.88g/kg，土壤含盐量达到4.06g/kg以上，甜高粱种子萌发受到盐胁迫抑制作用。3个甜高粱品种耐盐强弱顺序为：六环美迪>醇甜1号和辽甜1号。Zhao等的研究也有类似的结果。因此，在这3个甜高粱品种育种时，其种子萌发的土壤含盐量应不高于2.88g/kg。贝盏临等以甜高粱M-81E为材料，对其种子进行单盐（0.3%~2.4% NaCl）、单碱（pH值：7.0~9.6 NaOH）及盐碱混合（0.3%~0.9% NaCl和pH值：7.0~9.6 NaOH）的胁迫处理试验，通过测定种子发芽率、存活率、相对生长率及相对含水量等指标表明，单盐胁迫显著抑制了种子的萌发，而单碱胁迫对种子的萌发没有显著影响。M-81E甜高粱苗期耐盐碱能力很强，在盐质量分数0.9%、pH值9.0胁迫下苗期存活率高达94.44%。研究还发现盐胁迫碱胁迫之间对甜高粱种子有很强的协同效应。Chai等的研究结果表明甜高粱幼苗的抗性酶活性及植株根系中可溶性蛋白含量随着 NaCl 浓度的增加而升高，其叶片中的脯氨酸含量也大幅度增加，改变了植物体内的渗透压，有利于植物抵抗外界盐胁迫。

近年来也有众多学者对甜高粱应对盐碱胁迫的分子机制进行了研究。Zhang 等研究发现了 CBL 家族中的碱胁迫效应基因，通过生物信息学分析可知 SbCBL 的序列是高度保守的，并且大多数 SbCBLs 都有 3 个典型的 EF-手型结构。实时荧光定量 PCR 分析结果表明，在正常生长条件下 SbCBL 基因有特异的时空组织表达模式，而在碳酸钠处理下，甜高粱幼苗的 SbCBL 基因也具有不同的响应模式。这些结果表明 SbCBLs 可能参与了甜高粱耐受碱胁迫时细胞内的适应过程。Su 等在甜高粱中克隆得到 SbP5CS1 和 SbP5CS2 2 个基因，表达差异分析结果显示这 2 个基因都参与了干旱和盐胁迫诱导过程，并且在植物发育过程中起很大作用。Sui 等研究发现耐盐甜高粱叶片含糖量很高，选取耐盐品种 M-81E 和盐分敏感品种 Roma 进行试验，通过转录组差异分析，分别获得了 864 个和 930 个差异表达基因，这些基因大都与植物的光合作用、碳固定、淀粉和蔗糖的代谢相关。对于品种 M-81E，编码苹果酸脱氢酶和蔗糖合成酶的基因表达上调，而对于品种 Roma 正好相反，从而得出结论，品种 M-81E 是通过保护光合系统结构来增加光合产物的积累而达到耐盐的效果。

从未来长期发展看，发展生物质能源的最佳途径是利用纤维素发酵生产乙醇。甜高粱巨大的秸秆生物量有利于开发秸秆纤维素液体燃料。但是，甜高粱作为能源植物的基础研究目前还存在诸多问题。如，①缺乏甜高粱种质资源评价系统，特别是对遗传多样性、能源相关性状和抗逆性（抗旱、耐盐碱、耐寒冷、抗蚜虫等）等重要性状应开展系统评价，丰富的分子标记和基因组信息将加速这方面的研究速度。②对主要能源性状如甜高粱高效利用光能的机理、秸秆光合产物的来源、运输形式、糖分积累及其调控规律的研究不够深入。③甜高粱基因组测序虽已取得重大进展，但大批基因的功能需要解析，需要加强甜高粱的分子遗传学和组学研究。④需要研究大规模生产时甜高粱茎秆的采收、储藏和糖分压榨等技术问题。

同时，在沿海滩涂开发甜高粱作为能源植物还有很多产业化技术难题亟待突破。例如，①缺乏适宜耐盐品种。我国拥有大量的滨海盐碱地等闲置边际土地资源，这些地区是我国甜高粱生产的潜在优势地区，但目前甜高粱品种选育滞后，适宜各类生产需要的专用甜高粱品种缺乏，因此加强滨海盐碱地种植的优良耐盐甜高粱新品种选育是利用滨海盐碱地发展甜高粱产业的保障性内容。施庆华等对 11 个甜高粱品种的出苗率、茎粗、株高、含糖量、茎秆鲜重产量、籽粒产量进行比较试验，研究结果表明 SN010F1、通选超甜高粱、SN006F1、SN008F1、SN009F1、盐甜 1 号茎秆鲜重和含糖量都很高，可作为盐碱地种植以收获茎秆为主要生产目标的甜高粱品种。LT3F0、通选超甜高粱、盐城普选甜高粱和 YT3F1 籽粒产量较高，可作为盐碱地种植以收获籽粒为主要生产目标的甜高粱品种。②研究甜高粱耐盐高效种植技术。王海洋等从2009年起在江苏省盐城沿海进行了多年引种与栽培试验，总结出一套盐碱地甜高粱高产栽培技术规程，为甜高粱在江苏省沿海滩涂大面积推广种植提供了技术参考。吴承东等也从品种选择、播种、栽植密度、施肥、收割头季甜高粱、再生甜高粱管理、病虫害防治等方面总结了甜高粱在江苏沿海地区的高产栽培技术，以为甜高粱栽培提供科学指导。王永慧等以甜高粱ST008为实验材料，研究了不同密肥水平下滨海滩涂盐碱地甜高粱生长特性、干物质积累特征，结果表明，盐碱地甜高粱在密度120 000株/hm²、施氮量300kg/hm²水平下生物产量最高。提高拔节至抽穗阶段甜高粱植株的光合生产是提高甜高粱产量、含糖量的关键。③需要引进和改造全程配套机械。甜高粱生育期短，成熟期集中，管理简单，适宜机械化操作，高起点、全程化的甜高粱生产机械研制是促进甜高粱产业发展的一项关键内容，还要针对盐碱地甜高粱种植技术的需要，并根据甜高粱茎粒高产生产的农艺要求，改善相关机械，通过配套机械的引进研制和改进完善，实现甜高粱种植的全程机械化。

二、菊芋

菊芋（*Helianthus tuberosus* L.）是菊科向日葵属一年生草本植物，起源于美国俄亥俄州和密西西比河及其支流的山谷地带，随后被引入欧洲，现已遍布于世界各个国家，包括中国、韩国、埃及、澳大利亚、新西兰等。菊芋地上部分以茎叶为主，茎秆直立，上部和下部均有分枝，表面密布白色短糙毛，成熟叶片呈心形、卵圆形或卵状椭圆形，长11~20cm，宽7~12cm，叶缘呈锯齿状，有深裂和浅裂之分；花序为头状花序，其数目因生长环境和品系的不同而表现出较大的差异，通常花序中央部分为管状花，四周部分为舌状花，舌状花为无性花，12~20朵，中间管状花为两性花，聚药雄蕊。茎秆以纤维素成分为主，同时茎叶中富含粗蛋白、碳水化合物、矿质元素等营养物质。地下部分包括根系和块茎，根系发达，长达0.5~2.0m，块茎约含80%的水分，干物质中菊糖含量达70%~90%。菊芋适应能力极强，表现为抗旱、抗寒、耐盐碱和耐贫瘠，在年降水量大于150mm、最低温度大于-40℃和土壤NaCl浓度小于150mmol/L的条件下都能够生长良好，且管理粗放、投入少，可广泛种植于中国北方和西部大面积的荒地、坡地、盐碱地等边际土地。

在生产实践中，菊芋最大的优势是生物量高，块茎产量可达50 t/hm²以上，可以转化成乙醇和碳氢燃料，在我国沿海滩涂大面积种植菊芋，符合国家提出的生物质能源作物要做到不与人争粮、不与粮争地的指导方针。在滩涂地、沿海岸被海水浸渍的盐碱地、荒漠沙地上种植菊芋，可以为人类提供更多的生物质资源，创造更多的就业机会，同时可节约成本，减少滩涂水土流失，加速滩涂土壤的熟化过程，可以充分利用海涂非耕地资源、非灌溉水等海水资源,从而获得经济、生态和社会三重效益。

为了实现菊芋在我国沿海滩涂的推广种植,众多学者针对菊芋的引种鉴定、耐盐机制、栽培技术及海涂利用评价等方面做了大量研究。1998 年以来,南京农业大学课题组分别在山东莱州、江苏大丰海涂进行耐盐耐海水菊芋的引种与筛选研究,从全国各地数十个菊芋品种中筛选、培育了高耐海水、生物产量高、能量密度大、综合利用前景广阔的南芋 1 号、南芋 2 号等菊芋品系,并在山东莱州、江苏大丰滨海盐土进行种植试验。表 3-5 为 2000—2004 年山东大田不同比例海淡水灌溉下菊芋块茎产量,结果表明:用 25% ~ 50% 的海水灌溉,菊芋块茎产量在 89 776.7~67 235.0kg/hm^2,折算糖产量为 16 160~12 102kg/hm^2,比耕地种植木薯产糖量高出 1 倍。同时在菊芋整个生长期间,除进行一次中耕覆垄外,基本没有进行其他的田间管理投入,因此,南芋 1 号、南芋 2 号是适合海涂种植的为数不多的首选能源植物。

表 3-5　大田海淡水灌溉菊芋块茎鲜重产量 (kg/hm^2)

处理	2000 年	2002 年	2003 年	2004 年
淡水	87 033.0[a]	73 315.0[a]	63 000.0[a]	79 200.0[a]
10%海水	91 455.0[a]	74 943.5[a]	—	72 100.0[a]
15%海水	87 766.7[a]	—	—	—
25%海水	89 776.7[a]	—	67 500.0[a]	70 600.0[a]
30%海水	—	75 626.5[a]	—	—
50%海水	—	67 235.0[b]	62 500.0[a]	62 500.0[a]
75%海水	—	45 175.0[c]	48 000.0[c]	54 200.0[b]
100%海水	—	11 758.0[d]	—	—
雨养种植	35 370.0[b]	46 810.0[c]	—	47 700.0[b]
降水量 (mm)	233.8	315.4	490.3	487.7

注:a、b、c 表示同以年份各处理间的差异性

谢逸萍等从全国各地引进的菊芋品种进行了海涂利用评价,结果表明:大兴 1 号的产量表现较好,鲜产、干产和糖产量分别达到 77 413.8kg/hm^2、17 505.9kg/hm^2、12 381.9kg/hm^2;徐州 2 号次之,其鲜产、干产和糖产量分别达到 71 918.1kg/hm^2、16 090.5kg/hm^2、10 349.4kg/hm^2。杨君等研究了海水灌溉条件下不同的种植密度对菊芋植物学性状及产量的影响,结果表明,随着种植密度的增加,菊芋单株产量呈现

先增加后减少的趋势；株行距 50cm × 70cm 时产量最高，菊芋的除盐能力随着种植密度增加而增强。关于菊芋的耐盐机制，研究表明，其幼苗根部可维持较高的 K^+ 含量，维持一定的 Na^+ 与 K^+ 比值，以保证根部 Na^+ 的高浓度，这是菊芋耐盐特性的重要基础。菊芋幼苗品种间耐碱性差异与其不同器官生物量和可溶性渗透物质的分配积累有关，耐碱菊芋品种在较高碱胁迫时，叶片和根系保持了较高的可溶性糖含量，根系保持了较高的 K^+ 含量和较低 Na^+ 含量，即耐碱品种幼苗保持了较低的 Na^+/K^+，这可能是其耐碱性较强的重要原因之一。

我国现有 200 多万 hm^2 尚未得到开发利用的近海滩涂地，陆地海岸线长约 1 800km，按照我国目前闲置而无法以其他方式开发利用的近海滩涂 $200×10^4$ hm^2 的 50% 种植菊芋计算，可以获得 $1 500×10^4$ t 干基生物质，生产 $500×10^4$ t 燃料乙醇。在近海岸滩涂海水灌溉条件下种植菊芋的关键在于菊芋的耐盐程度、产量水平、抗病抗倒伏能力以及质量情况，因此迫切需要对国内菊芋种质资源进行筛选，获得高耐海水品系，对其耐盐机理即盐胁迫下生理代谢特征、调控机制及其相关的特异蛋白，进行深入的探索，为选育高产优质高效的菊芋品系提供理论基础。同时利用目前闲置的海涂种植高密度能源植物，急需海涂高产栽培调控技术，迫切需要深入研究。对于菊芋转化生物质能源的研究，今后的工作应在先前工作的基础上，优化菊粉的产生过程，对菊粉酶产生菌进行诱变，同时对突变菌株的发酵培养基组成中的主要因子进行优化，另外需研究原始菌株和突变菌株的酶学性质，从分子生物学方面进行深入研究，为工厂化生产提供技术支撑。

三、油葵

油葵（*Helianthus annuus*），即油用向日葵，菊科向日葵属。原产北美，1716 年后欧洲栽培作油料作物。中国栽培向日葵已有近 400 年的历史。油葵为高大、粗壮的一年生草本，叶大型，互生，卵形或卵圆形，头状花序极大，花盘直径约 20cm，单生茎端，下垂，边花为舌状花，黄色，无性，不结实，中央盘花两性、管状，棕色或紫色，结实。瘦果倒卵形或卵状长圆形，果皮坚硬。向日葵是一种喜光的短日照植物，光照时间一般不能超过 12h，喜温，最适宜的生长温度是 25～35℃。幼苗能抗 -13.8℃ 的低温，生长期 110～150 天。

油葵有很强的适应能力，对土壤条件要求不严格，是一种耐盐碱、耐瘠、耐旱、适应性广的新型油料作物，适于在沿海滩涂地区种植。油葵籽粒产量高，种子中含有丰富的营养成分，具有较高的营养价值，可作为优质保健油、化妆品、饲料及生物质燃油的原料。油葵的含油率一般为 30%～70%，主要为甘油三酸酯，高温醇解后可得到脂肪酸甲酯和甘油，脂肪酸甲酯可以用作燃料即生物柴油。油葵作为优质的生物柴油原料植物，其转化为生物柴油的技术已经成熟，而且其转化的生物柴油的质量热值在 37~40MJ/kg，与矿物柴油差别不大；其黏度较大，几乎比矿物柴油的黏度高一个数量级，黏—温特征曲线远远高于矿物柴油的黏—温曲线，对发动机的磨损较轻；闪点、燃点和着火点高，利于安全储存与运输；其含氧量高，燃烧时有自供氧效应，燃烧速度比矿物柴油快，燃烧比较完全，可有效减少尾气的污染物含量。因此油葵是极有前景的海涂生物柴油的原料植物。

目前，推广使用最成功的是美国迪卡公司培育的杂交油葵 G101 品种。20 世纪 90 年代前后，中国从美国先后引进 G101、S31 等优质杂交油葵品种，大面积试种，连年单产超过大豆、油菜等油料作物。目前，主要通过以下途径培育挑选耐盐的油葵新品种：①将野生耐盐植物驯化成作物；②建立在形态、生理、分子标记等选择基础之上的传统育种；③利用组织培养和诱变突变表型的生物技术进行培育；④基因工程培育等。刘兆普等从 1998 年起，开始在海涂引种油葵的研究，在江苏大丰海涂不同强度的盐渍化土上种植从美国迪卡布公司引进的 G101B、DK3792、DK1 油葵新品种，G101B、DK1 两品种表现了很强的耐盐能力，在含盐量 0.28%~0.35% 的中度盐渍化土上，单季产量达 3 035.0~2 331.5kg/hm^2，在含盐量 0.62%~0.77% 的强度盐渍化土上，单季产量亦达到 2 364.5~1 285.2kg/hm^2，而油菜在强度盐渍化土上却不能生长。为充分利用海水资源，从 2002 年起，在山东莱州海涂进行大田海水灌溉油葵 G101B 的试验，20% 海水灌溉下取得一年两季单产 6 163kg/hm^2，按含油率 50% 计，折植物油 3 082kg/hm^2，40% 海水灌溉下两季产量也达到 5 868kg/hm^2，折植物油 2 934kg/hm^2（表 3-6）。油葵是油料植物中抗逆能力强、单位面积产油脂最高的能源植物之一。国内外有关向日葵耐盐机理的报道较少，并且大多数集中于水分关系、渗透调节、光合能力方面等的研究。研究表明，盐分区域化是植物耐盐的主要生理特征，向日葵的茎秆截留、积累盐分的能力特别显著。而向叶柄、叶片选择性运输 K$^+$ 的能力较强，维持向日葵地上部、叶片中离子平衡。油葵具有很强的耐盐碱性，其耐盐机理可能为：①削弱 NaCl 对油葵幼苗的细胞膜的渗透胁迫；②受到盐分渗透胁迫时，与细胞内脯氨酸的积累有关，脯氨酸通过防止蛋白质在渗透胁迫条件下脱水变性，对植物的渗透胁迫起重要的生理调节作用；③减弱盐离子对油葵细胞的毒害。其中 CAT 和 POD 是活性氧清除及重要的酶之一。油葵作为淡土植物，其耐盐水平仍在 0.6% 盐土（淡土植物耐盐极限值）以下，在耐盐极限范围内萌发，成苗率较野生大豆、棉籽都高。因为向日葵根的生长速度一直比地上部快，油葵一旦成苗，其发达的根系就会迅速向下伸展，避开上面盐土层的迫害，直达深处的非盐土层，从而减轻或解除盐渍影响。

表 3-6　山东莱州 863 基地海水灌改下油葵（G101B）葵籽产量（kg/hm²）

海水灌溉浓度	夏播平均产量	春播平均产量	年产量	年折合油量
0%	2 942[a]	3 327[a]	6 269	3 135
20%	2 922[a]	3 241[a]	6 163	3 082
40%	2 676[ab]	3 192[a]	5 868	2 934
60%	2 027[c]	2 743[b]	4 770	2 385
80%	1 423[d]	2 333[b]	3 756	1 878
不灌溉	2 362[bc]	2 760[b]	5 122	2 561

注：a、b、c 表示处理间的差异显著性

四、海滨锦葵

海滨锦葵（*Kosteletzkya virginica*）为锦葵科锦葵属多年生宿根植物，天然分布于美国东部沿海从特拉华州至得克萨斯州的盐沼海岸带。海滨锦葵植株高 1.5~2m，无限花序，花形美，花大而多，深粉红色，呈小喇叭状，花期长达 60d 左右，大面积种植可以美化滩涂。海滨锦葵在江苏沿海地区的生育期为 150d 左右，7 月中旬现蕾开花，8 月中旬种子逐步成熟，以粗大的肉质根越冬，翌年 4 月中旬由肉质根再萌发出新枝。随着生长年限的延长，肉质根会不断膨大，可增加土壤中的腐殖质，种植 3~5 年后贫瘠盐碱荒地能得到改良。其种子黑色，肾形，含油率在 17% 以上，粗蛋白质含量在 27.4%~29.6%，而去壳种子含 32% 蛋白质和 22% 的脂肪。

在天然分布中，海滨锦葵的基质含盐量达 2.5%。经过长期的进化及适应过程，海滨锦葵已成为一种喜盐植物，用 0.5%~1.5% 的盐水浇灌，生长良好；用 2.5% 的盐水灌溉，产量可达 1 500kg/hm²。海滨锦葵属于储盐植物，它把所吸收的盐分储存在茎秆和根的皮部，这对于减少土壤的含盐量和改良盐土很有意义。目前，阮成江等采用系统选育的方法，通过单株选择，结合优选单系实生苗的完全随机区组对子代性状的测定，建立初选优良品系的无性系和多元杂交圃，实行开放授粉，通过品系比较试验、区域生产试验在江苏沿海滩涂选育出 6 个海滨锦葵优良品系，该品系滩涂的平均种子产量为 957kg/hm²，比未经选择的海滨锦葵自由生长群体的产量（平均 639kg/hm²）提高了 49.76%；平均种子含油量为 20.64%，比未经选择的滩涂海滨锦葵自然生长群体（平均 17.97%）提高了 14.85%，但与原产地相比（海滨锦葵在美国的种子产量为 800~1 500 kg/hm²、含油量为 22%），仍有很大差距，说明海滨锦葵种子产量的提高和品质的改良仍有很大空间，可进一步进行群体改良，以选育高产优质新品系。

为了探明海滨锦葵的耐盐机理，张艳等采用沙配法，研究了 NaCl 浓度对海滨锦葵活性氧清除酶系统中超氧化物歧化酶（SOD）、抗坏血酸过氧化物酶（APX）、过氧化氢酶（CAT）等酶活性以及谷胱甘肽（GSH）、抗坏血酸（AsA）等活性氧清除物质含量的影响。结果表明，随 NaCl 浓度的升高，SOD、APX 活性明显升高，AsA、GSH 含量均显著上升，而 CAT 活性略有增强。这表明，较强的活性氧清除能力是盐胁迫下海滨锦葵的一个重要保护机制。王艳红的研究有类似的结果，海滨锦葵幼苗具有一定的耐盐能力，低于 200mmol/L Na Cl 胁迫处理基本不影响其生长，具有良好的渗透调节、离子平衡和区隔化及抗氧化能力。党瑞红等分别用含有 0mmol/L、100mmol/L、200mmol/L NaCl 和等渗 PEG 的 Hoagland 培养液处理海滨锦葵幼苗，研究水分和盐分胁迫对海滨锦葵生长的效应。结果表明，海滨锦葵对盐胁迫的适应能力较强，而对渗透胁迫的适应能力较差。

为了开发海滨锦葵作为"生物柴油"的用途，聂小安等以海滨锦葵油为原料，对海滨锦葵油合成生物柴油工艺进行了研究，探讨了海滨锦葵油合成路线的经济可行性，并对海滨锦葵油生物柴油的燃烧性进行了分析。结果表明，采用生物柴油与化工产品综合生产线，所得生物柴油十六烷值达 56，硫的质量分数为 0.0038%。由于采用了生物柴油与化工产品综合生产线，大大降低了生物柴油的生产成本，使生物柴油近期产业化成为可能，对缓解我国的矿质能源压力，加快我国生物柴油产业化步伐，减少城市空气污染等具有重要的现实意义。

五、含油微藻

含油微藻（oleaginous microalgae）指含有极其丰富的烃类或脂类的微藻类植物，可用以生产生物柴油。含油微藻通常在一定条件下能够将二氧化碳、碳水化合物和普通油脂等碳源转化为藻体内大量储存的油脂（含量超过生物量干重 20%）。事实上，一般的藻类细胞中均含有油脂，而不同藻类的油脂含量有较大的差别，油脂含量较高的微藻主要集中于绿藻（Chlorophyceae）、硅藻（Bacillariophyceae）、金藻（Chrysophyceae）等真核微藻中（表 3-7）。

以微藻为原料生产生物柴油与以其他油料作物和木本油料植物为原料相比，无论是理论上的油脂含量、实际生产中的经济性以及全面替代石化柴油的潜在前景方面都具有不可比拟的优越性。油料作物和其他高含油木本植物的光合效率没有微藻高，且高等含油木本植物本身还必须提供大量的能量以维持占其生物量大多数的低含油率的纤维组织的生长，可用于生物柴油生产的只是果实或富含油脂的根茎等部分。微藻的全部生物量几乎都可以作为生物柴油生产的原料，其能量转化效率更高。微藻的生长速度也是其他高等油料植物所不能比拟的，油脂含量也相对较高。大多数微藻的生物量倍增时间小于 24h，处于对数生长期的微藻生长速度更快，倍增时间可低至 3.5h。在温度等条件合适的情况下，微藻生产没有季节性限制，可以每日连续收获。此外，微藻养殖不需要占用大量土地资源，表3-8比较了微藻及其他生物柴油生产原料的产油量及所需土地面积。

表3-7　部分微藻的含油量

微藻名称	含油量（干重）（%）
布朗葡萄藻	25~75
小球藻	8~32
寇式隐甲藻	20
细柱藻	16~37
杜氏藻	23
等鞭金藻	25~33
盐生单肠藻	>20
微绿球藻	31~68
菱形藻	45~47
三角褐指藻	20~30
裂殖壶菌	50~77
四爿藻	15~23

表3-8　适于中国生产生物柴油的主要原料比较

作物	产油量（L/hm²）	所需土地面积[a]（100万 hm²）	占现有土地的比例（%）
大豆	446	169	140.00
向日葵	952	80	66.00
油籽菜	1 190	64	52.60
麻风树	1 892	39	32.00
椰子	2 689	29	23.80
油棕榈	5 950	14	11.40
微藻[b]	135 000	0.56	0.46
微藻[c]	39 300	1.95	1.65

注：a. 满足中国年消耗柴油量（约1.2亿 m³）50%的供给，生物柴油转化率按80%计算，全国可用耕地面积按1 200万 hm²计算；b. 按含油占干重70%计算；c. 按含油占干重20%计算

目前，应用较广泛的微藻培养系统有开放式培养系统和封闭式光生物反应器。开放式培养系统由水和营养物质通过通道径流供给微藻，主要包括跑道式、浅水池塘式或圆形池塘式。在跑道式开放培养系统中，水和营养物质在桨轮的带动下在通道中循

环，使得微藻悬浮于水中并不断吸收空气中的 CO_2。其中，通道深度要求阳光能够穿透，保证微藻进行光合作用时有充足的光照；较浅的通道还有利于 CO_2 的循环使用。目前，大多数微藻（如小球藻、螺旋藻、雨生红球藻与杜氏盐藻等）的培养采用跑道式。封闭式光生物反应器克服了开放式培养系统的缺点，能够更好地控制培养条件和培养参数，实现了单一微藻物种的长周期培养，提高了微藻生物质的产量，封闭式光生物反应器有柱式、管式和平板式。光生物反应器可以通过调节温度、CO_2 浓度等提高微藻产量并减少污染。封闭式光生物反应器也有缺点，如过热、生物污染、氧的积累、规模扩大困难、成本高等。

微藻生物柴油作为新型清洁能源，已有一定的发展历史。目前美国的微藻能源公司已经占到世界的 78%，欧洲微藻生物柴油的发展仅次于美国。和国外相比，我国的生物柴油研究起步较晚，但国内已有很多学者认定生物柴油的发展前景，并投入大量的人力和物力资源，因此国内生物柴油研究的发展速度很快。近年来，微藻生物柴油技术也引起了我国政府、科研机构和企业的重视，被列为科技部 "863" 计划的重点项目之一，各高校和科研院所，都开展了这方面的研究。为降低微藻生物燃料的生产成本，更好地服务社会，今后的研究应重点关注以下几方面：高产油微藻的选育及产油率的提升；提高规模化微藻培养的效率；完善生物柴油转化技术；发展生物炼制或副产品加工策略等。

六、其他耐盐能源作物

种质资源是植物遗传育种与品种培育的重要物质基础。通过对盐生能源植物资源进行调查与搜集，可以筛选出适于滩涂盐碱地种植的能源植物资源。丘丽娜等在天津地区轻度盐碱地中搜集了 16 种植物，并对它们的含油量和其中 8 种植物的抗性进行了鉴定，结果表明野生蓖麻植株和种子含油量高，植株高大，抗逆性强，是有潜力的野生草本能源植物；麻疯树植株和种子含油量亦高，抗逆性最强，是有潜力的野生木本能源植物。侯新村等针对生物柴油植物黄连木资源在我国的地理分布进行了调查，发现在沿海地区海滩盐碱性潮土中也有黄连木资源的分布。有研究表明，柽柳科的柽柳是一种优良的灌木能源树种，其植株内的碳氢化合物的含量较高，而且柽柳可构成灌丛，形成沿海滩涂上极为少见的灌木林；禾本科芒属植物中的荻是一种多年生、生物量大、纤维素含量高的优良能源植物；芨芨草为高大的多年生密丛性草本植物，生物产量大，茎皮纤维含量为 40%，是很好的纤维植物。碱蓬种子富含油脂，其种子脂肪含量占干物质的 36.5%，出油率为 26.1%，油的碘值为 13.07，酸价为 4.2，皂化值为 186.9，并且脂肪中不饱和脂肪酸占总脂肪酸的 90% 以上，是品质优良的食品和工业用油料。藜科的盐角草（海蓬子）不仅生物量高可以作为生物燃料，其种子含油量达到 27.2%~32.0%，其籽粒产量与产油量介于油菜与大豆之间（表 3-9），具有生产生物柴油的潜力。李意德等根据近 30 年的调查研究资料，汇总了海南省 80 多种能源植物资源的基本情况，指出可用来生产烃类燃料的绿玉树、牛角瓜等广泛分布在沿海荒滩荒地上。目前，虽然已有不少科研人员在耐盐碱能源植物调查方面做出了很多工作，但仍然存在一些不足，例如调查范围不够广泛，调查植物种类不够全面等。今后应加大对滩涂盐碱地盐生植物的调查力度，根据不同盐碱类型，不同用途植物，合理取舍，找出适合目标地区应用的能源植物类型。

表 3-9　海蓬子与主要产油植物的产油量对比

植物	种子产量（t/hm^2）	含油量（%）	产油量（t/hm^2）
海蓬子	1.7~2.3	26~33	0.60
大豆	1.9~2.1	16~23	0.38
棉花	1.2	15~25	0.29
花生	2.0	45~53	1.00
油菜	1.5~2.5	35~44	0.80
向日葵	2.5~3.2	35	1.00
芝麻	0.5	50	0.25
红花	1.8	18~50	0.63

七、我国滩涂耐盐能源作物发展前景及面临挑战

中国虽然幅员辽阔，但是并不是一个人均能源资源富有的国家。中国拥有的能源总量约占世界能源总量的 1/10。2000 年人均能源可采储量远低于世界平均水平，人均石油和煤炭开采储量分别只有 26t 和 90t，人均天然气可采储量仅 1074m^3，分别为世界平均值的 11.1%、55.4% 和 43.0%。与世界一次性能源构成不同的是，中国以煤为主，煤占一次性能源的比例为 63.7%，原油 18.6%，天然气 5.9%，水电 8.5%。当前，中国并没有完全摆脱先污染后治理的老路，以煤炭为主的能源结构造成的大气质量严重污染是我国现阶段面临的严峻环境问题。因此，发展清洁的，可再生的，以能源植物为主的生物质能具有重要意义。我国政府也十分重视生物燃料的发展，出台了一系列政策甚至法律以支持能源植物的发展。在国民经济和社会发展"十五"纲要和"十一五"纲要中都提出了将发展生物液体燃料确定为国家产业发展方向。2005 年 2 月 28 日第十届全国人民代表大会常务委员会通过了《中华人民共和国可再生能源法》，2006 年颁布的《国家中长期科学和技术发展规划纲要（2006—2020

年）》将寻求清洁能源，特别是发展生物质等可再生能源技术重点列入。

然而，我国国土面积虽大，但现有耕地却不多，人均土地资源拥有量少，人均耕地面积不足 0.1hm^2，仅相当于世界平均数的 43%。随着社会经济的不断发展，人口与经济对耕地的压力仍在不断加大。而作为海陆交接带不断演变的特殊生态系统，沿海滩涂提供了大量的新生陆地，是中国重要的后备土地资源。中国沿海滩涂分布十分广泛，据全国海岸带和海涂资源综合调查资料，北起辽宁鸭绿江口，南至广西北仑河口，跨越渤海、黄海、东海和南海等四大海域、沿海 11 个省市区（不包括台湾省），共有滩涂 220 万 hm^2，并且沿海滩涂在泥沙来源丰富的海岸带仍在不停地淤增。因此，利用中国丰富的沿海滩涂土地资源开发能源植物具有广阔前景和巨大潜力。

目前，我国关于开发滩涂耐盐能源植物的研究取得了阶段性成果，这无疑将有助于中国生物能源的进一步研究与开发。但仍有一些耐盐能源植物种类和数量等资源情况尚不完全清楚，能源植物良种筛选和高效培育技术还未全面开展，大面积种植问题也没有得到解决；与此同时，生物质能源的生产和开发利用也刚刚起步，目前已经成功商业化的生物质能源主要是生物乙醇和生物柴油，其他形式生物质能源的提制技术有待于进一步深入研究。我国虽然是利用能源植物较早的国家，但基本上局限在直接燃烧、制碳等初级的阶段，热能利用率很低，造成了植物资源的极大浪费，而且也造成了比较严重的环境污染。因此，在以后的研究中要加大对沿海滩涂能源植物的开发力度。首先，沿海滩涂种植能源植物要因地制宜。沿海滩涂土壤是特殊而复杂的自然综合体，为海水回退后的新生陆地，土壤盐碱化是制约作物正常生长的主要因素，同时还受到土壤质地和地下水位等因素的影响，不同地块的成陆时间、人工开垦时间和程度等不同又使地块之间土壤理化性状差异较大。总的来说，堤内荒地的盐碱度相对堤外潮上带和潮间带较低，因此适宜种植耐盐的甜土能源植物，如耐盐的甜菜、甜高粱、甘薯、菊芋等，堤外潮上带，在盐碱度低的地块可种植菊芋，盐碱度高的地块种植盐生能源植物，如海蓬子、碱蓬、海滨锦葵、柽柳等。潮间带适宜种植碱蓬、海蓬子、柽柳、芦苇、茳芏草等。其次，从自盐生植物中筛选生物质能源植物。美国农业部在 20 世纪 80 年代组织亚利桑那大学从世界盐生植物中筛选有价值的资源加以利用，从 1 300 余种盐生植物中筛选到了 20 种有利用价值的植物，其中包括已广泛推广的海蓬子。中国有 500 种盐生植物，涉及 71 科和 218 属，虽然盐生植物资源丰富，但对有价值盐生植物种质的筛选还没有跟上，因此有必要对其植物学性状和经济学性状进行全面的了解，从中筛选出适于生产生物能源的植物种类。再次，利用转基因技术提高盐生植物产油品质和能源植物的耐盐性。盐分胁迫是影响作物在滩涂上种植的难点，利用转基因技术可将耐盐基因转入甜土植物中提高其耐盐能力。同样，将这些耐盐基因转入高淀粉或高油的能源植物中，可望培育出在沿海滩涂上种植的耐盐能源植物。另外，转基因技术可改变植物的含油量或淀粉含量，这样可以改良盐生植物经济性状，使其生产出更多可转化利用的成分。最后，对具有良好前景的能源植物，充分利用沿海滩涂，选择适宜地区，通过丰产栽培试验示范，提出高产栽培配套技术与最佳发展模式，使能源植物种植规模化，为能源植物的开发利用提供允足的原料。

参考文献

贝盏临，张欣，魏玉清．2012．盐碱胁迫对 M-81E 甜高粱种子萌发及幼苗生长的影响 [J]．河南农业科学，41（2）：45-49．

卜庆梅，王艳华，韩立亚，等．2007．三角叶滨藜根吸水特点与其抗盐性的关系 [J]．生态学杂志，26（10）：1585-1589．

陈从喜．2006．在国土资源领域推动循环经济发展的思考 [J]．河南国土资源（2）：8-10．

陈华，李银心．2003．耐海水蔬菜新成员蒲公英 [J]．植物杂志（6）：9-10．

陈华，李银心．2004．蒲公英研究进展和用生物技术培育耐盐蒲公英展望 [J]．植物学报，21（1）：19-25．

陈全战，杨文杰，郑青松．2007．国内外杂交油葵品种耐盐性鉴定及方法比较 [J]．中国农学通报，23（8）：156-160．

党瑞红，王玲，高明辉，等．2007．水分和盐分胁迫对海滨锦葵生长的效应 [J]．山东师范大学学报：自然科学版，22（1）：122-124．

丁海荣，洪立洲，杨智青，等．2008．盐生植物碱蓬及其研究进展 [J]．江西农业学报，20（8）：35-37．

董必慧，刘玉楼．2010．沿海地区主要柴油植物——海滨锦葵的生物学特性及开发利用 [J]．江苏农业科学（2）：374-375．

董社琴．2004．芨芨草的生物学特性与生态经济效益 [J]．图书情报导刊，14（4）：190-191．

范作卿，吴昊，顾寅钰，等．2017．海洋植物与耐盐植物研究与开发利用现状 [J]．山东农业科学，49（2）：168-172．

冯立田，王磊，赵善仓．2011．海水蔬菜西洋海笋研究进展及其开发利用 [J]．山东农业科学（5）：94-97．

高波．2006．油葵耐盐机理及耐盐极限的研究 [J]．陕西农业科学（2）：36-37．

龚一富，王钰喆，林瑶，等．2015．不同浓度海水对蔬菜种子萌发、生长及其品质的影响 [J]．中国蔬菜（2）：45-49．

郭平银，肖爱军，郑现和，等．2007．能源植物的研究现状与发展前景 [J]．山东农业科学（4）：126-129.

韩嘉义，韩斌.1996.新型绿叶蔬菜——番杏 [J].长江蔬菜（9）：19-20.

韩立民，王金环.2015.我国海水蔬菜种植发展面临的问题及对策分析 [J].浙江海洋学院学报（自然科学版），34（3）：276-281.

郝宗娣，杨勋，时杰，等.2013.微藻生物柴油的研究进展 [J].上海海洋大学学报，22（2）：282-288.

贺林，王文卿，林光辉.2012.盐分对滨海湿地植物番杏生长和光合特征的影响 [J].生态学杂志，31（12）：3044-3049.

侯新村，左海涛，牟洪香.2010.能源植物黄连木在我国的地理分布规律 [J].生态环境学报，19（5）：1160-1164.

季静，王军军，王萍，等.2000.油用向日葵含油量的遗传分析 [J].作物杂志（4）：10-11.

姜丹，李银心，黄凌风，等.2008.盐度和温度对北美海蓬子在厦门海区引种以及生长特性的影响 [J].植物学报，25（5）：533-542.

赖兴凯，林南雄，陈金章，等.2016.耐盐植物番杏在泉州湾的栽培试验 [J].福建农业科技，47（1）：24-27.

李华，王伟波，刘永定，等.2011.微藻生物柴油发展与产油微藻资源利用 [J].可再生能源，29（4）：84-89.

李晓丽，张边江.2009.油用向日葵的研究进展 [J].安徽农业科学，37（27）：13015-13017.

李意德，黄全，周铁烽，等.2006.海南岛能源植物资源及其利用潜力 [J].生物质化学工程，40（b12）：240-246.

林聪，屠乃美，易镇邪，等.2012.耐盐碱能源植物研究进展 [J].作物研究，26（3）：304-308.

刘冬玲，陈焕淦.2009.海水蔬菜海蓬子在沿海滩涂的引种与开发利用 [J].山东农业科学（8）：114-115.

刘公社，周庆源，宋松泉，等.2009.能源植物甜高粱种质资源和分子生物学研究进展 [J].植物学报，44（3）：253-261.

刘胜辉，王松标.2000.番杏及其栽培 [J].农业研究与应用（4）：15-16.

刘雪艳，苏忠亮.2017.微藻生物燃料的研究进展 [J].化学与生物工程，34（3）：11-14.

刘兆普，隆小华，刘玲，等.2008.海岸带滨海盐土资源发展能源植物资源的研究 [J].自然资源学报，23（1）：9-14.

隆小华，刘兆普，蒋云芳，等．2006．海水处理对不同产地菊芋幼苗光合作用及叶绿素荧光特性的影响［J］．植物生态学报，30（5）：827-834．

隆小华，刘兆普，刘玲，等．2005．盐生能源植物菊芋研究进展［J］．海洋科学进展，23（b12）：80-85．

隆小华，刘兆普，干琳，等．2007．半干旱地区海涂海水灌溉对不同品系菊芋产量构成及离子分布的影响［J］．土壤学报，44（2）：300-306．

马鸿翔，张大栋．2006．沿海滩涂发展能源植物的潜力分析［J］．中国农学通报，22（12）：445-449．

闵恩泽．2005．以植物油为原料发展我国生物柴油炼油厂的探讨［J］．石油学报（石油加工），21（3）：25-28．

祁淑艳，储诚山．2005．盐生植物对盐渍环境的适应性及其生态意义［J］．天津农业科学，11（2）：42-45．

綦翠华，张伟．2004．盐生植物资源的开发利用前景［J］．中国食物与营养（4）：25-26．

邱谦，金梦阳．2009．我国能源植物的发展现状及前景展望［J］．现代农业科技（7）：249-251．

邱晓，张孝峰，林志城，等．2012．不同含盐量的田间自然土下甜高粱耐盐性初探［J］．中国农学通报，28（3）：66-70．

任美锷．1996．中国滩涂开发利用的现状与对策［J］．中国科学院院刊（6）：440-443．

阮成江，钦佩，韩睿明．2005．耐盐油料植物海滨锦葵优良品系选育［J］．作物杂志（4）：71-72．

邵秋玲，李玉娟．1998．盐地碱蓬开发前景广阔［J］．植物杂志（3）．

沈奇，孙艳军，徐刚，等．2012．江苏沿海地区耐盐（海水）蔬菜研究及产业化开发［J］．江苏农业科学，40（2）：6-7．

施庆华，陈建平，张萼，等．2011．江苏沿海滩涂甜高粱新品种适应性研究［J］．大麦与谷类科学（4）：32-34．

孙宇梅，赵进，周威，等．2005．我国盐生植物碱蓬开发的现状与前景［J］．食品科学技术学报，23（1）：1-4．

王海洋，王为，陈建平，等．2014．江苏沿海滩涂盐碱地甜高粱高产栽培技术［J］．大麦与谷类科学（3）：33-34．

王红艳．2016．海滨锦葵耐盐生理特性及脯氨酸代谢相关基因的研究［D］．北京：中国科学院．

王凯，王景宏，洪立洲，等 .2009. 碱蓬在江苏沿海地区高产栽培技术的研究
　　[J]. 中国野生植物资源，28（5）：63-65.

王凯，尹金来，周春霖，等 .2001. 耐盐蔬菜三角叶滨藜的引种和栽培研究 [J].
　　江苏农业科学（4）：57-59.

王永慧，陈建平，张培通，等 .2013. 滨海滩涂盐碱地甜高粱生长和地上部干物
　　质积累特性的研究 [J]. 中国农学通报（24）：49-53.

翁跃进，宋景芝 .2000. 抗逆境蔬菜番杏的利用研究 [J]. 中国种业（3）.

吴成龙，周春霖，尹金来，等 .2008. 碱胁迫对不同品种菊芋幼苗生物量分配和
　　可溶性渗透物质含量的影响 [J]. 中国农业科学，41（3）：901-909.

吴承东，赫明涛，王军，等 .2013. 江苏沿海地区甜高粱超高产栽培技术 [J].
　　现代农业科技（20）：32-33.

吴国泉，黄凤鸣 .2005. 盐生海芦笋的生物特性及栽培技术 [J]. 浙江农业科学，
　　1（6）：26-27.

吴雅静 .2005. 海蓬子及其利用价值与开发前景 [J]. 养殖与饲料（8）：16-18.

肖玫，杨进，曹玉华 .2005. 蒲公英的营养价值及其开发利用 [J]. 中国食物与
　　营养（4）：47-48.

谢光辉 .2011. 能源植物分类及其转化利用 [J]. 中国农业大学学报，16（2）：
　　1-7.

谢逸萍，孙厚俊，王欣，等 .2010. 新型能源植物菊芋资源的引种鉴定与海涂利
　　用评价 [J]. 江西农业学报，22（9）.

杨君，姜吉禹 .2009. 海水灌溉条件下菊芋种植密度对土壤无机盐及产量的影响
　　[J]. 吉林师范大学学报（自然科学版），30（2）：17-18.

杨文华 .2004. 甜高粱在我国绿色能源中的地位 [J]. 中国糖料（3）：57-59.

姚琛，华春，周峰，等 .2013. 盐碱滩涂植物资源筛选与利用 [J]. 江苏农业科
　　学，41（10）：357-358.

易金鑫，马鸿翔，张春银，等 .2010. 新型绿色海水蔬菜海蓬子的研究现状与展
　　望 [J]. 江苏农业科学（6）：15-18.

易思荣，黄娅 .2002. 蒲公英属植物的研究概况 [J]. 时珍国医国药，13（2）：
　　108-111.

于德花，常尚连，徐化凌，等 .2009. 黄河三角洲滩涂耐重盐植物的筛选实验
　　[J]. 河北大学学报（自然科学版），29（6）：640-646.

岳丽娜，邱苗苗，苏晓瑜，等 .2007. 盐碱地野生能源植物筛选初探 [J]. 河南
　　农业科学，36（6）：40-42.

翟彦民，张秀玲，于成华．2007．野生蔬菜蒲公英的开发利用［J］．安徽农业科学，35（12）：3529．

张彩霞，谢高地，李士美，等．2010．中国能源作物甜高粱的空间适宜分布及乙醇生产潜力［J］．生态学报，30（17）：4765-4770．

张美霞，刘兴宽．2007．北美海蓬子引种盐城滩涂后生长条件和营养组成比较［J］．食品科技，32（5）：104-106．

张彤，齐麟．2005．植物抗旱机理研究进展［J］．湖北农业科学（4）：107-110．

张晓秋．1999．浅谈蒲公英的食用价值及栽培方法［J］．牡丹江师范学院学报：自然科学版（1）：19-19．

张学杰，樊守金，李法曾．2003．中国碱蓬资源的开发利用研究状况［J］．中国野生植物资源，22（2）：1-3．

张艳，林莺，刘永慧，等．2007．NaCl对海滨锦葵活性氧清除能力的影响［J］．山东师范大学学报（自然科学版），22（4）：117-119．

张志国，史本林．2009．我国能源植物发展现状及建议［J］．现代农业科技（12）：92-93．

章英才，张晋宁．2001．两种不同盐浓度环境中盐地碱蓬叶的形态结构特征研究［J］．宁夏大学学报（自然版），22（1）：70-72．

赵耕毛．2006．莱州湾地区海水养殖废水灌溉耐盐植物——菊芋和油葵的研究［D］．南京：南京农业大学．

赵可夫，李法曾，樊守金，等．1999．中国的盐生植物［J］．植物学报，16（3）：201-207．

赵可夫，周三，范海．2002．中国盐生植物种类补遗［J］．植物学报，19（5）：611-613．

赵磊，杨延杰，林多．2006．蒲公英的经济价值［J］．辽宁农业科学（6）：33-35．

赵淑华．2016．野生蒲公英开发利用前景广阔［J］．科学种养（1）：55．

郑洪立，张齐，马小琛，等．2009．产生物柴油微藻培养研究进展［J］．中国生物工程杂志，29（3）：110-116．

郑青松，陈刚，刘玲，等．2005．盐胁迫对油葵种子萌发和幼苗生长及离子吸收、分布的效应［J］．中国油料作物学报，27（1）：60-64．

周浩，杨吉平，别红桂．2012．耐盐蔬菜三角叶滨藜营养成分分析与评价［J］．北方园艺（14）：27-29．

周继如，朱世安．2015．微藻生物柴油研究现状［J］．能源环境保护，29（1）：

50-53.

周锐丽, 卢锋, 秦龙龙. 2011. 蒲公英的营养与保健功能 [J]. 中国食物与营养, 17 (6): 71-72.

朱建良, 张冠杰. 2004. 国内外生物柴油研究生产现状及发展趋势 [J]. 化工时刊, 18 (1): 23-27.

朱至清, 李银心. 2001. 生物技术与耐海水作物的追求 [J]. 植物杂志 (6): 3-4.

邹日, 柏新富, 朱建军. 2010. 盐胁迫对三角叶滨藜根选择透性和反射系数的影响 [J]. 应用生态学报, 21 (9): 2223-2227.

Atzori G, Nissim W G, Caparrotta S, et al. 2016. Potential and constraints of different seawater and freshwater blends as growing media for three vegetable crops [J]. Agricultural Water Management, 176: 255-262.

Bassam N E. 1998. Energy plant species: their use and impact on environment and development [M] //The World yearbook of robotics research and development/. Kogan Page, 31-37.

Chai Y Y, Jiang C D, Shi L, et al. 2010. Effects of exogenous spermine on sweet sorghum during germination under salinity [J]. Biologia Plantarum, 54 (1): 145-148.

Gallagher J L. 1985. Halophytic crops for cultivation at seawater salinity [J]. Plant & Soil, 89 (1-3): 323-336.

Gouveia L, Oliveira A C. 2009. Microalgae as a raw material for biofuels production [J]. J Ind Microbiol Biotechnol, 36 (2): 269-274.

Hayward H E, Bernstein L. 1958. Plant-growth relationships on salt-affected soils [J]. Botanical Review, 24 (8-10): 584-635.

Lemus R, Lal R. 2005. Bioenergy crops and carbon sequestration. [J]. Critical Reviews in Plant Sciences, 24 (1): 1-21.

Lewandowski I, Clifton-Brown J C, Scurlock J M O, et al. 2000. Miscanthus: European experience with a novel energy crop [J]. Biomass & Bioenergy, 19 (4): 209-227.

Lewandowski I, Scurlock J M O, Lindvall E, et al. 2003. The development and current status of perennial rhizomatous grasses as energy crops in the US and Europe [J]. Biomass & Bioenergy, 25 (4): 335-361.

Poljakoff-Mayber A, Somers G F, Werker E, et al. 1992. Seeds of *Kosteletzkya* virginica (Malvaceae): Their Structure, Germination, and Salt Tolerance. I. Seed Structure and Germination [J]. American Journal of Botany, 79 (3): 249-256.

Su M, Li X F, Ma X Y, *et al.* 2011. Cloning two P5CS genes from bioenergy sorghum and their expression profiles under abiotic stresses and MeJA treatment. [J]. Plant Science, 181 (6): 652-659

Sui N, Yang Z, Liu M, *et al.* 2015. Identification and transcriptomic profiling of genes involved in increasing sugar content during salt stress in sweet sorghum leaves [J]. BMC Genomics, 16 (1): 534.

Słupski J, Achremachremowicz J, Lisiewska Z, *et al.* 2010. Effect of processing on the amino acid content of New Zealand spinach (*Tetragonia tetragonioides* Pall. Kuntze) [J]. International Journal of Food Science & Technology, 45 (8): 1682-1688.

Tran N H, Bartlett J R, Kannangara G S K, *et al.* 2010. Catalytic upgrading of biorefinery oil from micro-algae [J]. Fuel, 89 (2): 265-274.

Xin M, Yang J M, Xin X, *et al.* 2009. Biodiesel production from oleaginous microorganisms [J]. Renewable Energy, 34 (1): 1-5.

Zhang C, Bian M, Yu H, *et al.* 2011. Identification of alkaline stress-responsive genes of CBL family in sweet sorghum (*Sorghum bicolor* L.) [J]. Plant Physiology & Biochemistry, 49 (11): 1306-1312.

Zhao Y, Lu Z, Lei H. 2012. Effects of Saline-Alkaline Stress on Seed Germination and Seedling Growth of *Sorghum bicolor* (L.) Moench [J]. Applied Biochemistry & Biotechnology, 173 (7): 1680-1691.

Zhuang D, Jiang D, Liu L, *et al.* 2011. Assessment of bioenergy potential on marginal land in China [J]. Renewable & Sustainable Energy Reviews, 15 (2): 1050-1056.

第四章　海洋微生物的种类与农业应用现状

第一节　海洋微生物概述

一、海洋微生物及其特点

（一）海洋微生物的概念

微生物是对所有形体微小、单细胞或个体结构较为简单的多细胞甚至无细胞结构的低等生物的总称。广义的微生物包括原核生物、微型真菌、蓝细菌、原核生物、显微藻类以及病毒等；狭义的微生物是指原核微生物和微型真菌。某些肉眼可见的真菌，如蘑菇、灵芝等也属于微生物的范畴。海洋是地球上最大的生态系统，蕴藏着丰富的微生物资源。那么究竟什么是海洋微生物呢？不同学者对海洋微生物的理解不同。部分学者认为，只有源生于海洋的"土著"微生物才是真正的海洋微生物；而另一部分学者则认为，有些微生物可能最初源自陆地，但是进入海洋后能够适应海洋特殊的环境，并且能长年累月地在海水中繁衍生息，这些微生物也应该被认为是海洋微生物；还有较为广义的理解，认为来源于海洋的微生物，包括来源于海水、海底沉积物、海洋生物表面和体内的微生物都叫做海洋微生物。目前，被大多数人接受的海洋微生物的定义为：来源于海洋环境，其正常生长需要海水，并可在寡营养、低温条件（也包括海洋中高压、高温、高盐等极端环境）下长期存活并能持续繁殖子代的微生物。而对于分离自海洋但来源于陆地的耐盐微生物，其不需要任何海洋相关因子仍能良好生长，可称为"兼性海洋微生物"，或者"海洋来源的微生物"。需要指出的是，有些报道将海洋微生物定义为能在"海水培养基上生长的微生物"，笔者认为这种定义是不准确的。基于16S rRNA基因序列分析研究显示，海洋中的绝大多数微生物是不能在实验室条件进行纯培养的，目前能在实验室条件下培养出来的海洋微生物种类还不到总数的1%，因此通过传统微生物分离培养的方法获得的海洋微生物无法代表海洋中微生物的多样性及其所代表的真实类群。

（二）海洋微生物的特征

与陆地相比，海洋环境以高盐、高压、低温、少光和寡营养为特征。海洋微生物长期生存在复杂海洋环境中，具有极强的适应性，表现出许多特性。中国科学院微生物研究所及国内海洋微生物学教材都对其特性做了较好的总结（张晓华，2016；鲍时翔等，2008）。

1. 嗜盐性

嗜盐性是海洋微生物最为普遍的特性。海洋微生物的一个基本特性就是需要在海水环境中生长。海水中富含各种微量离子和无机盐类。钠离子是海洋微生物生长所必需的，但不是唯一的必需成分，很多海洋微生物的生长还需要诸如钾、镁、钙、磷、铁等其他成分。

2. 嗜压性

海洋中静水压力因水深而异，水深每增加10m，静水压力递增1个标准大气压（约0.1MPa）。海洋最深处的静水压力可超过1 000个标准大气压（约100MPa）。深海水域是一个广阔的生态系统，通常是指水深超过1 000m的区域，占据世界海洋75%的体积，56%以上的海洋环境处在100~1 100个标准大气压（10~110MPa）的压力之中。海洋微生物根据其对压力的耐受情况可以分为几种常压菌、耐压菌、嗜压菌、极端嗜压菌。嗜压微生物是指在高于0.1 MPa的压力条件下生长优于常压条件的微生物，是深海微生物独有的特性。来源于浅海的微生物一般只能忍耐较低的压力，而深海的嗜压细菌则具有在高压环境下生长的能力，能在高压环境中保持其酶系统的稳定性。嗜压微生物在全球各大水体均有分离，试验表明，在超过2 000m水深的环境中，更容易分离到嗜压微生物。研究嗜压微生物的生理特性必须借助高压培养器来维持特定的压力。那种严格依赖高压而存活的深海嗜压细菌，由于研究手段的限制迄今尚难于获得纯培养菌株。根据自动接种培养装置在深海实地试验获得的微生物生理活动资料判断，在深海底部微生物分解各种有机物质的过程是相当缓慢的。

3. 温度耐受性

大约90%海洋环境的温度都在5℃以下，绝大多数海洋微生物的生长要求较低的温度，一般温度超37℃就停止生长或死亡。通常处于远洋中的细菌最适生长温度为18~22℃，陆缘海域中及海洋生物的病原菌多适合于25~28℃的温度下生长。而陆生细菌的最适生长温度一般为30~37℃。许多海洋微生物能够在0~4℃条件下缓慢生长，甚至在-5℃以下也有微生物生长。那些能在0℃生长或其最适生长温度低于20℃的微生物称为嗜冷微生物。嗜冷微生物主要分布于极地、深海或高纬度的海域中。其细胞膜构造具有适应低温的特点。那种严格依赖低温才能生存的嗜冷菌对热反应极为敏感，即使中温就足以阻碍其生长与代谢。与此对应的是，海洋中还存在着嗜热菌。

近几十年来嗜热菌研究取得了重要进展。世界各国科学家不断地从堆肥和深海海底热液区等高温生态环境分离到许多新的、生长温度更高的嗜热菌和超嗜热菌。目前所分离到的嗜热微生物的生长温度可高达 115℃ 及 121℃。马萨诸塞州大学的生物学教授德里克-拉夫力和研究者克兹姆-凯斯福在海面以下几英里的喷涌浓缩矿物和高温海水的热液出口处发现了一株嗜热菌，其生长温度达到了惊人的 121℃。120℃ 是一切细菌包括芽孢的极限致死温度，已不能用"抗热性"一词解释了，因为这涉及对生命科学、酶化学、蛋白质化学等许多概念性质的重新认识和定位。

4. 寡营养性

现存的任何有机生物体都是自然选择的结果。一些细菌在长期的自然进化过程中选择了快速生长、依靠高繁殖率的生长策略，即 r 生长策略；另外一些选择了对环境资源高亲和性的生长策略，适应了低营养含量和极低生长率，即 k 生长策略。海水中营养物质较少，很多海洋微生物能够在营养贫乏的条件下生长，特别的，有一些海洋细菌在营养较丰富的培养基上，第一次形成菌落后即迅速死亡，有的则根本不能形成菌落。这类海洋细菌在形成菌落过程中因其自身代谢产物积聚过甚而中毒致死。这种现象说明常规的平板法并不是一种最理想的分离海洋微生物方法。

5. 多形性

在显微镜下观察细菌形态时，有时在同一株细菌纯培养中可以同时观察到多种形态，如球形椭圆形、大小长短不一的杆状或各种不规则形态的细胞。这种多形现象在海洋革兰氏阴性杆菌中表现尤为普遍。这种特性看来是微生物长期适应复杂海洋环境的产物。海洋细菌按形态特征来说有球菌、杆菌、弧菌和螺菌。球菌的表面积较杆菌、螺菌小得多，但其抗深海静水压力的能力较强。杆菌中具钝圆或尖端的杆菌可能有利于水下运动的减阻，而水深超过 2 000m 的深海水域也生活着许多细长的杆菌，它们如何抵抗海水静压力，现不得而知。海洋表层水域中存在许多呈螺旋状回转或波形弯曲的螺菌和菌体只有一个弯曲的弧菌，海水里的弧菌和螺菌在种类与数量上远比土壤及淡水中多。

6. 发光性

虽然发光现象并非海洋细菌普遍性的生理特征，但是目前获得的发光细菌大多来源于海洋。海洋发光细菌是一类从海水中或者从海洋动物体表、消化道和发光器官上以及海底沉积物中分离到的，在适宜条件下能够发射可见光的异养细菌，这种可见荧光波长在 450~490nm，在黑暗处肉眼可见。海洋中的发光细菌，除了在海水中自由浮游生存的外，还寄生于其他海洋生物体。许多海洋生物的发光与发光细菌有关，如某些鱼类、软体动物等的发光是由海洋发光细菌寄生、共栖生存所致。海洋发光细菌的种类不是很多，主要有以下几种：明亮发光杆菌（*Photosbacterium phosphoreum*）、鳆发光杆菌（*P. leiognathi*）、羽田希瓦氏菌（*Shewanella hanedai*）、哈维氏弧菌（*Vibrio harveyi*）、美丽弧菌生物型Ⅰ（*V. splendidus biotype* Ⅰ）、费氏弧菌（*V. fischeri*）、火神弧菌（*V. logei*）和东方弧菌（*V. orientalis*）。此外，地中海弧菌（*V. mediterranei*）中的某些菌株也有发光现象。淡水发光细菌仅有发光异短杆菌（*Xenorhabdus luminescens*）、霍乱弧菌（*V. cholerae*）和青海弧菌（*V. qinghaiensis*），其中青海弧菌目前还没有进入伯杰氏手册。虽然海洋发光细菌种类不多，但其分布却非常广泛，从海表层至深海，从热带海洋至非常寒冷的极地海域都有其踪迹。发光细菌具有重要的研究意义，可利用发光细菌的发光强度与水中毒物的浓度、毒性的关系检测污染物；利用潜艇航行时激发的生物发光勾画出潜艇涡动的光尾流可跟踪探测潜艇；海洋发光细菌的发光特性还可用以改进水下光通讯与探测、海洋水色遥感、海洋发光细菌发光免疫和抗菌素浓度测定等方面（张进兴等，2007；杜宗军等，2003）。

7. 趋化性与共附生现象

虽然海水中的营养物质较少，但海洋环境中各种固体表面或不同性质的界面上吸附积聚着较丰富的营养物。绝大多数海洋细菌都具有运动能力，其中某些细菌还具有沿着某种化合物浓度梯度移动的能力，这一特点称为趋化性。

共附生是指2种或2种以上生物在空间上紧密地生活在一起，包括共生和附生。海洋微生物与海洋动物、植物甚至其他微生物之间的共附生相当普遍。根据海洋微生物与其宿主之间共附生关系的密切程度，可分为附生、偏利共生、互利共生、寄生、拮抗和原始协作6种类型。其中，海洋微生物与宿主的互利共生是目前研究的热点之一。互利共生又称为专性共生，是指海洋微生物与另一种生物共同生活在一起，彼此受益且相互依存，分开时双方都不能很好地生活，甚至引起死亡。海洋微生物与其他海洋生物之间形成互利共生关系的例子很多，如低等无脊椎动物海绵、珊瑚等共附生微生物从宿主获取生存繁衍所必需的营养和空间，并产生具有毒性、拒捕食、抗附着等生物活性的次级代谢产物来帮助宿主捕食猎物、防范天敌、阻止其他生物附着，使宿主能够在竞争激烈的海洋环境中生存。

二、海洋微生物多样性

浩瀚的海洋占据了地球表面积的71%，由于其低温、高压、高盐、寡营养、少光等特殊的水体环境，孕育了丰富独特的生物资源，被誉为生命的摇篮。海洋生物占地球生物物种的80%，海洋生物总量占地球总生物量的87%，海洋生物按生物学分类可分为海洋动物、植物和微生物，目前人们只是识别了很少一部分的海洋生物，还有大量的生物种群等待我们去研究。据"全球海洋生物普查"估计，海洋动植物约有200万种，而目前已知的约有20万种。造成这种巨大差距的原因主要是很多水生生物难以捕捉，以及受制于目前的科技水平，部分极端环境下的生物难以研究。尽管如此，随着科技的迅速发展，高通量测序等基因组学技术的应用为人们海洋认识和了解海洋生物物种提供了便利条件。因此，海洋不仅是地球万物的生命之源，亦是地球上生物资源最丰富的区域，为人类提供海洋食物、药物、材料和能源等，是一个巨大的资源宝库（Ribeiro 等，2016；王长云和邵长伦，2011）。

海洋微生物多样性是所有海洋微生物种类、种内遗传变异及其生存环境的总称，包括生活环境的多样性、生长繁殖速度的多样性、营养和代谢类型的多样性、生活方式的多样性、基因的多样性和微生物资源开发利用的多样性等。张偲（2013）认为，海洋微生物多样性指海洋环境中各种微生物在基因、物种、生理代谢和生态系统多个水平上多样性的总称。本节将从物种、遗传和化学生物活性多样性 3 个方面进行介绍。

（一）海洋微生物物种多样性

海洋微生物的物种多样性是指海洋环境中存在的所有微生物物种丰度的总和。海洋微生物物种多样性研究范围包括海洋环境中存在的微生物细胞及遗传物质所反映出的物种总数、密度及分布均匀程度、特有种情况等。物种是遗传物质的最小生命载体，也是生物研究最具体的操纵单元，因此，海洋微生物物种多样性是其生物多样性的起点，是海洋微生物遗传多样性、生态多样性、化学多样性和代谢多样性等研究的基础。

海洋中蕴藏着巨大的微生物资源，其他任何海洋生物的数量都无法与海洋微生物数量相提并论，这些微生物无论是从多样性还是丰富性方面都达到令人吃惊的程度。历时 10 年的全球"海洋生物普查"项目 最终报告指出，海洋微生物数量可达 10 亿种，细胞数量达 $3.6×10^{30}$ 个，占到海洋生物数量的 90% 以上。由荷兰和美国研究人员构成的普查组在超过 1 200 个区域收集样本，最终编辑整理的数据集涵盖的 DNA 序列数量超过 1 800 万个。微生物对海洋生物的可持续性至关重要，其在海洋生物呼吸作用中的贡献率达到 95% 左右。它们在维持海洋正常运转方面发挥了重要作用。如果没有微生物的参与，海洋中的生物乃至地球上的生物将很快走向灭亡。根据科学家 20 世纪 50 年代作出的估计，每升海水中的微生物细胞数量在 10 万个左右。借助于更为先进的现代技术，研究人员现在得出的微生物数量接近 10 亿个。根据他们的计算，海洋微生物的总重量估计相当于 2 400 亿头非洲象的重量。海洋微生物具备的与海洋极端环境相适应的生理特征、细胞结构和代谢机制，是生命起源与演化、微生物系统进化的基础。除自由生活在海水和海底沉积物的微生物外，大部分海洋微生物和其他生物存在共生、附生、寄生或共栖关系。海洋微生物在海洋环境广泛分布，随着海水深度的增加，海洋环境微生物的物种丰度和数量，呈递减的趋势。在表层海水或近岸沉积环境，海洋微生物的数量达 $10^6 \sim 10^9$ 个/mL，而在大于 1 000m 水深的深海环境，微生物数量约在 10^3 个/mL。有资料显示，在海底软泥中原核生物的生物量估计占地球总生物量的 10% ~ 30% 之多，沉积环境原核微生物达 10^{30} 个，其中细菌占据比例最大，通过免培养方法检测到每克海洋沉积物栖居约有细菌 37 000 个种。在海水表层，近海的海岸带红树林生态系统和珊瑚礁生态系统，深海沉积环境和深海热液喷口、冷泉口等，都发现了微生物的存在。在百慕大群岛附近海域平均每升海水里至少有 1 个海洋微生物新种。在世界海洋最深处马里亚纳海沟 11 000m 的深海沉积物中仍然有丰富的微生物存在。更有甚者，在海床表面以下 800m 深处的沉积软泥中也发现有微生物的生命活动。在深海热泉口存在丰富的化能自养微生物群落；海洋中层是大量海洋古菌的乐园；包括硅藻、腰鞭毛虫和蓝藻等浮游生物支持着海洋中的氮循环，形成了传统的海洋生物链的基础。SAR11 型多样的细菌在海水表面的浮游细菌中占据主导地位，非光合作用的原生生物（通常是单细胞的真核生物）在超微型浮游生物中占主导地位，调节海洋食物链中营养成分。微生物在海洋基因和代谢多样性上都占有巨大的数量优势，然而目前人们对其多样性及进化的理解还很浅显。而迄今为止，人类已知的海洋微生物仅有 100 多万种。目前海洋环境中，已经描述的原核微生物物种大致分布在海水（2%）、沉积物（23%）、藻类（10%）、鱼类（9%）、无脊椎动物如海绵（33%）、软体动物（5%）、被囊动物（5%）、腔肠动物（2%）、甲壳类动物（2%），其他如蠕虫等占 9%。免培养研究结果显示，未知类群 SAR11 和古菌 Group I 是海洋环境中分布最广泛类群（张偲等，2010）。

海洋古菌是海洋微生物中的一个大的类群，然而绝大多数的古菌不能分离培养。Herndl 等粗略估计古菌占海洋原核生物总量的 23% ~ 84%。海洋古菌为海洋生态系统中主要的原核细胞成分，在海洋生态系统中的物质与能量循环中扮演着重要角色。由于绝大多数海洋古菌难于用传统的方法分离纯化培养，目前所报道分离成功的古菌几乎都是在极端环境条件下生存的古菌，所以传统地认为，古细菌一般生活在极端环境中，如高盐、高压、高温、厌氧等。由于分子生物技术的迅速发展并广泛应用于环境微生物多样性的研究，人们对古菌的多样性有了更为全面的认识。近年来的研究发现，古菌并非只是生活在极端环境中，在陆地、湖泊、海洋的水域及这些地点的沉积物中，在温和海洋水域中，在极地海洋水域中，古菌都广泛地存在。它们被分成 2 或 3 界计 10 纲，约 99 属。每个属的种数不一，但普遍不多，合计约有 195 种。已发现海洋古菌 67 属 184 种。常见海洋古菌约 6 属 16 种（任立成等，2006；孙丕喜等，2009）。浮游古菌在海洋中十分丰富，并且广泛存在于各类海洋生态环境中，古菌的分布、组成及多样性与海水的深度、季节、温度等环境条件的变化有相关性。研究发现，海洋浮游古菌在海洋水域表层相对广泛存在，而在水域中层，浮游古菌在原核细胞群体中占优势地位，在不同的海域中古菌的分布也有变化，在南极海域中古菌在浮游微生物中可占到 30%。海洋古菌是海底极端环境中原核微生物的重要类群，在海洋沉积物中普遍存在，在深海环境处于优势地位，而且很多都是新的、未可培养的类群，特别是在深海冷泉或热液生态环境中，古菌依靠甲烷等营养物质而大量繁殖，在该生态区处于优势地位。一般来说，海洋沉积物中的古菌多数属于嗜泉古菌，少数属于广域古菌（鲍时翔等，2008）。

海洋细菌是海洋微生物中分布最广、数量最大的一类原核生物类群。对海洋环境样品采用 16S rRNA 基因序列来分析海洋细菌的多样性时，其主要分支的数目可能超过 40 个，其中许多分支只含有尚不能培养的种类。海洋环境的细菌类群主要有变形杆菌门、拟杆菌门及放线菌门。其中，变形菌门是细菌中最大而且生理状态最为多样的类群之一，因此人们在研究海洋细菌多样性时往往会受变形菌门的影响。变形杆菌门中的所有成员都是革兰氏阴性菌，有学者认为，革兰氏阴性菌的细胞壁更能适应海洋环境。根据形态特征及 16S rRNA 基因序列来分析，有把变形杆菌门分成 5 个纲，分别为 α、β、γ、δ 和 ε，在这 5 个纲中均有来自海洋的种类。其中，α 和 γ-变形杆菌在海洋特别是海洋浮游细菌中最为丰富，而 α-变形杆菌中的玫瑰杆菌和鞘氨醇单胞菌是海洋环境中的最优势的两个类群，γ-变形杆菌是浅海、海岸、潮间带等海洋沉积环境中优势类群，多数易于培养的海洋细菌都在 γ-变形杆菌中，在海水中 α-变形杆菌是最具优势的细菌。α、β 和 δ-变形杆菌还是深海沉积物中原核微生物的主要类群，但在不同深海沉积物中，优势菌群的结构常常存在很大差异。同时，海洋细菌中有光能自养细菌、化能自养细菌、化能异养细菌等，几乎所有已知生理类群的细菌都可在海洋环境中找到。在海水中，革兰氏阴性细菌占优势，而在远洋沉积物中，革兰氏阳性菌居多，在大陆架沉积物中，芽孢杆菌属最为常见。

海洋真核微生物可分为三个大的类群。以光能自养方式营养生长的，如微藻；以吞食有机物的方式化能异养（吞噬作用），如原生动物；以吸收方式化能异养，此为真菌的特征。微藻能转化二氧化碳形成有机化合物，是海洋中有机碳化合物的主要生产者，是海洋食物链的最初单元。微藻是异源类群，包括所有单细胞光合真核生物，隶属 12 个藻类分支（门）中的 10 个门，包括蓝藻门、绿藻门、原绿藻门、红藻门、硅藻门、甲藻门、金藻门、隐藻门、裸藻门和黄藻门，主要根据形态和光合色素的类型而分类，其中研究较多的有硅藻和甲藻（李越中和陈琦，1998）。微藻物种数量庞大，生物多样性极其丰富，不同学者对其数量有不同的估计，有人认为微藻物种数量高达 20 万~80 万种，也有人认为海洋中仅硅藻就有 20 万种。目前已进行鉴定描述的仅 3.5 万种，开展规模化商业利用的物种不超过 10 种。因此微藻无疑是尚未充分开发的资源宝库，对微藻生物多样性研究还具有巨大的挖掘空间（张偲等，2013）。原生动物是一大类具有或无明显亲缘关系的单细胞低等动物的泛称，是通过异养方式，通常是吞食食物颗粒的方式，获取营养的单细胞真核生物。原生动物的共同结构特征为：它们都是单细胞动物或由其形成的简单（无明确细胞分化）的群体，它们自身即是一完整的有机体，并以其各种特化的细胞器来完成生理活动。原生动物绝大部分种类的个体大小为 5~200μm，在海洋中的分布十分广泛，主要有微型浮游鞭毛类、纤毛虫、放射虫和有孔虫。广义的海洋真菌是指来源于海洋环境中的真菌，包括专性或兼性生活于海洋中的真菌。其中专性海洋真菌是指只在海洋中生活的真菌，在陆地环境下不能生存；而兼性海洋真菌则是指在海洋和陆地环境中均能生长，其可能最初来源于陆地，只不过是从海洋环境中分离获得的。几乎所有真菌都可在小于海水中氯化钠浓度的条件下生长，因此耐盐性不能作为区分海洋真菌与陆地真菌的标志。海洋真菌包括丝状真菌和酵母。早在 19 世纪中叶，法国学者就从海草中分离获得了海洋真菌，100 年后，美国学者出版了海洋真菌研究的专著 *Fungi in Oceans and Estuaries*，从分类学、生理学和生态学等多方面详细总结了海洋真菌的研究状况，拉开了海洋真菌研究的序幕。目前报道的海洋真菌数量大约为 1 500 种，相对于已报道的 10 万种真菌而言，海洋真菌仅占 1%，据估计，海洋真菌的数量应该超过 1 万种。已分离的海洋真菌包括子囊菌类、担子菌类及半知菌类，子囊菌类的海洋真菌最多，半知菌类的真菌其次，担子菌类真菌最少（金静和李宝笃，2004）。海洋真菌分布广泛，常常以寄生、共生或腐生的方式在海洋中生长，对于丝状真菌来说，其常常共附生于海洋动植物之上，特别是无脊椎动物如珊瑚、海绵等的共附生真菌研究目前成为人们研究的热点。海洋酵母在海洋沉积物中密度较高，大部分位于底泥上层几厘米处，在粉砂质泥浆比沙质沉积物中更为丰富。海洋酵母富含丰富的蛋白质、脂质和维生素，常被用于开发水产养殖饵料。对海洋真菌来说，随着盐度的降低，水霉菌种类数目增加，但子囊菌种类数目减少；热带水域比寒温带水域中海洋真菌种类多；随着平均水温增高，水生真菌耐盐能力降低。

（二）海洋微生物遗传多样性

海洋微生物遗传多样性指海洋微生物种群之内和种群之间的遗传结构的变异。由于海洋微生物的生存环境与陆栖微生物迥异，他们处在高盐、低温和高压的环境下，生存竞争特别激烈，所以产生了一些不同于陆地微生物的变异，具有很强的防御能力和识别能力，在遗传型上表现出特异性，这些遗传差别使得某些微生物能在局部环境中的特定条件下更加成功地生存和繁殖（孙昌魁等，2001）。分子生物学技术的发展为海洋微生物遗传多样性研究提供了有力的手段，促进了对海洋微生物基因资源的开发与利用。随着分子生物学技术的发展，研究微生物遗传多样性的方法众多，主要可分为以下几类：

1. 分子标记及指纹图谱

包括限制性片段长度多态性分析（RFLP）、聚合酶链式反应—单链构象多态性、随机扩增多态性 DNA（RAPD）、扩增片段长度多态性（AFLP）、变性梯度凝胶电泳和温度梯度凝胶电泳等。分子标记技术是以个体间遗传物质内核苷酸序列变异为基础的遗传标记，能反映生物个体或种群间基因组中某种差异的特异性 DNA 片段。

限制性片段长度多态性分析（RFLP）通常与聚合酶链式反应（PCR）联合起来应用于微生物多样性研究，不同微生物的遗传信息中都含有一定的保守区域，利用基因片段两端的保守区域可扩增出特异片段，这些片段中间部分为高度可变区，利用限制性内切酶处理片段，经电泳分析可得出不同的酶切图谱。随着 16S rRNA 基因的普遍通用性，末端限制性片段长度多态性分析（T-RFLP）在分析微生物群落中广泛应用。用限制性内切酶消化前，根据 16S rRNA 保守区设计通用引物，在其中一个引物的 5′端用荧光物质标记，扩增基因组总 DNA，消化产物用自动测序仪检测，仅末端带荧光标记的片段能够被检测到。T-RFLP 技术方便快捷、灵敏度高，但此法获得的信息不足以对复杂微生物群落进行分析，有时会造成对物种丰度估计过低（张偲等，2013；李祎等，2013）。

随机扩增多态性 DNA 分析（RAPD）以短的随机引物（5~10bp）对 DNA 进行扩增，然后通过琼脂糖或聚丙酰胺凝胶电泳进行检测，研究微生物多样性。此法所需模板量少、操作简单快速，但重复性较差，易产生假阳性条带。

扩增片段长度多态性（AFLP）是研究海洋微生物多样性的一项新技术，它结合了 RAPD（random amplified polymorphic DNA）和 RFLP 的优点。DNA 经限制性内切酶双酶切后，形成分子量大小不等的随机限制性片段，将特定双链接头连接在这些DNA 片段的两端，形成一个带接头的特异片段，作为 DNA 扩增的模板。接头序列以及与其相连的限制位点作为随后进行的限制片段扩增的引物结合位点。PCR 引物 3′末端含有选择核苷酸，选择核苷酸延伸到酶切片段区，这样就只有那些两端序列能与选择核苷酸配对的限制性酶切片段被扩增。扩增片段通过变性聚丙烯酰胺凝胶电泳分离检测。它检测 DNA 多态性的效率高、分辨率高、稳定性好，但其费用昂贵，对DNA 纯度和内切酶质量要求较高（张偲等，2013）。

变性梯度凝胶电泳和温度梯度凝胶电泳浓度梯度电泳（DGGE）和温度梯度电泳（TGGE）分别指 DNA 在不同浓度梯度的变性剂或不同温度梯度条件下具有不同的解链行为，因此在凝胶中具有不同的迁移率，从而起到分辨不同样品的作用。它们是目前研究微生物多样性的两种较成熟的方法，可用来对环境样本中的生物多样性进行定性和半定量分析。该方法不依赖限制性酶切，因此能够保证目的片段的完整性，分离所得的目的片段纯化后可直接用于测序（张晓华，2016；张偲等，2013）。

2. 荧光原位杂交（FISH）

荧光原位杂交技术是以荧光标记取代同位素标记而形成的一种新的原位杂交方法，根据已知微生物不同分类级别上种群特异的 DNA 序列，以利用荧光标记的特异寡聚核苷酸片段作为探针，与环境基因组中 DNA 分子杂交，用于对该特异微生物种群的丰度以及特殊功能基因的检测（李祎等，2013）。FISH 技术通常检测 rRNA 分子，首先对样品进行固定和对细胞进行通透性处理，接着将样品和探针进行孵育使探针特异性地结合到细胞内的核酸上，并用缓冲液冲洗掉多余的探针，最后用荧光显微镜技术或用流式细胞仪进行分析（张晓华，2016）。

3. 基因组分析

包括基因组测序、基因组组装、基因组注释、转录组学、蛋白质组学以及代谢物组学。

4. 宏基因组分析

宏基因组（Metagenome）是指生境中全部微小生物遗传物质的总和。它包含了可培养和未可培养微生物的基因，目前主要指环境样品中细菌和真菌的基因组总和。宏基因组学（Metagenomics）就是一种以环境样品中的微生物群体基因组为研究对象，以测序分析为研究手段，以功能基因筛选为目的的一门学科，主要研究从环境样品获得的基因组中所包含的微生物遗传组成及其群落功能，避免了传统微生物学基于纯培养研究的限制，为充分认识和开发利用未可培养微生物、并从完整的群落水平上认识微生物的活动提供了可能（李祎等，2013）。

5. 测序技术

目前共经历了三代测序技术。第一代测序技术为双脱氧核苷末端终止法和化学降解法；第二代测序技术包括 454 技术（焦硫酸测序法）、Solexa 测序以及 SOLiD 测序；第三代测序技术包括单分子 DNA 测序仪、单分子实时 DNA 测序和纳米孔单分子测序。这些新技术的发展对海洋微生物遗传多样性的研究和发展起到了极大的促进作用（张偲等，2013；李祎等，2013；臧红梅等，2006）。

2007 年，在一支美国科研小组的领导下，各国科学家利用 2 年的时间记录下了 600 多万种新的海洋微生物蛋白质的基因编码，使全球基因数据库的总量增加了 1 倍。全基因组测序揭示的海洋微生物的遗传多样性远远高出预期。微生物遗传物质十分丰富，环状染色体、线状染色体、多染色体以及质粒、整合子等染色体外遗传物质的存在增强了海洋微生物的遗传多样性。目前已完成或正在进行测序的海洋水体环境中的原核生物基因组有 227 个，深海热液区 27 个，海洋病毒 27 个，涵盖了嗜高温、嗜酸、耐高压、耐低压等各种极端环境微生物，从中发现了众多与环境和工业应用密切相关的代谢途径、遗传功能和生物酶。海洋微生物基因组大小和携带基因数目差别很大，这与生活环境有很大关系，细胞内的寄生和共生菌基因组较小，而自由生活的微生物与其生存方式和环境尺度有关。海洋微生物菌株与菌株间的基因组大小和基因容量的差异较大，基因转移潜力也有显著的差异。同时，海洋微生物基因组不仅在结构组成上有很大差异，在功能上也具有十分丰富的多样性。近年来，宏基因组技术的飞速发展克服了微生物培养技术的限制，促进了对于许多未培养海洋微生物的了解，直接为我们反映了海洋环境中微生物的遗传特征，成为人们研究海洋微生物的遗传多样性的有力工具。据报道，与其他类型的生态系统相比，目前所开展的海洋生态系统相关的宏基因组分析所占比例最大，达到 21.48%（张偲等，2010；张偲等，2013）。

（三）　海洋微生物化学及其生物活性多样性

众所周知，海洋微生物能够产生结构类型多样、生物活性显著的次级代谢产物，据统计，海洋微生物为 3 种主要海洋活性化合物的来源之一，其他两种来源分别为海绵和腔肠动物。目前人们越来越认识到海洋微生物产生活性次级代谢产物的潜力，这些活性化合物具有抗菌、抗炎、酶抑制、抗肿瘤、抗病毒、杀虫等多种生物活性，成为人们研究医药和农药的重要来源。随着人们对海洋微生物研究的深入，从中发现越来越多的活性化合物，尽管如此，海洋微生物活性化合物的研究潜力还十分巨大，目前获得的化合物只是很小一部分。近年来研究较多的包括海洋细菌、海洋真菌、海洋微藻的活性次级代谢产物。

1. 海洋细菌次级代谢产物

从 1990 年开始，人们对于海洋细菌活性次级代谢产物的研究不断增加，研究对象主要集中于以下 4 类，包括拟杆菌、蛋白菌、硬壁菌和放线菌。另外，85% 的放线菌次级代谢产物来源于 *Streptomyce* sp. 和 *Salinispora* sp. 海洋细菌通常共附生于海洋动植物、海底沉积物，目前仅有少数的海洋细菌可以在实验室条件下进行培养，因此所得到的次级代谢产物仅是一小部分。海洋细菌来源化合物生物活性显著，目前，从一株海洋沉积物来源放线菌 *Salinospora* sp. 中分离获得一个治疗多发性骨髓瘤的蛋白酶抑制剂，该化合物已经进入了临床二期，具有十分大的开发潜力。据统计，从 2010 年开始，每年从海洋细菌中获得的新化合物都在 100 个以上，包括聚酮类、生物碱、萜类、肽类、脂肪酸等多种结构。目前，多种抗菌药物均来自于陆地细菌（通常是放线菌），因此，海洋细菌也有可能是抗菌药物的潜在来源（Kiuru 等，2014）。第一个报道的来源于海洋细菌的次级代谢产物多溴代吡咯化合物 pentabromopseudilin 来源于一株 *Pseudomonas bromoutilis*，其对革兰氏阳性菌具有很好的抗菌作用。由于篇幅所限，这里重点介绍自 2015 年以来发现的海洋细菌来源的热点化合物（Nikapitiya 等，2012）。

从一株海洋链霉菌 *Streptomyces spinoverrucosus* SNB-048 当中分离获得了 6 个新的

bohemamine 型吡咯双烷生物碱（1~6）和2个新的1，3-oxazin-6-one 衍生物（7~8）。采用 NMR 及 ECD 计算确定了它们的平面结构和绝对构型。2个1，3-oxazin-6-one 衍生物含有 γ-内酯结构和1，3-oxazin-6-one 体系（Fu 等，2016）。*Thalassotalic acids* A-C（9~11）和 *Thalassotala mides* A-B（12~13）是新的 N 酰化脱氢酪氨酸衍生物，他们是由 株海洋贝类养殖设备上 *Thalassotalea* sp. PP2-459 发酵产生的。通过二维核磁和高分辨质谱确定了它们的结构。值得注意的是，在体外试验中，*Thalassotalic acid* A 显示了很强的酪氨酸酶抑制作用，其活性可与阳性药曲酸相媲美，IC_{50} 达到130μM。这是首次报道的从 *Thalassotalea* sp. 细菌中分离获得天然产物（Deering 等，2016）。对一株海绵来源的细菌 *Pseudovibrio denitrificans* Ab134 进行研究，从其发酵培养基中分离鉴定了 fistularin-3（14），11-hydroxyaerothionin（15）和 verongidoic acid（16）等3个化合物，并通过 UPLC-HRMS 检测了 aerothionin（17），homopurpuroceratic acid B（18），purealidin L（19）和 aplysinamisine II（20）等4个化合物。这类含溴酪氨酸生物碱以前只从 *Verongida* sp. 海绵当中发现过，本次实验证明，海洋细菌也可通过生物合成产生该类化合物（Nicacio 等，2017）。从一株深海放线菌 *Pseudonocardia carboxydivorans* M-227 中获得了2个新的抗菌化合物 branimycins B（21）和 C（22），它们对革兰氏阳性菌 *Corynebacterium urealyticum*，*Clostridium perfringens* 和 *Micrococcus luteus*，以及革兰氏阴性菌 *Neisseria meningitidis* 具有较好的抗菌活性。Branimycin B 对革兰氏阴性菌 *Bacteroides fragilis*，*Haemophilus influenzae* 和 *Escherichia coli* 具有中等的抗菌活性，branimycin C 对革兰氏阳性菌 *Enterococcus faecalis* 和耐甲氧西林 *Staphylococcus aureus* 具有较好的抗菌活性（Brana 等，2017）。对一株海洋链霉菌进行深入研究，从中发现了3个骨架新颖的安莎霉素类化合物 ansalactams B-D（23~25）。Ansalactams B-D 拥有新颖的碳骨架结构，揭示了安莎霉素类化合物生物合成的可塑性（Le 等，2017）。通过抗疟原虫 *Plasmodium falciparum* 活性筛选，从一株海洋来源的 *Salinospora* sp. 中获得了一类新的抗疟疾化合物。salinipostins A-K（26~36）是长链双环磷酸酯类化合物，在自然界中这类骨架十分少见。采用振动圆二色谱（VCD）计算确定了它们的绝对构型。振动圆二色谱能够确定在紫外区无吸收的化合物的绝对构型，改种方法相对于 ECD 计算应用范围更为广泛，计算结果更为准确。根据 salinipostins A-K 结构中长链的长度不同，其抗 *P. falciparum* 的 EC_{50} 也不同，从 0.05 mmol/L 变化到 46mmol/L，其中 salinipostin A 的活性最为显著。更为特别的是，该类化合物对哺乳动物细胞具有很低的毒性（EC_{50}>50mmol/L），该类化合物有望开发成为新型的抗疟疾药物（Schulze 等，2015）。从细菌当中获得的环肽类化合物非常多见，从一株滩涂来源的链霉菌发酵提取物中发现环肽类化合物 mohangamide A（37）和 B（38），它们的结构中含有该类化合物中十分罕见的双内酯基团，并且还含有酰基链二氢砒啶。该类化合物绝对构型确定十分复杂，采用 4 步化学反应来确定其 C-62 位构型（Blunt 等，2016）。近年来，分子生物学技术广泛应用于海洋细菌天然产物的研究。微生物次级代谢产物是由位于染色体或巨型质粒上的生物合成基因簇合成的，例如在放线菌许多种属>5 Mb 的基因组遗传信息中，有 5%~10% 的 DNA 序列与次生代谢相关，包含了超过 20 个以上的生物合成基因簇负责天然产物的形成。因此，对海洋微生物基因组关键次生代谢过程进行生物信息学分析，可以发现新的生物合成途径和新的酶催化反应机制，指导发现新的生物活性先导化合物；对其中的结构基因、调控基因和后修饰基因进行基因突变、置换、重组和异源表达等遗传改造，可以提高先导化合物的产量、构建新的化学实体和先导化合物衍生物库。同时，如果能够从一株细菌当中获得具有价值的化合物，那么可通过分子生物学技术阐明生源合成中决定该化合物产生的关键基因，然后采用基因工程手段例如异源表达等方式大规模发酵生产，这成为海洋细菌天然产物研究的热点。中国科学院南海海洋所鞠建华课题组（2012）从海洋放线菌中克隆到了 12 种活性天然产物的生物合成基因簇，利用代谢工程构建了高产突变株 6 株、利用组合生物合成和异源表达技术构建先导化合物结构衍生物 40 余个，阐明新功能基因 20 余个。

2. 海洋真菌次级代谢产物

相对于海洋细菌来说，海洋真菌活性次级代谢产物明显较多。第一个从海洋真菌分离的化合物为 1949 年发现的 cephalosporin C，它是由意大利撒丁岛海滩的一株 *Cephalosporium* sp. 发酵产生的。自那之后，又经过了 30 多年人们才开始系统地研究海洋真菌活性化合物。最近这些年里，从海洋真菌当中分离鉴定了一大批新的天然产物，并且数量大有增长趋势，这些化合物显示了与药物相关的多种生物活性，有可能作为药物先导化合物和候选药物进行研究。到 1992 年，海洋真菌次级代谢产物仅仅报道了 15 个，而到 2002 年，这个数字变为了 270 个。2006—2010 年，就发现了 690 个新的真菌次级代谢产物。而 2015 年就报道了 426 个新化合物。这个增长的趋势还将继续下去（Hasan 等，2015；Imholf，2016；Blunt 等，2017）。在这些化合物中，2/3 来自于海洋动植物等生物体的共附生真菌，剩余 1/3 多来自于海洋沉积物真菌。值得注意的是，对于深海真菌次级代谢产物研究蓬勃兴起，但目前的研究大多集中于深海沉积物真菌，对于深海其他生境来源的真菌研究有待深入。虽然很多海洋来源的真菌都能产生结构独特活性显著的化合物，但青霉属和曲霉属在其中无疑占了主导地位，它们所产生的次级代谢产物占了海洋真菌来源新化合物的很大一部分比例。海绵和藻类是海洋真菌的主要宿主，截至 2010 年，在所有报道的海洋真菌来源的新化合物当中，有 21% 来源于藻类共附生真菌，19% 来源于海绵共附生真菌，其次是红树来源真菌，比例为 16%。在所得到的化合物类型当中，聚酮类化合物占的比例最

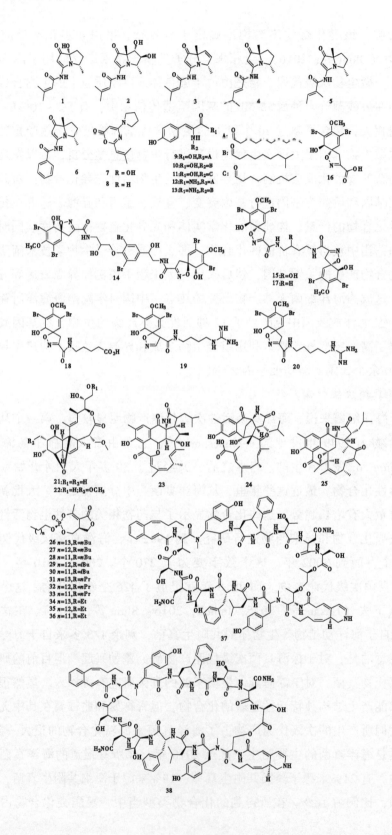

大，达到了 40%，如果将异戊烯基聚酮和含氮聚酮考虑进来的话，这个比例将达到 50%，与陆地真菌的情况相似。生物碱比例排在第二，达到 20%，紧随其后的是萜类和肽类，分别占 15%。值得注意的是，我国在海洋真菌活性次级代谢产物的研究上走在世界的前列，主要集中于热带亚热带海域的海南省红树林及珊瑚礁生态系统（Rateb 等，2011）。北京大学、中国科学院海洋研究所、中国科学院南海海洋研究所、中国科学院上海药物研究所、中山大学和中国海洋大学的专家学者对海洋真菌次级代谢产物进行了大量的研究，并取得了丰硕的成果。这里我们也是重点介绍近几年里海洋真菌来源的结构新颖和生物活性显著的化合物。

在对一株曲霉 Aspergillus sp. 液体培养基中添加 $[^{13}C]$ 2 外消旋 6-epi-notoamide T 培养发酵后，得到了 7 个结构新颖的生物碱化合物（39~45），这些化合物在普通液体培养基当中并没有出现，相同的添加实验在琼脂糖培养基上进行，又得到了 4 个新的同类型生物碱化合物（46~49）。所得到的这 11 个化合物均为外消旋体。该实验证明在培养基中添加前体化合物有可能会激活化合物的沉默基因（Blunt 等，2017）。从一株澳大利亚 Chaunopycnis sp. 真菌中获得了一些新的 tetramic acids 类化合物 chaunolidine A-C（50~52）和一个吡啶酮化合物 chaunolidone（53）。吡啶酮 chaunolidone 显示了很好的具有选择性的抗 NCI-H460 细胞毒活性（Shang 等，2015）。从一株软珊瑚来源的真菌中获得了一对对映异构体新骨架（±）-pestaloxazine A（54~55）。它们是聚酮-环肽混合的一类化合物（PKS-NRPS），拥有一个新颖对称的螺环结构。每个对映体都具有胃肠道病毒 Enterovirus 71（EV71）活性，但（-）-pestaloxazine A 活性更高（Jia 等，2015）。从一株内生真菌 Diaporthe sp. 发酵培养基中获得罕见的具有对称结构的聚酮二聚体 diaporine（56），在细胞水平实验和动物模型实验中，该化合物能够诱导肿瘤细胞转化，使巨噬细胞从 M2 变为 M1 表型（Wu 等，2014）。从采自香港红树林植物真菌 2 492# 中分离得到的 2 种二萜类化合物，均有很好的调整心律失常、降压、抗肿瘤的活性，其调整心律失常降压的作用在相同条件下优于阳性药（杨加庚等，2013）。Seo 等从海洋来源的赤壳属真菌 Cosmospora sp. SF-5060 中分离得到 1 个酪氨酸磷酸酶 1B（PTP1B）抑制剂 aquastatin A，该化合物对 PTP1B 的选择抑制性高于其他的 PTP，被认为是治疗肥胖和糖尿病的非常有潜力的先导化合物。Spirodrimane 类化合物通常具有多种显著的生物活性，包括免疫抑制、内皮素受体拮抗、酪氨酸激酶抑制等活性。该类结构中含有倍半萜-苯并呋喃的个数不同其活性也不同。含有两个倍半萜-苯并呋喃基团的该类化合物具有抗革兰氏阳性细菌活性，包括耐甲氧西林的金黄色葡萄球菌；含有一个倍半萜-苯并呋喃基团的该类化合物则没有该活性（Imhoff 等，2016）。Oxaphenalenones 类化合物主要分离自 Talaromyces，Penicillium 和 Coniothyrium 属真菌，如 bacillosporins A-C 具有抗细菌活性，

conioscleroderolide 具有抗细菌和细胞毒活性，erabulenols A 和 B 能够抑制胆固醇酯转运蛋白。Oxaphenalenones 类化合物中的 talaromycesone B 为第一个拥有 1-nor oxaphe-nalenone 二聚碳骨架的天然产物，talaromycesone A 具有乙酰胆碱酯酶抑制活性，这是该类化合物中有关该抑制活性的第一个报道，而目前阿尔兹海默症亟须新药物进行治疗，talaromycesone A 的发现无疑对该类药物的研发具有极大的推动作用（Imhoff 等，2016）。林文翰课题组从一株柳珊瑚来源的曲霉 *Aspergillus versicolor* LZD-14-1 发酵培养基中分离获得了 11 个新的 fumiquinazoline 型生物碱 versiquinazolines A-K（57~67），同时还有 cottoquinazolines B-D。采用多种谱学方法结合 ECD 计算和 X-ray 单晶衍射确定了它们的绝对构型。Versiquinazolines A，B 和 F 拥有甲二胺或氨甲醇结构，代表 fumiquinazolines 结构中特殊的一个类型，也是首次发现该类结构。对该类化合物的生源途径进行了推导。该类化合物具有较好的硫氧还原蛋白还原酶抑制活性，IC_{50} 从 12~20μm 变化（Cheng 等，2016）。

3. 海洋微藻

微藻在海洋生态系统中扮演着重要的角色，因为其可进行光合作用，它们也是海洋中活性化合物的重要生产者。海洋微藻可分为五类，分别为绿藻、金藻、甲藻、裸藻和蓝藻。蓝藻又称蓝细菌，尽管其也可以进行光合作用，但由于其为原核生物，因此其与其他微藻有所不同。微藻等浮游植物是海洋中贝类及具有经济价值的甲壳类动物幼虫的食物。在大多数情况下，微藻的数量的增长有利于水产养殖，但是在某些情况下，它们也有负面效应，造成经济损失和环境污染，威胁人类健康。在海洋微藻（浮游植物）中，约有 300 多种沟鞭藻有时可大量增殖覆盖整个海面，称作赤潮或褐潮。约有 40 种沟鞭藻可产生毒素，这些毒素通过食物链富集会危害人体健康（Kiuru 等，2014；Nunnery 等，2010）。

夏威夷大学的 Richard E. Moore 教授在 20 世纪 70 年代至 21 世纪初期对海洋蓝藻进行了大量研究，发现其能够产生丰富的次级代谢产物。海洋蓝藻次级代谢产物的主要结构类型为通过非核糖体途径产生的寡肽类化合物。目前已经报道了数百个该类化合物，包括线性寡肽和环肽。它们又可以被分为几小类，例如 microcystins，nodulari-ns，anabaenopeptins，aeruginosins，cyanopeptolins 等。这些肽类化合物具有抗菌、抗肿瘤、抗感染、抗炎和酶抑制等多种生活性。海洋蓝藻能够产生多种活性化合物的原因可能是因为其处于食物链的低端，由于自身缺乏有效的物理防御机制，因此需要产生化学防御物质用来抵御天敌。实际上，现代药理学研究发现海洋蓝藻细胞毒活性的作用靶点主要是缺氧诱导因子-1（HIF-1）和下游线粒体呼吸。因为这些代谢产物的毒性，海洋蓝藻代谢产物提取物和单体化合物被用来寻找多种生物活性。例如，最近报道海洋蓝藻次级代谢产物具有抗炎作用。蓝藻不应只通过形态学或者分子生物学进行

41Dsaturated,R=C(CH₃)₂OH
42 R=C(CH₃)₂OH
43Dsaturated,R=C(CH₃)=CH₂
44Dsaturated,R=C(CH₃)=CH₂

50 R₁= ˙˙˙˙˙˙H,R₂=H
51 R₁= ──H,R₂=OH

54 RR
55 SS

57 R₁=Me.R₂=H
58 R₁=R₂=CH₂

60 R₁=Me,R₂=H
61 R₁=R₂=CH₂

66 R=CH₃
67 R=H

分类，现代的分类方法应该包括基因、化学成分、生理学、生态学等特征。当蓝藻在培养基中改变表型之后多相性的分类显得尤为重要。在蓝藻的化学分类学当中，第一系统的分类基于 C18 脂肪酸上双键的个数和位置。脂肪酸组成与形态学鉴定和 16S rRNA 分析联系紧密。一些研究者也通过色素和芳香族氨基酸等成分进行蓝藻分类。最近，在蓝藻的化学分类学中，非核糖体途径合成的肽类化合物成为了一个依据。蓝藻中肽类化合物结构类型多种多样，反映了其产生次级代谢产物的潜力，这些肽类化合物在氨基酸组成和修饰方面多变。产生特征肽类化合物是不同蓝藻的稳定特征，当然化合物的结构也会随培养基的变化而有所不同，因此在根据肽类化合物进行化学分类时，培养基的种类一致也是需要考虑的问题（Kiuru 等，2014；Nunnery 等，2010）。

沟鞭藻次级代谢产物主要是一些毒素类物质。这些毒素可以分为 5 类，麻痹性贝毒（PSP，包括 saxitoxin，主要产生者为 *Alexandrium*，*Gymnodinium* 和 *Pyrodinium* sp.）；西加鱼毒（CFP，包括 ciguatoxin 和 maitotoxin，主要生产者为 *Gambierdiscus toxicus*）；腹泻性贝毒（DSP，包括 yessotoxin，pectenotoxins 和 okadaic acid，主要生产者为 *Dinophysis* 和 *Prorocentrum*）。每年从沟鞭藻中获得的次级代谢产物大约在十几个左右（Kiuru 等，2014）。2015 年，研究人员从 *Amphidinium* sp.，*Azadinium poporum*，*Gambierdiscus belizeanus* 中分离得到了多个新化合物，包括聚酮、线型聚酮、大环内酯等类型。最近有研究报道了一些 PSP，如 saxitoxin 的生源合成途径，发现了在 saxitoxin 生合成中的中间体。目前其中一个中间体被转化成了 cyclic-C′，一个结构上与 saxitoxin 相似的三环氯苯胍哌嗪化合物，而这个化合物也被从蓝藻和沟鞭藻当中分离出来，表明该化合物不仅是 saxitoxin 产生过程中中间体，也可能是通过另一条生合成途径产生的 PSP 类毒素的终产物。同时，还从 *Karlodinium* sp. 中获得了 karlotoxins 类化合物，并修正了其相对构型（Blunt 等，2017）。

三、海洋农业微生物

农业微生物，主要是指与农业生产（种植业、养殖业）、农产品加工、农业生物技术及农业生态环境保护等有关的应用微生物的总称。在我国，农业微生物学研究主要包括农用微生物资源、土壤微生物、养分循环转化、生物固氮、微生物肥料、微生物农药、农田环境的微生物修复、沼气发酵、发酵饲料、食用菌等方面（陆建中等，2007）。中国农业微生物菌种保藏管理中心是我国综合性农业微生物资源保藏机构，目前的库藏资源达 15 000 余株以上，其保藏的种类与数量仅次于美国的 ATCC 和荷兰的 CBS。目前，我国重要农用微生物功能基因组研究已经揭开序幕，其作用机制研究不断深入；土壤污染的微生物修复取得了显著进展；植物根际促生菌研究得到重视，研究方向得以扩展；微生物在土壤障碍消减与调节研究是学科发展的新增长点。由于农业微生物在维持土壤肥力，恢复、保持土壤质量健康，以及实现农业可持续发展中的不可替代作用，我国在未来相当长的时期将继续大力发展农业微生物产业。因此，国家的强劲需求，是我国农业微生物产业发展的推动力（李俊等，2011）。

随着陆地环境的污染以及人们对陆地微生物研究的日渐深入，科学家们把农业微生物研究的目光投向了海洋。海洋蕴含丰富微生物资源，目前，从海洋微生物中寻找药物已经成为人们研究的热点。海洋微生物因其独特的生存环境，能够产生许多陆地微生物所不能产生的活性物质，这对最终解决威胁着人类健康的许多重大疾病，如恶性肿瘤、糖尿病、艾滋病等具有重要的意义。不仅如此，海洋微生物在海洋生态系统中占有重要的地位，对治理海洋环境污染、维持海洋生态系统平衡发挥着重要的作用（郑明刚等，2010）。当然，我们这里重点讨论的还是海洋微生物在农业方面的应用。与其他研究相比，目前对于海洋微生物农业领域的研究还较少，大多数的研究还是集中在农药当中，另外渔用疫苗的研究也蓬勃发展。但是对于农业微生物的重要发展方向——微生物肥料方面，涉及的有关海洋微生物的研究还很少，其他的例如饲料添加剂、微生态制剂等也处于摸索阶段。开发海洋微生物农业应用对于我国农业的可持续发展和绿色农业的发展具有十分重要的意义，在国家大力发展蓝色经济和蓝色粮仓的背景下，海洋微生物必将发挥巨大的作用。

第二节　海洋微生物农药

一、微生物农药

农药是农业生产中必不可少的生产资料，在保护农作物免受有害生物危害、改善农作物的抗劣性能和促进农业增产方面起着重要作用。自 20 世纪中叶以来，化学农药的广泛使用很大程度上解决了部分病虫害对农业生产的危害，同时大大降低了劳动强度，提高了劳动效率，对农业的发展做出了巨大的贡献。然而，随着社会的进步和科学技术的发展，人们逐渐认识到化学农药的弊端和局限性。长期广泛施用和不合理的用药，造成了诸如农药残留、环境污染、食品安全、病虫害抗性等一系列问题，因此亟须研发新型高效低毒的环境友好型生物农药。生物农药指非人工合成的，具有杀虫、杀菌、除草、抗病毒等的生物活性物质或生物制剂，另外，部分天然产物简单的化学修饰产物也包含其中，而且所占比重不小，如甲氨基阿维菌素、乙烯利等。目前，生物农药的研发越来越受到各国的重视，我国政府已经将生物农药列为"中国 21 世纪议程"的优先项目。生物农药分为植物源、动物源农药和微生物农药。其中，研究和使用最为广泛的无疑是微生物农药。

微生物农药占全世界生物农药产品的 90% 左右，是生物防治的重要手段（张化霜，2011）。随着微生物农药研究的深入和应用技术的发展，微生物农药的种类和数量越来越多，在促进农业可持续发展中发挥越来越重要的作用。微生物农药与化学农药相比其优势主要体现在以下几个方面：一是作用效果更强，作用对象产生抗药性的概率较低；二是选择性强，在杀灭病虫害的同时不会危害作物及人畜的健康；三是来源广泛，药源充足，能够很大程度上解决天然产物所面临的药源问题；四是易于降解，无残留，有利于生态环境保护（苑丽蒲，2016）。微生物农药包括活体微生物农药和微生物次级代谢产物。在活体微生物农药当中，细菌微生物农药所占的市场份额最大，达到 74%。其次是真菌和原生动物，分别占 10% 和 8%，病毒微生物农药占5%，其他微生物农药占 3%。目前，在美国 EPA 注册的活体微生物农药大约有 72种，其中包括细菌农药 35 种，真菌农药 15 种，基因工程农药 6 种，转基因植物农药8 种，原生动物农药 1 种，酵母农药 1 种以及病毒农药 6 种。而在我国，应用较多的主要有细菌农药、真菌农药和病毒农药。除此之外，微生物次级代谢产物应用于农业生物活性被称为农用抗生素，农用抗生素研究开发在美国、日本等国均已列入国家重点科研规划。日本、苏联已先后开发了多氧霉素、有效霉素、植霉素、木霉素等品种。我国从 20 世纪 50 年代起已筛选出不少农用抗生素新品种，如多效霉素、春雷霉素、华光霉素、中生霉素等。现有登记注册的抗生素品种 23 种，产品 170 个（段永兰等，2010）。

二、活体微生物农药

1. 细菌微生物农药

细菌微生物农药被广泛用于控制植物细菌真菌疾病、线虫、昆虫及杂草等病害和草害。细菌广泛存在于土壤当中，物种丰富。无论是芽孢细菌，还是无芽孢细菌都被证实对农业病虫害具有广谱有效的作用。其中最著名的生物农药是作为农用杀虫剂的苏云金杆菌 *Bacillus thuringiensis*（Bt）。Bt 是一种杆状细菌，由 Berliner 于 1911 年首先从德国携带苏云金杆菌的地中海粉螟中分离得到，因从德国苏云金省发现、分离而得名，至今已近百年历史。其常见的作用机制是产生 δ-内毒素引起毒血症而导致的虫体死亡。在芽孢生成时，Bt 产生高特性的杀虫蛋白 δ-内毒素，其进入鳞翅目和鞘翅目等害虫或其幼虫体内时，与消化道当中的细胞结合，进而对细胞进行破坏，造成害虫不能进食而死亡。在过去 50 年间，Bt 一直被作为商业杀虫剂使用，是应用最为广泛、最为成功的微生物杀虫剂。尽管在此期间科学家们又研制了多种微生物杀虫剂，但都没有取代 Bt 的地位。Bt 已被注册用于超过 90 种害虫，并且使用时间无限制，可在收获前使用，也可用于清洁剂在农产品运往超市前使用。Bt 作用对象的不同取决于其菌株和亚种的不同，如苏云金杆菌以色列亚种 *Bacillus thuringiensis israelensis*（BtI）对双翅目害虫具有十分显著的杀虫作用，未来的应用前景十分广阔

（Rathore 等，2012）。

B. subtilis 是研究最为广泛的细菌杀菌剂。美国食品和药品监督管理局（USFDA）确认 *B. subtilis* 为公认安全的益生菌，因此可考虑充分挖掘其作为细菌农药的潜力。当处于恶劣极端环境条件时，*B. subtilis* 可产生极耐休眠状态的芽孢来适应诸如高温、酸碱及缺水和寡营养的环境，这些芽孢可以帮助细菌生存下来，而这种生存机制也可用于工业发酵生产（Silva，2013）。经研究发现，*B. subtilis* 作为杀菌剂的作用机制主要源于以下几个方面：①*B. subtilis* 可产生具有杀菌作用的脂肽、细菌素和非肽类抗生素等物质，这些物质可破坏细胞壁和细胞膜、改变细胞膜通透性造成胞内物质外漏、破坏菌丝体和孢子结构或抑制蛋白质合成等；②*B. subtilis* 可与病原菌争夺营养和生存空间，生存竞争是其拮抗植物病原菌的重要作用机理之一，*B. subtilis* 可以在植物根际、体表、体内和土壤中快速和大量繁衍，有效地排斥、阻止和干扰病原菌侵染植物，从而达到抗菌效果；③许多 *B. subtilis* 可促进植物种子、幼苗和根系的生长发育，或诱发植物自身的抗病潜能，增强植物的抗病性，从而间接地减少病害发生（赵新林和赵思峰，2011）。

除 Bt 和 *B. subtilis* 外，还有多种细菌可用于微生物农药来预防和控制植物病虫害和草害。例如 *B. pumilus*，*Pseudomonas* spp. 和 *Streptomyces* spp. 等能够与根际病菌进行生存竞争、产生抗菌物质、促进植物和根的生长，从而抵御植物病害，提高作物产量。由于细菌物种数量巨大、繁殖速度快，发酵技术较为成熟，因此，细菌微生物农药具有十分广阔发展潜力和应用前景。

2. 真菌微生物农药

真菌微生物农药可用来控制由其他真菌、细菌、线虫和昆虫等引起的植物病虫害，同时也可预防和控制草害。真菌在自然界分布十分广泛，几乎无处不在，很多真菌共附生于植物和动物体表和体内。目前，已证实一些真菌种属可以作为活性显著的生物农药来使用，但需要适宜的环境条件来促使其生长发挥作用（Rathore 等，2012；Hibbett 等，2007）。

真菌微生物农药多种多样，其作用于靶标生物的方式和机制也不同。最为常见的作用方式包括生存竞争、寄生作用及产生活性次级代谢产物。最为常见的两种商品化真菌微生物农药为木霉（*Trichoderma* spp.）和白僵菌（*Beauveria bassiana*），广泛应用于苗圃、大田当中的蔬菜和作物。其中，木霉主要作为杀菌剂使用，而白僵菌主要作为杀虫剂使用。木霉是自然界中最为常见的真菌之一，许多有益木霉能够寄生于植物根际周围，而对植物没有危害，正是这种共附生关系使其成为作用显著的微生物农药。它们在生长过程中与病原真菌争夺营养、空间，产生化学防御物质使寄主抵御病害，同时促进根的生长。除此之外，在特定的环境条件下，它们可以攻击或者寄生于病原菌，达到杀菌目的。已被用于防治水稻纹枯病，棉花枯萎病，花生、甜椒、茉莉等的白绢病，蔬菜猝倒病、枯萎病、立枯病等病害。目前我国已有2个木霉菌产品获得农药登记（朱玉坤和尹衍才，2012）。白僵菌可以寄生于许多昆虫体内，能寄生于蚜虫、蓟马和粉虱等700多种昆虫和13种螨类，用于防治马尾松毛虫、玉米螟和水稻叶蝉等害虫。在玉米心叶末期使用白僵菌防治玉米螟虫，防治效果可达85%～93%，对抗药性的粉虱已具有很好的杀虫作用，不同菌株可以攻击的昆虫种类并不相同。白僵菌的孢子附着并生长于昆虫表皮，在此过程中产生酶蛋白来攻击和溶解昆虫表皮，并且逐渐渗透进入昆虫体内生长，以昆虫体内组织为食，释放出毒素。随着昆虫死去，白僵菌会从粉红色变为棕色，最后昆虫体内都充满了菌株（Feng等，1994）。

3. 病毒微生物农药

目前，主要选择昆虫病毒中的杆状病毒来制备杀虫剂。杆状病毒是一类只感染昆虫及节肢动物的病毒，具有很强的特异性，大多数只感染几种鳞翅目的幼虫。由于其对其余生物包括人类的影响很小，因此可以作为很好的微生物杀虫剂。杆状病毒作为生物农药应用最多的是包涵体病毒，包括核型多角体病毒属（NPV）和颗粒体病毒属（GV）。由于其外面包裹了一层蛋白质外壳，能够保护其不易在环境中分解。当病毒侵入昆虫体内后，其蛋白质外壳溶解释放出核酸，核酸在宿主细胞内进行病毒颗粒复制，产生大量的病毒粒子，形成"病毒加工厂"，进而在宿主中不断传播，被侵染的昆虫几天内无法进食，导致昆虫死亡，进而宿主细胞破裂，病毒继续传播于寄主之间。国际上最为著名的病毒杀虫剂为苹果蠹蛾颗粒体病毒（CpGV），该病毒于20世纪60年代首次发现，现在销售量仍然占全世界病毒杀虫剂的一半以上，通常与诱导交配中断的信息素联合使用，减少化学杀虫剂的使用量。我国昆虫病毒的开发利用虽然起步较晚，但发展迅速，当前我国病毒微生物杀虫剂主要用于防治桑毛虫、棉铃虫、菜青虫、小菜蛾、斜纹夜蛾等害虫。2013年，甘蓝夜蛾核型多角体病毒杀虫剂获得欧盟2008/889标准有机认证，这是目前我国首家获得此认证的病毒杀虫剂产品，标志着我国病毒杀虫剂研发取得了长足进步。

三、农用抗生素（微生物次级代谢产物）

由微生物产生的对其无明显生理功能或并非是其生长和繁殖所必需的小分子物质称为微生物次级代谢产物，在农业上，把用于防治有害生物的微生物次级代谢产物称之为农用抗生素。农用抗生素从功能上来看可分为杀菌农用抗生素、杀虫农用抗生素、除草农用抗生素。其中杀菌农用抗生素种类较多，部分医用抗生素被当作农用抗生素使用，这里只介绍专用于农业杀菌的抗生素，主要有甲氧基丙烯酸酯类杀菌剂（strobilurins）、灭瘟素

（blasticidin）、春雷霉素（kasugamycin）、多抗霉素（polyoxin）、灭粉霉素（mildiomycin）和有效霉素（validamycin）等。杀虫农用抗生素主要有阿维菌素（avermectins）、米尔贝霉素（milbemectins）、浏阳霉素（polynactin）和多杀霉素（spinosyns），均为放线菌次级代谢产物，而诸如 *B. thuringiensis* 和 *Photorhabdus luminescens* 等细菌也被认为是杀虫农用抗生素的潜在生产者。除草农用抗生素主要是最为我们熟知的双丙氨膦（bilanafos）。除此之外，尽管国内外一直对抗病毒农用抗生素进行研究，也发现了一些具有潜力的活性物质，但均未达到注册水平。下面我们选取几类代表性的农用抗生素进行介绍。

1. 杀菌农用抗生素

甲氧基丙烯酸酯类（strobilurins）杀菌剂是非常具有潜力的杀真菌农用抗生素。1977 年，Anke 等从野生蘑菇 *Strobilurus tenacellus* 中分离得到 2 个该类物质 strobilurins A 和 B，在离体实验中，它们对多种植物病原真菌表现出了显著活性。但在随后的田间试验中，它们并没有表现出预期的活性，其原因是两个化合物对光不稳定。为了寻找对光稳定的抗真菌作用显著的 strobilurins 类化合物，科学家们对其进行了一系列的结构修饰，保留了先导化合物中活性基团 β-甲氧基丙烯酸酯，通过交换与双键结合的苯基、嘧啶基等基团，相继开发出了嘧菌酯（azoxystrobin）、污菌酯（trifloxystrobin）、唑菌胺酯（pyraclostrobin）、醚菌酯（kresoxim-methyl）、啶氧菌酯（picoxystrobin）、氟嘧菌酯（fluoxastrobin）等多种 strobilurins 类杀真菌农用抗生素，它们对高等和低等真菌都具有显著的杀菌作用。其作用机理是通过阻止细胞色素 b 和 c1 之间的电子传递而抑制线粒体的呼吸作用，并对螨类呼吸链也具有相同水平的电子传递抑制作用（Deepa 等，2014）。

春雷霉素（kasugamycin）分离自土壤放线菌 *Streptomyces kasugaensis*，它是以盐酸盐形式进行商品化销售，首先在日本上市。其作用机理是抑制了氨酰-tRNA 结合 mRNA-核糖体蛋白复合体，进而阻止蛋白质翻译的起始。春雷霉素主要作为杀真菌农用抗生素使用，但是对于部分细菌病害也具有很好的作用（Cantrell 等，2012）。

20 世纪 50 年代后期，日本因汞制剂停止生产使用而开始加强农用抗生素的研究。在此背景下，灭瘟素（blasticicdin S）研发成功，用于防治稻瘟病，效果显著，商品名为 Blasticidin-S。灭瘟素（blasticidin）由链霉菌 *Streptomyces griseochromogenes* 产生，它对多种植物病原真菌和铜绿假单胞菌 *Pseudomonas* sp. 等细菌具有显著的抑制作用，其通过抑制蛋白质合成系统来发挥杀菌作用（Deepa 等，2014）。除此之外，日本科学家发现灭瘟素还具有抗病毒能力，能强烈抑制烟草花叶病毒（TMV）核酸的合成（何衍彪等，2005）。

世界范围内应用多抗霉素（polyoxin）类杀菌农用抗生素主要成分为 polyoxin B（JMFA）和 polyoxorim（BSI, pa ISO）。Polyoxin B 分离自土壤链霉菌 *Streptomyces cacoai* var. *asoensis*。Polyoxorim（polyoxin D）是以其锌盐的形势开发为商品（Copping等，2007）。我国的多抗霉素以多抗霉素 B 为主要成分的制剂，其作用机理是干扰病原菌细胞壁几丁质的生物合成，芽管和菌丝接触药剂后，局部膨大、破裂、溢出细胞内含物，而不能正常发育，导致死亡，多抗霉素还具有抑制病原菌产孢和病斑扩大的作用，可广泛应用于防治黄瓜霜霉病、白粉病、人参黑斑病、苹果和梨的灰斑病以及水稻纹枯病等许多种真菌性病害（吴家全和李军民，2010）。多抗霉素对哺乳动物毒性很小，对病原菌之外的生物几乎没有作用，是一种绿色环保的生物农药。

除此之外，世界各国还研究开发了诸如米多霉素（miliomycin）、纳他霉素（natamycin）、灭粉霉素（mildiomycin）和有效霉素（validamycin）等杀菌农用抗生素。我国研制成功并在生产上推广应用的杀菌农用抗生素主要有：井冈霉素、公主岭霉素、多效霉素、庆丰霉素、农抗 120、武夷菌素等 10 多个品种。井冈霉素于 20 世纪 70 年代研发成功，目前每年使用面积近 1 000 万 hm^2，是生产上用于防治水稻纹枯病的主要药剂；农抗 120 防治瓜果蔬菜和粮食作物的枯萎病、腐烂病、茎枯病、白粉病等有很好的作用。公主岭霉素对禾谷类作物黑穗病、水稻恶苗病、稻曲病防效显著（何衍彪等，2005）。

2. 杀虫农用抗生素

在杀虫农用抗生素中，阿维菌素无疑是其中最为著名的。阿维菌素是由 *Streptomyces avermitilis* 产生的十六元大环内酯类化合物的混合物，其发酵天然产物共有 8 个组分，阿维菌素是由阿维链霉菌产生的一类结构相似的混合物，共有 8 个组分，其中 B1 的杀虫活性最高，而毒性最小。目前开发的阿维菌素主要成分为 avermectin B1a 和 avermectin B1b，能够杀灭蚜虫、螨虫、毛虫、蠕虫和多种寄生虫，广泛用于观赏林、棉花、柑橘、坚果、蔬菜和西红柿等作物（Copping 等，2007）。其作用靶体为昆虫外周神经系统内的 γ-氨基丁酸（GABA）受体。阿维菌素能促进 γ-氨基丁酸从神经末梢的释放，增强 γ-氨基丁酸与细胞膜上受体的结合，使进入细胞的氯离子增加，细胞膜超极化，从而导致神经信号传递受抑，致使麻痹、死亡。其次，阿维菌素具有高生物活性，对害虫具有触杀和胃毒作用，无内吸性，但有较强的渗透作用。由于哺乳动物以 γ-氨基丁酸介导的神经位于中枢神经系统，阿维菌素不容易通过血脑屏障进入中枢神经系统，故而具有高选择性和高安全性，在常用剂量下，对人、畜安全，不伤害天敌，不破坏生态。但是近年来越来越多的研究证实，谷氨酸门控的氯离子通道是阿维菌素更为重要的生理靶标（李卫平，2012）。

多杀霉素（spinosyns）是分离自多刺甘蔗多孢菌 *Saccharopolyspora spinosa* 的杀虫活性化合物。它的商品化有效成分为 spinosyn A 和 spinosyn D 的混合物，命名为 spinosad（约 85% A 和 15% D）。多杀霉素作用机制独特，它激活烟碱乙酰胆碱受体从而释放出烟碱，延长作用时间，通过刺激害虫的中枢神经系统而导致非功能性的肌肉收缩、衰竭，并伴随颤抖，害虫因长时间的兴奋过度，导致神经肌肉疲劳并最终瘫痪死亡。除此之外，多杀霉素还可钝化 γ-氨基丁酸（GABA）受体，从而使害虫神经系统过度兴奋，提高杀虫活性。多杀霉素对鳞翅目、双翅目和缨翅目害虫具有显著的杀虫活性，对鞘翅目、直翅目、等翅目等特定种类害虫也有一定作用，但对刺吸式口器害虫和螨虫防效不理想（柴洪新等，2011）。多杀霉素对哺乳动物和鸟类细胞毒性很低，但对鱼类有轻微毒性，对蜜蜂有较强的毒性。多杀霉素是以水性悬浮剂形式出售，当期干燥时，毒性将消失，并且分解十分迅速。土壤表面的残留在光照条件下会快速分解，而处于土壤下层的残留会被微生物迅速分解（Saunders 等，1997）。

米尔贝霉素（milbemectins）是从吸水链霉菌属金泪亚种 *Streptomyce hygroscopicus* subsp. *aureolacrimosus* 发酵产物中提取的一类十六元大环内酯混合物，以 milbemycin A3 和 milbemycin A4 按 3∶7 的比例存在（Copping 等，2007）。米尔贝霉素杀虫谱较广，对多种蚜虫、黄褐天幕毛虫、螨虫和肠道寄生虫均具有较好的防治效果。其作为杀虫抗生素已在日本、欧美等多个国家登记，有乳剂、悬浮剂和可湿性粉剂等剂型，并且作为安全、高效、对环境友好的杀虫杀螨剂，已被美国环保局推荐使用。米尔贝霉素作用原理是刺激神经末梢释放 GABA，促进其与抑制性运动神经元的突出后膜相结合，引起谷氨酸门控的 Cl$^-$ 通道的开放，从而使 Cl$^-$ 内流增加，带负电荷 Cl$^-$ 引起神经元休止电位超级化，使正常的动作电位不能释放，导致昆虫麻痹死亡（陈园等，2014）。

随着环保意识的增强，杀虫农用抗生素作为一类高效、低毒、低残留、对环境无公害的生物农药，具有十分广阔的发展潜力，必将产生显著的社会、经济和生态效益。因此，加快杀虫农用抗生素的开发产业化及推广应用具有十分重要的意义。

3. 除草农用抗生素

除草农用抗生素近年来得到广泛研究，其具有以下优点：①化学结构新颖，一般为化学合成难以发现的潜在的新型植物毒性化合物；②与活性微生物除草剂相比，更易储存、利于剂型加工、使用方便且受环境干扰较小；③一般为多靶标作用位点和方式，不容易引起杂草抗性的产生；④易于在环境中降解，大多对哺乳动物低毒，对非靶标生物较安全；⑤开发和登记等费用低。

最为著名的除草农用抗生素是第一个开发成商品除草剂的双丙氨膦（Bilanafos）。它是 20 世纪 80 年代初由日本明治制果公司研发的，最初是从土壤链霉菌产生的一种有机磷三肽化合物。双丙氨膦是谷酰胺合成酶抑制剂，可引起氨的积累，抑制光合作用过程中的光合磷酸化作用，从而起到除草作用。双丙氨膦本身并不直接起作用，必须被靶标植物代谢成为磷化麦黄酮（phosphinothricin）后才产生活性，广泛用于防除一年生和多年生禾本科杂草及阔叶杂草（李锄等，2004）。

从以上介绍来看，微生物农药虽然存在一些局限性，但由于其具有资源易得、安全、环保、长效、无残留等优点，在我国经济可持续发展和国家大力发展绿色农业的大背景下，加大微生物农药的研究，对于我国农产品的安全性和出口农产品提供保障具有十分重要的意义。

四、海洋微生物农药

1929 年，弗莱明发现青霉素被誉为人类药物研发史的重大里程碑，人们开始将微生物当做药用资源进行研究。众所周知，陆地微生物早已成为人们研发抗生素等药物的重要来源，从 20 世纪 40—70 年代，被称为 "Golden Age of Antibiotics"，四环素类、氨基糖苷类、糖肽类和大环类抗生素相继诞生（Cragg 等，2014）。随着陆地环境的污染和科学技术的进步，特别是人们对陆地微生物研究越来越多，新种属发现的难度越来越大，新结构和新活性化合物发现难度不断增大，因而科学家们把寻找活性物质的目光投向了海洋。海洋微生物是海洋医药和农药研发新的资源领域，拥有巨大的开发潜力。海洋微生物生存于海洋独特的环境当中，生存竞争激烈，形成了有别于陆生微生物的独特的生存繁殖方式和遗传代谢机制，因而能够产生许多结构新颖、生物活性显著的化合物。海洋无脊椎动物、海藻和微生物是海洋天然产物的三大来源，而研究发现，许多从海洋动植物中发现的活性物质的生产者是其共附生微生物。同时，海洋微生物可以经过发酵工程的手段进行多次规模化发酵，获得大量发酵产物，也可通过基因工程的手段获得高产菌株，不会破坏生态平衡，可以很大程度上解决海洋天然药物所面临的药源问题。除此之外，许多研究证实，从海洋动植物中发现的结构新颖的化合物的真正的来源是其共附生微生物，因此近年来海洋微生物引起科学家们的广泛关注，成为了活性天然产物的重要源泉。

现代农业生产中，化学农药的广泛使用造成了严重的环境污染和食品安全问题，更为关键的是，很多病原生物已经对化学农药产生了抗药性，而人们研发新型农药的速度远远跟不上病原生物抗药性形成的速度。前文所述，海洋微生物具有作为生物农药的巨大潜力。然而，目前对于海洋生物包括海洋微生物药用资源的研究大多集中于医药领域，对于其作为农药的研究和应用还很少。根据 2015 年的研究显示，在海洋生物活性物质研究中，从中得到的 4 196 个化合物当中，有 2 225 个具有抗癌活性，比例达到 56%；有 521 个具有抗细菌活性，比例为 13%；14% 具有抗真菌、抗病毒、杀虫活性；另有 16% 具有其他活性[59]。可见，对于海洋微生物作为农药的研究还只是很小的一部分，而在这小部分的研究之中，许多报道也只是筛选出了活性菌株，对于其活性成分、抑菌机理、产业化生产等都很少涉及。因此，非常有必要投入更多的人力物力和财力来研究海洋微生物，为研发新型环境友好型生物农药扩展新的资源领域。

值得高兴的是，我国科研人员在海洋微生物农药方面的研究走在世界的前列。由华东理工大学、国家海洋局第一海洋研究所、上海泽元海洋生物技术有限公司、浙江省桐庐汇丰生物科技有限公司等单位研制的"10 亿 CFU/g 海洋芽孢杆菌可湿性粉剂"于 2014 年 10 月获得防治番茄青枯病、黄瓜灰霉病的农药正式登记证，并于 2015 年 5 月获得生产批准证。该产品是国际上第一个利用海洋微生物为生防菌的海洋微生物农药。长期过量使用化肥后，残留物会使耕地盐渍化，多年以来，国内外盐渍地土传病害的防治一直是未解决的难题。虽然微生物农药在土传病害防治方面有明显优势，但目前国内登记的微生物农药的生防菌都来自陆地，在盐渍地中难以正常发挥药效。"10 亿 CFU/g 海洋芽孢杆菌可湿性粉剂"的产业化不仅有望解决化学农药无法有效防治的土传病害防治问题，更可以解决陆地微生物农药由于不耐渗透压而无法有效防治盐渍地土传病害这一国际难题。从 2005 年开始，华东理工大学李元广教授团队经过多年坚持不懈的努力，研制出国内外第一个获得田间试验批准证的海洋微生物农药"10 亿 CFU/g 海洋芽孢杆菌可湿性粉剂"；随后，对海洋芽孢杆菌的培养工艺、制剂配方及加工工艺等进行了优化与放大，并在此基础上建成年产 200t 的生产线；制定并备案了 10 亿 CFU/g 海洋芽孢杆菌可湿性粉剂及其原药（50 亿 CFU/g 海洋芽孢杆菌）的企业标准。该产品通过位点竞争、拮抗作用和诱导抗性等几个机制防治植物病害。几年来，团队通过 73 个田间试验和示范对该产品的应用技术进行了研究，试验均显示出比使用化学农药更高的防效。该产品不仅对盐渍地中的黄瓜根腐病、西瓜根腐病、花生青枯病和萝卜软腐病等 4 个土传病害具有很好的防效，而且对非盐渍化土壤的近 20 个土传病害及叶部病害也具有良好的防效。此外，该产品还对香蕉及苹果等有促生长、增产作用。最为重要的是，毒理学试验表明，10 亿 CFU/g 海洋芽孢杆菌可湿性粉剂及其原药为微毒类农药，为安全高效的环境友好型微生物农药。

除"10 亿 CFU/g 海洋芽孢杆菌可湿性粉剂"之外，国内外目前并无登记的海洋微生物农药，目前的研究大多处于实验室和田间试验阶段，这些研究包括直接利用活体海洋微生物与病原生物的生存竞争、拮抗作用、诱导抗性等为机制，进行活体海洋微生物农药开发；也有利用海洋微生物活性次级代谢产物为研究对象，开发海洋微生物农用抗生素。下面我们将从海洋微生物杀菌剂、杀虫剂、除草剂等方面介绍近年来海洋微生物农药的研究进展。

1. 海洋微生物农用杀菌剂

海洋微生物农药的研究中，杀菌剂的是人们最为关注的热点，而其中最引人关注的就是植物病原真菌为活性目标的海洋微生物杀菌剂研究。对于植物病原真菌杀菌剂的研究明显多于植物病原细菌。植物真菌性病害难于防治、造成的损失严重，是多种重要粮食作物的主要病害，在水稻的 240 多种病害中，90% 为真菌性病害。

2010 年华东理工大学李元广教授团队采用活菌对峙培养法将 31 株海洋放线菌和细菌菌株与 5 株植物病原菌株（番茄早疫病菌、稻瘟病菌、瓜炭疽病菌、西瓜枯萎病菌和灰霉病菌）共培养，进行拮抗菌株的初筛。然后从发酵液抑制病原指示菌孢子萌发的角度采用平板扩散法，以抑菌圈大小评价抑菌活性强弱，进行活性菌株的复筛。最终确定 3 株对植物病原真菌有较好抑菌活性的菌株，并采用活性追踪分离的方法获得一个具有显著抗植物病原真菌活性的化合物（胡杨，2011）。李昆志课题组从北部湾的海泥和海水样品中分离得到 64 株海洋真菌，以荔枝霜疫霉病菌、荔枝炭疽病菌、水稻稻瘟病菌和水稻纹枯病菌作为指示菌，采用平板对峙法筛选出 13 株具有抗菌活性的菌株，然后制备其发酵液，通过菌丝生长抑制法筛选出 10 株活性菌株。对 5 株强活性菌株进行荔枝采后抗菌试验，常温下 5 株海洋真菌的发酵液处理鲜果的褐变指数小于杀菌剂处理组。陈志谊等从连云港海域的海水和海泥中分离到了 644 株海洋细菌，以水稻纹枯菌为指示菌对其抑菌活性进行检测，获得具有抗菌活性的 11 株海洋细菌。然后采用平板拮抗试验测定了这 11 个菌株对水稻纹枯病菌、油菜菌核病菌、白菜黑斑病菌、番茄灰霉病菌、辣椒炭疽病菌、辣椒疫霉病菌、水稻恶苗病菌、水稻稻瘟病菌等 8 种植物病原真菌的抑制作用，得到 4 株具有较强的抗植物病原真菌作用的菌株。田黎等从一株渤海湾滩涂碱蓬的根当中分离获得了一株 *Bacillus marinus* B-9987，采用天然产物的分离鉴定方法从其发酵培养基中获得了 1 个新的环肽类化合物 marihysin A（68），其显示了广谱、中等的抗植物病原真菌活性，对 *Alternaria solani*，*Fusarium oxysporum*，*Verticillium alboatrum*，*F. graminearum*，*Sclerotium* sp.，*Penicillium* sp.，*Rhizoctonia solani* 和 *Colletotrichum* sp. 的最小抑菌浓度为 100~200μg/mL。

2011 年，Tarman（2011）课题组从印度尼西亚海域分离了 11 株真菌，对其进行了初步的小规模发酵，然后对其发酵粗提物测试了抗多种植物病原真菌活性。发现一株真菌的发酵粗提物在 50μg/spot 对植物病原真菌 *Cladosporium cucumerinum* Ell. et Arth. 显示了明显的抗菌活性，有进一步研究其活性成分的潜力。

2013 年陶黎明等发现 1 株海洋放线菌代谢产物对多种植物病原真菌具有良好的抑制作用。采用硅胶柱层析、制备薄层色谱、制备 HPLC 等手段对该菌株的发酵液分离纯化，并采用紫外光谱、质谱、核磁共振等方法对所得化合物进行结构鉴定，得到两个活性化合物 filomycin D（69）和 hygrobafilomycin（70）。活性测试表明，hygroba-filomycin 对稻瘟病菌、黄瓜灰霉病菌和瓜类炭疽病菌具有抑制作用，表明其具有一定的抗植物病原真菌活性。其中，对稻瘟病菌的抑制活性最强，最小抑菌浓度为

15.63μg/mL（杨巍民等，2013）。张吉斌团队以水稻黄单胞菌等植物病原菌为指示菌，采用平板对峙法对411株海洋细菌进行了抗菌筛选，初筛获得活性菌株81株，进而考察其抗菌活性稳定性，获得7株具有稳定抗菌活性的菌株，最后通过测定抗菌谱，发现深海独岛枝芽孢杆菌 *Virgibacillus dokdonensis* A493 抗菌谱特异并且稳定拮抗水稻黄单胞菌。采用A493发酵上清液处理水稻，生长20天后对水稻白叶枯病害的防治效果达到了66.7%，且对水稻的正常生长无不良影响。对其发酵液进行分离提取，并运用 Doskochilva 系统纸层析分析，得到新的氨基糖苷类活性化合物（张少博等，2013）。田黎课题组采用离体方法从150株海洋微生物菌株中获得12株具有强抗植物病原真菌活性的菌株，然后采用植物活体测试的方法，测试12株菌发酵粗提物的抗菌活性，发现 *Streptomyces griseus* 对白粉病和灰霉病防治效果较为显著，其菌液、菌体粗提物20倍液对黄瓜白粉病防效达92.8%和63.7%，其菌体粗提物20倍液对灰霉病防治效果达85%。采用紫外及紫外氯化锂复合诱变、亚硝酸诱变处理 *Streptomyces griseus*，诱变后菌株的抑菌活性比原菌株提高了2倍。盆栽试验表明，诱变菌株菌体菌液粗提物对黄瓜白粉病的防治效果分别较对照化学药剂三唑酮提高29.24%和7.53%。田间小区试验表明，诱变株发酵液对番茄白粉病防治率达68.88%，较对照药剂三唑酮提高12.84%[68]。

2014年章卫民等从南海沉积物中分离得到23株真菌，采用生长速率法对其发酵粗提物进行抗植物病原真菌（新月弯孢霉 *Curvularia lunata*、柱枝双孢霉 *Cylindrocladium scoparium*、链格孢 *Alternaria alternata*、胶孢炭疽菌 *Colletotrichum gloeosporioides*）活性测试，结果显示11个菌株的粗提物在浓度为50mg/mL时，对至少1种受试植物病原真菌的抑制率在50%以上（杨小岚等，2014）。王斌贵课题组近年来聚焦于海洋真菌抗植物病原真菌活性化合物的发现和研究，并发现了多个结构新颖的抗菌活性化合物。从一株海藻来源的真菌 *Paecilomyces variotii* 发酵粗提物中获得一个新颖的含 3H-oxepine 结构的生物碱 varioxepine A（71），采用 NMR、ECD 计算和X-ray单晶衍射确定了其平面结构和绝对构型。在活性测试当中，该化合物表现出了明显的抗植物病原真菌 *Fusarium graminearum* 的活性，最小抑菌浓度为4μg/mL。从一株红树来源的真菌 *Penicillium bilaiae* MA-267 发酵粗提物中获得两个新颖的倍半萜类化合物 Penicibilaenes A（72）和 B（73），采用 X-ray 单晶衍射的方法确定了这两个化合物的结构，在抗菌活性测试中，两个化合物对植物病原菌 *Colletotrichum gloeosporioides* 表现出了明显的抗菌活性，最小抑菌浓度分别为 1.0μg/mL 和 0.125μg/mL（Meng 等，2014）。从一株红树来源的 *Penicillium brocae* MA-231A 中获得了一个新的吡喃类化合物 pyranonigrin F（74）和一个已知化合物 pyranonigrin A（75），采用波谱学方法结合 X-ray 单晶衍射的方法确定了它们的结构。两个化合物对植物病原真菌

A. brussicae 和 *C. glocosprioides* 的抑菌活性强于阳性药博来霉素，最小抑菌浓度达到 0.5mg/mL，分别达到阳性药活性的 64 倍和 8 倍（Meng 等，2015）。从一株深海来源的曲霉 *Aspergillus wentii* SD-310 中分离获得了 5 个新的 20-Nor-isopimarane 二帖类化合物 aspewentins D-H（76~80），该类化合物在真菌次级代谢产物中很少发现，在海洋真菌次级代谢产物中更少。通过波谱解析、X-ray 单晶衍射和 ECD 计算等方法确定了新化合物的结构，对新化合物进行了抗 4 株植物病原真菌活性的测试，结果显示 aspewentins D 和 H 对 *F. graminearum* 表现出了很强的抑菌活性，最小抑菌浓度为 2.0μg/mL 和 4.0μg/mL，强于阳性药两性霉素 B（MIC 8.0μg/mL）。构效关系分析表明，C-9 位含羟基较之于 C-1 和 C-3 位含羟基的活性高，含有芳香环的该类化合物活性强于不含芳香环的该类化合物（Li 等，2016）。王长云课题组从一株海葵来源的 *Cochliobolus lunatus* 中获得了十四元大环内酯类化合物 LL-Z1640-2（81），其对芒果叶枯病菌 *Pestalotia calabae* 显示出了明显的抗菌活性，MIC 值为 0.391μmol/L，大约是阳性对照酮康唑（MIC=10μmol/L）的 25 倍。在大棚整株植物实验当中，在对感染致病疫霉菌 *Phytophthora infestans* 的马铃薯进行预防性叶面喷洒试验中，当浓度为 200mg/kg、60mg/kg、20mg/kg 时，该化合物对 *P. infestans* 的抑菌率分别为 98%、98%、92%，与阳性对照甲霜灵的活性相当；在对感染致病疫霉菌 *P. infestans* 的番茄进行灌溉试验中，当浓度为 6mg/kg 时，化合物对致病疫霉菌 *P. infestans* 的抑菌率为 86%；更显著的是，在对感染霜霉病菌 *Plasmopara viticola* 的葡萄进行预防性叶面喷洒试验中，该化合物的活性强于阳性对照甲霜灵，当浓度为 6mg/kg 时，其对霜霉病菌 *P. viticola* 的抑菌率为 91%，而此时甲霜灵对该菌的抑菌率为 0（刘庆艾，2014）。

2015 年陈新华课题组从南大西洋沉积物当中分离得到了一株真菌 *Aspergillus fumigatus*，从其发酵培养基中纯化出一个抗真菌蛋白 restrictocin，其对 *Fusarium oxysporum*、*Alternaria longipes*、*Colletotrichum gloeosporioides*、*Paecilomyces variotii* 和 *Trichoderma viride* 等植物病原真菌具有很强的抑制作用，最小抑菌浓度分别为 0.6μg/disc，0.6μg/disc，1.2μg/disc，1.2μg/disc 和 2.4μg/disc，具有开发成为新型杀菌剂的潜力（Rao 等，2015）。

2016 年曹飞等（2016）从一株渤海真菌 *Pleosporales* sp. CF09-1 中分离到一个嗜氮酮类化合物（82），显示了显著的抗植物病原菌活性，对灰葡萄孢菌 *Botrytis cinerea*、稻根霉菌 *Rhizopus oryzae* 和辣椒疫霉菌 *Phytophthora capsici* 的 MIC 分别为 0.39μm，0.78μm 和 0.78μm。

特别的是，海洋芽孢杆菌能够产生一系列抗菌活性物质，包括肽类、蛋白以及非肽类化合物。其中肽类化合物根据生源合成途径又可分为核糖体途径和非核糖体途径肽类化合物。通过核糖体途径合成的化合物主要是脂肽类化合物，该类化合物具有很好的抗植物病原菌活性。脂肽可分为三类：表面活性素（surfactins）、伊维菌素（iturins）和泛革素（fengycins）。其中表面活性素是研究的最多的脂肽。表面活性素结构中包括一个肽环，由 L-Glu-L-Leu-D-Leu-L-Val-L-Asp-D-Leu-L-Leu 组成，连接一个含有 13~16 个碳原子的脂肪酸链。表面活性素具有很强的抗细菌活性，而抗真菌活性并不明显，可被用来作为抗细菌农药。伊维菌素（iturins）和泛革素（fengycins）抗真菌效果较为显著。从海洋细菌中发现的伊维菌素包括 bacillomycin Lc、iturin A 以及近几年新发现的 maribasins、subtulene、mojavensin 和 bacillopeptin A 等。伊维菌素结构中含有一个环七肽连有一个 14~17 个碳的 β-氨基脂肪酸链。伊枯草菌素特别是 iturin A 具有广谱的抗植物病原真菌活性，可被用来作为生物农药使用。相反，伊维菌素的抗真菌活性较弱。构效关系研究表明，主要活性基团为其中的环肽结构。泛革素结构中包含一个十肽通过内酯结构成一个肽环，还上连有一个含有 14~18 个碳的 β-羟基脂肪酸链。该家族包括 fengycins A、B 和 C 三类。分子量在 1 500u 左右，对丝状真菌具有明显抑制效果，从海洋细菌中发现的 fengycins nincomycin、6-abufengycin 等。相比化学农药和传统抗生素，海洋脂肽具有对动植物无害、可生物降解以及不易使病原真菌产生交叉抗性等优点，随着海洋资源的进一步开发，将会发现更多新型抗植物病原真菌脂肽，从中开发出新型海洋微生物杀菌农药具有十分广阔的前景（孙晓磊等，2015）。

2. 海洋微生物农用杀虫剂

海洋生物杀虫活性物质开发最成功的是在 60 年代开始研究利用的沙蚕毒素类，目前为止共计成功开发了以沙蚕毒素为模板的 10 余种系列化合物，是世界各地防治多种害虫特别是东南亚水稻产区的常用药剂。海洋毒素研究是近现代天然毒素发展最为迅速的领域，在海洋天然产物研究中占据特殊的地位。海洋有毒生物威胁人类海上生活和生产，但其又是一类特殊的生物活性物质，毒性强，含量往往很低，结构又十分复杂。由于新的分离技术和先进的波谱分析方法的应用，海洋毒素的研究有了飞跃的发展，成为海洋生物中开发成为杀虫农药的很有潜力的领域。目前海洋毒素作为农药开发应用的研究工作还很少，更多的工作主要是对其分子作用机理的研究。海洋生物毒素的作用靶标主要是生物的神经系统，特别是不同海洋毒素作用于神经系统离子通道以及离子通道受体的影响等。对于研究昆虫与脊椎动物离子通道药理学特性的异同点以及离子通道的特性和不同受体结合位点研究起到重要的作用，也为明确神经系统杀虫剂的分子作用机理起到了重要的推动作用。1934 年新田清三郎发现蚊蝇、蝗、蚂蚁等在异足索沙蚕 *Lumbricomerereis hateropoda* 死尸上爬行或取食后会中毒死亡或麻痹瘫痪。1941 年，他首次分离了其中的有效成分，并取名为沙蚕毒素（nereistoxin，简称 NTX）（83）。1962 年确定其化学结构为 4-1，2-二硫杂环戊烷。此后，Konishi

等按照沙蚕毒素的化学结构，在其衍生物合成、化学结构测定和生物活性实验等方面进行了系统的奠基性工作，从而形成了沙蚕毒素系化合物。沙蚕毒素类杀虫剂的作用机制研究表明，在昆虫体内 NTX 降解为 1，4-二硫苏糖醇（DTT）的类似物，从二硫键转化而来的巯基进攻乙酰胆碱受体（AChR），从而阻断了正常的突触传递。NTX 类杀虫剂作为一种弱的胆碱酯酶受体（AChR）抑制剂，也是一种非箭毒型的阻断剂（nondopolarizing）。NTX 类杀虫剂极易渗入昆虫的中枢神经节中，侵入神经细胞间的突触部位。昆虫中毒后，虫体很快呆滞不动，无兴奋或过度兴奋和痉挛现象，随即麻痹，身体软化瘫痪，直到死亡（刘济宁等，2004）。

近 20 年来，海洋微生物及其活性次级代谢产物的研究蓬勃发展，对于其农用生物活性方面的开发和应用也越来越多，但是有关其农用杀虫活性方面的研究主要集中于海洋植物和动物上，微生物来源的杀虫活性物质研究还较少。国内江苏省农业科学院的刘贤进课题组做了较多的研究。以棉铃虫为初筛试虫，采用常规浸虫和微型筛选法测定采自中国海域的 908 株海洋微生物的杀虫活性，获得了 14 株具有杀虫活性的菌株，将杀虫活性最强的一株细菌浓缩发酵液进行对棉铃虫、菜青虫、黏虫、小菜蛾和菜缢管蚜的室内杀虫活性，发现该菌株浓缩发酵液对黏虫的杀虫活性最高，达

94.36%，对菜青虫和棉铃虫的杀虫活性中等，而对菜缢管蚜和小菜蛾的杀虫活性较低。为了进一步挖掘该株细菌的杀虫活性潜力，采用正交试验对其发酵培养基进行优化。优化后菌株发酵液对棉铃虫初孵幼虫的杀虫活性为 67.33%。然后采用硫酸二乙酯（DES）和 ^{60}Coγ 射线两种不同的处理方式，对菌株细胞进行诱变，经棉铃虫活体筛选获得活性最好的突变菌株，其发酵液杀虫活性达 77.78%。传代试验证明：该突变株遗传性能较稳定。接下来，又通过单因子及正交试验对另一株海洋杀虫细菌的液体发酵条件进行优化筛选，探索了其最优的杀菌条件，用发酵液饲喂棉铃虫初孵幼虫，48 h 后棉铃虫死亡率可达 66.67%（刘济宁等，2004，2005；陈志芳等，2005）。这些研究开拓了农用杀虫活性物质研究的新资源，为从海洋微生物中寻找杀虫活性物质奠定了基础和信心。

Xiong 等（2004）对 331 株海洋微生物进行杀虫活性筛选，发现其中 40 株菌株的发酵产物对卤虫具有毒杀作用，其中一株链霉菌对卤虫和棉铃虫都具有显著的毒杀作用，其杀虫活性与阳性药阿维菌素相当。进一步采用不同溶剂其发酵粗提物提取，测定提取物的杀虫活性，并进而对其进行 HPLC 分离，初步了解其可能的活性成分。该研究表明海洋放线菌具有产生杀虫活性物质的潜力，并且改良了海洋放线菌代谢产物杀虫活性的测试模型和方法。

宋思扬课题组对采集自浙江舟山海域底泥、福建省九龙江口红树林及福建省云霄县红树林 188 株海洋真菌代谢产物进行杀小杆线虫（*Rhabditis* sp.）活性和乙酰胆碱酯酶抑制活性筛选。乙酰胆碱酯酶在昆虫神经传导过程中起着媒介的作用，它催化乙酰胆碱分解成胆碱和乙酸。若乙酰胆碱酯酶被抑制，乙酰胆碱不被分解，使昆虫的神经传导一直处于过度兴奋和紊乱状态，破坏了正常的生理活动，从而引起昆虫的麻痹衰竭而死。研究还发现一株真菌代谢产物具有显著的杀虫活性，其 LC_{50} 小于 0.5mg/mL；两株真菌的发酵粗提物具有较强的乙酰胆碱酯酶抑制活性，IC_{50} 分别为 30μg/mL 和 25μg/mL（肖永堂等，2005）。该研究表明，海洋真菌次级代谢产物具有开发成为新型农用杀虫剂的潜力，继续从中开发杀虫先导化合物是十分必要的。

田黎等采用活体昆虫浸渍法对海洋微生物发酵液进行了杀虫活性研究，以小菜蛾 2~3 龄幼虫为测试对象，对 294 株微生物进行初步筛选，得到 15 株活性较好的菌株，以真菌和细菌为主。15 株菌株的发酵液对小菜蛾幼虫 48h 校正死亡率都达到 35% 以上，有 5 株菌株达到 50% 以上（徐守健等，2006）。罗万春等采用小菜蛾幼虫为靶标，从 285 株不同地域、不同宿主的海洋微生物中筛选出 16 株具有较好杀虫活性的菌株，进而采用斜纹夜蛾细胞系细胞毒活性测试的方法，从这 16 株菌种筛选得到 6 株具有较好细胞毒活性的菌株。然后系统地研究了几株具有生物活性的海洋微生物菌株的生物学特性、培养条件的优化、活性物质的提取和分离，为开发利用海洋微生物资源的农药应用提供理论依据（徐守健等，2006）。

程中山等（2008）从香港海域红树林中筛选获得的一株真菌菌株，其发酵粗提物对许多重要害虫具有很强的杀虫活性，具有开发成新型杀虫剂的潜力。采用单因素法对影响其生长和所产代谢产物活性的最适温度、pH、发酵时间、装液量等因素进行了探索，同时发现发酵液 pH 值和杀虫活性具有相同的变化趋势，可以通过检测发酵液的 pH 值来预估发酵液的杀虫活性大小。该研究为进一步将该真菌开发成高效、广谱、无公害、低成本的新型海洋微生物杀虫剂和其产业化开发应用打下基础。

Chellaram 等（2013）对采自印度海域不同种属珊瑚的 94 株链霉菌进行杀虫活性研究，得到 59 株对赤拟谷盗或米虫具有显著毒杀作用的菌株，这些菌株有望作为新型海洋农用杀虫剂资源进行开发。2015 年，该课题组又从不同珊瑚当中分离细菌并研究其对米虫的杀虫活性。发现一株细菌 *Bacillus* sp. 其甲醇提取物杀虫活性明显高于丙酮和正己烷提取物。通过高效液相色谱结合质谱分析研究其可能的活性化合物。该研究证实海洋细菌具有产生杀虫活性物质的潜力，从中开发新型生物杀虫剂具有光明的前景。Anwarul 等（2013）对分离自孟加拉沿海海泥的放线菌杀虫活性进行研究，发现一株链霉菌具有很强的杀虫活性，当期发酵提取物浓度为 24mg/mL 时，能够杀死所有的测试米虫，其 LC_{50} 达到 3.16mg/mL。

任广伟等（2013）从 21 株海洋真菌中筛选得到一株对烟蚜有较高生物活性的菌株，用点滴法测定该菌株对烟蚜的触杀作用，菌株发酵液的乙酸乙酯提取物浓度为 500μL/mL 时对烟蚜毒杀作用显著，24 h 校正死亡率达到 92.91%，LC_{50} 为 91.40μL/mL。对其发酵液用乙酸乙酯萃取蒸馏和大孔吸附树脂分离纯化后进行 GC-MS 检测，分析其活性成分可能为 1，3 - 二烯丙基脲（84），其相对含量达到 90.40%。罗兰等（2015）对青岛海域的不同海洋样品进行分离，得到 18 株海洋放线菌。采用浸虫法测定海洋放线菌发酵液对玉米螟 2 龄幼虫的室内毒力，筛选得到 2 株活性较高的链霉菌，其 48h 发酵液对玉米螟 2 龄幼虫的校正死亡率分别为 86.21% 和 81.04%。

3. 海洋微生物除草剂

杂草通过与作物竞争养分和空间使作物减产或品质下降，严重时甚至造成绝收。在过去的几十年，化学除草剂在杂草防除中发挥了主要的作用。目前大多数的除草剂的作用靶标主要有以下几种：光合色素及相关组分的合成和代谢、氮的代谢及氨基酸的生物合成、脂类的生物合成、光合电子传递系统，较少的作用靶标杂草很容易产生抗药性，加上化学除草剂的长期、连续和大面积使用，抗性杂草随之出现。有报道显示，目前已有 272 个抗药性杂草生物型出现。前文提到，微生物除草剂由于其种种优点而成为新型生物除草剂的研究热点，然而，随着人们对陆地微生物研究的深入，新种属的发现越来越少，对现有陆地微生物的除草活性筛选也越来越多，很难再发现新的微生物除草剂。同时，随着天然有机化学的迅速发展，各种分离检测手段的出现使得人们对陆地微生物次级代谢产物的研究比较透彻，很难从中发现新的除草活性化合物，因此人们把目光敏锐地集中在海洋这个人类赖以生存的"第二疆土"。由于海洋独特的环境，各种海洋生物物种之间的生存竞争极为激烈，为维持生存，海洋微生物必然具有独特的遗传和代谢机制来适应海洋环境，有望从中获得有特殊结构和功能的杀虫活性物质，将其应用到害虫防治方面，可以减轻或延缓害虫抗药性问题。笔者通过大量的文献调研发现，与陆地微生物除草剂的研究相比，目前对于海洋微生物甚至海洋生物除草剂的研究仍处于前奏和开始阶段，仅有较少的报道也只是涉及活性菌株的筛选，甚至连活性成分的确定都少有研究，因此，海洋微生物除草剂研究有很大的研究和发展前景，海洋微生物杀虫剂必将在害虫防治领域发挥重要作用。

陶黎明课题组对 134 株海洋微生物进行农用抗生活性物质筛选，分别测定其发酵上清液和菌丝体浸提液的除草活性，经初筛和复筛，发现 12 株海洋微生物的发酵产物具有除草活性，其中 5 株为细菌，7 株为放线菌，大部分活性菌株对杂草的根部抑制率远高于地上部分，而 6 株菌株对杂草具有一定的选择性抑制效果，2 株海洋放线菌的除草活性较突出，它们的发酵上清液和菌丝体浸提液均有较好的除草活性，其中 1 株对苋菜根和芽的生长抑制率达到 95%，具有进一步研究的价值（薛陕等，2010）。

Chellaram 等（2012）从 250 株海洋细菌当中筛选得到 50 株具有除草活性的菌株，其中 8 株菌的发酵产物表现出了很强的除草活性，在浓度为 5mg/kg 时对浮萍的生长抑制率达到 90%，主要表现为植株矮化和发白，有必要研究其活性成分，为开发成为新型除草剂打下基础。2015 年，该研究组又从一种珊瑚中分离出 240 株细菌，对其发酵粗提物进行除草活性筛选，发现一株芽孢杆菌对浮萍（*Lemna minor*）具有很强的生长抑制作用，并初步分析了其可能的活性成分。该研究表明，珊瑚来源细菌可能是除草活性物质的潜在资源。

由于海洋微生物在不同培养条件下产物有所不同，Nofiani 等（2012）研究了海洋微生物 *Moraxella* sp. 在不同培养条件下产生除草活性化合物的潜力，确定了该菌株产生除草活性化合物的最优培养条件。

董海焦等（2014）通过分离纯化带鱼体内微生物，测定代谢产物的除草活性，最终分离纯化得到 2 株具有除草活性的细菌，进而对影响代谢产物产生的各种因素进行研究，以明确其最优发酵条件，该菌产生除草活性代谢产物的最适培养基为无机盐加糖培养基，最适发酵培养条件为起始 pH 值 6.5，发酵温度 25℃，摇瓶培养 3~4 天。最后经薄层层析和高效液相色谱等方法对该细菌所产生的除草活性物质进行分离纯化，发现一种除草活性物质。

4. 海洋微生物农药的研究展望

微生物农药作为公认的"无公害农药"，防治对象不易产生抗药性，不伤害天敌，繁殖快，是综合防治农业病虫草害的重要手段，并具备可在人为控制下进行规模化培养、不破坏野生生态资源、成本相应较低等独特优点。在国家着力加强农业供给侧结构性改革的今天，发展微生物农药的研究极为迫切（王娅婷等，2010）。

数千年前，人类就认识到海洋生物的药用价值，并在漫长的历史发展过程中不断地进行应用和探索，为近代和现代海洋药用生物的应用开发积累了宝贵的经验。在海洋特殊的环境中，海洋生物为在生存竞争中求得个体和种群的生存和繁衍，经过长期的进化演变产生了种类繁多、结构新颖、功能特殊的代谢产物，通过麻痹和毒杀等方式来抵御海洋环境中的捕食者、竞争者及猎物，或用以防范天敌的进攻和捕猎，避免海洋污损生物附着，以及物种间的信息传递等。现代药理学研究表明，许多海洋生物含有的次级代谢产物具有很好的药理活性，可用于医药和农药的研究。海洋生物组织细胞内和细胞外栖息了大量微生物，包括细菌、真菌、蓝细菌等。这些共生微生物从其宿主获得营养，而对宿主来说共生微生物可能参与了其天然产物的合成。对海绵动物、被囊动物、软体动物、苔藓动物、腔肠动物等重要药源生物进行的研究发现，通过食物链摄入的或共生的细菌、微藻等微生物，可能是某些海洋天然产物或其类似物的真正生产者。因此，海洋微生物成为人们研究医药和农药的热点资源。对海洋微生物活性物质的研究始于20世纪40年代，头孢菌素的发现拉开了人们对海洋微生物药用活性物质研究的序幕。

对于海洋微生物农药的研究与医药有所不同，除利用海洋微生物次级代谢产物作为生物农药外，可直接利用活体海洋微生物进行农药的开发，因此海洋微生物农药的研究范围更广，成药前景更大。现阶段，海洋微生物农药的研究还不太深入，只停留在菌种的筛选、菌种发酵条件的优化、粗提物盆栽实验阶段，对菌种发酵液中的农用活性物质的分离纯化及结构研究还有待深入，对活性作用机理和毒性评价的研究涉及较少，距离开发成为成熟的农药制剂还有很长路要走。

同时，对于海洋微生物资源还有待深入挖掘。目前人们对于深海、极地环境下的微生物知之甚少，对于极端环境微生物生态类群尚未充分详细地研究。再者，许多海洋微生物并不能通过常规的培养方法进行培养，因而还需要探索新的培养方法。具有丰富多样性的海洋微生物是天然产物发现的最后的巨大资源，发展新的培养技术和分离方法是发挥其开发潜力的保障（王长云等，2011）。

海洋微生物发展潜力依赖于许多因素，由于一种农药的研究需要投入大量时间和金钱，因此需要学术领域的研究和企业的强力推动。相信在科技迅速发展的今天，在科学家的共同努力下，我国海洋微生物农药的发展必将具有广阔的发展前景。

第三节　海洋微生物肥料

一、微生物肥料

化肥的施用对农业生产做出了巨大的贡献，中国是一个人口众多的国家，粮食生产在农业生产的发展中占有重要的位置。施肥不仅能提高土壤肥力，而且也是提高作物单位面积产量的重要措施。化肥是农业生产最基础而且是最重要的物质投入。据联合国粮食及农业组织统计，化肥在对农作物增产的总份额中占40%～60%。然而长期过分依赖于化学肥料造成农田有机质不足、土壤板结、肥力下降等问题，进而导致农作物品质降低。不仅如此，大量化肥的使用还造成环境污染和食品安全问题，严重危害人们的健康。随着生态农业和绿色食品生产的兴起和发展，微生物肥料逐步引起了人们的重视。由于其能够消减因大量使用化学肥料而引起的环境污染、食品安全等问题，具有很大的发展前景，成为国内外研究的热点。目前，微生物肥料逐步成为我国国家生态示范区、绿色和有机农产品基地等肥料的主力军，同时其具有的经济效应、社会效应以及生态效应，有助于我国农业的可持续发展（曾玲玲等，2009）。

微生物肥料亦称菌肥、生物肥料、接种剂等，指一类含有活微生物的特定制品，通过其中所含微生物的生命活动，增加植物养分的供应量或促进植物生长，改善农产品品质及农业生态环境，其中活微生物起关键作用（刘刊等，2011）。微生物肥料可分为两类，一类是通过其中所含微生物的生命活动来增加植物营养元素的供应量，改善植物营养状况，进而增加产量，如根瘤菌肥；另一类是广义的微生物肥料，通过其中所含微生物的生命活动及其产生的次级代谢物质，如激素类等，不仅能提供植物营养元素的供应，而且还能促进植物对营养元素的吸收利用，甚至还能拮抗某些病原微生物的致病作用，减轻病虫害的发生。近年开发的植物促生根际细菌微生物肥料就属于后者，这类肥料在目前的生产应用中种类繁多。通过微生物的生命活动，微生物肥料具有改良土质、增进土壤肥力、促进作物的营养吸收、增强作物抗病和抗逆能力等重要功能（袁田等，2009）。

（一）国内外微生物肥料的发展历程及现状

1887年，研究者发现豆科植物根瘤具有固氮功能并成功培养根瘤菌。此后，微生物肥料的研究与应用迅速增多。早在20世纪20年代，美国、澳大利亚等国就开始有根瘤菌接种剂（根瘤菌肥料）的研究和试用，一直到现在根瘤菌肥依然是最主要的品种。50 年代，苏联科学家在固氮菌、磷细菌和钾细菌的研究上取得了很大的进展。1972 年国际农业组织成立了"有机农业运动国际联盟"（FOAM），同时还成立了"绿色食品国际协会组织"，到 1990 年已发展会员单位 300 多家，分布在 60 多个国家。这些国际组织提出了"可持续农业"的概念，认为绿色食品必须有相应的生物肥料和有机肥料。自身固氮菌是荷兰学者别依林克于 1901 年首先从运河水中发现并分离出来的，其种类很多，有无褐固氮菌、贝氏固氮菌等。70 年代中期，巴西学者在马唐、雀稗等禾本科草类的根部发现一类与其联合共生的固氮微生物，如固氮螺菌等曾在世界上引起轰动，但它固定氮素的量与共生固氮菌相比，数量是很低的。1935 年，前苏联学者蒙基娜从土壤中分离出一种解磷巨大芽孢杆菌。1958 年，Sperber 等发现不同土壤中解磷微生物的数量有很大的差异，大部分解磷微生物出现在植物根际土壤中。1962 年，Kobus 发现解磷菌在土壤中的数量受土壤物理结构、有机质含量、土壤类型、土壤肥力、耕作方式和措施等因素的影响。80 年代，加拿大筛选出了高效溶解无机磷的青霉菌，1988 年，PhimBios 公司用此菌株生产的微生物肥料 JumStart，产品遍及加拿大西部草原，通过 10 年的示范与应用资料表明，近 10 种作物平均增产 6%～9%。目前，关于复合菌根的研究还在探索阶段。如美国的"生物一号"接种剂，日本的"EM"等都是由若干不同种类的微生物组成的复合微生物肥料（刘冰，2008）。除此之外，国外学者还将农用废弃物通过微生物进行发酵从而得到有益的天然肥料。例如，在罗马尼亚，大量经过发酵和提取后的水果废弃物排入水系统中造成了严重的水污染问题。将这些废弃物进行高效、成本低廉的处理并将其变废为宝成为迫切需要进行的研究。研究人员将加工后的苹果、樱桃、李子等水果的废弃物作为菌株培养基，调节其温度、pH、氧和二氧化碳的比例，然后加入芽孢杆菌进行发酵，将其变为生物堆肥。具体发酵条件为：恒温 23℃。搅拌速度 80～100r/min，pH 值＝5～6，溶氧 30%～70%，发酵 140～230h，发酵 15L。这样发酵后的产品具有更高的蛋白含量和有益的次级代谢产物，可作为一种优良的生物堆肥进行应用（Petre 等，2014）。

从 20 世纪 30 年代开始，我国科学家开始进行微生物肥料相关的研究。著名土壤微生物学专家张宪武教授在 1937 年发表了第一篇大豆根瘤菌研究与应用的文章。50 年代，在张宪武教授的带领下，科研人员大面积推广大豆根瘤菌接种剂技术，使当时的大豆平均产量增加 10%以上。鉴于微生物肥料取得的可喜成果，1958 年我国将其列为《农业发展纲要》中的一项农业技术措施。60 年代初，研究人员将从紫云英中筛选出的根瘤菌制成菌剂，并进行了大面积的示范。随后又从苏联引进自生固氮肥、磷细菌和硅酸盐菌剂，我国微生物肥料开始进行细菌肥料的研究。利用从苜蓿根际分离到的放线菌，研制成"5406 菌肥"并与固氮蓝绿藻肥一起广泛推广使用。70—80

年代中期，又开始研究 VA 菌根，以改善植物磷素营养条件和提高水分利用率。80 年代中期至 90 年代，农业生产中又相继应用联合固氮菌和生物钾肥作为拌种剂。微生物肥料的发展趋势是应用的菌种范围不断扩大，应用中强调多菌种和多功能的复合，甚至是菌剂和有机、无机肥料的混合。在产品研发方面，相继推出联合固氮菌肥、硅酸盐菌剂、光合细菌菌剂、植物根际促生细菌 PGPR 制剂和有机物料（秸秆）腐熟剂等适应农业发展需求的新品种，它们在农业可持续发展、减少化肥使用、促进农作物废弃物、城市垃圾的腐熟和开发利用、土壤环境的净化作用以及提高农作物产品品质和食品安全等方面的作用日益显现。进入 21 世纪后，国内外出现了基因工程菌肥、作基肥和追肥用的有机无机复合菌肥、生物有机肥、非草炭载体高密度的菌粉型微生物接种剂肥料以及其他多种功能类型和名称的微生物肥料（刘鹏和刘训理，2013；孟瑶等，2008）。目前 PGPR 的研究逐渐成为土壤微生物学的活跃研究领域；近几年又推广应用由固氮菌、磷细菌、钾细菌和有机肥复合制成的复合（复混）生物肥料做基肥施用。我国早已制定实施了微生物肥料的国家标准和农业行业标准，强化了质量安全监管，保障了微生物肥料行业的健康发展。目前微生物肥料菌种的种类已经达到 140 种，并扩大到真菌、非芽孢菌等新功能菌种；菌种筛选、鉴定鉴别、保存与复壮等关键技术得到重视和应用；菌种扩繁技术从粗放简单到自控化工艺，功能菌的单位发酵密度整体提高了 50% 以上，提升了产品质量并延长了其有效期；各菌种间的组配日趋合理，达到菌种功能互补与叠加。这是十年间微生物肥料产品质量的提高与效果稳定的技术基础。未来发展趋势是采用现代高通量菌种筛选技术手段，选育营养促生、腐熟转化、降解修复等性能各种优良菌株，组合功能菌株并发挥的互惠增效作用，这是微生物行业产品升级的技术基础（陈慧君，2013）。据 2009 年统计，微生物肥料在优质农产品的生产方面，如国家生态示范区、绿色和有机农产品基地等已成为肥料的主力军，其用量超过 400 万 t，约占我国微生物肥料年产量的 50%，而这一数字还呈不断上升趋势。

（二）微生物肥料的分类

微生物肥料的种类很多，如果按其制品中特定的微生物种类可分为细菌肥料（根瘤菌肥、固氮菌肥）、放线菌肥（如抗生菌类、5406）、真菌类肥料（如菌根真菌）等；按其作用机理可分为根瘤菌肥料、固氮菌肥料、解磷菌类肥料、解钾菌类肥料等；此外，还可以根据组成成分划分为单纯微生物肥料和复合微生物肥料两大类型。研究较多的微生物肥料有根瘤菌和固氮菌类、解磷菌类、硅酸盐菌类和促生菌根类（袁田等，2009；Li 等，2001）。

根瘤菌肥料是应用历史最为悠久、效果最为显著地微生物肥料。它利用根瘤菌与豆科植物共生，植物根毛弯曲而形成根瘤来进行固氮作用。实践证明根瘤菌的作用效果显著，但根瘤菌只与豆科植物结瘤共生，某种根瘤菌一般只能侵染相应的豆科植物根系进行共生固氮作用。李俊等在全国 32 个省、直辖市的近 600 种豆科植物上分离了 10 000 多株根瘤菌，对其中 6 000 株进行了详细研究，发现它们有极大的表型和遗传多样性，占国际根瘤菌种属的 1/3，因此我国具有较丰富的根瘤菌种质资源，主要的根瘤菌类型有 *Bradyrhizobium japonicum*（*Sinorhizobium fredii/Rhizobium fredii*），*Bradyrhizobium* sp.（*Arachis hypogaea*），*Rhizobium huakuii*，*Rhizobium leguminosarum* bv. Viceae，*Rhizobium* sp.（*Astraglus*），*Rhizobium meliloti*，*Rhizobium trifolii*，*Rhizobium leguminosarum* bv. *phaseoli* 和 *Bradyrhizobium* sp.（*Vigna*）（李俊等，2011）。固氮菌剂的固氮作用要弱于根瘤菌，但它们的固氮作用并没有季节性限制。自然界中有多种固氮菌，中国最常见的有 *Azotobacter chroococcum*，*Klebsiella pneunoniae*，*Alcaligenes faecalis* 和 *Enterobacter cloacae* 此外还有一些固氮生物菌，如 *Azospirillum* spp.，以及一些光能自养生物，如红螺菌和蓝藻。

解磷真菌或磷细菌类肥料是利用微生物在繁殖过程产生的一些有机酸和酶等能使土壤中无机磷酸盐溶解、有机磷酸盐矿化或通过固定作用将难溶性磷酸盐类变成可溶性磷供作物吸收利用的一类微生物肥料。无机磷细菌能溶解土壤中无效的无机磷变为有效的无机磷，而有机磷细菌则通过分解作用将土壤中无效的有机磷变为有效的有机磷。施用磷细菌肥料能增加作物的产量，提高土壤中的有效磷含量。一些微生物如 *Bacillus megaterium*，*Bacillus cereus*，*Bacillus firmus*，*Bacillus brevis*，*Thiobacillus thiooxidans*，*Pseudomonas* sp. 和 *Arthrobacter* sp. 可以分解磷酸盐。近几年来发现 VA 菌根能够提高植物根际有效磷含量。

硅酸盐菌类主要有 *Bacillus mucilaginosus*，*Bacillus circulans* 和 *Bacillus macerans*，它们可以分解含钾的矿物质变为可溶性的钾离子，提高土壤有效钾含量，供植物利用。近几年来国内一些地区在小麦、玉米、甘蔗、花生和烟草等作物中施用硅酸盐菌肥，取得了明显的效果。施肥后土壤中有效钾、磷含量显著增多，作物植株的钾含量增高，籽粒产量增加，同时植物抗病害及抗逆能力有所增强。

菌根是某些真菌侵染植物根系而形成的菌-根共生体，可分为外生菌根和内生菌根，主要由担子菌、子囊菌和半知菌等真菌类参与形成。菌根菌具有促进植物吸收磷元素、增加植物生长量和抗逆性等优点，因此越来越受到人们的重视。试验证明菌根可以使寄主植物更好地摄取移动性弱的养分元素，扩大根的吸收面积，保护根部免受病原菌的侵袭，产生阻抑其他微生物的类似抗生素的物质等。

（三）微生物肥料的功能（作用机制）

1. 提高土壤肥力，提供或活化养分，促进植物吸收

从传统肥料概念角度来说，为作物提供养分是肥料的主要功能。依据微生物肥料

的特点，以生物固氮为作物直接提供氮素营养是这类微生物的典型代表；还有许多微生物是通过对营养物质形态的活化，增加养分的有效性，使作物能吸收更多的养分，提高肥料的利用率，典型的如微生物的溶磷作用、解钾能力、钙镁硫等中量元素的溶解能力（郑明刚等，2010）。各种自生、联合、共生的固氮菌类和根瘤菌类微生物肥料可以固定空气中的氮，进而转化成谷氨酰胺和谷氨酸类植物能吸收利用的优质氮素，供给豆科植物一生中氮素的主要需求，既能全部利用，又无污染问题。一些芽孢杆菌、假单胞菌可以将土壤中难溶性的磷和钾溶解出来，转变为作物能吸收利用的 P^{3+}、K^+，使植物营养充足。作物接种 VA 菌根接种剂后，萌发的菌丝可以吸收更多的营养供给植物吸收利用，其中以对磷的吸收最明显，对在土壤中活动性差、移动缓慢的元素如锌、铜、钙等也有促进吸收的作用（刘刊等，2011）。

2. *产生活性物质调节植物生长*

许多微生物种类在生长繁殖过程中不但能够直接给作物提供某些营养元素，而且产生对植物有益的代谢产物，包括植物激素、酸性物质以及维生素等，这些代谢产物能够不同程度地次级调节植物生长，使植物生长健壮，营养状况得到改善，进而达到增产效果。植物激素主要有生长素、赤霉素、细胞分裂素、脱落酸、乙烯和酚类化合物及衍生物等。酸性物质是微生物通过自身三羧酸循环中产生的许多有机酸，除了有螯合作用和酸溶作用外，其本身也是一种生理活性物质，可促进作物生长，包括水杨酸、核酸类等。研究表明，80%的根际细菌能产生吲哚乙酸，其中主要有根瘤、黄单胞菌、假单胞菌等。固氮菌能分泌维生素 B_1、B_2、B_3、吲哚乙酸等，刺激植物生长发育。在适宜培养条件下，能够产生活性物质总量应在 5mg/L 以上的微生物菌株，可以表现出促进作物生长的功能（孙健，2005）。

3. *增强植物抗逆性*

微生物肥料中的特殊微生物可提高宿主的抗旱性，抗盐碱性、抗极端温度、抗极端湿度和 pH 值，抗重金属毒害等能力，增强植物逆境生存能力。有些微生物肥料对有害微生物有生物防治作用，诱导植物过氧化物酶、多酚氧化酶、苯甲氨酸解氨酶等参与植物防御反应，有利于防病。有些微生物肥料的菌种接种后，由于在作物根部大量生长繁殖，成为作物根际的优势菌，除了它们自身的作用外，还由于它们的生长、繁殖，抑制或减少了病原微生物的繁殖机会，有的还有抗病原微生物的作用，起到了减轻作物病害的功效。菌根真菌则由于在作物根部的大量生长，菌丝除了吸收有益于作物的营养元素外，还能增加水分的吸收，利于作物抗旱（孙健，2005；杜瑛，2011）。

二、海洋生物和微生物肥料

海藻是生长在沿海地区潮间带的低等隐花植物，作为最原始的生命形态，藻类生长速度快、结构简单、适应能力强，整个藻体可充分地被开发利用。海藻可以浓缩相当于自身 44 万倍的海洋物质，除了含有陆地植物所具有的营养成分之外，还含有许多陆地植物不可比拟的微量元素以及数千种活性物质。这些特性决定了海藻具有开发成为新型生物肥料的重要前景和价值。继前两次化肥、生物肥的技术革命后，农业肥料史上又出现了第三次技术革命——海藻有机生物肥问世。海藻肥中的核心物质是纯天然海藻提取物，主要原料选自天然海藻，经过特殊生化工艺处理，提取海藻中的精华物质，极大地保留了天然活性组织，海藻肥含有大量的非含氮有机物、钾、钙、镁、锌、碘等 40 余种矿物质元素和丰富的维生素，以及海藻所特有的海藻多糖、海藻酸、高度不饱和脂肪酸和多种天然植物生长调节剂，如植物生长素、赤霉素、类细胞分裂素、多酚化合物及抗生素类物质等，具有很高的生物活性，可刺激植物体内非特异性活性因子的产生和调节内源激素的平衡，它是一种天然的植物营养剂、病菌抑制剂和植物助长剂，让海洋生物活性物质参与陆生植物的物质循环（王明鹏等，2015；徐振宝等，2012）。世界上许多沿海国家很早以前就采集海藻制作堆肥，在农田施用，增产效果明显。国外海藻有机肥的研究始于 16 世纪，英国人开始利用海藻制作肥料，日本、法国、加拿大等地也很早就有采集海藻制作堆肥的习惯。在日本，直到明治时代，人们还采集海藻作堆肥。后来由于化肥逐渐增加，海藻肥料逐渐被人们淡忘，但是在第二次世界大战期间，由于化肥短缺，人们又再度使用海藻肥料。与化学肥料相比，海藻肥在促进作物增产、提高植物抗逆能力、无公害及环境友好等方面都具有不可比拟的优势。相对于常规肥料，它不仅能显著地促进作物根系发育，提高植物光合作用，而且还能促进果品早熟，大大改善农作物品质，特别是对蔬菜、瓜果、花卉等效果明显（隋战鹰，2006）。1993 年，美国的一种经过提炼加工的海藻肥被美国农业部正式确定为美国本土农业专用肥。1994 年海藻肥引入我国，现在已经在我国大面积推广使用，实践表明，效果非常好，引领生物肥料的发展已迈入海洋时代。

目前，海藻肥生产企业所用的原料主要以褐藻为主，包括泡叶藻、昆布、海带和马尾藻等，其他藻类如墨角藻、浒苔、石莼和卡帕藻等也有少数企业在用。但大部分厂家的海藻肥是用海带加激素做成的，其效果和用鸡粪、牛粪做成的有机肥效果一样（汪家铭，2011）。真正优质海藻肥，其海藻均取自深海中的海藻，生活在深海中的海藻由于生长环境恶劣，其体内积累的内源活性物质含量要远远比海带高。我国拥有丰富的海藻资源，已探明的褐藻种类达 298 种，其中马尾藻有 130 余种，约占世界马尾藻种类的 1/3，其种类的丰富度居世界首位。我国三大海域中，南海马尾藻属海藻的种类和数量占有绝对优势，达 124 种，黄海、东海较少，仅 17 种。一些广温性的种类，如铜藻、裂叶马尾藻、鼠尾藻、羊栖菜和海黍子等从黄海西区一直到南海北区都有分布，并且数量较大。从 2008 年开始，每年夏天在青岛海域出现了大量的浒苔，一眼望去犹如茫茫草原，令人十分头疼。鉴于此，科学家们变废为宝，将浒苔作为海藻肥的生产原料，现在浒苔已经成为海带的替代品，用来生产海藻肥。其中，海大生物公司成立科技攻关小组，在鲜浒苔的降解、浒苔粉的加工制备、浒苔多糖的提取等方面进行了许多工作；重点开展浒苔在海藻肥中的应用研究，并将其作为主要原料批量生产浒苔颗粒肥、浒苔冲施肥，有效解决了浒苔带来的环境污染问题，为浒苔资源的深入开发利用进行了有益的尝试（汪家铭，2011）。

截至 2014 年，我国与海藻相关的肥料登记证共计 44 个，原料型海藻肥仅有 8 个，技术指标中的有机质≥40%。其余 36 个均为以海藻酸、氮、磷、钾以及微量元素为技术指标的海藻配方肥，技术指标之一的海藻酸≥15%（杨芳等，2014）。海藻肥的主要成分包括海藻多糖、植物激素、甜菜碱和甾醇等。应用海藻肥可改良土壤环境、提高作物光合作用、提高作物抗逆能力、绿色环保，而且可广泛应用于多种作物。赵秀芬等（2009）采用叶面喷施法研究海藻肥对蔬菜产量及部分品质指标的影响。研究结果表明，施用海藻肥可显著提高菠菜、黄瓜及大蒜的产量，使其分别增产42.8%、13.3%和20.0%，并且可有效增大菠菜和黄瓜的叶面积，提高其维生素 C 含量，还能明显增大蒜头横径和单头蒜重。黄清梅等（2015）研究了施用尿素与海藻肥对玉米云瑞 88 号产量及农艺性状的影响。结果表明，施用尿素和海藻肥显著提高了云瑞 88 号的株高、穗位高、穗长、穗粗、穗行数、行粒数、单穗粒重、千粒重、出籽率和产量，而施用尿素与海藻肥 2 个处理间除了穗位高外，产量和其他农艺性状都没有显著差异，表明海藻肥可代替尿素作为安全无污染的高效肥料。翟学彦等（2007）研究了复合海藻肥喷施后对小白菜、菠菜产量及农药残留的影响，发现复合海藻肥处理可显著提高小白菜和菠菜产量，并具有促进有机磷农药乐果和久效磷降解、降低农药残留量的作用。袁璐（2016）研究探讨了海藻肥"红地球"葡萄叶片光合作用、果实品质及花色苷合成关键酶的影响，发现海藻肥能有效提高葡萄叶片的叶绿素 a、叶绿素 b 及总叶绿素含量。海藻肥 1 000 倍液促进葡萄叶片叶绿素合成积累效果最好，叶绿素含量达到 30.04mg/g；喷施不同浓度海藻肥能有效提高葡萄叶片净光合速率、气孔导度和蒸腾速率，降低叶片胞间 CO_2 浓度；喷施海藻肥能有效提高葡萄的外观品质，提高果皮中花色苷的含量，促进果皮着色，提高着色度，提高果实纵横径和单果重；喷施不同浓度海藻肥能有效提高葡萄果实的内在品质，提高可溶性固形物、可溶性糖和维生素 C 的含量；喷施海藻肥能有效提高葡萄果皮中苯丙氨酸解氨酶、查尔酮异构酶、二氢黄酮醇还原酶类黄酮 3，5-糖苷转移酶的含量。李秀珍等（2011）研究了浒苔海藻肥在白菜生产中的增产效果，发现浒苔海藻液态肥在白菜上施用的增产效果达 15.6%，粉状肥的增产效果达 7.4%，且与目前的海带海藻肥无显著差异，是一种新型的海藻肥料，宜在生产中推广。

从我国农业生产发展的战略高度看，微生物肥料的发展是可持续农业、有机农业的要求，也是我国无公害、绿色食品生产的需要，对减少化肥和农药用量、缓解环境污染具有重要意义。根据估计，若我国微生物肥料的产量占化肥产量的 3%，则粮食产量可增加 50 亿~100 亿 kg，可见微生物肥料具有非常广阔的发展潜力。目前对于海洋微生物的研究进行得如火如荼，涉及医药、生物、化工、农业等多个领域，然而对于海洋微生物肥料的应用研究还很少。海洋微生物资源丰富，同时具有显著多样的生物活性，具有开发成为新型微生物肥料的潜力值得科研人员花力气去研究。

2007 年，中国海洋大学生物工程开发有限公司历经多年的实验研究，成功推出"海状元"双动力微生物菌肥，并开始大量投放市场。该产品通过生物发酵技术将从海藻中提取的几十种活性物质与多种特异功能菌株有机地结合在一起，融合了海藻肥和微生物菌肥的双重功效，达到了优势互补，在效果上超越了单纯的海藻肥和微生物菌肥，可大幅减轻作物枯萎、黄萎、根腐、疫病、根结线虫、茎基腐等因重茬造成的病害，并可疏松改良土壤，培肥地力，解磷解钾，减轻土壤中残留氯根、亚硝酸盐等有害物质对作物的危害。海藻活性物质中的海藻低聚糖、甘露醇、甜菜碱、酚类、氨基酸、矿物质、维生素等，能促进作物蛋白质和糖的合成，增强作物光合作用和根系的生长发育，增强作物的新陈代谢、抗菌、抗病毒、抗寒、抗旱、抗涝能力，可大大提高作物的免疫力。"海状元"双动力微生物菌肥填补了国内复合微生物菌肥领域的一项空白，达到了国际先进水平（海达，2008）。

唐吉亮等（2012）对海洋奇力牌双动力生物菌肥的功能特点、适用范围、用法用量和注意事项等进行了详细地介绍。该产品是运用现代生物技术加工手段生产的新型生物菌肥料，适用于各种土壤、耐高温、耐严寒、抗病能力强，还能够提高作物抗逆性、优化作物品质，是现代农业生产无公害绿色有机产品的理想肥料。该产品具有以下特点：①强力生根，促进作物生长，根长、根白，促进作物吸收水分及营养，能使农作物提早成熟 6~7 天，增产 10% 以上；②激活土壤养分，提高肥效，本产品能快速分解和活化土壤中存留的难溶态养分，使其迅速转化为水溶性速效养分，与化肥或有机肥混施，可延长肥效 20 天以上，节省化肥或有机肥 10% 以上；③抗病害，提高作物抗性，有效铲除因重茬引起的病害，对缓解药害有奇效；④高肥力地块蓄水保肥，降解药害残留，可促进土壤团粒结构的大量生成；⑤提高作物品质，培育绿色食品，使农产品中氨基酸、维生素 C、蛋白质含量明显增加，从而改善和提高农产品质量。张忠波等（2013）检验了海洋奇力双动力生物菌肥和海洋奇力双动力营养素在大豆上的应用效果，它们在大豆上应用可激活土壤营养，提高肥效，强根壮根，促进籽粒饱满，抑病抗菌，增强农作物的天然抵抗力，提高作物抗逆性，对农作物的健康提供保障，减少农作物对化学药品的依赖性，优化作物品质，培育绿色食品，同时实现了更高的产量和利润。

智雪萍等（2012）探讨了海藻生物菌肥在葡萄上的应用效果。结果表明，使用海藻生物肥处理的葡萄长势良好，抗病性强，表现为新梢生长快、茎粗壮、叶片大、叶色黑绿、不易染病；葡萄品质提高，表现为着色早，红色度大，颜色鲜，光泽好，口感好，使用海藻生物肥处理的葡萄固形物含量比对照增加了1.3个百分点；葡萄产量提高，表现为果穗质量比对照高100g，粒质量提高2g，亩产量提高234kg，增产率为26.4%。总体来看，施用海藻生物肥的葡萄在新梢长度、穗质量、粒质量、产量、着色、含糖量等方面均超过对照，施用该肥料绿色环保，值得大力推广。

李晶等探讨了海藻微生物肥料最佳施肥量，在实验室条件下研究了海藻微生物肥料施肥量在5kg/hm²、15kg/hm²、45kg/hm²、135kg/hm²时对小麦苗长、苗干重、根长及叶绿素含量的影响。结果表明，当施肥量为15kg/hm²时，小麦幼苗的苗长、苗干重、根长及叶绿素含量均达到最大值，适量的海藻微生物肥料对小麦的生长具有明显的促进作用。该研究为海藻微生物肥料在农业生产中的应用提供科学依据。海藻微生物肥的促植物生长作用是由于海藻中本身含有一定的促进生长因子，再加上微生物代谢也进一步促进了海藻中有效因子的产生和释放，此外，有益微生物在代谢过程中也产生了一定量的促生长激素，从而对植物的出苗和根系生长产生了综合促进作用。但随着施肥量的增多，植物的生长速度反而降低，表明在使用该海藻微生物肥料时施肥量不宜过多。同时，在贮藏微生物肥料时应避免阳光直射，以免紫外线杀死肥料中的微生物。施用微生物肥料应注意肥料的生产日期，最好当年施用，否则肥效会明显降低；当土壤生态环境适合微生物肥料中的有益微生物活动时，可提高微生物肥料的肥效。

张莹莹（2017）通过海洋生物菌剂在辣椒上的肥效试验，验证海洋生物菌剂在辣椒上的应用效果。试验表明，在辣椒田施用海洋生物菌剂有以下效果：①植株长势良好，植株叶色深、茎秆粗壮、根系发达、抗病力增强，结果后辣椒果实均匀，成熟度较好；②在缩短生育期，增施海洋生物菌剂，可促使辣椒转色期提早2天左右；③增产、增效，使用海洋生物菌剂后，辣椒增产率高达17.1%，同时，对提高辣椒的出干率和色价有一定帮助，海洋生物菌剂使用方便，在辣椒上施用，可提高作物抗性，增产、增效明显，可在生产中推广应用。

窦宏举等（2015）进行了海藻菌露在辣椒上的施用效果试验，以验证海藻菌露促进辣椒生长、增加产量的效果。结果表明，在辣椒田施用海藻菌露肥料，有明显增产效果，能有效促进植株生长发育，加快生育进程，增加产量。

刘超等（2016）以苹果砧木平邑甜茶幼苗为试材，在苹果连作土盆栽条件下研究了棉隆熏蒸+海藻菌肥对幼苗生长以及土壤环境的影响。结果表明，与连作土对照相比，棉隆熏蒸和海藻菌肥均提高了甜茶幼苗的生物量指标，二者组合使用效果最为显著；棉隆、海藻菌肥、棉隆+海藻菌肥均提高了甜茶幼苗根系呼吸速率以及三种根保护性酶超氧化物歧化酶（SOD）、过氧化物酶（POD）和过氧化氢酶（CAT）的活性，其中棉隆+海藻菌肥的效果最明显；棉隆+海藻菌肥提高了幼苗根系总长度、根表面积、根体积、根尖数；海藻菌肥显著增加了土壤中细菌与真菌的数量，棉隆加海藻菌肥增加了土壤中细菌数量以及土壤中细菌与真菌的比值。棉隆熏蒸+海藻菌肥能更有效地减轻苹果连作障碍。该研究表明海藻菌肥是一种理想的防控苹果连作障碍的措施，为生产应用提供了理论依据和实践意义。

李国敬（2013）以玉米为试验材料，通过盆栽灌溉施肥试验，研究了海洋侧孢短芽孢杆菌 AMCC10172 对玉米生长发育的影响相关性，明确了其在不同灌溉条件下对盆栽玉米产量、干物质积累量、叶绿素值、玉米植株体内及土壤氮磷钾的影响。试验结果表明：①适量的海洋侧孢短芽孢杆菌在土壤中能不同程度提高盆栽玉米的产量，但施用过量会限制玉米产量的增加；海洋侧孢短芽孢杆菌、有机肥和水相互作用可以提高土壤有效磷含量，降低过度施肥对土壤磷素含量造成的影响，大幅度提高各养分利用率；一定量的海洋侧孢短芽孢杆菌能够促进植株对磷素的吸收，增加植株体内磷素的积累量；能够提高玉米抗旱性，在干旱胁迫下能够提高玉米植株对氮素的吸收利用。②施用海洋侧孢短芽孢杆菌菌肥能提高植株钾积累量，随着施用量的增加，植株内钾累积量增加，在干旱情况下，适量的海洋侧孢短芽孢杆菌和有机肥能提高玉米对钾素的累积，增加玉米产量。

三、海洋微生物肥料的发展前景

微生物肥料是一类农用活菌制剂，从生产到使用都要注意给产品中微生物一个合适的生存环境，主要是水分含量、pH 值、温度、载体中残糖含量、包装材料，等等。由于在实验室中的培养环境较为适宜，微生物长势较好，然而真正投放田间时，由于营养、温度、湿度等环境条件原因，往往造成实际情况与实验室结果相差较大。例如，产品中水分含量过高易滋生霉菌，过多的霉菌常可造成种子霉烂，导致缺苗断垄；温度过高过低可导致产品中微生物数量减少；产品冻融或反复冻融也是造成产品中活菌数量剧减的一个重要原因。

海洋微生物由于生活环境恶劣，尤其是一些极端环境微生物，譬如存在于深海中的嗜热菌、嗜冷菌、嗜酸菌、嗜碱菌、嗜压菌和嗜盐菌等，他们能够很好的适应恶劣环境，因此很可能具有比陆地微生物肥料更为稳定的作用和优势。中国海洋微生物菌种保藏管理中心（Marine Culture Collection of China, MCCC）成立于 2004 年，是专业从事海洋微生物菌种资源保藏管理的公益基础性资源保藏机构。从 2004 起整合了全国 10 家涉海科研院所在内的近海、深海与极地的微生物菌种资源，初步建立了我国第一个具有代表性的海洋微生物菌种保藏管理中心，具备了微生物菌种的保藏、管理与服务的基本功能。目前库藏海洋微生物 16 000 多株，其中细菌 518 个属 1 973 个种；酵母 38 个属，128 个种；真菌 90 个属，170 个种，涵盖了国内海洋微生物的所有的分离海域和生境，来源多样，除了我国各近海，还包括三大洋及南北极。有较多的嗜盐菌、嗜冷菌、活性物质产生菌、重金属抗性菌、污染物降解菌、模式弧菌、光合细菌、海洋放线菌、海洋酵母以及海洋丝状真菌等。随着我国海洋微生物研究的不断深入，研究方法的不断改进，菌种资源的持续增多，为进行海洋微生物农用活性的筛选和研究提供了有力的保证。

第四节 其他海洋微生物农业制品

一、海洋渔用疫苗

渔用疫苗是指利用具有良好免疫原性的水生动物病原及其代谢产物制备而成，用于接种水产动物以产生相应的特异性免疫力，使其能预防疾病的一类生物制品。渔用疫苗的种类包括死疫苗、活疫苗、单价疫苗、多价疫苗、联合疫苗、合成肽疫苗、活载体疫苗、基因缺失疫苗和 DNA 疫苗（李超等，2015）。渔用疫苗的研究工作始于 20 世纪 40 年代，1942 年加拿大的 Duff 研制了第一个渔用疫苗——杀鲑气单胞菌疫苗。70 年代，欧美等国积极开展水产疫苗的研制。1975 年，三文鱼疖疮病 ERM 疫苗在美国获得生产许可；由荷兰 Intervet 公司推出的防治鲑鱼弧菌病和肠型红嘴病的福尔马林细菌性灭活疫苗在北美鲑鱼养殖生产中取得了巨大的商业成功。1988 年，挪威法玛克公司开发出抗冷水弧菌病的细菌灭活疫苗，使挪威鲑鱼产量由 1987 年的 $4.60×10^4$t 上升到 $2.92×10^5$t。此后，世界首例疖点病细菌灭活鱼疫苗、世界首例传染性鲑鱼贫血病病毒疫苗和传染性造血坏死病毒病疫苗相继开发，使得欧洲的鲑鱼养殖业的重大传染性病害得到有效控制，并显著减少了抗生素在水产养殖中的使用。90 年代后期，渔用疫苗商品化发展迅速，据不完全统计，全球 2003 年获准生产有 38 种，2006 年已超过 100 种，到 2012 年超过 140 种。进入 21 世纪后，随着基因工程技术的发展和人们对疫苗安全性认知的深入，以基因工程疫苗为主要特征的水产疫苗陆续被商业许可（Wang 等，2015；吴淑勤等，2014）。

中国渔用疫苗研发相对滞后，20 世纪 70 年代早期研究的草鱼出血病组织浆灭活疫苗取得了一定的效果。直到 2011 年年初批准草鱼出血病活疫苗的生产使用，才正式开启了中国渔用疫苗产业化进程。近年来，随着国家科技投入的增加，牙鲆鱼溶藻弧菌、鳗弧菌、迟缓爱德华菌病多联抗独特型抗体疫苗等4个疫苗获得国家新兽药证书。目前，全国有近30家科研单位开展渔用疫苗相关研究，据不完全统计，涉及病原27种（类），其中病毒10种（类）、细菌14种（类）和寄生虫3种（类），包括拟进入临床和获批的疫苗制品18种，实验室在研的44种（吴淑勤等，2014）。其中海洋渔用疫苗无疑占有很大比重。马悦等（2001）以一株染弧菌病的鲈鱼体内分离得到的病原鳗弧菌为研究对象，对其实现高密度生产海洋鱼类弧菌病疫苗的培养基进行了优化研究。在确定显著影响因子的基础上，采用可旋转中心复合设计方案和响应面法进行了统计模型优化，优化设计有效地提高了细胞培养密度，实现在摇瓶条件下细胞干重5.8g/L和30L规模反应器中262g/L的较好的初步放大结果，并可替代海水培养基。

二、海洋生物微生态制剂

随着世界经济的迅速发展，水产养殖业的规模不断扩大。然而集约化、规模化高密度的养殖模式和养殖品种单一等现状导致养殖生态环境失调，各种病害频发，造成巨大的经济损失。同时，抗生素等和化学药物由于存在耐药性和安全性等问题，已被世界各国严格控制。微生态制剂（microbial ecological agent，MEA）是从天然环境中筛选出来的有益微生物菌种，经过培养后制成的活菌菌剂。水产养殖的微生态制剂定义为通过改善主体或者周围生物环境，以达到增强主体动物对食物利用和营养吸收、提高主体动物抗病害能力、改善周围水体环境等作用的活菌制剂。海水养殖用微生态制剂的作用对象分别为主体动物、病原菌以及水体环境，分别起到提高主体动物免疫力、抑制病原菌和净化水体环境等作用。近年来，微生态制剂在世界水产养殖业已得到广泛应用，创造了巨大的经济和环境效益，并受到越来越广泛的关注（陈谦等，2012）。

中山大学游建岚等（2013）利用海洋放线菌治疗和预防致病性弧菌引起的虾病害，能够抑制弧菌菌膜的形成，其在养殖池塘水系中具有诸如降解淀粉、蛋白等大分子，产抗菌类物质以及可形成耐热、耐干燥的孢子的优点。郝佳等（2015）定期将光合细菌、乳酸杆菌、芽孢杆菌、海洋红酵母4种微生态制剂及其四者的复合微生态制剂按一定比例添加到刺参幼参培育水体中，发现养殖水体中添加不同的微生态制剂对刺参幼参的生长和存活有一定的促进作用，并能够显著提高刺参幼参的消化酶活性。

由于海洋微生态制剂的诸多优点，使其广泛应用于水产养殖各阶段。目前，国外商品化微生态制剂大量引入我国，我国科学家对海洋微生态制剂的研究也正日益深入，发掘更适应于本地环境的益生菌株具有十分重要的意义。

参考文献

鲍时翔，黄惠琴．2008．海洋微生物学［M］．中国海洋大学出版社．

柴洪新，史大昕，张奇，等．2011．多杀菌素的研究进展［J］．化工进展（s2）：
239-243．

陈福龙，王秀芳，陈丹，等．2013．具有杀蚜活性的海洋真菌筛选及其活性成分
分析［J］．植物保护学报，40（2）：155-159．

陈慧君．2013．微生物肥料菌种应用与效果分析［D］．北京：中国农业科学院．

陈谦，张新雄，赵海，等．2012．用于水产养殖的微生态制剂的研究和应用进展
［J］．应用与环境生物学报，18（3）：524-530．

陈志芳，余向阳，陈育如，等．2005．海洋源杀虫细菌 100206 菌株的发酵条件
［J］．江苏农业学报，21（3）：180-184．

程中山，徐树兰，陈其津，等．2008．代谢产物具杀虫活性的红树林真菌 1893 菌
株培养条件的研究［J］．环境昆虫学报，30（2）：120-126．

董海焦，商爱苹，敖兰，等．2014．细菌 HY2 除草活性物质发酵条件及其分离纯
化的研究［J］．河北农业大学学报，37（5）：82-88．

窦宏举，刘建良．2015．海藻菌露在辣椒上的肥效试验［J］．农村科技（2）：
34-34．

杜瑛．2010．微生物肥料在农业中的应用［J］．北方农业学报（4）：99-101．

杜宗军，王祥红，李海峰，等．2003．发光细菌的研究和应用［J］．高技术通讯，
13（12）：103-106．

段永兰，侯金丽，邢文会．2010．我国微生物农药的研究与展望［J］．安徽农业
科学，38（8）：4135-4138．

海达．2008．"双动力"海藻生物菌肥［J］．农业知识（2）：45．

郝佳，吴英茜，刘晗奇，等．2015．几种微生态制剂对刺参幼参生长、存活和消
化酶活性的影响［J］．大连海洋大学学报，30（3）：248-252．

何衍彪，詹儒林，赵艳龙．2005．农用抗生素的研究和应用［C］//中国热带作
物学会 2005 年学术．

胡杨．2010．农用抗真菌海洋微生物菌株筛选、发酵及活性物质分离纯化的研究
［D］．上海：华东理工大学．

黄清梅，肖植文，管俊娇，等．2015．海藻肥对玉米产量及农艺性状的影响［J］．
西南农业学报，28（3）：1166-1170．

金静，李宝笃．2004．海洋真菌多样性的研究进展［J］．海洋湖沼通报（2）：90-94．

鞠建华，马俊英，黄洪波，等．2012．海洋微生物活性次级代谢产物的发现及其生物合成［C］//全国微生物资源学术暨国家微生物资源平台运行服务研讨会．

孔健．2005．农业微生物技术［M］．化学工业出版社现代生物技术与医药科技出版中心．

李超，蒋梦娜，丁兆钧，等．2015．渔用疫苗的研究进展［J］．农业开发与装备（7）：72，110．

李国敬．2013．海洋侧孢短芽孢杆菌（AMCC10172）生物有机肥对干旱条件下玉米生长发育影响的研究［D］．济南：山东农业大学．

李晶，李淑营，葛蕾蕾，等．2011．海藻微生物肥料促进植物生长的研究［J］．安徽农业科学，39（11）：6480-6482．

李俊，沈德龙，林先贵．2011．农业微生物研究与产业化进展［M］．科学出版社．

李铷，董锦艳，向梅梅．2004．微生物源除草剂的研究、应用现状及展望［J］．杂草学报（4）：1-7．

李秀珍，宋海妹，单俊伟，等．2011．浒苔海藻肥在白菜上的增产效果研究［J］．现代农业科技（20）：292．

李祎，郑伟，郑天凌．2013．海洋微生物多样性及其分子生态学研究进展［J］．微生物学通报，40（4）：655-668．

李越中，陈琦．1998．海洋微生物资源多样性［J］．中国生物工程杂志，18（4）：34-40．

刘超，相立，王森，等．2016．土壤熏蒸剂棉隆加海藻菌肥对苹果连作土微生物及平邑甜茶生长的影响［J］．园艺学报，43（10）：1995-2002．

刘超．2016．棉隆熏蒸加海藻菌肥对连作平邑甜茶幼苗及土壤微生物数量的影响［D］．济南：山东农业大学．

刘济宁，刘贤进，余向阳，等．2005．海洋杀虫细菌 JAAS01 发酵条件优化及诱变选育研究［J］．江苏农业科学（4）：42-45．

刘济宁，余向阳，张存政，等．2004．海洋生物源杀虫活性物质研究进展［J］．应用昆虫学报，41（5）：409-413．

刘济宁，余向阳，张存政，等．2004．具有杀虫活性的海洋微生物的筛选［J］．江苏农业学报，20（2）：84-86．

刘刊, 耿士均, 王波, 等 . 2011. 微生物肥料研究进展 [J]. 安徽农业科学, 39 (22): 13445-13447.

刘鹏, 刘训理 . 2013. 中国微生物肥料的研究现状及前景展望 [J]. 农学学报, 3 (3): 26-31.

刘庆艾 . 2014. 海洋真菌 *Cochliobolus lunatus* 中十四元大环内酯及其抗污损和杀菌作用 [D]. 青岛: 中国海洋大学 .

刘志航, 袁忠林, 罗兰 . 2015. 对玉米螟具有生物活性的海洋放线菌筛选与鉴定 [J]. 玉米科学 (2): 147-151.

柳俊灵 . 2013. 海洋微生物产生的四氢呋喃类化合物农药活性及抑菌机理的研究 [D]. 青岛: 青岛科技大学 .

陆建中, 林敏, 邱德文 . 2007. 我国农业微生物产业发展战略与对策 [J]. 中国农业科技导报, 9 (4): 22-25.

马悦, 张元兴, 孙修勤 . 2001. 海洋鱼类弧菌病疫苗的制备——新型简易鳗弧菌 (*Vibrio anguillarum*) 培养基优化 [J]. 高技术通讯, 11 (7): 1-5.

孟瑶, 徐凤花, 孟庆有, 等 . 2008. 中国微生物肥料研究及应用进展 [J]. 中国农学通报, 24 (6): 276-283.

聂亚锋, 陈志谊, 刘永锋, 等 . 2010. 海洋细菌及其抗菌物质对几种植物病原真菌的作用 [C] //中国植物病理学会 2010 年学术年会 . 北京: 中国农业科学技术出版社 .

任立成, 李美英, 鲍时翔 . 2006. 海洋古菌多样性研究进展 [J]. 生命科学研究 (s1): 68-71.

隋战鹰 . 2006. 海藻肥料的应用前景 [J]. 生物学通报, 41 (11): 19-20.

孙昌魁, 冯静, 马桂荣 . 2001. 海洋微生物多样性的研究进展 [J]. 生命科学, 13 (3): 97-99.

孙丕喜, 陈皓文, 王波 . 2009. 海洋的古菌 [J]. 自然杂志, 31 (2): 96-99.

孙晓磊, 闫培生, 王凯, 等 . 2015. 深海细菌及其活性物质防控植物病原真菌的研究进展 [J]. 生物技术进展 (3): 176-184.

唐吉亮, 于晶霞 . 2012. 海洋奇力牌双动力生物菌在作物上的应用 [J]. 现代农业 (9): 31.

汪家铭 . 2010. 海藻肥生产应用及发展建议 [J]. 化学工业, 28 (12): 14-18.

王爱民, 李晓刚, 林壁润 . 2008. 杀虫抗生素的研究进展 [J]. 广东农业科学 (8): 76-78.

王长云, 邵长伦 . 2011. 海洋药物学 [M]. 北京: 科学出版社 .

王明鹏，陈蕾，刘正一，等.2015.海藻生物肥研究进展与展望［J］.生物技术进展，5（3）：158-163.

王蓉，何晓娜，刘维，等.2013.海洋放线菌作为益生菌在水产养殖中的潜在应用［J］.安徽农业科学（24）：10007-10009.

王娅婷，李新兰，郭志勇.2010.海洋微生物源生物农药研究进展［J］.安徽农业科学，38（2）：785-787.

吴家全，李军民.2010.多抗霉素研究现状与市场前景［J］.农药研究与应用，31（3）：15-18.

吴淑勤，陶家发，巩华，等.2014.渔用疫苗发展现状及趋势［J］.中国渔业质量与标准，4（1）：1-13.

肖永堂，郑忠辉，黄耀坚，等.2005.海洋真菌杀虫活性的初步研究［J］.厦门大学学报（自然版），44（6）：847-850.

徐守健，张久明，田黎，等.2006.海洋微生物杀虫活性筛选方法比较［J］.生物安全学报，15（1）：70-74.

徐守健.2006.几株海洋微生物次生代谢产物筛选农用活性物质的研究［D］.济南：山东农业大学.

徐振宝，李广平，戚淑芬，等.2012.浅谈肥料的发展趋势［J］.农业科技通讯（2）：71-72.

许兰兰.2010.抗植物病原菌的海洋真菌筛选及鉴定［D］.昆明：昆明理工大学.

薛陕，魏刚，沈晓霞，等.2010.海洋微生物源农用抗生活性物质的筛选［J］.现代农药，09（4）：19-22.

杨芳，戴津权，梁春蝉，等.2014.农用海藻及海藻肥发展现状［J］.福建农业科技，45（3）：72-76.

杨加庚，梅益勤，裴月湖.2013.海洋真菌次级代谢产物化学成分及生物活性的研究进展［J］.沈阳药科大学学报（1）：72-82.

杨魏民，斯聪聪，杨星，等.2013.海洋放线菌Y-0117农用活性代谢产物的研究［J］.化学与生物工程，30（1）：24-27.

杨小岚，陈玉婵，李浩华，等.2014.23株海洋真菌的分子鉴定及其抗植物病原真菌和细胞毒活性研究［J］.生物技术通报（8）：132-137.

佚名.2015.国际首个海洋微生物农药"10亿CFU/g海洋芽孢杆菌可湿性粉剂"实现产业化［J］.山东农药信息（6）：27.

袁璐.2016.海藻肥和S-诱抗素对"红地球"葡萄叶片光合作用和果实着色生理

机制的影响［D］. 成都：四川农业大学.

袁田, 熊格生, 刘志, 等 . 2009. 微生物肥料的研究进展［J］. 湖南农业科学, 37（7）：44-47.

苑丽蒲 . 2016. 我国微生物农药的应用现状及发展前景［J］. 化工设计通讯, 42（12）：110-111.

臧红梅, 樊景凤, 王斌, 等 . 2006. 海洋微生物多样性的研究进展［J］. 海洋环境科学, 25（3）：96-100.

曾玲玲, 崔秀辉, 李清泉, 等 . 2009. 微生物肥料的研究进展［J］. 贵州农业科学, 37（9）：116-119.

翟学彦, 汪东风, 王毅刚, 等 . 2007. 复合海藻肥对小白菜与菠菜产量及农药残留的影响［J］. 山东农业科学（3）：83-84.

张偲, 张长生, 田新朋, 等 . 2010. 中国海洋微生物多样性研究［J］. 中国科学院院刊, 25（6）：651-658.

张偲 . 2013. 中国海洋微生物多样性［M］. 北京：科学出版社 .

张化霜 . 2011. 微生物农药研究进展［J］. 农药科学与管理, 32（11）：27-29.

张进兴, 逄爱梅, 孙修勤, 等 . 2007. 海洋发光细菌的发光及其应用［J］. 发光学报, 28（2）：167-172.

张少博, 邵宗泽, 黄典, 等 . 2013. 海洋细菌抗菌筛选及深海独岛枝芽孢杆菌A493活性物质分离鉴定［J］. 化学与生物工程, 30（10）：16-23.

张晓华 . 2016. 海洋微生物学（第二版）［M］. 北京：科学出版社 .

张莹莹 . 2017. 海洋生物菌剂在辣椒上的应用效果［J］. 农村科技（1）：21-22.

张忠波 . 2013. 海洋奇力双动力生物菌剂在大豆玉米生产上的应用效果分析［J］. 农民致富之友（5）：3.

赵新林, 赵思峰 . 2011. 枯草芽孢杆菌对植物病害生物防治的作用机理［J］. 湖北农业科学, 50（15）：3025-3028.

赵秀芬, 李俊良 . 2009. 海藻肥在蔬菜生产上的应用研究［J］. 安徽农业科学, 37（6）：2610.

郑明刚, 刘峰, 王玲, 等 . 2010. 海洋微生物资源的开发与应用研究［J］. 海洋开发与管理, 27（9）：76-79.

智雪萍, 陈梅 . 2012. 海藻生物菌肥在葡萄上的应用试验［J］. 河北果树（2）：45.

朱玉坤, 尹衍才 . 2012. 微生物农药研究进展［J］. 生物灾害科学（4）：431-434.

Ângela M R, Foote A D, Kupczok A, *et al.* 2016. Marine genomics: News and views [J]. Marine Genomics, 31: 1.

Brana A F, Sarmiento V A, Pacrez V 1, *et al.* 2017. Branlmyclns B and C, Antibiotics Produced by the Abyssal Actinobacterium *Pseudonocardia carboxydivorans* M-227 [J]. Journal of Natural Products, 80 (2): 569-573.

Cantrell C L, Dayan F E, Duke S O. 2012. Natural products as sources for new pesticides [J]. Journal of Natural Products, 75 (6): 1231.

Cao F, Yang J K, Liu Y F, *et al.* 2016. Pleosporalone A, the first azaphilone characterized with aromatic A-ring from a marine-derived *Pleosporales* sp. fungus. [J]. Natural Product Research, 30 (21): 1.

Chellaram C, Anand T P, John T A A, *et al.* 2013. Insecticidal and Antitumour Properties of Coral Epibiotic Bacteria from Gulf of Mannar, SoutheasternIndia [J]. Journal of Pure & Applied Microbiology, 7 (4): 2831-2837.

Chellaram C, John A A. 2015. Herbicidal Activity of an Epibiotic Bacillus Strain WP3 from Sea Fan Coral [J]. Journal of Fisheries & Aquatic Science, 10 (2): 121-127.

Cheng Z B, Lou L L, Liu D, *et al.* 2016. Versiquinazolines A-K, Fumiquinazoline-Type Alkaloids from the Gorgonian-Derived Fungus *Aspergillus versicolor* LZD-14-1 [J]. Journal of Natural Products, 79 (11): 2941.

Chinnachamy C, John A. 2015. Insecticidal Activity of an Epibiotic Bacillus kochii from Gorgonian Coral, *Junceella juncea* (Pallas, 1766) [J]. Journal of Pure & Applied Microbiology, 9 (3): 2459.

Copping L G, Duke S O. 2007. Natural products that have been used commercially as crop protection agents. [J]. Pest Management Science, 63 (6): 524.

Cragg G M, Grothaus P G, Newman D J. 2014. New Horizons for Old Drugs and Drug Leads [J]. Journal of Natural Products, 77 (3): 703-723.

Deepa James, e. M. C F. 2014. Secondary metabolites of mocrobials as potential source of agrochemicals [J]. International Journal of Current Research, 6 (3): 5355-5363.

Deering R W, Chen J, Sun J, *et al.* 2016. N-Acyl Dehydrotyrosines, Tyrosinase Inhibitors from the Marine Bacterium*Thalassotalea* sp. pp. 2 - 459 [J]. Journal of Natural Products, 79 (2): 447.

Feng M G, Poprawski T J, Khachatourians G G. 1994. Production, formulation and application of the entomopathogenic fungus *Beauveria bassiana* for insect control: current status [J]. Biocontrol Science & Technology, 4 (1): 3-34.

Hasan S, Ansari M I, Ahmad A, *et al*. 2015. Major bioactive metabolites from marine fungi: A Review [J]. Bioinformation, 11 (4): 176-181.

Hibbett D S, Binder M, Bischoff J F, *et al*. 2007. A higher-level phylogenetic classification of the Fungi [J]. Mycological Research, 111 (Pt 5): 509.

Imhoff J F. 2016. Natural Products from Marine Fungi—Still an Underrepresented Resource [J]. Marine Drugs, 14 (1): 19.

Jia Y L, Wei M Y, Chen, H Y, *et al*. 2016. ($^+$) -and (-) -Pestaloxazine A, a Pair of Antiviral Enantiomeric Alkaloid Dimers with a Symmetric Spiro [oxazinanepiperazinedione] Skeleton from *Pestalotiopsis* sp. [J]. Cheminform, 47 (4): 4216-4219.

Kiuru P, D'Auria M V, Muller C D, *et al*. 2014. Exploring marine resources for bioactive compounds [J]. Planta Medica, 80 (14): 1234-1246.

Kustiariyah T, Ulrike L, Kristian W, *et al*. 2011. Isolation of a New Natural Product and Cytotoxic and Antimicrobial Activities of Extracts from Fungi of Indonesian Marine Habitats [J]. Marine Drugs, 9 (3): 294-306.

Le T C, Yang I, Yoon Y J, *et al*. 2016. Ansalactams B-D Illustrate Further Biosynthetic Plasticity within the Ansamycin Pathway [J]. Cheminform, 47 (37): 2256-2259.

Li X D, Li X M, Li X, *et al*. 2016. Aspewentins D-H, 20-Nor-isopimarane Derivatives from the Deep Sea Sediment-Derived Fungus *Aspergillus* wentii SD-310 [J]. Journal of Natural Products, 79 (5): 1347.

Li Z, Zhang H. 2001. Application of microbial fertilizers in sustainable agriculture [J]. Journalof Crop Production, 3 (1): 337-347.

Liu R F, Zhang D J, Li Y G, *et al*. 2010. A New Antifungal Cyclic Lipopeptide from*Bacillus marinus* B - 9987 [J]. Helvetica Chimica Acta, 93 (12): 2419-2425.

Md. Anwarul Haque R, Mohammad Sayful Islam, Md. Ajijur Rahman, *et al*. 2013. Isolation and detection of marine microorganisms and evaluation of in-vitro insecticidal activity of ethanolic crude extracts of marine *Streptomyces* sp. against larvae of *Sitophilus oryzae* [J] . Scholars Academic Journal of Pharmacy, 2 (4): 310-314.

Meng L, Li X, Liu Y, et al. 2014. ChemInform Abstract: Penicibilaenes A (Ia) and B (Ib), Sesquiterpenes with a Tricyclo [6.3.1.01, 5] dodecane Skeleton from the Marine Isolate of *Penicillium* bilaiae MA - 267 [J]. Cheminform, 16 (23): 6052.

Meng L, Li X, Liu Y, et al. 2015. ChemInform Abstract: Polyoxygenated Dihydropyrano [2, 3-c] pyrrole-4, 5-dione Derivatives from the Marine Mangrove-Derived Endophytic Fungus *Penicillium* brocae MA-231 and Their Antimicrobial Activity [J]. Chinese Chemical Letters, 46 (39): 610-612.

Nicacio K J, Ióca L P, Fróes A M, et al. 2017. Cultures of the Marine Bacterium Pseudovibrio denitrificans Ab134 Produce Bromotyrosine - Derived Alkaloids Previously Only Isolated from Marine Sponges [J]. Journal of Natural Products, 80 (2).

Nikapitiya C. 2012. Bioactive secondary metabolites from marine microbes for drug discovery [J]. Adv Food Nutr Res, 65: 363-387.

Nofiani R, Kurniawan R A, Mabella T, et al. 2012. Study of Media Effect toward Antimicrobial, Antiplasmodial, Herbicidal Activities and Toxicity of Extract Produced by Acropora dibranchiata-Associated *Moraxella* sp. RA15 [J]. Journal of Applied Pharmaceutical Science, 2 (9): 10-14.

Nunnery J K, Mevers E, Gerwick W H. 2010. Biologically active secondary metabolites from marine cyanobacteria [J]. Current Opinion in Biotechnology, 21 (6): 787-793.

Peng F, La S, Macmillan J B. 2016. 1, 3 - Oxazin - 6 - one Derivatives and Bohemamine-Type Pyrrolizidine Alkaloids from a Marine - Derived *Streptomyces spinoverrucosus* [J]. Journal of Natural Products, 79 (3): 455-462.

Petre V, Petre M, Dut A M. 2014. Biotechnological producing of natural fertilizers through microbial composting of fruit wastes. [C] //Agrolife. 81-85.

Prem A T, Felicia C S Chinnachamy C. 2012. Screening for Herbicidal and Growth promotor activity of marine bacteria [J]. Internation journal of Pharma and Biosciences, 3 (2): 659-668.

Rao Q, Guo W, Chen X. 2015. Identification and Characterization of an Antifungal Protein, AfAFPR9, Produced by Marine - Derived *Aspergillus* fumigatus R9 [J]. Journal of Microbiology & Biotechnology, 25 (5): 620.

Rateb M E, Ebel R. 2011. Secondary metabolites of fungi from marine habitats [J].

Natural Product Reports, 28 (2): 290-344.

Schulze C J, Navarro G, Ebert D, *et al*. 2015. Salinipostins A-K, long-chain bicyclic phosphotriesters as a potent and selective antimalarial chemotype [J]. Journal of Organic Chemistry, 80 (3): 1312-1320.

Shang Z, Li L, Espósito B P, *et al*. 2015. New PKS-NRPS tetramic acids and pyridinone from an Australian marine - derived fungus, *Chaunopycnis* sp. [J]. Cheminform, 13 (28): 7795.

Wang Z, Wang B, Lu Y, *et al*. 2015. Development Status and Trend Analysis in Aquaculture Vaccines [J]. Biotechnology Bulletin.

Wu H C, Ge H M, Zang L Y, *et al*. 2014. Diaporine, a novel endophyte-derived regulator of macrophage differentiation [J]. Organic & Biomolecular Chemistry, 12 (34): 6545-6548.

Xiong L, Li J, Kong F. 2004. Streptomyces sp. 173, an insecticidal micro - organism from marine [J]. Letters in Applied Microbiology, 38 (1): 32.

Zhang P, Mándi A, Li X M, *et al*. 2015. Varioxepine A, a 3H-Oxepine-Containing Alkaloid with a New Oxa-Cage from the Marine Algal-Derived Endophytic Fungus *Paecilomyces variotii* [J]. Cheminform, 46 (13): 4834-4837.

第五章　海水灌溉理论和技术研究进展与实践

人口增加、耕地减少、淡水资源短缺，是当今世界各国普遍存在的突出矛盾。海水最初被认为不能用于灌溉，但经过几十年的研究和实践，海水灌溉在局部地区特别是在干旱和半干旱区域已经取得了显著成效（Hamdy 等，1993；Beltran，1999；Qadir 等，2001）。目前，开发海水灌溉农业，向荒滩要田，向海洋要水，已经被认为是解决当今世界淡水匮乏问题的可行途径。海水灌溉以植物的耐盐性为基础，少数盐生植物能够在全海水环境下完成生长周期，适当的海水灌溉会表现出促进生长的作用。其他植物不耐海水，但将海水与淡水混合，使灌溉水含盐量在作物耐受阈值内，是一种较为可行的海水利用方式，并被广泛研究利用。一些研究者还在作物敏感期用淡水灌溉，在非敏感期用海水灌溉，也取得了良好效果。海水不仅影响灌溉作物产量和质量，对地下水质量存在潜在危险，还有可能造成灌溉土壤的物理、化学和生物特性恶化。因此，海水灌溉问题需要深入研究。海水灌溉农业的可持续性取决于能否维持土壤中盐分平衡，在实践中应综合考虑作物、土壤以及当地气候特征。

第一节　灌溉用水质量要求与海水灌溉的主要问题

一、灌溉用水适宜性划分

当水资源用于灌溉时，第一步是评估其水质是否达到灌溉要求。所有的灌溉水都含有一定的盐分，在干旱和半干旱区域，常年灌溉会不可避免地造成土壤盐分积累。灌溉土壤中可溶性盐的浓度随着灌溉用水和蒸发速率的增加而增加。如果利用咸水灌溉方法不当，会在很短时间内造成土壤盐碱化。

但是，仅凭水的化学成分不足以评估其是否适合灌溉。应考虑其他因素，如气候、土壤特性、排水条件和灌溉方法。土壤特性包括持水能力和垂直导水率，取决于土壤质地和结构。良好的土地排水条件对于保持根系土层的盐平衡是必要的。

评价灌溉水适宜性的一个简单方法是在其他因素和条件与灌溉区域相似的地区，

观察具有相似化学成分的水对土壤和作物的长期影响。应用这种方法分类需要对水质类型进行区分。1976 年联合国粮食及农业组织制定了快速评价灌溉用水适宜性准则。

这该准则主要涉及水的化学组成与土壤盐分的关系、钠对渗透速率的影响、几种离子的特殊毒性和其他具体影响之间的关系（表 5-1）。该评价方法认为不需要整个根区盐度均匀一致。表层土壤是根系活动最重要的部分，盐分必须低于根系扩散较少的深层土壤。据推测，根对水的吸收量由表层到深层呈总消耗量的 40%，30%，20% 和 10% 梯度下降。该方法广泛适用于干旱和半干旱地区的灌溉土地，包括沙壤土和透水性较好的黏土。还要具有必要的排水条件，如果地下水位深，可以由地下排水系统来排水。此外，渗滤水的损失至少是所用水的 15%。上述评价方法对地面灌溉和喷灌都有效。

表 5-1 灌溉水质指导准则（Ayers and Westcot，1985）

灌溉问题	单位	使用限制程度		
		无	轻到中度	重度
盐害（影响作物水分利用）				
EC_i	ds/m	<0.7	0.7~3.0	>3.0
TDS	mg/L	<450	450~2 000	>2 000
渗透				
SAR=0.3，EC=		>0.7	0.2~0.7	<0.2
SAR=3~6，EC=		>1.2	0.3~1.2	<0.3
SAR=6~12，EC=		>1.9	0.5~1.9	<0.5
SAR=12~20，EC=		>2.9	1.3~2.9	<1.3
SAR=20~40，EC=		>5.0	2.9~5.0	<2.9
离子毒性（影响敏感作物）				
钠				
浇灌	SAR	<3.0	3.0~9.0	>9.0
喷灌	meq/L	<3.0	>3.0	
氯				
浇灌	meq/L	<4.0	4.0~10.0	>10.0
喷灌	meq/L	<3.0	>3.0	
硼	mg/L	<0.7	0.7~3.0	>3.0
其他影响（影响敏感作物）				
氮（NO_3^-）	mg/L	<5.0	5.0~30.0	>30.0
碳酸氢钠（HCO_3^-）	meq/L	<1.5	1.5~8.5	>8.5
pH		6.5~8.4		

注：EC_i 为电导率，TDS 为溶解性总固体，SAR 为钠吸附比。

二、盐分淋洗对排灌措施的要求

在利用咸水灌溉时，为使作物根区的盐分控制在作物可以忍受的盐分范围，维持作物高产和提高微咸水灌溉的安全性，设计灌水量时必须考虑淋盐需水量。可以用盐平衡方程计算灌溉季节的淋洗需水量，并与目前实际灌溉中平均渗水量进行比较。盐平衡方程计算公式可以根据不同灌溉情况，如微灌部分淋盐需水量参照《美国国家灌溉工程手册》，长期评估可以参照 vanHoorn（1994）等方法。如果渗滤水覆盖了淋洗要求，则盐碱化风险得到控制。在这种情况下，为了节约用水，还可以适当提高使用效率，以渗水量大于 1.3 倍淋盐需水量为宜（FAO，1980）。如果实际灌溉用水不能满足淋盐需水量，则要综合考虑技术能力、经济成本和环境因素，选择种植更耐盐的作物或者弥补需水量缺口。

首选方法是评估雨季是否有多余的水用于盐分淋洗，利用雨季降水数据进行预期雨量的计算。如果知道雨季开始时的平均土壤持水率，那么就可以计算出可用于浸出的净渗滤水量。如果过量的雨水足以覆盖淋溶亏损，则根区的盐分含量在灌溉季节结束时会增加，但降雨将提供足够的降水，以便在低盐含量下开始下一个灌溉季节。在这种情况下，实际灌溉用水管理不需要修改。然而，在干旱地区，通常没有有效降水。这种情况要么在收获后灌溉以降低土壤盐分含量，或者在灌溉时增加灌溉量。

灌溉需求的增加取决于在生长季节或结束时水资源的可用性。还与土壤性质有关，质地粗的土壤允许浸出分数高于 0.15，而在低渗透的细粒土壤中，由于内部排水有限，浸出分数应低于 0.10。此外，为了达到较高的浸出分数，会导致排水水量和灌溉回流量的增加，从而对环境产生不利的影响。

三、海水的化学成分

海水是一种非常复杂的多组分水溶液。海水中各种元素都以一定的物理化学形态存在。在海水中铜的存在形式较为复杂，在自由离子中仅有一小部分以二价正离子形式存在，大部分都是以负离子络合物出现。所以自由铜离子仅占全部溶解铜的一小部分。海水中有含量极为丰富的钠，但其化学行为非常简单，它几乎全部以 Na^+ 离子形式存在。

海水中的溶解有机物十分复杂，主要是一种叫做"海洋腐殖质"的物质，它的性质与土壤中植被分解生成的腐殖酸和富敏酸类似。海洋腐殖质的分子结构还没有完全确定，但是它与金属能形成强络合物。

海水中的成分可以划分为五类：

（1）主要成分（大量、常量元素）：指海水中浓度大于 $1 \times 10^6 mg/kg$ 的成分。属于此类的有阳离子 Na^+、K^+、Ca^{2+}、Mg^{2+} 和 Sr^{2+} 五种，阴离子有 Cl^-、SO_4^{2-}、Br^-、

HCO_3^-（CO_3^{2-}）、F^- 五种，还有以分子形式存在的 H_3BO_3，其总和占海水盐分的 99.9%。所以称为主要成分。由于这些成分在海水中的含量较大，各成分的浓度比例近似恒定，生物活动和总盐度变化对其影响都不大，所以称为保守元素。海水中的 Si 含量有时也大于 1mg/kg，但是由于其浓度受生物活动影响较大，性质不稳定，属于非保守元素。

（2）营养元素（营养盐、生源要素）：主要是与海洋植物生长有关的要素，通常是指 N、P 及 Si 等。这些要素在海水中的含量经常受到植物活动的影响，其含量很低时，会限制植物的正常生长，所以这些要素对生物有重要意义。

（3）微量元素：在海水中含量很低，但又不属于营养元素者。

（4）海水中的有机物质：如氨基酸、腐殖质、叶绿素等。

（5）可见海水含有丰富的化学成分，这些化学成分有些是利于农业灌溉的，有些（如高含量钠）则严重制约了海水的利用。

四、海水灌溉的主要问题

海水高含盐量对作物生长会造成危害。海水盐度近 3.5%，主要成分是钠、镁、钙和钾；盐分过度积累会引起植物渗透损伤。高盐水的应用引起植物色素含量降低，影响植物对 K^+、Ca^{2+}、Mg^{2+} 和 N 的吸收（Chakraborty 等，2012）。据报道，海水盐度过高会降低镁/钠比值，从而降低叶绿素中的主要成分 Mg^{2+} 的浓度，从而降低光合作用。

海水灌溉不当，还会引起土壤盐碱化、土地板结和地下水污染等负面效应。为了避免由于高含盐量的水灌溉而导致土壤次生盐渍化，至少要淋洗出根系区域中的盐分，因为根系区域是水分和养分吸收最活跃的区域。部分盐可通过淋溶作用渗漏到较深土层，然后通过自然排水或涝渍地的地下排水系统排出。在灌溉土地上，地下排水是保持盐分平衡的必要条件。但是，排水水质恶化、灌溉回流及其对流域水资源的副作用，需要一个更完善的管理方案。减少排水量，处理灌溉回流，防止下游水资源的污染，是咸水灌溉需要考虑的关键问题。

此外，海水灌溉还存在一些成本问题，如把海水从低海拔输送到高海拔地区需要增加大量投入，也是海水灌溉应用范围仅限于滨海地区的重要原因之一。

第二节　海水灌溉对作物的影响

一、海水灌溉对作物生长和产量的影响

在现代农业生产中应用的大多数作物是对盐敏感的（甜土植物），这些作物的生

长仅能耐受非常低的盐浓度。一旦土壤溶液中的盐度超过一定水平，生产效率将大幅下降（表5-2）。对于多数植物（尽管有的物种更敏感），将土壤溶液的电导率4~8dS/m降低10%产量作为该植物的耐盐度。例如，对于电导率为1.7dS/m以上灌溉水，电导率每增加1个单位，玉米产量降低21%（Blanco等，2008）。另一方面，许多盐生植物却可以15~25dS/m的盐度正常生长，甚至是被促进生长（Rozema和Schats，2013）。

表5-2 土壤电导率和部分作物产量损失的关系

作物	收获面积 （×10⁶hm²）	产量 （×10⁶t）	单产 （t/hm²）	电导率值（dS/m）	
				10%产量损失	50%产量损失
水稻	164	723	4.40	3.5	6.8
高粱	35	54	1.53	7.7	9.6
大麦	49	134	2.76	9.8	17.5
玉米	170	883	5.18	2.5	5.5
甘蔗	25	1 794	70.50	3.9	9.8
小麦	220	704	3.19	7.2	12.6
马铃薯	20	374	19.40	2.5	5.5
甜菜	5	271	53.70	8.5	15.0
大豆	103	261	2.50	5.5	7.2
甘薯	8	0.34	13.10	2.5	5.7
棉花	35	77	2.19	9.4	16.8
绿豆				2.1	3.9

常见农作物普遍对盐敏感，随着灌溉水盐度的增加，植物生长明显受到抑制。Kang等（2010）报道咸水降低鲜玉米株高、叶面积指数、种子单重和产量。Amer（2010）发现灌溉水盐度越高，玉米叶面积指数和种子产量越低。Jiang等（2012）报道如果灌溉水盐度超过3.2dS/m，小麦产量和灌溉水利用率则降低。Wan等（2010）研究表明，灌溉水盐度增加，黄瓜产量明显降低。在番茄中，浓度20%的海水显著降低作物耗水量、植物生物量和果实产量。海水延缓了番茄种子萌发，导致发芽率降低（Hajer等，2006），海水显著降低番茄生长速度和浆果产量（D'Amico等，2003）。Sgherri等（2007）报道海水灌溉减少番茄果实产量和单重。在某些情况下，20%海水导致番茄顶腐病的出现（Saure等，2003），这是由于咸水造成Ca缺乏所致（D'Amico等，2004）。油葵属于中度耐盐植物，据报道土壤盐度达到4.8 dS/m时对

其产量无显著影响（Francois，1996）。Izzo 等（2008）用稀释海水灌溉向日葵，发现海水比例越高，株高和叶面积指数下降越大。Francois（1996）在播种后 3 周开始用咸水灌溉向日葵，向日葵株高、种子产量和单重均下降。Chen 等（2009）用咸水滴灌向日葵，发现株高、种盘直径、产量和种子单重均降低，但灌溉水利用率提高。Machekposhti 等研究发现 15% 和 30% 的海水与淡水混合灌溉对油葵种子和种子油产量无显著影响，但 45% 海水和淡水混合灌溉种子和油产量分别下降 32% 和 39%，基本上土壤盐度每增加 1dS/M，油葵产量减少 14%，海水灌溉还严重影响油葵种子产油率。DiCaterina 等（2007）和 Cucci 等（2007）发现种子产量、种子单重和单株产种量以及种子含油率均随灌溉水盐度增加而降低。Flagella 等（2004）发现盐胁迫导致向日葵种子含油率由 52% 降低到 21%，同时灌溉水盐度为 3dS/m、6dS/m、9dS/m 和 12dS/m 时，种子油产量分别降低 27%、52%、80% 和 88%。

　　海水浓度对多数耐盐和盐生植物生长表现出低浓度促进、高浓度抑制的特点。刘春辉等（2009）研究结果表明当海水浓度低于 10%（体积分数）时，芦荟植株的鲜重随着海水浓度的增加而提高；但当海水浓度高于 50% 后，芦荟植株鲜重则显著下降。库拉索芦荟植株的高度随海水浓度的升高显著下降。秦呈迎（2012）报道，低于 40% 浓度海水灌溉时，椰子属植物仍能正常生长；高于 60% 海水胁迫时，椰子属植物的生长明显受到抑制，展叶数明显下降。总体来看，椰子属植物具有较强的抗盐能力，低浓度海水灌溉即使是连续灌溉也较为安全；海水浓度高时，短期的海水处理椰子属植物仍未受到较为严重的盐胁迫，但长期的连续海水灌溉椰子属植物生长受到严重抑制，甚至停止。因此推测，椰子之所以能在有些地区的近海滩生长，其生长环境并不是海水长期浸泡且又排水不良的高浓度盐碱地，而是由于频繁的降雨或者有丰富的地下水或者其他的淡水来源不断稀释椰子根系周围高浓度海盐的环境。研究还发现同种植物不同品种对海水胁迫的响应特征也有差异，刘玲等（2008）研究发现 30%、60% 海水灌溉下，南盐 1 号芦荟株高、生物产量（鲜重）均显著高于库拉索芦荟。

　　多数情况下，海水灌溉不利于植物生长，仅有极少数植物能在全海水灌溉下生长。海蓬子属于高耐盐植物，被认为目前海水灌溉最为成功的作物。海蓬子能够生长在高盐环境中，最近被开发成食用蔬菜。Ventura 等（2011）研究了不同海水浓度灌溉对海蓬子营养价值的影响。结果发现，当海水比例达到 50% 以上时，海水含量越高，海蓬子产量越低，但一年生海蓬子产量高出多年生的 2~3 倍。不同浓度的海水（0%，10%，20%，40%，60%，80% 和 100% 海水）灌溉刺茉莉，发现所有处理均能显著提高植物干物质重量，以 20% 海水处理最高。

二、海水灌溉对植物形态特征的影响

海水灌溉对植物形态学特征也有影响。随着盐度增加，冰菜叶片肉质化程度增加，这种变化可能是冰菜耐盐的重要机制之一。实际上，盐生植物根据渗透压调节对盐的需求来控制生长速率（Flowers 等，1986）。叶片肉质化程度增加是渗透压调节的重要方式（Flowers 和 Colmer 2008）。而且，还能增强单位叶面积的碳同化能力，使植物在较低的比叶面积下生长（de Vos 等，2013）。实际上，在双子叶盐生植物中，叶片肉质化增加常与比叶面积降低有关（Rozema 等，2015；de Vos 等，2013），这是植物降低蒸腾作用的一种形态适应（Flowers 等，2005）。海水处理并没有引起冰菜比叶面积明显变化，证明在 5~35dS/m 盐度，对冰菜没有造成胁迫，而是增加了生理活性和产量。海水处理也并没有引起冰菜叶面积减少，可能得益于冰菜具有一些调控离子浓度的特征，如充满水溶液的囊泡，具有稀释盐分和保持水分功能（Agarie 等，2007）。海水灌溉引起冰菜叶片肉质化、囊泡体积增大等形态学变化，这种变化也使冰菜叶片味道、外观以及整齐度更佳，更受消费者欢迎。

三、海水灌溉对植物生理进程的影响

Adams 等（1998）报道盐胁迫减慢植物发育生理进程。很多盐生植物适宜生长盐度在 50~250mmol/L NaCl（相当于 5~25dS/m）（Flowers 和 Colmer 2008）。盐生植物由于生长速率低以及低盐环境下缺乏竞争力，一般很少在非盐碱土上生长（Rozema 和 Schat 2013）。在较高盐浓度下（20~35dS/m），冰菜采收期延长一个月，产量大幅增加。刘联等（2003）在海南海涂沙滩（非耕地资源）对药用植物库拉索芦荟进行海水灌溉试验，结果表明，一定浓度范围内，海水灌溉对库拉索芦荟苗期返青系数、根的综合生长量等植物生态指标有促进作用，叶片鲜重、干重没有变化。海水灌溉能明显推迟芦荟从营养生长向生殖生长的转化时期，随着海水比例增加，抽薹期明显推迟。盐胁迫通常能够促进植物营养成分积累。冰菜是一个食用价值极高的盐生植物，Atzori 等（2017）通过大田试验测定了海水灌溉（电导率 2~35dS/m）对冰菜生长和营养成分的影响。结果发现，所有浓度的海水处理对冰菜的生长均无不良影响，而且还能延长冰菜的营养生长期，较非盐渍条件下多采收一个月。

植物的生物产量是由植物光合作用决定的，海水灌溉还对植物光合生理过程产生一系列复杂的影响。海水灌溉菊芋几天内，盐分成为影响菊芋光合作用的主导因子，Na^+、Cl^- 影响能量在 PS I 和 PS II 之间的合理分配来影响光合电子的分配和类囊体膜上的叶绿素含量及 Chl a/Chl b；而在灌溉后的较长时间内，耕层土壤盐分变化不大，而土壤水分含量差异显著，水分胁迫成为主要限制因素，由于高比例的海水灌溉使菊芋根层土壤水含量一直明显高于淡水灌溉处理，因此淡水处理菊芋的光合速率因水分胁迫而显著低于 B4 处理（1∶3）。不同处理对菊芋的田间群落生态构型也产生显著的影响，淡水灌溉有利叶面积指数的增加。最适的叶面积指数对光合速率没有什么影响，而超过最适叶面积指数，光合速率随叶面积指数增加而下降，也有用海水灌溉调控植株造型的研究（刘联等，2003），因此，通过不同海水灌溉处理调控耐盐植物田间合理的生态模型，以获得海水灌溉下理想的经济产量将在今后试验中研究。

四、海水灌溉对作物水分和养分吸收的影响

大量研究表明，添加海水能够显著减少水消耗量，这可能与海水影响植物对水的吸收有关，但的确增加了水的利用率和生产率。已有研究表明，耐盐植物水利用率高，而对盐敏感的植物水利用率降低（Katerji 等，2003）。盐能提高盐生植物从干燥的土壤中获取水的能力。盐和干旱显然不是滨藜的胁迫因素；相反，在干燥的土壤中，盐度能提高水分利用效率和产量。Shani 和 Dudley（2001）、Dudley 等（2008）在其他植物中也有类似发现，根优先吸收根区含盐量最低的那部分水（通常是在大水漫灌时土壤剖面的顶部）。水在通过根区时变得越来越咸，最终达到作物能忍耐的极限。这些研究表明，作物可以利用咸水灌溉并可持续生产，虽然产量会减少，但也会降低淡水的需求。这些研究导致一个新方法来计算咸水灌溉农作物的淋溶需水量，也致使咸水灌溉下作物可持续生产需水量有了明显下降（Letey 等，2011）。在其他盐生植物中也有类似的报道。例如，对四翅滨藜（*Atriplex nummularia*）的分根培养试验，一半的根系浸在 10mmol/L NaCl，另一半浸在 670mmol/L NaCl 中，表现为生长正常，这是由于四翅滨藜优先吸收盐分较低的水（Bazihizina 等，2009）。

对离子选择性吸收是植物的重要耐盐机制。椰子属植物对钾、钙离子的选择性吸收，对钠、氯离子的区隔化及限制向地上部分的运输（秦呈迎，2012）。Ventura 等（2011）海水灌溉还导致海蓬子芽中 Ca^{2+} 和 Mg^{2+} 浓度没有变化，K^+ 略有增加，Na^+ 和 Cl^- 显著升高。刘春辉等（2009）研究发现 25% 和 50% 海水灌溉的芦荟全叶汁中多糖含量显著增加，但芦荟素含量则大大降低。Izzo 等（2008）研究发现，用 20% 或 30% 海水灌溉向日葵，植株中氯离子和 Na^+ 显著增加，特别是在 30% 海水灌溉的植株中尤为明显。海水浓度还降低了植株中 N 含量，但对 P 含量无明显影响。K^+ 和 Ca^{2+} 在生长过程中呈下降趋势。在小麦中，海水对茎的影响大于根。这与营养素吸收有关，海水灌溉导致 Cl^- 在茎中含量下降，而在根系中增加。海水中高 Mg 含量也限制了 Ca 的吸收，相反却增加了对 P、Mn 和微量元素的吸收。冰菜老叶比新叶积累 Na^+ 更多。

Ventura 等（2011）海水灌溉还导致海蓬子芽中 Ca^{2+} 和 Mg^{2+} 浓度没有变化，K^+ 略

有增加，Na^+ 和 Cl^- 显著升高。重要的是，总多酚、β-胡萝卜素和酰脲等抗氧化物质随海水浓度增加而上升，表明高浓度海水灌溉能提高海蓬子的营养价值。无论是多年生海蓬子，还是一年生海蓬子茎中均具有较高的脂含量（高达 2.41mg/g 和 2.06mg/g 鲜重），分别含有 47.6% 和 41.2% 的 ω-3 脂肪酸。这项研究证明海水灌溉能够生产高营养价值的海蓬子蔬菜。

有研究表明，海水促进了莴苣 Na^+、Cu^{2+} 和 Mg^{2+} 积累，降低了 Fe^{2+} 含量，但对 K^+、Ca^{2+} 和 Zn^{2+} 含量没有影响。海水增加甜菜 Na^+、Ca^{2+}、Cu^{2+} 和 Mg^{2+} 水平，对 K^+、Fe^{2+} 和 Zn^{2+} 含量无影响，降低菊苣 Fe^{2+} 和 Zn^{2+} 含量。但是，Bartha 等（2015）报道海水降低甜菜 K^+ 含量。但也有报道海水对 K^+ 含量没有影响。Unlukara 等（2008）报道盐胁迫（最高 7.0 dS/m）对甜菜叶片 K^+ 含量没有影响。鉴于 Na^+ 积累与 Na^+ 和 K^+ 竞争钠钾泵无关已有报道，因此 K^+ 运输并不影响道 Na^+ 积累（Lazof 和 Cheeseman，1988）。海水对莴苣和菊苣 Ca^{2+} 积累没有影响，却导致甜菜 Ca^{2+} 浓度增加。

Nemati 等（2011）在水培条件下研究了盐胁迫对水稻耐盐品种 IR651 和敏感品种 IR29 养分吸收的影响。研究发现 2 个品种干重均随盐度的增加而降低，两种基因型的干重随施用量的增加而降低。盐敏感品种叶和叶鞘中 Cl^- 和 Na^+ 含量高，而耐盐品种则在根中含量较高。叶片中 K^+、Ca^{2+} 和 Mg^{2+} 浓度均降低，P 含量在耐盐品种中没有变化，而在 IR29 中升高。上述结果说明，耐盐品种具有阻止 Cl^- 和 Na^+ 在叶片中积累的能力。耐盐种 IR651 茎中总可溶性糖含量较高，可能有助于调节渗透势以及更好地吸收水分，从而避免组织死亡，使其能在盐胁迫下继续生长发育。

就整个生育期而言，植株盐分含量随土壤和灌溉水的盐分而变化。海水灌溉的刺茉莉植株钠、氯含量显著增加，钾钠比值和 Ca/Na 比值显著降低。随着海水浓度的增加，土壤电导率、速效钾、钠含量显著增加。大豆成熟时，植株所含盐分随灌溉水电导率增加而增加。对植株盐分离子的测定表明，钠离子和植株总盐量一样随灌溉水矿化度而变化，而小麦和大豆植株中钙和钾却随灌溉水矿化度增加而减少。这一结果说明作物对钠的吸收和累积相对抑制了对钙和钾的吸收。灌溉水的高矿化度增加了植株对钠的吸收，减少了对钙和钾的吸收，影响大豆根瘤的形成和固氮能力，因而引起产量降低。

五、海水灌溉对植物生理生化指标的影响

海水盐度近 3.5%，主要成分是钠、镁、钙和钾；盐分过度积累会引起植物渗透损伤。高盐水的应用引起植物色素含量降低，影响植物对 K^+、Ca^{2+}、Mg^{2+} 和 Na^+ 的吸收（Chakraborty 等，2012）。据报道，海水盐度过高会降低镁/钠比值，从而降低叶绿素含量的主要成分 Mg^{2+} 的浓度，从而降低光合作用。

Vieira Santos（2004）报道盐胁迫减少向日葵叶片叶绿素含量。刘兆普等（2005）研究表明，盐分水分共同影响菊芋生长。菊芋苗期沙培试验表明，NaCl 浓度在 100～200mmol/L，菊芋幼苗叶片中的丙二醛含量与淡水处理没有显著差异，通过电镜观察，其叶绿体、线粒体的结构没有显著改变，而高于这个浓度，菊芋细胞膜透性明显增加，叶绿体模糊，出现盐害症状，表明菊芋具有一定的耐盐能力。

盐胁迫导致冰菜叶绿素含量下降，但不影响光合作用及其生长发育。秦呈迎（2012）报道，高浓度海水胁迫下，椰子属植物叶片含水量下降，质膜过氧化严重，质膜遭到严重损伤，叶绿素含量下降，光合潜能降低，光合速率严重下降，且随海水灌溉时间的延长，伤害不断加剧。植物在高浓度盐胁迫时，体内可合成大量可溶性有机物进行渗透保护调节。秦呈迎（2012）研究发现，随着海水浓度的增加和海水处理时间的延长，椰子属植物体内合成大量的脯氨酸和可溶性糖。

孙磊等（2010）研究发现，低浓度（20%）海水处理对欧洲菊苣地上与地下部分产量影响不大，这主要是因为在低浓度海水处理下，欧洲菊苣所受渗透胁迫较轻，叶片中 Na^+、Cl^- 积累相对较少，海水中的 K^+、Ca^{2+}、Mg^{2+} 在一定程度上缓解了欧洲菊苣叶片的离子毒害，特别是 Mg^{2+} 在海水中含量较多，对欧洲菊苣叶绿素含量和光合作用有直接影响（孙磊等，2009）。

六、海水灌溉对农产品质量的影响

植物经过长期进化，已经形成适应各种生物或非生物胁迫的能力，通常通过在体内合成和积累大量的次生防御物质。因此，适度的环境胁迫条件控制某些作物的生长，有利于提高作物的品质。植物应对盐胁迫策略多样，如选择性的积累或排除离子、合成渗透溶质、诱导产生抗氧化物质（Parida 和 Das，2005）或次生代谢产物（Ramakrishna 和 Ravishankar，2011）。这些化合物往往有利于人类健康，大大提高植物的食用价值（Sgherri 等，2008）。在盐水条件下生长的植物可被视为高营养和经济价值的作物（Flowers 和 Muscolo 2015）。因此，合理的海水灌溉不仅利于节约淡水，还有利于生产高质量的农产品。

一些研究结果表明，海水灌溉能够影响高等植物中特定代谢产物的含量（Ferrante 等，2011；Long 等，2009；Ventura 等，2011；Zhang 等，2009）。盐度通常会导致可溶性糖和蛋白质等渗透调节物质含量增加（Chen 等，2009）。适量海水处理可促进可溶性糖、蛋白质、多酚、β-胡萝卜素和脂肪酸等在植物组织中的积累（Long 等，2008；Ventura 等，2011）。但是，盐度过高会导致植物组织电解质渗漏和脯氨酸浓度上升。高盐胁迫降低植物生长速率和生物量，表现为植株矮化、叶片变小、营养不良和矿物质代谢紊乱（Long 等，2009；sekmen 等，2012；Ventura 等，

2011；Zhang 等，2009）。在高盐胁迫下，超氧化物歧化酶活性瞬间升高，随后逐渐降低。Song 和 Ryou（2008）报道，海水喷雾频率增加会导致葡萄叶片变褐色甚至脱落，果实中干物质和花青素含量降低。因此，在农业实践中海水灌溉必须控制在适当的盐度水平。21.3% 稀释的海水灌溉橄榄树则没有造成不良影响（Vigo 等，2005）。咸水灌溉对植物生长和果实品质的影响已在其他作物包括西瓜和番茄进行了大量研究。Long 等研究发现海水胁迫诱导植物叶片中的超氧化物歧化酶、过氧化物酶和过氧化氢酶活性提高，叶片的电解质外渗和丙二醛含量增加。随着海水浓度的增加，叶片中脯氨酸和可溶性糖含量显著增加。菊芋地上部 Na$^+$、K$^+$ 和 Cl$^-$ 随海水浓度的升高而增加。

番茄被认为是一种保健品，含有多种有利于健康的营养成分，经常食用番茄及其制品能降低癌症和心血管疾病的发病率。近年来，提高蔬菜的保健价值引起关注。番茄属于中度耐盐植物，在盐渍条件产生的浆果较小，但着色更好，并且糖、有机酸含量更高（Cuartero 等，1999）。已有研究表明，盐度可以提高番茄的抗氧化活性（D'Amico 等 2003）。已有报道表明稀释海水灌溉中度耐盐植物番茄能够增加其果实营养价值。Sgherri 等（2008）发现利用稀释海水（10mS/cm）灌溉番茄，能够生产出高含维生素 C、维生素 E、氨基酸和绿原酸等营养物质的果实，番茄果实中可滴定酸和还原糖含量也明显增加，营养价值显著提高。由于海水灌溉导致糖和酸含量增加，番茄果实的口感也得到改善。

许多有益健康的成分得益于植物的防御系统，因此，有针对性地增加外界胁迫，可以增加所需成分的含量。Incerti 等（2008）试验发现两个番茄品种在海水灌溉后，果实中总抗坏血酸和 ASA 含量随盐度的增加分别增加了 9% 和 19%，两个品种维生素 E 含量也明显增加。ASA 含量增加不仅增加了番茄果实的营养价值，同时对延长货架期具有重要意义。D'Amico 等（2001）研究表明，海水灌溉番茄果实谷胱甘肽和还原态抗坏血酸增加。

酚类物质含量与植物对盐的敏感程度密切相关。盐胁迫往往造成植物渗透势和离子势压力，导致产生和积累次生代谢产物减少（Mahajan 和 Tuteja，2005）。很多植物在盐胁迫下组织中多酚含量增加（Parida 和 DAS，2005）。海水降低莴苣可溶性糖含量，甜菜和生菜中增加。Reza Naeini 等（2004）认为高渗透压可能抑制碳水化合物合成酶的活性，从而降低可溶性糖含量。因此，即使盐胁迫下可溶性糖的合成和积累非常重要（Nemati 等，2011），但是不同植物种类之间存在差异还是非常明显的。添加一定海水栽培生菜、甜菜和菊苣是可行的，可以提高植物水分利用率，增加某些矿质含量，但可溶性糖和酚类物质含量不受海水的影响。

刘玲等研究不同比例海淡混合水 4 年灌溉对库拉索芦荟全叶鲜重、叶片含水量和叶片中可溶性糖、多糖和芦荟甙含量的影响。结果表明：10%、25%海水灌溉下，芦荟的全叶鲜重与对照（淡水）差异不显著，50%、75%和100%海水灌溉下的全叶鲜重显著下降，分别较对照降低11%、28%和46%。10%、25%、50%、75%海水灌溉下，芦荟的全叶干重与对照（淡水）差异不显著，100%海水灌溉下的全叶干重显著下降，较对照降低14%。对照、10%、25%、50%海水处理的地上部含水量之间差异不显著，75%、100%海水处理下，其地上部含水量显著下降。在地上部不同叶位的叶片中，老叶随着海水胁迫强度的增加，其含水量下降幅度较大，而幼叶和中部叶含水量下降幅度较小。海水灌溉处理下叶片可溶性糖含量显著高于淡水灌溉处理，在海水灌溉各处理间，随海水比例增大，芦荟叶片中可溶性糖含量呈逐渐显著增加趋势，经过4年比例海淡混合水连续灌溉，芦荟叶片中多糖含量与淡水灌溉处理没有显著差异，但芦荟甙含量随海水灌溉强度的增加而增加，75%海水处理达最大值。不同比例海淡混合水灌溉芦荟的试验是可行的，可以节约淡水，并在一定的海水稀释配比下（<75%海水）可以提高芦荟的主要药用功效成分芦荟甙的含量。

Sakamoto等（2014）研究发现20%的海水培养的红叶生菜糖分、花青素含量高于纯淡水栽培，叶绿素和类胡萝卜素含量也明显增加。Atzori等（2017）发现可食用叶片生物量、汁液和钙离子含量对海水浓度增加而增加。海水灌溉对冰菜酚类物质含量和抗氧化活性没有明显影响。只有Na^+含量增加是一个不利因素，但可以用作天然食盐。海水灌溉冰菜叶片中Ca^{2+}含量显著增加是其营养价值得到提高的一个方面。Ca^{2+}是人们食物中缺乏的主要元素，全世界超过2/3人口缺乏这一重要元素（White和Broadley，2009）。为了改善这种情况，人们尝试增施化肥来提高农产品中的钙含量（Lynch，2007）。冰菜具有获取和积累重要矿质元素的能力，高盐环境有利于提高叶片Ca^{2+}含量。此外，植物对Ca^{2+}和Mg^{2+}的积累能力具有紧密的相关性（White和Broadley，2009）。石竹目一些植物能够大量在叶中积累Mg^{2+}，在茎中大量积累Zn^{2+}。因此，研究海水灌溉对植物吸收其他对人类饮食非常重要的矿质元素（如Cu^{2+}、Fe^{2+}、Mg^{2+}、Zn^{2+}）的影响具有重要意义。海水灌溉还导致冰菜的另一种重要的营养物质类胡萝卜素含量增加。

近几十年来，通过灌溉和叶面喷施等方法提高作物产量和品质的研究越来越多。如Zheng等（2013）通过田间试验发现，海水喷洒富士苹果树叶面导致果实可溶性固形物含量增加，蔗糖磷酸合成酶活性、蔗糖合成酶和中性转化酶活性提高。此外，花青素含量也显著增加。叶面喷施海水也增加了果实中钠离子浓度和钾钙比。与果实相比，海水处理后叶片中N、Na^+、K^+、Mg^{2+}的含量都保持不变。此外，叶面喷施对叶片的营养生长没有影响，叶面积、叶鲜重、芽伸长和叶绿素含量与对照植株无显著差异。同时，叶面海水处理有利于提高果实品质，但不影响产量。

第三节　海水灌溉对土壤的影响

一、海水灌溉对土壤水盐运动影响

由于海水复盐中主导离子对的作用机制以及田间开放系统盐分动态变化均受环境影响，因此大田海水灌溉下盐分对耐盐植物影响往往不同于室内单盐沙培或水培试验。海水中 Na^+、Mg^{2+}、SO_4^{2+}、Cl^- 主导离子对的作用使海水灌溉后土壤中难溶矿物溶解度增加，致使土体中 Ca^{2+}、可溶性磷的活性增强，缓解了盐分的次生危害；同时海水田间灌溉试验表明，在莱州湾气候条件下，海水大田灌溉 1 年后，1m 土体中的盐分仍在 0.03%，在菊芋生长的 6 个月内，经对 0~40cm 土体盐分动态连续观测表明，即使用 1∶3 海淡水灌溉，仅在灌溉后的 2~4 天的短时间内土液盐分上升到 6g/L，而较长时间内保持在 1~3g/L（赵耕毛等，2003b），这也是室内盆栽试验与田间试验产生较大差距的原因之一。

赵耕毛等（2003）模拟江苏大丰夏季降雨条件，采用原状土柱，对江苏滨海盐渍土进行海水灌溉试验。结果表明，夏季滨海盐渍土 0~40cm 土层中盐分的运动和再分布非常活跃，而 40~120cm 土层中盐分较稳定。未灌溉处理始终处于较稳定的脱盐状态，但遇持续性高温干燥天气，会有较小的盐峰形成。海水灌溉各处理灌溉后，如果在很长一段时间内无降水，则 0~5cm 土层中可溶盐将明显积累，形成巨大盐峰。而 5~20cm 和 20~40cm 土层形成的盐峰较小，40cm 以下的土层一般无盐峰形成。灌溉海水的浓度越高，且灌溉后持续干旱的时间越长，则积盐越严重。海水灌溉处理中，Na^+ 交换了 Ca^{2+}、Mg^{2+} 后，很快被土壤胶体吸附，在土体中较稳定。相反，Ca^{2+}、Mg^{2+} 则遭到严重淋失。Cl^- 是较为活跃的离子，随水分蒸发在土壤表层积聚，随降雨和灌溉海水向下层迁移，HCO_3^- 较稳定，除非有大强度的降雨，否则，一般不会淋失。因此，只要夏季选择适宜浓度的海水灌溉，土体中的盐分不会积累。当用 50%~75% 某一浓度的海水灌溉时，土柱内盐分的收支达到平衡。因此在开放体系中，只要选择适宜的海水浓度进行灌溉，土体中盐分能够长时间保持动态平衡，不会造成盐分积累。

滨海盐渍土 0~40cm 土层通常被认为是盐分运动和再分布比较活跃的层次，尤其 0~5cm 土层，其盐分受降雨和地表蒸发的影响最大。因此，盐分在该层次的运动和分布极为活跃。海水灌溉后，0~40cm 土层中的水分运动和水分分布发生明显的变化，从而导致盐分在剖面层次间的迁移和再分布。在海水灌溉条件下，研究盐分在

0~40cm 土层中的运动及其分布特点有着重要意义。因为大多数作物根系分布在 0~40cm 土层中，海水灌溉后 0~40m 土层中盐分分布状况关系到滨海盐渍土上能否种植农作物和有较高经济价值的经济作物，而且关系到各项海水灌溉技术能否有效实施和海水灌溉农业的成败。赵耕毛等研究发现夏季海水灌溉后强烈的地表蒸发是滨海盐渍土地表积盐的主要原因，但如果降雨及时或采取某些措施（如海水灌溉、秸秆覆盖等），缓减地表蒸发，则滨海盐渍土 0~40cm 土层一般不会形成盐峰，造成地表积盐。因此，及时的海水灌溉不但能改善土壤的水分状况，而且能减缓由强烈的地表蒸发引起的地表积盐状况。

赵耕毛等（2005）在山东滨海利用不同海水浓度连续 3 年灌溉菊芋，土壤根系活动层（0~60cm）的总盐分发生了明显分异。对照处理土壤中的总盐分呈明显积累趋势，说明在不灌溉的情况下，山东滨海脱盐土逐渐向盐渍化方向发展。25% 的海水灌溉处理，2001 年土壤中的盐分积累比较显著，然而在后续两年的灌溉中，土壤中的盐分保持相对稳定，且较 2001 年有明显的脱除，脱盐率分别达到了 43.7% 和 34.9%。50% 的海水灌溉处理，土壤处于明显的脱盐状态，盐分随年份的变化为 2001 年 >2002 年 >2003 年，表明 50% 的海水灌溉仍能保证土壤发育安全。对于 75% 的海水灌溉处理，盐分随年份的变化为 2002 年 >2003 年 >2001 年。2002 年，土壤中的盐分高达 1.036g/kg。同一年份处理之间的比较结果表明：2001 年 25% 的海水灌溉处理土壤中的盐分较其他处理有明显的积累现象，而 2002 年和 2003 年，耕层盐分积累最为严重的处理分别是 75% 的海水灌溉处理和对照处理。

二、海水灌溉对土壤盐含量影响

土壤总盐含量是衡量土壤盐渍化的重要指标之一，同时，土壤中主要盐分离子的含量也是衡量土壤盐渍化的重要指标。因此，盐分离子的组成、含量和各离子之间的比例直接决定着盐渍土的类型和盐渍化程度。Cl^- 和 Na^+ 是滨海盐渍土最重要离子，其含量通常占滨海盐渍土总盐含量的 90% 以上，因此，Cl^- 和 Na^+ 在土壤中的含量通常表征着该土壤的盐渍化程度。

Ca^{2+}、Mg^{2+} 在稳定土壤结构和减轻植物盐渍化的过程中发挥着巨大作用。然而，由于海水的灌溉，Ca^{2+}、Mg^{2+} 被 Na^+ 从土壤胶体上交换下来，进入土壤溶液而遭到严重淋失。因此，长期的海水灌溉会导致滨海盐渍土处于 Na^+ 饱和状态，土壤颗粒间失去 Ca^{2+} 的胶接作用，土壤胶体膨胀分散。

土壤电导率通常可以反映土壤盐分的变化情况。赵耕毛等（2005）试验发现盐分剖面分布也存在明显差异。土壤盐分剖面分布最显著的特点是：各不同处理，0~40cm 土层中的盐分均相对稳定。25% 和 75% 的海水灌溉处理，盐分在被研究的整体剖面层次（0~100cm）中的分布也相对较为一致。而对于对照处理，40~100cm 的土层有明显的积盐趋势；50%的海水灌溉处理，60~100cm 的土层有明显的积盐趋势。以上结果表明：在丰水年与贫水年交替出现的情况下，25%和50%的海水灌溉耐盐作物菊芋，能够保证耕层土壤发育安全，不会发生盐渍化。刘联等（2003）经过3年的海水灌溉试验，发现海涂沙滩在未作任何人为调控措施下，0~50cm 沙滩含盐量仍在 0.3%范围内。

三、海水灌溉对土壤盐碱化的影响

运用海水灌溉可能会对土壤资源安全产生影响，有可能导致土壤碱化和次生盐渍化。陈效民等（2006）在黄河三角洲滨海盐渍土上采用75%的海水进行了连续3年的田间灌溉试验，发现采用75%的海水灌溉后土壤剖面中盐分含量明显升高，在土层80cm 以下有盐分积累的现象。海水灌溉导致土壤饱和导水率减小，但 pH 值在海水灌溉前后变化不大，残余碳酸钠变化也较小。3年海水灌溉后，土壤的钠吸附比和碱化度有较大上升，已经超过了碱化土壤的临界值，均与土壤中的盐分含量呈对数曲线变化。

钠吸附比（SAR）是指土壤溶液中 Na^{2+} 和 Ca^{2+}、Mg^{2+} 的相对含量，它的高低常作为土壤是否会发生碱化的重要指标。处理土壤钠吸附比有逐年增加的趋势；25%的海水灌溉处理使得土壤钠吸附比显著增加，但最大值仍未超过10mmol/L。50%和75%的海水灌溉处理，SAR 明显小于25%的海水灌溉处理，且丰水年份较低，而贫水年份有增加趋势。因此，高矿化度的海水灌溉耐盐植物菊芋土壤不会发生碱化现象，而低浓度的海水灌溉可能存在土壤碱化现象。

土壤溶液浓度也是衡量土壤盐渍化程度的重要指标。土壤溶液浓度随外界条件变化而变化，而且溶液中盐分离子的物理化学行为非常活跃，参与吸附与解吸、沉淀与溶解、络合与解离、氧化与还原等物理化学反应的整个过程。即在地表水分大量蒸发阶段，盐分随着水分的蒸发向土壤表层运动，致使土壤溶液的浓度急剧增大，形成了大小不等的盐峰。盐峰的大小与灌溉海水的浓度及地表蒸发持续的时间有关，海水浓度越高，持续干旱的时间越长，地表土壤溶液中的盐分越容易积累；40~120cm 土层，土壤溶液的浓度较稳定，呈缓慢降低的趋势。赵耕毛等（2005）通过山东莱州地区连续3年田间试验，发现25%和50%的海水灌溉耐盐作物菊芋，能够保证土壤安全和作物高产高效。未灌溉处理土壤中的总盐量呈明显积累趋势，第3年较第1年增加1.3倍。25%和50%的海水灌溉处理，只有第一年土壤盐分明显积累，此后两年有逐年脱除的趋势，脱盐率达到30%以上。连续3年海水灌溉后，各处理耕层中的盐分较为稳定，且处于较低水平。但对照和50%的海水灌溉处理，60~100cm 的土层中的盐分明显积盐，而其他处理均未表现出积盐趋势。25%的海水灌溉处理土壤钠吸附比明显高于50%、75%的海水灌溉处理，但仍然未达到10mmol/L。

四、海水灌溉对土壤微生物的影响

海水灌溉至少短期内会造成土壤盐分的增加，从而对土壤物理、化学和生物学特性产生不同程度的影响。目前有关盐分对土壤的物理和化学特性的影响有大量报道，但有关海水灌溉对土壤微生物活性影响的研究报道较少。研究发现，土壤盐渍化会降低土壤微生物的活性，虽然不同菌种的耐盐能力不同，但是盐度胁迫普遍会抑制微生物生长，土壤微生物表现出在无盐或者低盐的情况下数量较多，其活性与盐分含量呈负相关的特点。盐分对土壤微生物造成胁迫，进而影响微生物群落结构及其生物活性（Pankhurst等，2001；Baumann和Marschner，2013）。早期对土壤微生物群落结构的研究主要依赖微生物分离培养技术，由于土壤中可分离培养微生物只占很少一部分，使人们对土壤微生物了解非常有限。近年来，磷酯脂肪酸分析（PLFA）、麦角甾醇分析和16S rRNA末端限制性片段长度多态性（TRFLP）等非培养技术快速发展，大大促进了土壤微生物研究。

土壤盐分显著影响微生物生长和活性，导致生物量发生变化（Hollister等，2010；Baumann和Marschner 2013）。与非盐渍土相比，盐渍土微生物生物量和土壤呼吸速率显著降低（Pankhurst等，2001；Baumann和Marschner 2013）。Bernhard等（2005）和Edmonds等（2009）利用TRFLP技术研究发现，盐分增加对海岸沉积物中微生物群落结构没有显著影响，但PLFA测定发现微生物活性降低（Baumann和Marschner 2013）。利用PLFA（Pankhurst等，2001）和麦角甾醇（Sardinha等，2003）分析结果表明，盐分增加会使土壤中真菌生物量大幅下降，从而导致盐渍土中细菌与真菌的比值增加。Chaudhary等（2016）研究表明20%及以上浓度的海水灌溉山柑藤（*Salvadora persica*）会引起微生物生物量明显下降，且海水浓度越高，微生物生物量越低。

海水灌溉影响土壤微生物种类。通常，α-、β-、δ-变形菌和拟杆菌的分别为淡水和咸水微生物的代表种群，α-变形菌和蓝细菌则主要存在于海水样品中。但有关海水灌溉对土壤微生物种群变化的影响报道较少。Chaudhary等（2016）研究发现灌溉海水浓度超过40%即引起山柑藤根际土壤革兰氏阴性细菌，而海水浓度超过80%时，革兰氏阳性细菌才有明显下降，这可能与革兰氏阳性菌较阴性菌耐盐能力更强有关。Zahran（1997）报道盐渍土中放线菌门（Actinomycetes）细菌较少，Chaudhary等（2016）也报道了类似研究结果。与细菌不同，Kamble等（2014）和Chaudhary等（2016）均研究发现盐渍化土壤中真菌生物量增加，暗示真菌可能在盐渍土土壤中具有重要作用。

海水灌溉对土壤微生物群落结构也有明显影响。Chaudhary 等（2016）发现海水灌溉引起革兰氏阳性菌相对丰度增加，放线菌门相对含量则明显下降，但对真菌相对含量无明显影响。上述差异说明海水灌溉主要引起细菌群落结构变化。其他的一些研究结果也证实盐分增加会引起革兰氏阳性细菌相对丰度增加（Baumann 和 Marschner，2013；Rajaniemi 和 Allison，2009）。Kamble 等（2014）认为土壤细菌群落结构组成的变化是对盐胁迫的一种适应。

海水灌溉对微生物代谢活动也会产生影响。有研究者通过功能基因分析，发现负相关，土壤盐含量与氨氧化细菌和固氮菌的多样性和丰富度呈负相关。Chaudhary 等（2016）利用 Biolog ECO 微平板分析海水灌溉对海椰子土壤微生物群落功能的影响，发现不同浓度海水对土壤微生物碳源利用有显著差异。盐胁迫明显增强了土壤微生物群落对糖类物质的利用，这可能是盐胁迫使根组织渗透压增高而导致糖类释放增加（Nelson 和 Mele，2007）。

盐分胁迫直接影响土壤酶活性。2 个棉花品种的土壤脲酶、蔗糖酶、碱性磷酸酶和纤维素酶活性均随土壤盐分的增加呈现逐渐下降的趋势。盐胁迫对黄瓜幼苗根际土壤过氧化氢酶、转化酶、脲酶活性具有抑制作用，对过氧化物酶活性的促进作用不明显（李雪峤等，2010）。土壤中葡萄糖苷酶和左旋天门冬酰胺酶活性都随土壤中盐分浓度的提高而下降，说明盐分对土壤酶也产生了不良影响（张建锋等，2005）。张立芙等（2009）报道，盐胁迫显著降低了黄瓜土壤脲酶转化酶、过氧化氢酶和多酚氧化酶活性。

综上所述，盐渍环境下，微生物虽然活性降低，但依然存在丰富的多样性和生物活性，表明了微生物对环境的良好的适应能力。一旦土壤环境条件发生变化，微生物群落能否相应的改变其群落组成或改变底物种类（Yu 等，2012）。

第四节　海水灌溉技术与水盐调控

一、海水灌溉水盐调控影响因素

农田尺度上的水盐调控，利用海水灌溉不同于淡水灌溉，它不仅要满足作物对水分的需求，而且要控制盐分的危害。海水灌溉土壤盐分控制的原理是：①在土壤中盐分的积累不超过作物的耐盐极限；②因灌溉咸水而增加的土壤盐分经过降雨或灌溉的淋洗能够排出，保持土壤盐分周年或多年平衡；③根层土壤不发生盐分的积累。因此，植物耐盐能力、灌溉海水浓度、土壤淋洗作用和调节土壤盐分在作物根系的分布是海水灌溉需要考虑的关键因素。此外，不同灌溉技术、气候条件以及土壤特点对海水灌溉效果影响较大，特别是灌溉地区的降水量对海水灌溉影响最大。

1. 植物耐盐能力

长期以来，人们一直在研究海水用于作物灌溉，但基于纯海水灌溉的农业生产目前还不能实现。在现代农业中使用的大多数作物和物种是对盐敏感的（甜土植物），并且可以在其生长培养基中用非常有限浓度的盐处理。一旦土壤溶液中的盐度超过一定水平，生产率降低到商业上不可行的程度。对于大多数物种，尽管一些物种更敏感，但是通过土壤溶液的电导率增加超过 4~8dS/m 范围来确定降低 10% 产率作为盐度。例如，对于 1.7dS/m 以上的灌溉水中的电导率的每个单位增量，玉米（玉蜀黍）的谷物产量可以降低 21%（Blanco 等，2008）。表 5-3 列出了部分作物减产 50% 时耐受的土壤含盐量，可以看出大部分作物即使用较低含盐量的水灌溉也会导致不同程度的减产。

表 5-3　部分作物生育期耐盐能力（减产 50% 时 EC 值）

作物名称	学名	减产 50% 土壤 EC 值
大麦	*Hordeum vulgare*	18.0
棉花	*Gossypium hirsutum*	17.0
甜菜	*Beta vulgaris*	15.0
高粱	*Sorghum bicolour*	15.0
小麦	*Triticum aestivum*	13.0
豇豆	*Vigna unguiculata*	9.1
苜蓿	*Medicago sativa*	8.9
番茄	*Lycopersicon lycopersicum*	7.6
甘蓝	*Brassica oleracea capitata*	7.0
玉米	*Zea mays*	5.9
葱	*Allium cepa*	4.3
水稻	*Orazy sativa*	3.6
菜豆	*Phaseolus vulgaris*	3.6

注：资料来源：Maas 1986

在生理和遗传学上，耐盐性是一种高度复杂的性状，在 20 世纪的大部分时间，对耐盐作物育种的进展十分有限，目前为止尚未能培育出真正耐盐栽培品种（Flowers，2007）。另外，许多植物如 *Sesuvium*、*Batis*、*Salicornia*、*Arthrocnemum*、*Halocnemum*、*Halostachys* 及其他盐生植物可以生长在 15~25dS/m 的盐度范围内（Rozema 和 Schats，2013）。Panta 等（2014）认为，盐生植物是一种可行的应对土壤盐碱化的替代作物，是适合海水灌溉的作物。但是，只有红树植物、海蓬子等少数种类盐生植物可以在纯海水中生长，绝大多数盐生植物只适合低浓度海水的灌溉。

海水灌溉条件下，不同作物对盐分的吸收和累积特点不同，不同生育期植株对盐分的吸收和累积亦有差异。不同作物的耐盐性能不同，同种作物不同生育期的耐盐能力亦有一定差异，萌芽和苗期是作物全生育期中对盐分最敏感的时期。刘兆普等在山东莱州开展了田间小区海水灌溉鲁梅克斯（*Rumex patientia* × *R. Tianschanicus*, cv. *Rumex* K-1）的试验发现，鲁梅克斯苗期耐盐性低，而进入叶簇期耐盐能力提高。伊朗北部成功用海水和淡水混合灌溉大麦（Ghadiri 等，2006）。海水和淡水的混合比例取决于作物耐盐性及灌溉和作物生产的长期有效调节（Grattan 等，2011）。Ghadiri 等（2006）通过盆栽和田间试验发现，大麦抽穗后用海水和井水 1:1 混合灌溉，其生长和产量基本不受影响。但是，如果在大麦营养生长期使用稀释海水灌溉，则生长受到抑制，产量明显降低。土壤分析结果表明，稀释海水处理显著增加土壤盐度，说明这种灌溉方式是不可持续的。除非后期有大量降雨或优质淡水来降低土壤盐度，否则可能会造成土壤盐碱化。

2. 灌溉海水浓度

虽然海水中的矿物质可以刺激植物生长（Sakamoto 等，2014），但盐浓度过高对植物生长极为不利，海水灌溉作物必须考虑两者之间的平衡。为了兼顾作物生长和减少淡水使用量，利用咸水和淡水混合灌溉作物是较为现实的途径（Grattan 等，2011）。目前已经进行的数百项海水灌溉研究中，只有少数作物可以使用 10%~20%的海水进行灌溉。通常，能实现 20%的海水灌溉即被认为是巨大成功。事实上，即使在 10%~20%的海水灌溉条件下，多数植物仍然会遭受高盐造成的离子胁迫或渗透胁迫（Castillo 等，2007）。Ayars（1996）报道，海水 EC 值超过 3dS/m 就应该限制灌溉使用。但是，由于土壤、气候、灌溉方式以及作物系统等条件差异，人们仍在大量使用至少 EC 值超过 8dS/m 的海水灌溉（100%的海水 EC 值为 45dS/m）。Wan 等（2007）发现滴灌海水虽然造成番茄减产，但随着盐度提高灌溉水的有效利用了逐渐增加。刘春辉等（2009）用大田试验方法在海南非耕地用海洋滩涂对药用植物库拉索芦荟长期进行不同浓度海水灌溉试验，筛选出合适的海、淡水混灌比例为 0%~50%。还有研究表明，5%的海水在生菜整个生育期内对其生长没有明显影响，但较高浓度海水（10%和 15%）明显抑制植物生长，10%和 15%海水处理则分别减产23.8%和 36.3%；5%~15%海水处理对莴苣的生物量没有显著影响，其产量和整株干重与纯淡水灌溉没有差异。Zhang 等（2008）研究发现稀释海水不降低甜菜生物量。这可能与其遗传了野生甜菜的耐盐基因有关（Shannon 和 Grieve，1998）。菊苣属于中度耐盐植物，5%~15%海水处理在菊苣（*Cichorium intybus*）生长初期有一定影响，但在收获季节与淡水灌溉处理没有差异。赵耕毛等（2005）通过3年田间试验证明在山东滨海地区，用25%和50%的海水灌溉能够保证菊芋取得较高产量，从而取得较高的经济效益。李洪燕（2009）研究发现低浓度海水（5%NaCl）对籽粒苋光合作用有促进作用。

3. 土壤淋溶作用

作物从土壤吸收大量的水来满足其蒸腾的需要，大量盐分集中在土壤中。这部分增加的盐必须在其浓度达到影响作物产量之前从根区淋洗掉，使用充足的水进行淋洗，以便使一部分积累的盐分随着水一起渗到根区以下。根区深度的灌溉用水深度与渗透到根区以下的灌溉用水深度的比值称为淋洗分数。淋洗分数越高，土壤水的含盐量越低，但对含水层或排水系统的抽水成本和排放水量就越大。Glenn等（1999）研究表明，如果采取适当的淋洗措施来控制根区盐分积累，可以用海水来灌溉海蓬子。大量的海水灌溉可以把多余的盐分从海蓬子根际带走，从而使其能够在海水中生长。实际上，海蓬子自然生境中每天发生的潮汐就发挥了这种淋洗盐分的作用。Glenn等（1997）发现沿海沙漠生长的海蓬子淋洗分数为0.35。

影响土壤淋溶作用的因素很多，以灌溉地区降水量及分布影响最大。大量研究表明，年降水量高于260mm的地区可以将海水灌溉对土壤盐碱化影响降到最低。适宜的海水灌溉技术不仅能促进水资源的利用，同时也可以将海水对土壤盐碱化的影响降到最低。Chen等（2009）用咸水滴灌向日葵，土壤剖面盐度在下一年度维持不变。Machekposhti等在伊朗Sari地区（年降水量540mm）进行的田间试验发现，用15%、30%和45%海水和淡水混合灌溉油葵，发现0~1m灌溉土层盐度分别增加2.1dS/m、2.8dS/m和3.6dS/m，而纯淡水仅增加了1.4dS/m。但由于降雨，纯淡水灌溉土壤恢复到原来的水平，海水淡水混合灌溉土壤也出现不同程度下降。Wan等（2007）连续3年用海水滴灌番茄和黄瓜，并未造成灌溉土壤0~90cm土层盐度增加，可能与生长季节平均有260mm降水量有关。Verma等（2012）报道咸水灌溉适用于年平均降水量600mm地区，长期应用不会导致土壤盐度增加。Yarami和Sepaskhah（2015）报道灌溉水盐度增加导致藏红花减产，盐水灌溉后虽然短期内造成土壤盐度增加，但超过400mm的年降水量能够避免盐分在根区积累。Feng等（2015）通过作物长期咸水灌溉试验发现，年平均降水量超过500mm可以通过淋洗作用将土壤表层积累的盐分转运到深层土壤。Wang等（2015）发现用咸水灌溉冬小麦会导致在收获季节土壤盐度增加，特别是0~40cm土层增加最多，但364mm降水可以消除这种影响。Tedeschi和Dell'Aquila（2005）测定了咸水灌溉对作物和土壤的长期影响，发现非生育期608mm降水量在0~40cm深度范围内土壤盐分得到淋洗，而深层盐分淋洗较弱或发生积聚现象。南京农业大学从1999年开始，进行咸水灌溉土壤相关参数的研究，发现在莱州即使用 14g/L 的咸水灌溉，定额为 1 500t/hm²，1m 土体盐分收支平衡，且咸水灌溉显著抑制了土壤水的蒸发，表明即使在半干旱半湿润的沿海地区，滨海盐渍土可以忍受高矿化度的咸水灌溉。

此外，当水分成为植物生长的主要制约因素时，海水灌溉效果更明显。刘兆普等（2003）研究发现在半干旱地区即使用 1∶1 比例的海淡混合水灌溉鲁梅克斯也比不灌溉增产 80%左右，这是因为当年在鲁梅克斯整个生长期内该地区仅降雨 203.9mm，水分成为抑制鲁梅克斯生长的主要因子。

二、海水灌溉方式

选择适当的灌溉方法和使用适合生长的品种，即使在盐渍条件下也能提供经济产量，可以提高水的利用效率，从而减少对淡水的需求，并形成解决办法，以尽量减少盐分的影响。世界各国在生产实际中，根据水源状况、种植结构和社会经济状况，采取了不同海水灌溉方式。王全九等（2015）总结目前海水（咸水）灌溉利用的主要方式直接利用、咸淡水轮灌、咸淡水混灌，此外水培也是一种非常重要的利用方式，灌溉主要针对一些淡水资源十分紧张的地区，同时种植一些耐盐性作物，并配合其他措施，维持土地可持续利用。咸淡水轮灌是目前常用的海水利用方法，一般根据淡水资源量、作物耐盐特性和耗水特征以及土地质量，确定轮灌水量、轮灌次序和时间，以保证作物正常生长和土地可持续利用。一般作物苗期耐盐能力比较低，因此在苗期避免利用微咸水灌溉，而作物生长后期耐盐能力一般会增强，因此可以在生育期后期加大微咸水灌溉用水量。咸淡水混灌主要是将淡水和微咸水混合进行灌溉，以降低灌溉水矿化度。目前微咸水与淡水混合模式有 3 种：①在入田水源处进行混合，如设立混合水箱，按照一定比例将淡水和微咸水进行混合；②在管道或渠道中混合，将咸水和淡水分别输送到末级管道或渠道，使咸水和淡水混合；③在土壤表层混合，这种方式常用在滴灌系统中，田间并行设立两套滴灌管，微咸水和淡水分别利用不同滴头进行灌溉，并使 2 个滴头的灌溉水在土壤表层混合。为了提高微咸水利用效率，将其与改进的地面灌、滴灌、覆膜滴灌等高效的节水灌溉技术相结合。目前，漫灌、沟灌、喷灌和滴灌等是微咸水灌溉的主要方法。

漫灌、沟灌是常见的咸水地面灌溉技术。张展羽等（2013）研究发现田间膜孔沟灌能够有效减少水分蒸发，抑制盐分累积，有效调节了土壤水盐分布，0~40cm 土层土壤处于明显的脱盐状态。冯棣等（2014）证明沟畦轮灌棉花对盐分淋洗效率高，土壤盐分更低。米迎宾等（2010）发现直接利用 3g/L 微咸水进行灌溉会引起土壤盐分的累积及作物减产，而利用咸淡轮灌的方式可获得比较理想的效果。Malash 等（2005）对比沟灌和滴灌条件下微咸水对马铃薯产量的影响，发现滴灌比沟灌产量高，且根层土壤盐分低。

对于微咸水喷灌的研究主要集中在对作物的影响和灌溉模式方面。研究发现，微咸水喷灌作物将受到土壤盐分和灌水盐分的双重影响，喷灌效果在不同作物间差异较大。Grieve 等（2003）和 Wang 等（2002）发现喷灌优于滴灌和沟灌，能显著增加大豆水分吸收量，Singh 等（2009）发现微咸水喷灌能减缓冬小麦产量的下降。Shalhevet（2005）研究认为与间歇灌溉相比夜间连续灌溉可减轻盐分对作物的伤害。

随着滴灌技术的不断推广，对微咸水滴灌的研究也在不断地深入，主要包括水质、灌溉制度、作物产量及品质、土壤质量等方面。大量研究表明，采用滴灌可以最大限度保持根区土壤水势，减少根区盐分积累（Malash 等，2005）。Ayars 等（1991）发现滴灌频率对棉花根区盐分影响较大，但对棉花产量无明显影响，可能与积累的少量盐分对棉花产生的负面影响不显著有关。王伟等（2006）发现微咸水低频灌溉有利于深层根系干物质量的累积。王丹等（2007）利用电导率4.2dS/m 的微咸水进行覆膜滴灌番茄，生育期内土壤剖面未发生积盐现象。何雨江等（2010）采取覆膜滴灌 3g/L 微咸水轮灌方式可以保证棉花的产量，同时不会对土壤环境产生明显影响。

三、海水无土栽培

海水栽培的前提是不能加剧土壤盐渍化。在无土栽培中添加适量的海水和淡水混合不仅不会造成土壤盐渍化，还可以利用海水中存在的大量植物营养元素，是一种有效的海水利用方式。据报道，目前世界范围内仅无土栽培蔬菜面积达3.5 万 hm^2（Hickman，2011）。当然，使用高盐度水在很多方面会对植物造成不良影响，如会引起水分胁迫、离子毒性、营养紊乱、氧化应激、代谢过程改变、细胞膜破裂以及遗传毒性等（Munns，2002）。因此，这项技术在使用前应当进行严格的测试。

大量研究结果表明，植物无土栽培过程中加入一定量的海水不仅可以节约部分淡水，同时还会带来诸多好处。关于农作物在不同浓度海水的研究表明，在培养液中使用适量海水并不会影响其生产率，但不同植物之间海水使用浓度差异很大（Sakamoto 等，2014；Turhan 等，2014；Sgherri 等，2008，2007）。海水处理还可以提高植物营养价值，增加有些功能成分含量，某些情况下还能改善外观质量（Mitchell 等，1991）。例如，在盐胁迫条件下可观察到番茄果实类胡萝卜素含量及其抗氧化活性（DePascale 等，2001）。一些耐盐性较差的植物（如莴苣）（Turhan等，2014），在田间一定浓度的海水后，也表现出品质改善的效果，但物种之间差异很大。

上述研究结果表明，海水在改善作物质量品质方面具有一定的应用潜力（Ding等，2016）。研究人员甚至开始尝试通过添加一定浓度的海水来提高植物有益成分。目前文献已经报道了在盐胁迫对130余种作物的影响（Shannon和Grieve，1998），但有关盐胁迫对植物功能成分影响的报道较少。Atzori等（2016）评估了海水和淡水混合（即海水5%、10%和15%）灌溉对甜菜、莴苣和菊苣三种蔬菜的影响。主要包括：①作物生长、水分消耗、水分利用率（WUE）、水分生产力（WP）；②光合参数；③主要矿物元素、可溶性糖和酚类的浓度。结果表明，当海水浓度为10%和15%时，莴苣的生长受到影响，而甜菜和菊苣的生长不受海水的影响。有趣的是，随着海水浓度的增加，每个样品的水消耗量逐渐下降，水分利用率在逐步提高，叶部Na^+和其他一些成分浓度也在增加。因此我们得出结论，在水培实际应用中加入一定量的海水不仅可以节约部分淡水，同时还会增加某些矿物质的浓度。

四、海水灌溉下水肥耦合技术

揭示植物在一定浓度海水灌溉下的需肥规律，是优化海水灌溉技术的基础。在海水灌溉下，由于盐分、水分及肥料的有效性影响着土壤微生物的活动、物理化学作用及植物体的生理生化过程，使得土壤盐分、水分及养分密切而又复杂地联系在一起。如何在适合浓度海水灌溉下科学地使用肥料，充分发挥肥料及海水的激励机制和协同效应，对提高资源的利用效率、降低成本、增加耐海水灌溉作物产量及提高其品质极为关键。近年来，国内部分科研工作者在该领域开展了大量研究工作，取得了重要进展。

大量研究表明进行适当浓度海水灌溉，配合施用适量的氮、磷等肥料能增强植物的抗盐能力，改善植物的营养状况。孙磊等（2010）在江苏北部沿海滩涂进行田间试验研究了不同浓度海水灌溉下欧洲菊苣（*Cicherium intybus* L.）的盐肥耦合效应，发现海水灌溉下，随着施 N、P 量的增加菊苣主茎普遍增长和增粗，并通过海水与 N 肥及 P 肥的交互作用对总产量影响的分析，优选出最佳组合。该研究表明在 20% 海水灌溉，N、P 肥调控合理的情况下，产量能达到最大。隆小华等（2005）研究表明，在海水灌溉下 N 肥对菊芋的增产与增幅均大大高于淡水灌溉，在 50% 海水浓度范围内，随着灌溉海水浓度增加 N 肥的增产效应也逐渐提高。隆小华等（2005）还研究发现，对于 N、P 元素缺乏海涂土壤，在海水灌溉下，施 N 肥和 P 肥均能增加块茎和地上部分生物产量，达到"以肥阻盐"或"以肥增水"的效果。

施氮能明显提高植株体内离子向上运输的 K^+、Na^+ 选择性比率，降低盐分尤其是

Na⁺对功能器官的伤害（沈振国等，1994）。施过磷酸钙既可为植物生长提供磷素营养，还可通过 Ca²⁺的施入缓解植株的盐分胁迫（邓力群等，2002），阻止细胞内 K⁺的外流和 Na⁺的大量进入（赵可夫，1993），增强植株的耐盐性。施用 N 肥能显著促进菊芋对 K⁺，Ca²⁺和 Mg²⁺等有益离子的吸收与运输，抑制菊芋对 Na⁺及 Cl⁻等有害离子的吸收，同时增加菊芋根部磷的含量（隆小华等，2005）。

综上所述，用一定比例的海淡混合水灌溉作物，从植物生长上看，只要方法得当，用量适宜，即可获得满意的经济产量与生物产量。此外，在利用海水灌溉的同时还要注意运用种植耐盐作物、地面覆盖和水旱轮作等多种措施防治土壤碱化。

第五节　海水灌溉农业实践

一、果树的海水灌溉农业实践

山东农业大学针对我国胶东地区的蓬莱、招远、栖霞等地的果园土壤酸化问题，利用呈碱性的高盐资源海水来改良酸性土壤，探索出海水灌溉的新利用途径。近些年，我国北方经济作物土壤酸化已相当严重，尤其是胶东地区的 pH 值已低至 5.14 左右，严重影响了果树产业的发展，甚至影响了周边的环境。

盆栽试验条件下，利用 10% 浓度的海水灌溉葡萄园，有效提高了酸性土壤的 pH 值、总盐量，且只要控制灌溉海水的次数（不超过 4 次），就不会造成土壤盐渍化现象发生。同时，10% 浓度的海水灌溉对葡萄植株生长没有明显的抑制，虽然植株的光合速率降低，但其叶片 PSⅡ受体侧电子传递、供体侧电子传递并未受损，光合电子传递链也没有受损伤，是可以恢复的胁迫。

大田试验发现，海水灌溉提高了大田土壤 pH 值、电导率值。第一年灌溉对 0～20cm 土层影响较大，其电导率比 20～40cm 电导率值升高 16.2%，盐分主要集中在 0～20cm 土层；而海水对 0～20cm、20～40cm 土层的 pH 值影响大致相同，都提高 0.11～0.12 个单位。而在 2014 年继续灌溉，20～40cm 土层的电导率值显著升高，比 0～20cm 土层升高 20.5%，说明表层土壤中的盐离子随水分向下运动积累。海水灌溉明显降低了 0～40cm 土层的土壤蔗糖酶活性 75.6%，但提高了 0～40cm 土层的过氧化氢酶的活性 97%，脲酶活性在 0～20cm 土层提高 2.8%，在 20～40cm 土层却降低 3.7%。海水灌溉提高土壤交换性钙、镁含量。

海水灌溉对葡萄品质无明显不利影响。连续两年海水灌溉试验表明，第一年海水灌溉能明显提高果实可溶性固形物、还原糖含量，降低可滴定酸含量，提高糖酸比；第二年该趋势继续维持，但差异不再显著；连续 2 年海水灌溉对果实色差没有显著性影响。通过不同物候期海水灌溉试验，发现在以转色成熟始期 3 次灌溉和种子发育—转色期 4 次灌溉对糖酸含量的改善效果最显著，其中在种子发育—转色期灌溉对果实花色苷含量的提高最大，提高了 49.3%；转色成熟始期灌溉对果实维生素 C 含量的提高最大，提高了 38.4%。海水灌溉降低了果实钙的含量 1.3%~11.3%，增加了钠的含量 4.2%~7%。而果实氮、钾、镁、铁含量都得到提高，其中提高最大的处理是种子发育—转色期灌溉。

二、蔬菜的海水灌溉农业实践

1. 毕氏海蓬子

毕氏海蓬子为 C_3 植物，根浅生，少叶，茎肉质，主要分布在北美的盐沼中（Lonard 等，2011）。毕氏海蓬子最早于 1982—1988 年种植于波多黎各、墨西哥海岸沙漠环境的海水中（38~42g/L TDS）（Glenn 等，1991）。种子产量可达 139~246g/m²，与大豆等其他油料作物 208g/m² 的平均产量接近。含油率为 26%~33%，含蛋白 30%~33%，纤维和矿物质含量低（5%~7%）。种子油中含有 74% 亚油酸与红花油接近（Anwar 等，2002，2003；Glenn 等，1991）（表 5-4）。与其他一年生作物明显不同，毕氏海蓬子种子能直接在海水中萌发。

表 5-4　毕氏海蓬子种子和种子油成分特点

成分	含量
油	28.2（26~33）
蛋白	31.2（30~33）
纤维	5.3（5~7）
灰分	5.5（5~7）
棕榈酸	8.1（7.7~8.7）
硬脂酸	2.2（1.6~2.4）
油酸	12.5（12.0~13.3）
亚油酸	74（73.0~75.2）
亚麻酸	2.6（1.6~2.4）

注：＊数据摘自 Glenn 等（1991）

在毕氏海蓬子栽培过程中遇到了很多难题，其中最大的问题是水管理。毕氏海蓬子根系分布在 0~7.5cm 土层中，对干旱特别敏感，整个生长期要求土壤保持湿润（Troyo-Dieguez 等，1994）。在沙土条件下，每天浇灌可获得最佳产量（Glenn 等，1991）。生长季节大水漫灌耗水量 10 倍于沙漠地区常规作物灌溉（Glenn 和 O'Leary，

1985）。这种耗水量非常浪费，而且会带来排水问题以及肥料的浪费。

人们对毕氏海蓬子海水灌溉技术做了长期大量研究（Glenn 和 O'Leary，1985；Glenn 等，1997），以期发现大规模栽培条件下毕氏海蓬子的海水需求规律（Glenn 等，1996a）。将海蓬子种植于排水蒸渗仪中，按大田中需要量每天浇水，浇水量按当地蒸发量的 46%~225% 设置梯度。结果发现，生物量与水用量正相关，但种子产量在蒸发值的 180% 时达到最高。

为了提高灌溉效率，人们先后试验了滴灌（Glenn 等，1996b）、喷灌（Glenn 等，1996a；Clarke，1994）、湿润栽培（Martinez-Garcia，2010）、海洋渔业废水利用以及用咸水替代海水等技术。在确定海水灌溉（或任何水源）的可行性时，主要考虑的是水被提升的高度。通常情况下，沿海农场主要为抽取 10m 或以下的海水，而用于灌溉的淡水含水层可以更深。例如在亚利桑那州灌区，紫花苜蓿经常需要抽取 30~90m 深度的淡水。毕氏海蓬子已经在很多农场开始生产，种植规模在 20~160hm²，但每个地区灌溉用水量差异很大，因此海蓬子的灌溉技术要因地制宜。

1998 年，毕氏海蓬子从美国引入我国，在广东省雷州半岛试种成功，此后海南、江苏、浙江、福建等沿海地区陆续从国外引种试植并相继取得成功，在我国的商品名称为"西洋海笋"。冯立田博士先后完成了毕氏海蓬子在我国南方滩涂和北方淤泥质滩涂的引种栽培技术研究，在渤海湾畔养虾池进行的毕氏海蓬子水面无土栽培也获得了成功。上述事实表明，以海蓬子为代表的海水蔬菜在我国沿海地区种植具有技术可行性。另外，海水灌溉使作物可以利用海水中丰富的营养盐，施肥较少；在生长期内几乎无病虫害，故无需用药。海水蔬菜所需投入的生产资料较少，而且在市场上以特色高档蔬菜出售，经济效益可观。

2. 冰菜

冰菜为一年生或二年生草本，茎肉质、匍匐，长 30~60cm。原产于南非纳米比亚沙漠等干旱地区，在澳大利亚西部、环地中海沿岸和加勒比海周边等国家均有分布（Adams 等，1998）。目前冰菜在印度、美国、澳大利亚、新西兰以及德国、荷兰等国家作为蔬菜食用（Agarie 等，2009），中国也有引进栽培（徐微风等，2017）。冰菜通常被认为具有药用价值，具有镇痛和利尿作用（Bouftira 等，2012），富含超氧化物歧化酶（SOD）等抗氧化化合物，具有抗辐射作用（Bouftira 等，2008）和防腐性能（Ksouri 等，2008）。冰菜的显著特征是茎叶表面覆盖一层直径 1~3mm 的单细胞毛，称为囊细胞，里面充满了水溶液，帮助植物应对短期高盐和干旱胁迫（Agarie 等，2007）。此外，冰菜可在一般植物所具有的 C_3 型光合作用同干旱环境生长植物所具有的景天酸代谢（CAM）之间进行转换，加上形态学上的适应，使其能够在与海水相同浓度的 NaCl 含量的土壤中完成生活周期（Adams 等，1998）。

由于具有相当的耐盐和干旱胁迫能力，冰菜从 20 世纪 80 年代开始已成为科学研究的模式物种，对其抗盐的生理和分子机制做了大量研究（Agarie 等，2007）。为了验证冰菜种植的可行性，Atzori 等（2017）从盐生作物生产和经济的角度，研究了不同盐度对冰菜生长以及品质的影响。结果表明，在电导率值 2~35dS/m 范围内，海水灌溉对冰菜生长不仅没有影响，而且较高的盐浓度反而促进冰菜生长。与对照相比，20dS/m 海水处理显著增加冰菜茎的鲜重和干重，8~35dS/m 海水灌溉则能显著增加嫩茎的产量。海水处理除了增加冰菜叶面积，对其他形态学特征均无显著影响。实际上，多数盐生植物最适生长盐浓度为 50~250mmol/L NaCl（大约相当于 EC 值 5~25dS/m）（Flowers 和 Colmer，2008），而且盐生植物由于缺乏竞争力一般不在非盐环境下生长（Rozema 和 Schat，2013）。而冰菜在前 105 天生长期内，15dS/m 海水处理与淡水处理在植株鲜重和干重并没有差异，但是在生长 150 天以后，开始有显著差异。海水灌溉对冰菜的另一个重要影响是生育期延长。当对照植物开始衰老进入种子生产阶段时，高盐处理的植株仍处于营养生长阶段，大约 1 个月后才开始结种（20~35dS/m 海水处理能延长冰菜的采收期 1 个月），大大增加了经济价值。冰菜对高盐环境的适应说明其具有很好的盐土农业开发潜力。

随着盐浓度增高，冰菜形态发生变化，特别是叶片肉质化程度增加，这种变化可能是冰菜耐盐性的重要组成部分。事实上，盐生植物能够根据渗透调节所需的盐浓度来平衡生长速率。叶片肉质化增加了单位叶面积含水量（Flowers 和 Colmer，2008），同时单位叶面积碳同化能力增强的，维持植物生长（尽管叶面积可能降低）（de Vos 等，2013）。在双子叶植物中，叶片肉质化通常导致叶面积减少，这是植物限制蒸腾作用的一种形态适应。然而，冰菜在海水处理下叶面积无明显下降，反而更增加了其生理活性及产量。冰菜叶面积不减少可能与其具有调节叶片离子浓度作用的囊细胞有关。叶片肉质化、晶莹的囊细胞，特别是叶片的鲜美味道和外观的一致性，使其深受消费者青睐。

研究显示，海水灌溉冰菜叶片颜色与对照有明显差异，可能与叶绿素含量差异有关。海水处理无论是叶绿素 a 和叶绿素 b 均下降，这种变化对光合作用影响不明显。海水灌溉增加冰菜叶片 Na^+ 和 Ca^+ 浓度，但 K^+ 含量降低，而且老叶比嫩叶积累更多的 Na^+，这样可以避免食用的嫩叶含有过高的 Na^+。Ca^{2+} 浓度的增加可以改善盐胁迫对植株生长的抑制作用。在冰菜的 2 个收获期内，可溶性糖含量随盐浓度增加而下降。海水灌溉增加冰菜的 Ca^{2+} 含量是一个非常有价值的现象。钙是人类需要的主要矿质元素之一，全球超过 2/3 的人口存在缺钙问题。此外，海水灌溉还能促进冰菜 Mg^{2+}、Zn^{2+} 等矿质元素的积累。此外，类胡萝卜素含量没有受到海水灌溉的影响，而其他的一些盐生植物往往在盐胁迫下类胡萝卜素含量降低（Redondo Gomez 等，2010）。

综合来看，冰菜可以在 EC 20~35dS/m 甚至更高盐度范围内生长，同时海水灌溉能增加产量、改善品质，唯一的问题在于叶片中积累大量 Na$^+$ 不利于人类健康。但是，将其含盐量控制在允许的范围内或者将其作为天然生物盐来代替食盐则可以避免这些不利特点。

三、饲料作物的海水灌溉农业实践

牧草生产比粮食作物或油料作物耗水多，往往是干旱区灌区的主要作物。其中，苜蓿是世界上最重要的饲料作物。在美国，苜蓿是仅次于大豆和玉米的第三大植物蛋白来源（Putman 等，2007）。在全球范围内，苜蓿占全球蛋白供应量的 5%（FAO，2006）。大量的研究表明，滨藜的营养价值可以与苜蓿相媲美，更可贵的是许多滨藜属植物属于旱生盐生植物，能够在盐水灌溉和干旱的环境下生长（Le Houèrou，1986；Le Houèrou，1992；Goodin 和 McKell，1970；Goodin，1979；Rogers 等，2005）。

滨藜已经被广泛用作干旱和半干旱区植被修复的植物，同时作为反刍动物的价值较高的饲料作物（Meyer，2005）。Glenn 等（2013）研究表明滨藜适应盐度范围较广。在 40g/L 海水灌溉条件下，滨藜生物量可以达到 18t/hm^2，表明该植物耐盐性非常好（Glenn 和 O'Leary，1985）。但是和毕氏海蓬子不一样，滨藜不能在海水中直接萌发，而需要在温室中育苗后再移栽。

四、粮食作物的海水灌溉农业实践

海椰子 Distichlis palmeri 分布于北美加利福尼亚湾（Felger，2000；Pearlstein 等，2012），集中分布于科罗拉多河三角洲的潮间带，那里的潮汐振幅为 5m，每天被海水浇灌。海椰子在这些泥滩里密集生长，往往形成单一群落。它是一种多年生植物，雌雄异株，雌株每年产生大量的种子。它不同于它的姊妹物种 D. spicata，叶片更大，种子也大，几乎和稻粒差不多大小，该属的其他种则种子较小。自然种群冬天开花，几乎每根茎上都有雄花或雌花在顶生圆锥花序上。种子在 5 月成熟，正是科罗拉多河洪峰时期。夏天当淡水淹没这些泥滩时开始发芽。目前，季节性的洪水已明显减少，植物主要靠根茎繁殖。

海椰子的食用价值被生活在科科帕三角洲的人们发现（Castetter 和 Bell，1951；Felger，1976；Felger 和 Nabhan，1978；Felger，2000）。他们在 6 月收获被高潮冲洗过的种子，种子被称为 Nipa，这个词也被首次用来向西方人介绍小麦。将海椰子作为现代作物的兴趣始于 20 世纪 70 年代（Felger 和 Nabhan，1978）。大部分粮食作物都是一年生的，而海椰子不需要每年重新播种（Glover 等，2010）。在常规粮食作物中，只有水稻能够在厌氧条件下生长，其他的则需要排水良好的好氧土壤。近年来，人们试图将谷物的种植范围扩大到缺氧条件的盐渍土（Barrett-Lennard，2003；Colmer 和 Flowers，2008）。而海椰子是排水不良、土地贫瘠土壤的自然物种。因此，海椰子的特性使其有望在盐碱土上进行食品生产。

尽管 *D. spicata* 已经成功被开发为饲用作物，但是海椰子作为粮食作物的潜力在田间试验条件下尚未取得成功。仅有少量科学研究来评价生长速率、耐盐性、耐淹性，产量和营养成分，评估海椰子是否具有盐水灌溉进行粮食作物生产的潜力（Glenn 和 O'Leary，1985；Glenn，1987；Miyamoto 等，1996；Noaman 和 El-Habbad，2000；Yensen 和 Weber，1986，1987）。

自然条件下，海椰子生长茂密，随着潮汐分布高度为 15～45cm。雌株和雄株分布错落有致，雌株或雄株绵延数百平方米。这种分布说明植株主要靠根茎进行无性繁殖，而不是靠种子传播。田间试验发现，在一定盐浓度范围内，海椰子较其他真盐生植物生长速度快。种子发芽的盐度高达 30g/L TDS。与海蓬子和滨藜不同，海椰子并不积累大量氯化钠来进行渗透调节。有机化合物发挥了一半以上用于渗透调节作用，其余的是通过营养离子（钾、镁、钙、硫酸盐和磷酸盐），而不是 NaCl。因此，保证了其产品含盐量在正常范围内。海椰子有盐腺，叶片表面分泌 NaCl，即使生长在高盐环境中，植株内部组织也不积累 NaCl。

世界上的许多三角洲灌区盐渍化问题严重，如尼罗河（Bohannon，2010）、科罗拉多河（Glenn 等，1996b）、恒河（Seraj 和 Salam，2000）、黄河等。通常种植水稻是土壤修复的一部分。而水稻对盐敏感，只有在淡水或不太咸的土壤中才能生长（Seraj 和 Salam，2000）。海椰子在那些土壤盐分太高而无法种植水稻或只有咸水可以灌溉的地区具有显著价值，还可以用于将沿海沙漠开发成次生盐化牧场。

参考文献

陈效民，白冰，黄德安.2006. 黄河三角洲海水灌溉对土壤盐碱化和导水率的影响［J］.农业工程学报，22（2）：50-53.

邓力群，刘兆普，程爱武，等.2002. 不同盐分滨海盐土上油葵（G101-B）的氮磷肥效应研究［J］.中国油料作物学报，24（4）：61-64.

冯棣，张俊鹏，孙池涛，等.2014. 长期咸水灌溉对土壤理化性质和土壤酶活性的影响［J］.水土保持学报，28（3）：171-176.

高文玲，王波，陈卫平，等.2008. 不同浓度海水灌溉对香根草生长的影响［J］.草原与草坪，2008（1）：28-32.

韩文军，滨村邦夫，杨劼.2008. 海水灌溉条件下 *Salicornia bigelovii* 的种植密度对个体间养分积累及土壤盐分的影响 [J]. 草业科学, 25 (11): 36-39.

何雨江, 汪丙国, 王在敏, 等.2010. 棉花微咸水膜下滴灌灌溉制度的研究 [J]. 农业工程学报, 26 (7): 14-20.

李洪燕, 隆小华, 郑青松, 等.2010. 苏北滩涂海水灌溉与施氮对籽粒苋生长的影响 [J]. 生态学杂志, 29 (4): 776-782.

李雪峤, 吴凤芝.2010. 盐胁迫下苯丙烯酸对黄瓜幼苗生长及根际土壤酶活性的影响 [J]. 中国蔬菜, 1 (18): 15-22.

刘春辉, 王长海, 常秀莲, 等.2004. 不同浓度海水灌溉对库拉索芦荟中微量元素的影响 [J]. 食品与发酵工业, 30 (5): 1-4.

刘春辉, 王长海, 刘兆普, 等.2009. 海水灌溉下库拉索芦荟产量及其理化指标变化 [J]. 哈尔滨工业大学学报 (7): 172-175.

刘春辉.2007. 海水灌溉芦荟活性成份分析及多糖的研究 [D]. 大连: 大连理工大学.

刘联, 刘玲, 刘兆普, 等.2003. 南方海涂海水灌溉库拉索芦荟的试验研究 [J]. 自然资源学报, 18 (5): 589-594.

刘玲, 刘兆普, 金赞敏, 等.2008. 海水灌溉对南盐1号芦荟生长发育及产量结构的影响 [J]. 土壤学报, 45 (4): 672-677.

刘兆普, 陈铭达, 邓力群, 等.2003. 半干旱地区海水灌溉下滨海盐土水分特征的研究 [J]. 南京农业大学学报, 26 (1): 41-45.

刘兆普, 陈铭达, 刘玲, 等.2004. 半干旱地区海水灌溉下滨海盐土盐分运动研究 [J]. 土壤学报, 41 (5): 823-826.

刘兆普, 邓力群, 刘玲, 等.2005. 莱州海涂海水灌溉下菊芋生理生态特性研究 [J]. 植物生态学报, 29 (3): 474-478.

刘兆普, 赵耕毛, 刘玲, 等.2004. 不同气候带海水灌溉下滨海盐土水盐运动特征 [J]. 水土保持学报, 18 (1): 43-46.

隆小华, 刘兆普, 陈铭达, 等.2005. 半干旱地区海涂海水灌溉菊芋盐肥耦合效应的研究 [J]. 土壤学报, 42 (1): 91-97.

隆小华, 刘兆普, 陈铭达, 等.2005. 半干旱区海涂海水灌溉菊芋氮肥效应的研究 [J]. 水土保持学报, 19 (2): 114-117.

隆小华, 刘兆普, 刘玲, 等.2005. 莱州湾海涂海水灌溉菊芋的磷肥效应的研究 [J]. 植物营养与肥料学报, 11 (2): 224-229.

米迎宾, 屈明, 杨劲松, 等.2010. 咸淡水轮灌对土壤盐分和作物产量的影响研究 [J]. 灌溉排水学报, 29 (6): 83-86.

秦呈迎 . 2012. 海水灌溉下椰子属植物生理特性的研究 ［D］. 海口：海南大学 .

邵晶，刘玲，刘兆普，等 . 2008. 施磷对海水灌溉下一年生芦荟氮磷吸收及糖分
　　积累的影响 ［J］. 土壤学报，45（4）：754-757.

沈振国，沈其荣 . 1994. NaCl 胁迫下氮素营养与大麦幼苗生长和离子平衡的关系
　　［J］. 南京农业大学学报，17（1）：22-26.

孙磊，隆小华，李洪燕，等 . 2009. 不同浓度海水对菊苣幼苗生长及生理特性的
　　影响 ［J］. 生态学杂志，28（3）：405-410.

孙磊，隆小华，刘兆普，等 . 2010. 海水灌溉欧洲菊苣盐肥耦合效应 ［J］. 生态
　　学杂志，29（1）：36-42.

唐奇志，刘兆普，刘玲，等 . 2005. 海侵地区不同降雨条件下海水灌溉 "油葵
　　G101" 的研究 ［J］. 植物生态学报，29（6）：1000-1006.

汪吉东 . 2006. 库拉索芦荟对外源氮、氯的响应及其大田海水灌溉下氮、磷配施
　　效应研究 ［D］. 南京：南京农业大学 .

王丹，康跃虎，万书勤 . 2007. 微咸水滴灌条件下不同盐分离子在土壤中的分布
　　特征 ［J］. 农业工程学报，23（2）：83-87.

王建绪 . 2008. 菊芋（*Helianthus tuberosus* L.）幼苗海水灌溉下干旱胁迫特征及外
　　源钙的缓解效应研究 ［D］. 南京：南京农业大学 .

王茂文，洪立洲，刘冲，等 . 2011. 海水灌溉下北美海蓬子盐肥耦合效应的研究
　　［J］. 江苏农业学报，27（1）：80-84.

王全九，单鱼洋 . 2015. 微咸水灌溉与土壤水盐调控研究进展 ［J］. 农业机械学
　　报，46（12）：117-126.

王伟，李光永，傅臣家，等 . 2006. 水质与灌溉频率对棉花苗期根系分布的影响
　　［J］. 山东农业大学学报（自然科学版），37（4）：603-608.

王杨 . 2016. 长期海水灌溉对赤霞珠果实品质及土壤性质的影响 ［D］. 泰安：山
　　东农业大学 .

夏天翔 . 2004. 盐分和水分胁迫下菊芋的生理响应及其海水灌溉研究 ［D］. 南京：
　　南京农业大学 .

徐微风，覃和业，刘姣，等 . 2017. 冰菜在不同浓度海水胁迫下的氧化胁迫和抗
　　氧化酶活性变化 ［J］. 江苏农业学报，33（4）：775-781.

许志良 . 2008. 海水灌溉库拉索芦荟皮多糖的研究 ［D］. 大连：大连理工大学 .

杨洪泽 . 2006. 不同海水浓度灌溉对菊芋主要成分的影响 ［D］. 大连：大连理工
　　大学 .

杨君，姜吉禹 . 2009. 海水灌溉条件下菊芋种植密度对土壤无机盐及产量的影响

[J]．吉林师范大学学报（自然科学版），30（2）：17-18.

杨小锋，李劲松，杨沐，等．2011．生菜海水灌溉适宜浓度的筛选 [J]．北方园艺（18）：1-5.

臧兴隆．2015．海水灌溉对葡萄园土壤及果实品质的影响 [D]．泰安：山东农业大学．

张建锋，张旭东，周金星，等．2005．盐分胁迫对杨树苗期生长和土壤酶活性的影响 [J]．应用生态学报，16（3）：426-430.

张立芙，吴凤芝，周新刚，等．2009．盐胁迫下黄瓜根系分泌物对土壤养分及土壤酶活性的影响 [J]．中国蔬菜，1（14）：6-11.

张展羽，冯根祥，马海燕，等．2013．微咸水膜孔沟灌土壤水盐分布与灌水质量分析 [J]．农业机械学报，44（11）：112-116.

赵耕毛，刘兆普，陈铭达，等．2003．海水灌溉滨海盐渍土的水盐运动模拟研究 [J]．中国农业科学，36（6）：676-680.

赵耕毛，刘兆普，夏天翔，等．2005．滨海半干旱地区海水灌溉对土壤安全和作物产量的影响 [J]．生态学报，25（9）：2446-2449.

赵耕毛．2003．海水灌溉条件下滨海盐渍土水盐运动及生物肥力特征的研究 [D]．南京：南京农业大学．

赵耕毛．2006．莱州湾地区海水养殖废水灌溉耐盐植物——菊芋和油葵的研究 [D]．南京：南京农业大学．

赵可夫，范海．2000．世界上可以用海水灌溉的盐生植物资源 [J]．植物学报，17（3）：282-288.

赵可夫．1993．植物抗盐生理 [M]．北京：中国农业科技出版社．

Abdel Gawad G，Arslan A，Gaihbe A，et al. 2005. The effects of saline irrigation water management and salt tolerant tomato varieties on sustainable production of tomato in Syria（1999—2002）[J]. Agricultural Water Management, 78（1）：39-53.

Adams P，Nelson D E，Yamada S，et al. 1998. Tansley review no. 97. Growth and development of *Mesembryanthemum crystallinum*（Aizoaceae）．[J]. New Phytologist, 138（2）：171-190.

Agarie S，Cushman J C. 2007. Salt tolerance, salt accumulation, and ionic homeostasis in an epidermal bladder-cell-less mutant of the common ice plant *Mesembryanthemum crystallinum* [J]. Journal of Experimental Botany, 58（8）：1957-1967.

Agarie S，Kawaguchi A，Kodera A，et al. 2009. Potential of the Common Ice Plant, *Mesembryanthemum crystallinum* as a New High-Functional Food as Evaluated by

Polyol Accumulation [J]. Plant Production Science, 12 (1): 37-46.

Akula R. 2011. Influence of abiotic stress signals on secondary metabolites in plants [J]. Plant Signaling & Behavior, 6 (11): 1720-1731.

Amer K H. 2010. Corn crop response under managing different irrigation and salinity levels [J]. Agricultural Water Management, 97 (10): 1553-1563.

Atzori G, Nissim W G, Caparrotta S, et al. 2016. Potential and constraints of different seawater and freshwater blends as growing media for three vegetable crops [J]. Agricultural Water Management, 176: 255-262.

Atzori G, Vos A C D, Rijsselberghe M V, et al. 2017. Effects of increased seawater salinity irrigation on growth and quality of the edible halophyte Mesembryanthemum crystallinum, L. under field conditions [J]. Agricultural Water Management, 187: 37-46.

Ayars J E, Hutmacher R B, Schoneman R A, et al. 1991. Influence of cotton canopy on sprinkler irrigation uniformity [J]. Transactions of the Asae, 34 (3): 0890-0896.

Ayars J E. 1996. Managing irrigation and drainage systems in arid areas in the presence of shallow groundwater: case studies [J]. Irrigation & Drainage Systems, 10 (3): 227-244.

Ayers R S, Westcot D W. 1985. Water quality of agriculture [J]. FAO Irrigation and Drainage Paper, 29: 174.

Baccio D D, Navari-Izzo F, Izzo R. 2004. Seawater irrigation: antioxidant defence responses in leaves and roots of a sunflower (Helianthus annuus L.) ecotype [J]. Journal of Plant Physiology, 161 (12): 1359-1366.

Bartha C, Fodorpataki L, Popescu O, et al. 2015. Sodium accumulation contributes to salt stress tolerance in lettuce cultivars [J]. Journal of Applied Botany & Food Quality, 88: 42-48.

Baumann K, Marschner P. 2013. Effects of salinity on microbial tolerance to drying and rewetting [J]. Biogeochemistry, 112 (1-3): 71-80.

Beltrán J M. 1999. Irrigation with saline water: benefits and environmental impact [J]. Agricultural Water Management, 40 (2-3): 183-194.

Bernhard A E, Donn T, Giblin A E, et al. 2005. Loss of diversity of ammonia-oxidizing bacteria correlates with increasing salinity in an estuary system [J]. Environmental Microbiology, 7 (9): 1289-1297.

Blanco F F, Folegatti M V, Gheyi H R, *et al.* 2008. Growth and yield of corn irrigated with saline water Crescimento e produção do milho irrigadocom água salina [J]. Scientia Agricola, 65 (6): 574-580.

Bouftira I, Abdelly C, Sfar S. 2008. Characterization of cosmetic cream with *Mesembryanthemum crystallinum* plant extract: influence of formulation composition on physical stability and anti-oxidant activity [J]. International Journal of Cosmetic Science, 30 (6): 443.

Castillo E, Tuong T P, Ismail A, *et al.* 2007. Response To Salinity In Rice: Comparative Effects Of Osmotic And Ionic Stresses [J]. Plant Production Science, 10 (2): 159-170.

Chakraborty K, Sairam R K, Bhattacharya R C. 2012. Differential expression of salt overly sensitive pathway genes determines salinity stress tolerance in Brassica genotypes [J]. Plant Physiology & Biochemistry, 51 (2): 90-101.

Chaudhary D R, Rathore A P, Jha B. 2016. Effects of seawater irrigation on soil microbial community structure and physiological function [J]. International Journal of Environmental Science & Technology, 13 (9): 1-10.

Cuartero J, Fernández-Muñoz R. 1998. Tomato and salinity [J]. Scientia Horticulturae, 78 (1-4): 83-125.

Cucci G, Rotunno T, Caro A D, *et al.* 2007. Effects of Saline and Sodic Stress on Yield and Fatty Acid Profile in Sunflower Seeds [J]. Italian Journal of Agronomy, 2 (1).

Ding J, Yang T, Feng H, *et al.* 2016. Enhancing Contents of γ-Aminobutyric Acid (GABA) and Other Micronutrients in Dehulled Rice during Germination under Normoxic and Hypoxic Conditions [J]. J Agric Food Chem, 64 (5): 1094-1102.

D'Amico M L, Izzo R, Tognoni F, *et al.* 2003. Application of diluted sea water to soilless culture of tomato (*Lycopersicon esculentum* Mill.): Effects on plant growth, yield, fruit quality and antioxidant capacity [J]. Journal of Food Agriculture & Environment, 1 (2): 112-116.

Edmonds J W, Weston N B, Joye S B, *et al.* 2009. Microbial Community Response to Seawater Amendment in Low-Salinity Tidal Sediments [J]. Microbial Ecology, 58 (3): 558-568.

Feng D, Zhang J, Cao C, *et al.* 2015. Soil Salt Accumulation and Crop Yield under Long-Term Irrigation with Saline Water [J]. Journal of Irrigation & Drainage Engineering, 141 (12): 04015025-1-7.

Ferrante A, Trivellini A, Malorgio F, et al. 2011. Effect of seawater aerosol on leaves of six plant species potentially useful for ornamental purposes in coastal areas [J]. Scientia Horticulturae, 128 (3): 332-341.

Flagella Z, Giuliani M M, Rotunno T, et al. 2004. Effect of saline water on oil yield and quality of a high oleic sunflower (*Helianthus annuus* L.) hybrid [J]. European Journal of Agronomy, 21 (2): 267-272.

Flowers T J, Colmer T D. 2008. Salinity tolerance in halophytes [M]. Blackwell Publishing Ltd.

Flowers T J, Muscolo A. 2015. Introduction to the Special Issue: Halophytes in a changing world [J]. AoB Plants, 7 (19).

Flowers T J, Yeo A R. 1986. Ion Relations of Plants Under Drought and Salinity [J]. Functional Plant Biology, 13 (1): 75-91.

Francois L E. 1996. Salinity Effects on Four Sunflower Hybrids [J]. Agronomy Journal, 88 (2): 215-219.

Ghadiri H, Dordipour I, Bybordi M, et al. 2006. Potential use of Caspian Sea water for supplementary irrigation in Northern Iran [J]. Agricultural Water Management, 79 (3): 209-224.

Grattan S R, Oster J D, Benes S E, et al. 2012. Use of saline drainage waters for irrigation [M] //Agricultural Salinity Assessment and Management. 687-719.

Hajer A S, Malibari A A, Alzahrani H S, et al. 2006. Responses of three tomato cultivars to sea water salinity 1. Effect of salinity on the seedling growth [J]. Pakistan Journal of Biological Sciences, 3 (7): 855-861.

Hamdy A, Abdel-Dayem S, Abu-Zeid M. 1993. Saline water management for optimum crop production [J]. Agricultural Water Management, 24 (3): 189-203.

Hickman G W, 2011. Greenhouse Vegetable Production Statistics: A Review of Current Data on the International Production of Vegetables in Greenhouses [M]. Mariposa: Cuesta Roble greenhouse consultants, CA.

Hollister E B, Engledow A S, Hammett A J M, et al, 2010. Shifts in microbial community structure along an ecological gradient of hypersaline soils and sediments [J]. ISME J, 4: 829-838.

Hollister E B, Engledow A S, Hammett A J, et al. 2010. Shifts in microbial communitystructure along an ecological gradient of hypersaline soils and sediments [J]. Isme

Journal, 4 (6): 829.

Izzo R, Incerti A, Bertolla C. 2008. Seawater irrigation: Effects on growth and nutrient uptake of sunflower plants [M] //Biosaline Agriculture and High Salinity Tolerance. Birkhäuser Basel, 61−69.

Jiang J, Huo Z, Feng S, et al. 2012. Effect of irrigation amount and water salinity on water consumption and water productivity of spring wheat in Northwest China [J]. Field Crops Research, 137 (137): 78−88.

Kamble P N, Gaikwad V B, Kuchekar S R, et al. 2014. Microbial growth, biomass, community structure and nutrient limitation in high pH and salinity soils from Pravaranagar (India) [J]. European Journal of Soil Biology, 65: 87−95.

Kang Y, Chen M, Wan S. 2010. Effects of drip irrigation with saline water on waxy maize (Zea mays L. var. ceratina, Kulesh) in North China Plain [J]. Agricultural Water Management, 97 (9): 1303−1309.

Long X H, CHI J H, Liu L, et al. 2009. Effect of Seawater Stress on Physiological and Biochemical Responses of Five Jerusalem Artichoke Ecotypes [J]. Pedosphere, 19 (2): 208−216.

Lynch J. 2010. Roots of the Second Green Revolution [C] //American Association for the Advancement of Science.

Machekposhti M F, Shahnazari A, Ahmadi M Z, et al. 2017. Effect of irrigation with sea water on soil salinity and yield of oleic sunflower [J]. Agricultural Water Management, 188 (c): 69−78.

Mahajan S, Tuteja N. 2005. Cold, salinity and drought stresses: an overview [J]. Archives of Biochemistry & Biophysics, 444 (2): 139−158.

Malash N, Flowers T J, Ragab R. 2005. Effect of irrigation systems and water management practices using saline and non−saline water on tomato production [J]. Agricultural Water Management, 78 (1−2): 25−38.

Mass E. 1986. Salt tolerance of plants [J]. Appl. agric. res, 1 (09): 277−322.

Ming C, Kang Y H, Wan S Q, et al. 2009. Drip irrigation with saline water for oleic sunflower (Helianthus annuus L.) [J]. Agricultural Water Management, 96 (12): 1766−1772.

Mitchell J P. 1991. Tomato fruit yields and quality under water deficit and salinity [J]. J Amer Soc Hort Sci, 116 (2): 215−221.

Navariizzo F. 2004. Alternative Irrigation Waters: Uptake of Mineral Nutrients by Wheat

Plants Responding to Sea Water Application [J]. Journal of Plant Nutrition, 27 (6): 1043-1059.

Nelson D R, Mele P M. 2007. Subtle changes in rhizosphere microbial community structure in response to increased boron and sodium chloride concentrations [J]. Soil Biology & Biochemistry, 39 (1): 340-351.

Nemati I, Moradi F, Gholizadeh S, et al. 2011. The effect of salinity stress on ions and soluble sugars distribution in leaves, leaf sheaths and roots of rice (Oryza sativa L.) seedlings [J]. Plant Soil & Environment, 57 (1): 26-33.

Panta S, Flowers T, Lane P, et al. 2014. Halophyte agriculture: success stories [J]. Environmental & Experimental Botany, 107 (6): 71-83.

Pascale S D, Maggio A, Fogliano V, et al. 2001. Irrigation with saline water improves carotenoids content and antioxidant activity of tomato [J]. Journal of Pomology & Horticultural Science, 76 (4): 447-453.

Qadir M, Ghafoor A, Murtaza G. 2001. Use of saline-sodic waters through phytoremediation of calcareous saline-sodic soils [J]. Agricultural Water Management, 50 (3): 197-210.

Rajaniemi T K, Allison V J. 2009. Abiotic conditions and plant cover differentially affect microbial biomass and community compositionon dune gradients [J]. Soil Biology & Biochemistry, 41 (1): 102-109.

Redondo-Gómez S, Mateos-Naranjo E, Figueroa M E, et al. 2010. Salt stimulation of growth and photosynthesis in an extreme halophyte, Arthrocnemum macrostachyum [J]. Plant Biology, 12 (1): 79-87.

Rozema J, Schats H, 2013. Salt tolerance of halophytes, research questions reviewed in the perspective of saline agriculture [J]. Environmental and Experimental Botany, 92: 83-95.

Sakamoto K, Kogi M, Yanagisawa T. 2014. Effects of Salinity and Nutrients in Seawater on Hydroponic Culture of Red Leaf Lettuce [J]. Environmental Control in Biology, 52 (3): 189-195.

Santos C V. 2004. Regulation of chlorophyll biosynthesis and degradation by salt stress in sunflower leaves [J]. Scientia Horticulturae, 103 (1): 93-99.

Sardinha M, Müller T, Schmeisky H, et al. 2003. Microbial performance in soils along a salinity gradient under acidic conditions [J]. Applied Soil Ecology, 23 (3): 237-244.

Sgherri C, Kadlecová Z, Pardossi A, et al. 2008. Irrigation with Diluted Seawater Improves the Nutritional Value of Cherry Tomatoes [J]. Journal of Agricultural & Food Chemistry, 56 (9): 3391-3397.

Sgherri C, NavariIzzo F, Pardossi A, et al. 2007. The Influence of Diluted Seawater and Ripening Stage on the Content of Antioxidants in Fruits of Different Tomato Genotypes [J]. Journal of Agricultural & Food Chemistry, 55 (6): 2452-2458.

Shalhevet J. 2007. Using water of marginal quality for crop production: major issues [J]. Agricultural Water Management, 25 (3): 233-269.

Shannon M C. 1999. Tolerance of vegetable cropsto salinity [J]. Scientia Hortic, 78 (1-4): 5-38.

Singh R B, Chauhan C P S, Minhas P S. 2009. Water production functions of wheat (*Triticum aestivum* L.) irrigated with saline and alkali waters using double-line source sprinkler system. [J]. Agricultural WaterManagement, 96 (5): 736-744.

Tedeschi A, Dell'Aquila R. 2005. Effects of irrigation with saline waters, at different concentrations, on soil physical and chemical characteristics [J]. Agricultural Water Management, 77 (1): 308-322.

Ventura Y, Wuddineh W A, Myrzabayeva M, et al. 2011. Effect of seawater concentration on the productivity and nutritional value of annual Salicornia, and perennial Sarcocornia, halophytes as leafy vegetable crops [J]. Scientia Horticulturae, 128 (3): 189-196.

Verma A K, Gupta S K, Isaac R K. 2012. Use of saline water for irrigation in monsoon climate and deep water table regions: Simulation modeling with SWAP [J]. Agricultural Water Management, 115 (19): 186-193.

Vos A C D, Broekman R, Guerra C C D A, et al. 2013. Developing and testing new halophyte crops: A case study of salt tolerance of two species of the Brassicaceae, *Diplotaxis tenuifolia*, and *Cochlearia officinalis* [J]. Environmental & Experimental Botany, 92 (92): 154-164.

Wan S Q, Kang Y H, Wang D, et al. 2010. Effect of saline water on cucumber (*Cucumis sativus* L.) yield and water use under drip irrigation in North China [J]. Agricultural Water Management, 98 (1): 105-113.

Wang D, Shannon M C, Grieve C M, et al. 2002. Ion partitioning among soil and plant components under drip, furrow, and sprinkler irrigation regimes: field and modeling assessments [J]. Journal of Environmental Quality, 31 (5): 1684.

Wang D. 2003. Salinity and Irrigation Method Affect Mineral Ion Relations of Soybean [J]. Journal of Plant Nutrition, 26 (4): 901-913.

Wang X, Yang J, Liu G, *et al.* 2015. Impact of irrigation volume and water salinity on winter wheat productivity and soil salinity distribution [J]. Agricultural Water Management, 149: 44-54.

Yarami N, Sepaskhah A R. 2015. Saffron response to irrigation water salinity, cow manure and planting method [J]. Agricultural Water Management, 150: 57-66.

Zahran H H. 1997. Diversity, adaptation and activity of the bacterial flora in saline environments [J]. Biology & Fertility of Soils, 25 (3): 211-223.

Zhang Q T, Inoue M, Inosako K, *et al.* 2008. Ameliorative effect of mulching on water use efficiency of Swiss chard and salt accumulation under saline irrigation [J]. Journal of Food Agriculture & Environment, 6 (3-4): 480-485.

Zheng W W, Chun I J, Hong S B, *et al.* 2013. Vegetative growth, mineral change, and fruit quality of 'Fuji' tree as affected by foliar seawater application [J]. Agricultural Water Management, 126: 97-103.

第六章　海洋滩涂污染物的种类与治理现状

　　我国是海洋大国，大陆岸线长达18 000km，沿海滩涂约有3.8万 km²。沿海滩涂是一种动态增长的后备土地资源蕴藏着丰富的土地、港口、矿产、旅游和水生生物等资源。由于其特定的自然条件，复杂的生态系统和特殊的经济价值，长期以来，一直与人类社会发展密切相关。近年来，随着我国工业化、城镇化的快速发展，沿海地区高效农业、特色养殖业、滩涂旅游业和化工园区兴起，大量污染物及大气沉降颗粒等都不可避免地随着近岸河流流入沿海滩涂，严重破坏滩涂原有生态系统，沿海滩涂承载能力与经济发展之间的矛盾日益凸显。目前沿海滩涂面临的典型污染有重金属污染、海水富营养化、持久性有机污染物污染等。本章在前人工作的基础上，从滩涂系统中典型污染物的来源、分布特点、修复措施等方面进行了梳理与总结。

第一节　重金属污染

　　土壤中的重金属是指由于自然原因产生并赋存于土壤中或由人类活动直接或间接地引入土壤中的相对密度大于 4.5g/cm 的金属元素，如铁（Fe）、镉（Cd）、铬（Cr）、铜（Cu）、镍（Ni）、汞（Hg）、锰（Mn）、锌（Zn）、铅（Pb）等，约有 45种；而在环境污染方面，通常所说的重金属主要是指镉（Cd）、铬（Cr）、汞（Hg）、铅（Pb）等生物毒性较为显著的重金属，以及铜（Cu）、钴（Co）、锌（Zn）、镍（Ni）等具有一定毒性的重金属。

　　由于具有潜伏性、难降解性、易富集性等特点，重金属在土壤中不易为微生物分解，因而会在土壤中不断积累，影响土壤性质，甚至可以转化为毒性更大的烷基化合物。重金属易通过污水排放、大气沉降、污泥等方式汇集到沿海滩涂，进而富集到沿海植物、鱼类、禽畜体内，吸收、富集，进而通过食物链在人、畜体内蓄积，直接影响植物、动物甚至人类健康。

　　土壤是滩涂生态系统的一个重要组成部分，是重金属污染物的汇集库，来自自然和人为污染源的重金属在土壤中聚集累积，不易被生物分解排除，会在土壤中长期积累（Antibachi 等，2012）。土壤中的重金属污染物极易随着食物链富集到生物体内，或通过物理、化学和生物作用进入水体和大气，间接影响人类与其他生物的健康，因此，重金属在滩涂土壤中的分布、富集特征、来源、迁移转化行为和生态风险水平被越来越多的学者所关注。

滩涂处于陆地到海洋的过渡地带，在海洋和陆地的交互作用影响下，其生态环境复杂多变，是典型的环境敏感带和脆弱带（蔡海洋等，2011；罗先香等，2011）。近10年来，随着城市化进程的加快，河口地区潮滩的围垦现象严重，滩涂面积急剧减少，再加上从上游河流及沿岸地区携带下来的污染物，以及来自沿海河口地区的工业、农业活动和污水的排放，导致大量重金属在泥沙中富集，并伴随泥沙沉降在滩涂中逐渐累积，致使滩涂的生态功能和环境效益日趋下降（胡锡永等，2011）。因此，河口滩涂的重金属污染研究现已受到国内外专家学者的广泛关注（Wang 等，2013）。

一、滩涂中重金属的来源及分布

土壤中的重金属主要有两个来源：一是自然环境；二是人类活动。在自然条件下，土壤中重金属主要来自于母岩、残存的生物物质、火山活动等，通常情况下重金属含量都比较低，不会对人体和生态系统造成危害。然而，土壤重金属污染现象主要是由人类活动产生的污染源造成的，包括工业生产、城市化建设、固体废弃物的利用和堆积、污水灌溉和排放、农药和化肥的使用以及大气沉降等（范拴喜，2010）。

（一）滩涂土壤中的重金属来源

1. 大气沉降

大气中的重金属元素主要来自于汽车尾气排放、燃料燃烧和工业活动等。刘昌岭等（1996）研究发现，我国黄海海域重金属的大气输入量最高可占河流输送量的38%，其中 Pb 主要源自于大气沉降输入。而且对于那些受工业污染较为严重的近海区域，大气沉降是土壤里重金属物质的重要来源（高会旺等，2002）。李山泉等（2014）发现，Zn 和 Pb 在土壤表层土的长期累积过程中，受大气沉降的影响最大，而且位于钢铁工业区和工业—居民混合区的土壤受大气重金属沉降的累积增量最高。在大气干、湿沉降过程中，Pb 和 Hg 的输入已经引起了土壤中 Pb 和 Hg 含量发生了显著变化，并且重金属 As、Cd、Hg 和 Pb 的沉降通量与工矿企业的类型和数量有关（汤奇峰等，2007）。

2. 地表径流

地表径流携带的重金属主要来自岩石和矿物风化产生的碎屑物质、工农业生产和生活排放的污染物等（于瑞莲，2009）。水体中的重金属吸附在胶体和悬浮颗粒物上面，当在入海口处于淡、咸水混合的条件下时，由于受到盐度、酸碱度、水动力等条件的改变，便在河口潮滩大量沉降堆积，使河口滩涂土壤中的重金属含量发生改变（Zwolsmna 等，1996）。而且，这部分重金属的来源受河流流量的影响较大，当河流量大时，重金属的迁移率也相应增大（张经，1994）。

3. 海水输送

由于受到大气沉降、沿海排污、船舶运输、海上石油开采等原因的影响，海洋水体内含有大量的重金属元素，在海浪和潮汐的运动作用下，海水中的部分重金属通过吸附和沉降作用逐渐在潮滩沉积，从而会使土壤重金属值出现异常（张晓晓，2010）。

4. 人类活动

目前，在全球范围内，由人类活动所产生的工农业及生活污水，是世界上河口地区重金属污染的主要来源。陈振楼等（2000）发现，在长江口地区，工业和生活污水的排放已经成为沿海滩涂重金属污染的重要影响因素，尤其在排污口地区，重金属污染现象更为严重。许多农药和化肥中含有 Cd、As、Cu、Hg、Zn、Pb 等重金属，在使用过程中极易导致土壤中重金属含量的增高（郑喜坤等，2002）。

（二）重金属在滩涂中分布

在我国，河口滩涂主要分布在东部沿海地区，其中面积较大的河口滩涂主要位于黄河、长江、辽河、珠江等中国几大河的入海河口地区，独特的地理位置和复杂的地理环境决定了它们具有特殊的生态服务价值功能，但同时也遭受到较强的人为活动干扰。滩涂土壤中重金属的分布情况是反映滩涂健康状况及变化的重要指标之一（Kabata-Pendias，2010）。因此，对我国河口滩涂重金属污染问题的研究已受到越来越多的关注。

在垂直海岸线的方向上，重金属在潮滩滩涂中通常呈带状分布，重金属含量由高潮滩至低潮滩逐渐减少（黄华瑞等，1992）。但由于土壤沉积物组成、植被生长发育状况及水动力等自然条件存在较大差异，以及受到人为活动的影响方式和强度也不同。因此，重金属在河口滩涂土壤中的分布规律可能会发生改变（李取生等，2007）。

在沿海岸线的方向上，重金属在潮滩滩涂中的分布主要与河口地区的地形地貌有关，此外，水动力条件、人工围垦及沿岸的排污情况对其的影响也很大。在水动力较弱的激涨岸段，重金属出现明显的富集现象；而在水动力条件较强的地带，土壤中重金属的含量则普遍偏低（刘志杰等，2012）。陈振楼等（2000）发现，在滨海沿岸小尺度范围内，重金属的分布受排污的影响较大。重金属元素在土壤剖面的垂直分布特征主要受元素本身的化学性质与土壤理化性质的影响。一般情况下，通过各种途径进入土壤环境中的重金属污染物，由于受到土壤中无机及有机胶体对重金属阳离子的吸附、代换、配合和生物富集作用，迁移能力较差，大多数不易被迁移至46cm以下的土壤中。大部分研究表明，重金属的垂直空间分布规律为：随着土壤深度的增加重金属浓度逐渐降低，表层富集规律明显（Cabrera等，1999）。Cacador等（2000）就发现，在河口盐沼地区，Cu、Zn、Pb等重金属在土壤表层（0~20cm）存在富集现象。但也有其他研究发现，在土壤中下层也可能发生重金属累积现象（Bai等，2011；Li等，2014）。凌敏等（2010）研究发现，在黄河三角洲的柽柳滩涂土壤中，Cr、Cu、Mn、Zn等重金属元素最底层的含量明显高于表层含量，这说明该地区表层土壤的重金属元素可能主要受原生地球化学环境控制。不同研究区域由于重金属本底值的不同，也会导致重金属在垂向上的分布存在差异。此外，土壤重金属含量特别高的区域多是由人类活动干扰直接造成的。

（三）影响重金属分布的因素

土壤重金属污染是一个长期缓慢累积的过程，外源重金属进入土壤后，经过沉淀-溶解、吸附-解吸、螯合等物理化学过程的综合作用影响，会产生不同的化学形态存在形式。土壤理化性质对土壤中大多数重金属元素的迁移转化、生物有效性及潜在生物毒性等具有重要影响。重金属各形态之间的存在和转化也与土壤的有机质含量、酸碱性、氧化还原电位、酶活性、微生物等有着密切的关系（Palumbo等，2000）。

1. 土壤团聚体

团聚体是土壤的重要组成部分，是土壤的基本结构单元。土壤团聚体是由土壤颗粒与腐殖质胶结而成，土壤的许多物理化学性质都与团聚体组成有着密切的关系。通常按照团聚体的粒径大小不同，分为大团聚体（直径>0.25mm）和微团聚体（直径<0.25mm）两种；按照稳定性不同，分为稳定性团聚体（抗外力分散）、水稳性团聚体（抗水力分散）和非稳定性团聚体（外力易分散）3种。土壤中的团聚体组成与土壤的物质循环和生物地球化学过程有着重要的关系。国内外已有研究发现，重金属元素在土壤中的空间分布与土壤团聚体的组成有着密切的关系（Qian等，1996；Wilck等，1999）。土壤中团聚体的粒径分配差异在很大程度上制约着重金属在土壤微环境中的空间分布（Materechera等，1994）。由于与土壤有机物和矿物质等的结合方式和结合数量存在差异，土壤中不同粒径大小、不同比表面积的团聚体对重金属元素的吸附和束缚能力也存在明显的差异（Nicholson等，2003）。随着土壤团聚体颗粒粒径的减小和比表面积的增大，重金属元素呈现富集增大的趋势（Gong等，2013）。团聚体颗粒对重金属的吸附首先受土壤团聚体胶粘剂的控制；其次，重金属污染可能会对大粒径团聚体的形成产生抑制作用，使小粒径团聚体数量相对增多，从而使重金属在小粒径团聚体中所占的比重增加。Lombi等（2000）研究发现，在野外土壤中，

重金属元素被优先吸附到有机质含量较高的大团聚体颗粒中。由于不同粒径的土壤团聚体颗粒中的有机质、氧化物及其他土壤性质存在差异，导致其对重金属元素的吸附和解吸能力不同。因此，土壤团聚体组成是影响重金属空间分配的重要因素。尽管目前国内外关于土壤团聚体与重金属空间分布之间关系的研究已有许多，但这些研究大多以稻田、耕地、果园和林地的土壤为主要研究对象（Fedotov 等，2008；Wang 等，2015），对自然滩涂土壤中团聚体与重金属交互作用关系的研究却很少。

2. 土壤有机质

有机质对土壤中重金属的有效性和迁移转化具有显著的影响，它可以改变土壤溶液中重金属的存在形态或改变土壤胶体的表面性质，从而影响重金属的吸附。有机质通过吸附和络合作用，可以控制土壤中重金属的生态毒性和环境迁移行为，其存在对于降低重金属的生物毒性有重要作用（Wallschlager 等，1998）。有机质对土壤中重金属的影响具有两面性。一方面，重金属可以与有机质中的大分子腐殖质形成不易溶的络合物，这些稳定的络合物可以吸附在土壤颗粒表面，从而可以减小重金属在土壤中的迁移能力（吴曼等，2011）。同时，重金属也可以与可溶性有机物形成溶解度较大的络合物，这些络合物存在于土壤溶液中，会增大重金属的迁移性和生物有效性。Spark 等（1995）发现将腐殖酸加入到土壤中之后，受腐殖酸固相吸附和形成络合物的溶解度等因素的影响，土壤中重金属元素的吸附情况也发生改变。此外，土壤中有机质的改变对重金属化学形态的分布也有影响。陈守莉等（2007）发现，增加土壤中的有机质含量，可以使弱酸溶解态的重金属向有机结合态转化，而在强氧化条件下，有机结合态的重金属又可以随着有机质的降解而释放到土壤溶液中。刘霞等（2003）发现，增加土壤中有机质的含量可以促使碳酸盐结合态的重金属向有机结合态转化。

3. 土壤 pH

土壤 pH 对重金属元素的滞留和溶解有着重要的影响（雷鸣等，2007）。土壤 pH 对重金属的存在形态和土壤对重金属的吸附量有着显著的影响。pH 值越低，重金属被吸附得越少，迁移能力越强；pH 值越高，土壤对重金属的吸附量增加，植物的吸收量相对减少（Elzahabi 和 Yong，2001）。土壤酸碱度通过影响重金属化合物的溶解度以及土壤胶体表面的电荷来影响重金属的形态分布。钟晓兰等（2009）研究分析表明，由于土壤 pH 值下降，土壤有机质表面的负电荷数量减少，导致其对重金属阳离子的吸附能力减弱，所以弱酸溶解态的重金属 Co 会呈现出随土壤 pH 的降低而显著增加的趋势。而由于土壤有机物随土壤 pH 值的升高溶解度下降，络合重金属元素的能力增强，所以有机结合态的重金属 Ni 会呈现出随土壤 pH 值升高而显著升高的趋势。

4. 重金属元素之间的相互作用

土壤溶液中的重金属离子之间的相互作用，如加和、拮抗、协同等，也会使土壤中的重金属元素的含量和生物有效性发生改变。例如，高浓度的 As 和 Cu 对土壤中 Zn 的吸附有显著的抑制作用，而高浓度的 Pb 和 As 则抑制 Cd 的吸附（余国营等，1997）。在土壤溶液中，Cu 和 Pb 的存在会抑制 Cd、Ni 和 Zn 的吸附，而当 Ca 离子存在时，土壤对 Cd、Cu、Ni、Pb 和 Zn 的吸附能力也会降低（Echeverria 等，1998）。土壤中的腐殖质具有与重金属离子牢固螯合的配位体。李勤奋等（2004）提出，在含有机质的土壤中，Zn 是优先吸收固定元素，在与 Cu、Fe、Mn 等元素竞争有机质结合位点的时候占较大优势。

二、重金属污染的修复技术

（一）植物修复

植物修复的原理主要包括以下 3 种：①植物提取，通过植物去除土壤中的污染物；②植物固化，将污染物固定在特殊的地方而不能移动；③植物分解，通过植物分解有机污染物。

生活在金属含量较高环境中的植物在长期的生物适应进化过程中，逐渐形成了对金属的抗逆性，其中一些植物能大量吸收环境中的金属元素并蓄积在体内，同时植物仍能正常生长。Doni 等（2015）考察了不同植物组合（海雀稗 *Paspalum vaginatum* Sw.；*P. vaginatum* Sw. + 西班牙筶帚 *S. junceum* L.；*P. vaginatum* Sw. + 红花多枝柽柳 *Tamarix gallica* L.）以及堆肥对重金属污染的海洋沉积物的修复效果。结果发现，对 Cd、Ni、Zn、Pb 和 Cu 的吸附效果因重金属种类而异。在 0~20cm 范围内，重金属的生物可用性顺序为 Cd >Zn > Cu > Pb > Ni。Pb 和 Ni 在植物组织中的传导性低于其他种类重金属。Szymanowska 等（1999）在对受污染湖泊的研究中发现，Cr、Cd、Fe、Ni 和 Zn 等 5 种金属在 *Nymphaea alba*，*Nuphar lutenm*，*Ceratophyllum demersum*，*Phragmites communis*，*Typha latifolia* 和 *Schoenoplectus lacustris* 等几种水生植物中的浓度和在环境中的浓度之间有较好正相关性，并认为水生植物主要是从湖泊沉积物中蓄积镉和铬，而对铁的蓄积主要是来自于水中。

现在已经发现许多超积累植物能够超量积累比一般植物多 50~100 倍的重金属而不受其毒害，且吸收的重金属大部分分布在地上部。如超积累植物遏蓝菜属的 *T. caerulescens* 不仅在高 Zn 土壤，而且在含 Zn 较低的土壤上也有较强的积累重金属的能力。土壤含 Zn 444μg/g（干重）时，*T. caerulescens* 地上部 Zn 浓度是土壤全 Zn 的 16 倍，是非超积累植物（油菜、萝卜等）的 150 倍（Baker 等，1994）。Dahmani-Muller 等（2000）研究了某金属冶炼厂附近生长的几种植物对重金属的耐性和吸收机制，结果表明，*C. halleri* 是 Zn 和 Cd 的超积累植物，其富集的 Zn 和 Cd 主要集中在地上部的叶片中，浓度分别为 >20 000 mg/kg 和 > 100mg/kg；另一种植物 *Armeria maritima* ssp. Halleri 富集的 Pb 和 Cu 主要固定在根部，并且发现其枯叶中重金属浓度比绿叶中高 3~8 倍，表明叶片的衰老脱落也是其耐受重金属毒性的机制之一。Entry 等（1996）研究表明，向日葵能超量富集辐射性元素 U，其积累的 U 是水体中 U 的 5 000~10 000 倍。通过种植并收获这些超积累植物，既减少了污染环境中的重金属浓度，又可以将收获的植物用于回收贵金属或其他用途。

对于 Pb、Cu、Au、Pt 等不溶性或难溶性金属，利用螯合诱导修复技术可增加植物对这些金属的吸收。ETDA、EDDS 和 DTPA 等合成螯合剂可以增加重金属在植物嫩叶中的积累。Liu 等（2008）研究发现，加入 EDTA 可以使 Pb 的累积量增加至 218.24mg/kg，是对照组的 2.69 倍。Zaier 等（2014）研究证明，EDTA 可以加强盐生植物滨水菜（*Sesuvium portulacastrum*）对 Pb 的吸收，当暴露在 800mg/kg Pb 污染的土壤中时，EDTA 的加入可使滨水菜对 Pb 的吸附量由 1 390mg/kg 上升为 3 772mg/kg。但是螯合诱导修复技术也存在一定的风险，如由于螯合金属的可溶性增加可能导致对地下水的污染，以及残留螯合剂的潜在毒性和对植物造成的伤害。

耐盐性是多个相互作用形成的复杂的特性。为了确定和了解盐生植物耐盐机制的生理特性，关于这方面的研究正逐年增加。此外，一些相关研究表明耐盐植物也能忍耐重金属和有害物质的胁迫，为植物修复研究提供了更大的潜力。盐生植物适应生长环境过多有毒离子主要为 Na^+ 和 Cl^- 的能力，主要是基于盐生植物能在代谢不活跃的器官和细胞液中固定有毒离子，合成为相溶渗透物质和诱导形成抗氧化系统的能力（Bohnert 等，1995），因此，可假定盐生植物和耐重金属植物都拥有某种特定的和普通的非生物耐性的作用机理。有相关的文献结论表明，耐盐和重金属的假设至少是基于共同的生理机制（Shevyakova 等，2003）。例如 Tomas（1998）关于盐生植物冰叶肿花（*Mesembryanthemum crystallinum*）的研究表明，冰叶肿花耐盐而且盐和铜在一定程度上复合形成的个体环境压力。

滩涂中用于重金属污染修复的植物种类很多，有以下盐生植物种类被研究较多：

1. 海蓬子

通过发射矩阵荧光光谱分析，Pan 等（2011）的研究表明，海蓬子根系能分泌出一种含有 Cu（Ⅱ）的稳定性高分子络合物，这也就预示着，海蓬子的存在将强烈地影响着 Cu（Ⅱ）在滩涂中的化学形态和流动性。Chaturvedi 等（2012）用 cDNA 末端快速扩增技术（RACE）从海蓬子中分离出了一条 2 型金属硫蛋白基因（SbMT-2），并用 Southern 印迹法进行了确证，然后将其导入到大肠杆菌中进行特异性表达，发现重组细胞对 Zn、Cu 和 Cd 具有显著的积累能力，其中 Zn 的积累能力最强，其次是 Cu

和 Cd。Sharma 等（2010）以叶绿素、脯氨酸、抗氧化性酶为测量指标，研究了海蓬子在 NaCl 胁迫下对 Cd、Ni 和 As 三种重金属的耐受能力，结果表明，海蓬子可以作为滨海滩涂重金属污染修复的先锋植物。

2. 碱蓬

沉积物中重金属表现为环境直接影响态、环境间接影响态和稳定态。碱蓬对重金属元素的累积和忍耐能力与其本身所特有的生理机制有关，并随着重金属浓度、种类及交互作用、碱蓬生长期、季节的变化而变化，在其根、茎、叶中的累积具有显著差异。在碱蓬作用下，重金属形态也会发生显著改变，生物可利用性降低，随碱蓬生长周期变化而变化（宋金明，2011）。

从抵抗重金属机制上看，碱蓬对 Cu、Pb 和 Cd 的吸收是外排机制，对 Zn 的吸收则是积累和隔离机制，因此表现出对 Zn 的超富集能力（朱鸣鹤等，2006）。重金属胁迫影响根际的呼吸作用，特别是对碱蓬的抗氧化酶系统影响较大，从而影响根际有机物的分泌。这些内在的变化都可能受到相关基因表达的调控，例如，在 Cd 污染条件下，会使碱蓬产生氧化应激，干扰 Na^+ 平衡及肌醇代谢反应，而碱蓬 CAT2 基因的表达能有效降低这种影响（Cong 等，2013）。

由于碱蓬能承受盐度和重金属的双重胁迫，因此可以作为滨海滩涂环境修复工程的先锋植物。朱鸣鹤等（2009）研究野外生长的潮滩盐沼植物碱蓬对常见重金属（Cu、Zn 和 Cd）的累积吸收结果表明，碱蓬对重金属有一定的累积能力，其对 Cu、Zn 和 Cd 的累积吸收系数分别为 4.7、4.6、3.1 和 4.9，生物富集吸收系数则分别为 0.97、1.73、0.41 和 223，对海洋环境生态修复具有较大的研究潜力和应用价值。刘宇等（2008，2009）关于碱蓬净化海水重金属能力的研究表明碱蓬对重金属（Pb、Cd、Cu、Zn）单独处理及海水和重金属污染双重胁迫均具有良好的耐受性，碱蓬对 Pb、Cd、Cu、Zn 均有良好的富集能力，具有对重金属污染的滨海和河口地区进行植物修复的潜力。此外，王耀平（2013）和 Gao（2010）等对沿海和河口的调查研究也表明盐生植物碱蓬对重金属具有较强的富集和转移能力，且碱蓬富集的绝大多数重金属元素都表现出地上部比根部高的现象。以上的研究结果都说明盐生植物碱蓬对沿海滩涂土壤有良好的生物修复能力。

3. 海洋藻类

藻类吸收、富集重金属的机理主要是将其固定在细胞表面，或与细胞内的配位体结合，羟基是起主要作用的基团（Giusti，2001）。很多藻类有较强的重金属富集能力，具有很好的净化海水重金属污染的潜力，但是不同海藻对重金属的富集量有明显差别。石莼（*Ulva lactuca*）和扁浒苔（*Enteromorpha compeessa*）对 Co、Cr、Cu、Fe 富集能力最强，对 Zn 的富集量相当，在 Zn^{2+} 浓度 $100\mu g/L$ 的海水中培养 21 天，最大富集量达到（580～680）×10⁻⁶μg/g（干重）（Phaneuf 等，1999）。长海带（*Laminaria longicruris*）和二列墨角藻（*Fucus distichus*）对 As、Cd 的富集量最多，但对 Hg 富集量极少（Amadofilho，1997）。

海藻富集重金属的影响因素较多，温度、pH 值、水体中的阴阳离子、重金属的存在形态以及藻类的不同生长阶段都会影响重金属的富集（Mehta 等，2005）。例如，Herrero 等（2005）研究囊链藻在 pH 值 4.5 和 6.0 时对 Hg 的富集量分别为 0.178×10⁻⁶μg/g 和 0.329×10⁻⁶μg/g。Martin 等（1997）对重金属污染严重的塞弗恩河口地区墨角藻（*Fucus vesiaulosus*）进行了长达 20 余年的采样分析，结果表明，墨角藻对 Cd、Cu、Zn 有明显的富集作用，并随着季节变化而变化。

4. 红树植物

红树植物可以通过根部吸收海水及沉积物中的重金属，再通过细胞壁沉淀、液泡区域化、螯合作用和抗氧化系统酶的作用等方式降低重金属毒性，并将重金属吸收并储存在根、树干，可减少环境中的重金属含量，从而起到修复重金属污染的作用（张凤琴等，2005）。陈桂葵等（2005）用含 Ni 污水灌溉白骨壤（*Avicennia marina*），发现白骨壤植物对 Ni 的净吸收量随污水处理浓度的升高而增加，且以根部含量最高，平均占整个植株的 58.67%。Macfarlane 等（2003）研究也表明白骨壤对 Cu、Pb、Zn 的富集量随着沉积物中重金属含量的升高而增加，且根部每千克干重富集量与沉积物中含量相当。红树植物对重金属的富集能力因植物种类、植物器官和重金属种类而异。郑文教（1996）探讨了深圳福田自然保护区中的红树林对 Cr、Ni、Mn 的吸收、累积和分布情况，发现 3 种不同类型群落叶层中 Cr、Ni 的累积量由大到小依次为：白骨壤>桐花树（*Aegiceras corniculatum*）>秋茄（*Kandelia candel*）；Mn 累积量由大到小依次为：秋茄>白骨壤>桐花树。林志芬等（2003）采用 Cd 培养液处理秋茄，28 天后秋茄植物体各器官的 Cd 积累量随着处理浓度的增加而增加，但不同器官的积累量不同，依次为：根>胚轴>茎>叶，其中根部的 Cd 含量比基质浓度高 11.2～18.7 倍，表现出明显的富集效应。有的研究认为，红树林对重金属的净化主要是来自重金属的沉积作用，而吸收入植物体内的量相对较少。陈桂葵等（2005）在温室中建立了红树林植物白骨壤模拟滩涂系统，以研究重金属 Pb 在其中的分布、迁移及其净化，发现模拟系统对重金属 Pb 的净化效果显著，但加入系统中的 Pb 主要存留于土壤子系统中，很少迁移到植物体和凋落物中。

（二）物理修复

土壤重金属污染的物理修复技术是一项使用物理方法从土壤胶体上将重金属颗粒分离出来的技术。根据物理修复技术特征可将修复技术分为工程措施、隔离包埋法、电动修复、热处理修复、冰冻土壤修复、玻璃化技术等。

1. 工程措施

是指利用外来的重金属主要在土壤表层富集的特征，去除或者稀释受到重金属污染的土壤表层土后，利用下层耕作土壤或采用未被污染的土壤覆盖的方法。主要有客土、换土、去表土及深耕深翻等措施。

2. 隔离包埋法

该方法采用的是利用物理方法将被污染的重金属土壤与周围环境隔离开来，减少重金属对周围环境的污染或增加重金属的环境容量。为减少地表水下渗，可覆盖一层合成膜或者先铺一层水泥与石块的混合层置于污染土壤之上（何冰等，2001）。

3. 电动修复

是由美国路易斯安那州立大学研制出来的一种污染土壤净化的原位修复技术。原理是将电极对插入到受污染的土壤中，通直流电形成电场梯度，可使土壤中的污染物质（包括重金属离子及有机污染物）在电场的作用下向电极运输，主要是通过电迁移、电渗流或者电泳的方式带至电极的两端，系统有效的收集起来进行集中处理，达到修复污染土壤的目的，同时可将重金属进行回收再利用（Denisov 等，1996）。

4. 热处理修复

利用高频电压产生的电磁波与热能，加热土壤，让土壤颗粒内的污染物被解吸，使得土壤中的一些易挥发的重金属与土壤的分离速度加快，从而达到修复的目的（崔德杰等，2004）。美国一家 Hg 回收服务公司对 Hg 的回收利用进行了实验室和中型模拟试验研究，成功地在现场治理中得应用，同时开始了商业化的服务。

5. 冰冻土壤修复

该技术是在地下经合适的布置，将管道等距离的方式围绕在已知污染源周围并垂直放置，然后将对环境没有危害且有冰冻能力的溶剂送入进管道中以此来冻结土壤中存在的水分，形成地下的冻土屏障，防止土壤或者是地下水中的污染物进一步向外扩散的技术（赵景联，2006）。

6. 玻璃化技术

在高温高压条件下，放置遭受污染的土壤，形成稳定的玻璃态结构，使重金属固定而处于稳定的状态。该技术能够从根本上将土壤中重金属快速去除，但是工程量大同时费用也不低，所以通常只能是在重金属重污染区的抢救性修复中使用（徐龙君，2006）。

（三）化学修复技术

化学修复技术是以土壤和重金属的性质为原理，选择适当的化学修复剂添加到土壤中，通过对土壤重金属的吸附、氧化还原、沉淀或萃取，以期达到降低土壤中重金属的生物有效性或是将重金属萃取出来的目的（刘春阳，2005）。

1. 土壤固化/稳定化修复

是指防止或降低受污土壤释放有毒有害化学物质过程的一种修复技术，通常在无害化处理受重金属和放射性物质污染的土壤上应用较多。固化稳定化技术是两层含义。①固化：包被污染物，使其呈现出颗粒状或者是大块粒状，处于相对稳定的状态；②稳定化：将污染物转化，使其成为不易溶解、迁移的能力降低或毒理性状变小的状态，即通过降低污染物的生物有效性，达到其无害化或降低其对生态系统危害性的目的。

2. 化学萃取/淋洗修复

是指通过化学和物理的方法用一些萃取淋洗剂的水溶液，将土壤颗粒中的污染物质分离出来或解吸到淋洗液中进而去除的技术。根据修复的方式分为了原位土壤冲洗、异位土壤淋滤及异位反应器振荡淋洗等。①原位土壤冲洗：是指使用原位萃取液灌注和滤液回收而去除重金属的技术。应用于砂性土（透水性强）中，为了更方便地将冲洗出来的淋洗液抽出并处理，污染带应置于不透水土层之上。②异位土壤淋滤：将挖出的受污土壤在过筛之后堆积成土堆或土柱，为防止因洗出液的渗滤而污染到地下水，底下应加层衬垫。在重力作用下渗滤，使得土堆/土柱重金属随淋洗液的渗滤而淋洗出来，洗出液通过集液池收集后需再进行重金属的去除。③异位反应器振荡淋洗：挖掘出污染场地的土壤，通过筛分将土壤按粒径的大小进行分开处理，将细小的颗粒送入进反应器中，加淋洗剂进行振荡淋洗。

3. 氧化还原修复

通过对已污染的土壤添加氧化还原试剂，改变土壤中重金属离子的价态而降低重金属的毒性和迁移性。

（四）微生物修复技术

通过微生物、巨型藻类以及棉籽壳、蟹壳等动植物碎片的吸附作用建立起的生物吸附剂修复是处理重金属污染的有效手段，近年来国内外对于生物吸附剂处理重金属污染的研究重点依然集中在微生物上，重金属污染土壤的微生物修复技术主要有微生物吸附、微生物-植物联用以及化学钝化-微生物联用技术等，下面分别对其进行介绍。

1. 微生物吸附技术

微生物吸附技术是通过微生物对重金属的吸附作用改变重金属在土壤中的形态，进而影响其生物有效性，或使生物有效性降低从而使危害减小，或使其增强以便与其他技术联用修复，微生物对重金属的吸附可归纳为 3 类（蔡佳亮，2008）：细胞外吸附、细胞表面吸附和细胞内吸附。细胞外吸附是利用微生物分泌的糖蛋白、脂多糖和可溶性缩氨酸等细胞外多聚糖的负电荷基团实现对重金属的吸附（Veglio 等，1997；

Volesky, 2001）；细胞表面吸附指通过微生物细胞壁表面的官能团（如羧基、羟基、羰基、氨基、巯基、胍基、酰胺基、磷酰基、硫酸酯基和咪唑基等）与重金属的配位络合、离子交换、静电交感、氧化还原或生成无机微沉淀实现吸附（Lo 等，1999）；细胞内吸附是依赖活体微生物的新陈代谢使重金属经转运穿过细胞壁、细胞膜进入细胞内部，或被继续转运至一些亚细胞器（如线粒体、液泡等）沉淀，或被转化为其他物质形成生物积累实现对重金属的固定。微生物对重金属的吸附能力取决于微生物本身的性质（如吸附类型、活性位点数量、菌龄等）、重金属种类和价态，同时也受外界环境因素（如 pH、温度、共存污染物等）的影响（王建龙等，2010）。

重金属在土壤中存在多种形态。重金属形态是指重金属的价态、化合态、结合态和结构态 4 个方面，即某一重金属在环境中以某种离子或分子存在的实际形式。微生物能影响重金属在土壤中的形态及生物有效性。Desjardin 等（2002）发现铬污染土壤中存在的 Cr（VI）还原菌株（*Streptomyces thermocarboxydus*）能将 Cr^{+6} 还原成低迁移率的 Cr^{+3}，降低 Cr 的活性及毒性。Chai 等（2009）的研究表明营养充足时土著菌 *Pannonibacter phramitetus* 能使土壤中总 Cr^{+6} 减少 98%，可交换态和碳酸盐结合态 Cr^{+6} 分别减少 93% 和 82%。Jensen-Spaulding 等（2004）发现细菌胞外多聚物使 Cu 和 Pb 从土壤中释放的速率增加 2~4 倍，有利于下一步的修复。重金属污染土壤的微生物修复技术可从以下几方面加强研究：①应用分子生物学-基因工程学，尤其是细胞表面展示技术加强有高效修复能力的微生物的研究；②微生物对土壤中重金属形态分布的影响机理研究，影响形态分布的具体吸附类型，起作用的机制和官能团等；③微生物与其他修复技术的有效集成，如微生物-植物技术联用，化学钝化-微生物联用等。

2. 微生物-植物联用技术

重金属污染土壤的微生物-植物联合修复主要有两种形式，一种是通过微生物产生含 Fe 细胞、分泌生物表面活化剂及有机酸等提高金属在土壤中的移动性，促进植物吸收重金属；另一种主要通过与促进植物生长的根际细菌和菌根真菌关联性来提高植物的生物量，从而增加重金属的积累量。Chen 等（2005）研究表明从超积累植物海洲香薷根际分离出的菌株能增加土壤中水溶态 Cu 的含量，进而增加了 Cu 的生物有效性，该菌的存在使海洲香薷的枝和根对 Cu 的积累量分别增加了 2.2 倍和 2.5 倍；芦小军等（2010）研究了接种不同微生物对超积累植物印度芥菜修复土壤中 Cd、Pb、Zn 的作用效果，有 3 株菌能够活化土壤中的 Cd、Pb、Zn，使有效态含量显著增加，且提高了印度芥菜的生物量，增强了印度芥菜对土壤 Cd、Pb、Zn 吸收量。在今后的研究中，有必要筛选合适的微生物-植物组合，了解它们的作用机制，以便更好地调控重金属污染修复。

3. 化学钝化-微生物联用技术

除单纯微生物、微生物-植物联用修复以外，化学钝化-微生物联用也是当前重金属污染土壤修复研究的一个方向，化学钝化是指向土壤中添加钝化剂，通过吸附、沉淀、络合、离子交换和氧化还原等一系列反应，以降低污染物的生物有效性和可迁移性，从而达到修复目的的方法（Guo 等，2006）。常用的钝化剂可分为无机、有机及无机-有机混合钝化剂。

微生物与钝化剂联合施用能达到更好的修复效果。朱小娇（2010）研究表明草木灰与工程菌均能降低小麦籽粒对土壤 Cd 的吸收量，且两者联合施用效果更佳。对于化学钝化-微生物联合应用可从以下几方面入手探寻土壤重金属污染的治理途径：①掌握钝化修复机理，筛选固定能力强的钝化剂或研制应对多重金属复合污染的多功能复合钝化剂，考察钝化剂本身的环境效应及修复稳定性；②筛选或构建获得对重金属有强吸附力的微生物或能与钝化剂协同作用的微生物，研究化学钝化-微生物修复污染土壤过程中的作用机制；③考察化学钝化-微生物对重金属修复最佳效果的环境条件（pH、Eh 和有机质等），避免重金属再次活化被释放到环境中。

第二节　海水富营养化

海洋沉积物作为海洋环境中氮、磷的重要源和汇，对维持海洋生态平衡、修复失衡的海洋生态环境具有重要意义。随着陆源氮、磷与海水养殖废水的排放，水体中氮、磷浓度急剧的上升，其营养盐逐步富集至沉积物，造成了水体及沉积物都出现了富营养化现象（Conley 等，1997）。除陆源氮、磷的输入外，过高密度的悬浮性贝类增养殖也是引起滩涂底质环境开始出现富营养化的原因之一。由贝类介导的生物沉降虽然有利于有机物在底质中沉积（Haven 等，1972），但高密度悬浮性贝类增养殖滩涂区域水体交换受到限制，贝类所排出的粪便增加了底质中溶氧的大量消耗，在微生物的作用下，会加速硫的还原、增强反硝化、刺激硝酸盐还原为氨，这一系列的过程对生态环境造成显著影响，进而导致其他底栖生物数量和种类减少，同时使整个养殖生态系统的结构和功能发生改变。

一、滩涂富营养化现状及原因

2013 年《中国海洋环境质量公报》显示，海水中无机氮和活性磷酸盐含量超标导致了近岸局部海域的富营养化。2013 年夏季，呈富营养化状态的海域面积约 $6.5 \times 10^5 km^2$，其中重度、中度和轻度富营养化海域面积分别为 18 000km^2、16 810km^2 和 29 980km^2，重度富营养化海域主要集中在辽东湾、长江口、杭州湾、珠江口的近岸区域。

植物生产力和生产量增加，水体中溶氧大量被消耗，厌氧细菌迅速繁殖，引起底层海水出现无氧和缺氧状态，逐步演变成永久无氧区，生物多样性出现大幅度下降，导致滩涂底质生境退化（Heisler 等，2008；Meyer-Reil 等，2000；王迪迪等，2009；王迪迪等，2008）。据 2013 年《中国海洋环境质量公报》显示，近岸典型海洋生态系统如河口、海湾、滩涂、珊瑚礁、红树林和海草床等分别处于健康、亚健康和不健康状态的海洋生态系统约占 23%、67% 和 10%；另外，公报中还指出，苏北浅滩滩涂生态系统呈亚健康状态，其原因主要是由于苏北浅滩滩涂围垦，现有滩涂植被面积较上年减少近一半，浮游植物密度和浮游动物生物量高于正常范围，进而导致了滩涂生态系统退化的现象。

导致滩涂底质生境退化的因素较为复杂，但从本质上分析，主要由于滩涂底质系统物质和能量输入与输出不平衡所造成，与其自净能力弱、环境容量小、易形成物质（氮、磷及衍生的有毒有害物质）积累关系最为密切。

二、富营养化生物修复研究进展

（一）生物修复

生物修复是指利用生物特别是微生物，将存在于土壤、地下水和海洋等环境中的有毒、有害的污染物降解为二氧化碳和水，或转化为无害物质，从而使污染生态环境修复为正常生态环境的工程技术体系。生物修复的类型主要分为原位、易位及原位-易位联合 3 种生物修复。在已报道的研究中主要以原位修复为主，包括生物翻耕法、植物修复法、微生物修复、生物扰动法等。行之有效的海洋生物修复技术包括：红树林滩涂营造技术、滨海滩涂污染物消减技术、大型海藻水质净化技术、海水生态浮床技术、利用贝类或多毛类修复滩涂和浅海环境的技术。

（二）生物修复的研究进展

1. 植物修复

直接或间接利用植物去除污染物的技术被称为植物修复，主要通过 3 种机制去除环境中的有机污染物，即直接吸收、刺激植物根区微生物活性及增强根区的矿化作用。

（1）大型海藻修复。大型海藻因特殊的生理功能在研究高效去除氮、磷等污染物的富营养化防治技术中受到极大地推广。人们在海水养殖富营养化的治理研究过程中，发现大型海藻是海洋环境中非常有效的生物过滤器。将海藻与鱼虾贝类共养不仅可以提供资源，还有助于解决鱼虾贝类养殖中产生的富营养化问题，这一点引起了全世界科研人员的关注并开展了很多相关研究。近十几年来，国内外不但对海藻与鱼虾贝类共养进行了许多定性、定量的研究，还根据研究结果提出了综合养殖理论，并应用该理论进行了综合养殖体系的构建与实际应用。

江蓠属（*Gracilaria*）海藻是国内外研究较多的一类修复植物。国外科研人员发现 *G. tenuistipitata*，*G. verrucosa*，*G. chilensis* 等江蓠属植物可以利用鱼类养殖过程中产生的废物作为营养源，从而降低养殖水域中的氮磷浓度，对海水富营养化有很大的改善，而单位水体养殖的经济效益也有所提高。我国科研人员对细基江蓠繁枝变种（*G. tenuistipitata* var. *liui*）与纹缟虾虎鱼、脊尾白虾、中国对虾、刀额新对虾、中型新对虾、锯缘青蟹、马氏珠母贝等多种养殖动物进行了共养研究，结果表明混养江蓠可以吸收 CO_2 和鱼虾贝类的代谢废物，具有显著的增氧效果，改善养殖水质，稳定水体 pH 值，提高了单位养殖水域的经济效益。

除江蓠属海藻外，对紫菜属（*Porphyra*）和石莼属（*Ulva*）海藻的植物修复作用也研究较多，此外对海带属（*Laminaria*）、角藻属（*Fucus*）、麒麟菜属（*Eucheuma*）和浒苔属（*Enteromorpha*）海藻及红树等海洋植物的植物修复作用也进行了研究与探讨。从经济效益考虑，在海水养殖富营养化的植物修复中，可食用或可用作工业原料的、养殖技术成熟的海洋养殖藻类更受青睐。通过研究，科学家们认为通过栽培江蓠、紫菜、石莼等大型海藻可以真正意义上消除营养负荷，植物修复效果非常明显，是减轻海水养殖富营养化的一种有效途径。在此基础上，科学家们提出了综合养殖理论，并开展了一系列综合养殖系统（integrated aquaculture systems）、再循环养殖系统（recirculating aquaculture system）的筛选、构建、研究与实际应用，发现与单一养殖相比，海藻可减少排放到环境中的营养物质，增加养殖体系的可持续性，减少养殖用水量，降低对环境的负面影响，保持稳定安全的水质条件。

（2）陆生植物修复。因滩涂环境具有高盐和浸没的特性，在此环境特征中可生存的植物种类较少，因此较少陆生植物可供修复应用。目前，在滩涂岸基处能较好生存的植物有大米草（*Spartina anglica*）、互花米草（*Spartina alterniflora*）、海滨锦葵（*Kostelezkya virginias*）及海蓬子（*Salicornia bigelovii*）等。

大米草是盐沼滩涂先锋物种之一，中国于 1963 年引入，由于其适应高盐的生理学特点，已成为中国海岸带滩涂植被的优势群落之一。大米草区除了具有改善土壤结构，增加土壤透气性，减弱土壤厌氧呼吸的作用外，还可以大幅度地提高沙蚕（*Nereis succinea*）的生物量（赵清良等，1997；赵清良等，1993）。大米草具有发达的根系，可以适应较为复杂的生态环境，如土壤的盐度变化、潮汐周期、土壤中溶氧的剧烈变化等。大米草区除了具有较强的降解水体中有机物的能力外，还可以很大程度上分解和吸收大型植物的有机碎屑，从而平衡水体和沉积物的生态环境（Villar 等，2001）。另外，Sousa 等（2008）从应用大米草对河口生态修复的研究中发现，大米草主要对氮的吸收能力较强，可以有效地平衡滩涂底质中氮盐，达到降低水体富营养化的目的。大米草和互花米草因具有很强的生长优势且难以被清除的特点，被归类为入侵物种，因此应用到生态修复的研究领域备受广大学者争议。作者认为在滩涂环境较少植物生存的特殊环境条件下，合理地应用大米草和互花米草对生态环境的修复具有利大弊小的作用。例如，美国学者采用"梯田滩涂"技术种植互花米草及其他滩涂植被，对海岸浅海区域建造缓坡状滩涂加以保护，从而达到修复海岸带生态环境之目的（李加林等，2005）。

海蓬子具有耐盐碱胁迫的生理学特点，海滨锦葵自然分布于美国含盐沼泽，1992年被引入中国，在江苏海堤滩涂区多年栽种试验表明，该植物能较好地适应江苏滩涂沉积物环境，具有优良的耐盐碱能力，已被广泛地作为蔬菜、药材等开发利用（叶妙水等，2006；周泉澄等，2010）。海蓬子可以适应较大盐度范围的土壤环境，细胞内的各种反应产生超氧自由基、过氧化氢和单线态氧等，保护细胞膜、抵抗盐分胁迫造成的氧化逆境（Bowler等，1992；肖雯等，2000）。即使在不同盐度条件下，海蓬子也可以适应出新的耐盐机制（姜丹等，2008）。海蓬子也作为生物过滤器应用到海水养殖废水的营养盐去除研究中，且这种养殖与种植相结合的生态模式也日益得到人们的关注（Brown等，1999；郑春芳等，2012）。

海滨锦葵是一种全海水浇灌植物，能有效地利用养殖废水及海水中的营养盐，起到净化海水、改善和恢复滩涂沉积物的生态环境（姜丹等，2008；张美霞等，2007）。上述海蓬子及海滨锦葵虽具有较好的耐盐及吸收营养盐的能力，但对潮汐淹没生态适应性较弱，将其应用于滩涂修复仍具有一定的局限性。

2. 生物扰动修复

（1）生物扰动。生物扰动一般是指底栖动物由于摄食、建管、筑穴、避敌、爬行、排泄和迁移等行为造成沉积环境发生变化，进而影响营养盐在沉积物-水界面之间的迁移和转化，同时也影响有机物的分解和矿化颗粒态和溶解态物质迁移变化的过程，是滩涂环境一个重要的生态过程（Biles等，2002）。

（2）生物扰动研究进展。大量研究表明，近岸滩涂沉积物对介导地球生化循环和能量流动起着至关重要的作用（Levin等，2001）。而生存于沉积物环境中的底层大型动物对于沉积物的结构、底层-水界面的能量、微生物群落结构具有十分重要的影响，由此可见生物扰动作用对近岸滩涂底质环境甚至整个地球生态系统的贡献作用（Laverock等，2011）。

滩涂环境中典型的生物扰动中介主要有双壳类、环节动物蠕虫类（多毛类、寡毛类）、腹足类、小型甲壳类等底栖动物。大型底栖动物是底栖生态系统的一部分，其通过扰动和灌溉作用除了改变了沉积物的物理化学性质，同时还促进了硝化和反硝化作用（Meysman 等，2006）。

研究表明，底栖动物对沉积物的影响主要分为 3 个方面。

（1）底栖动物的扰动可以改变沉积物的结构，使沉积物密度降低，增加沉积物间隙水的营养盐通量（Riisgard 等，1998；Volkenborn 等，2012），而且在生物扰动的过程中，将大量高溶氧的上层水泵入底层，增加了底质环境的含氧量，提高了氧化还原电位，促进了氮、磷、硫的物质循环（Pelegri 等，1994；Satoh 等，2007；Shull 等，2009）。Shull 等（2009）研究认为，双壳类软体动物能够提高沉积物的有氧呼吸，多毛类环节动物则恰好相反，它可以大大促进氧气的吸收，但不能显著提高沉积物中的有氧呼吸作用。另外，掘穴动物的活动还能够增加沉积物与上覆水体接触的区域，携带营养物质、氧气及某些微生物进入沉积物深层，并可以在沉积物深层到表层间互相转移物质（Norling 等，2007）。

（2）生物扰动可以显著地改变沉积物中的微生物群落结构，尤其促进了氮循环功能菌的群落结构和丰度，从而显著提高沉积物中的硝化速率和反硝化速率（Satoh 等，2007；Stauffert 等，2014；Haven 等，2013）。多毛类环节动物扰动提高了上覆水体和沉积物的反硝化作用，其中约 79% 的反硝化作用由多毛类环节动物扰动造成，这一作用比双壳类软体动物活动的微环境中要高出 2 倍，推论认为多毛类环节动物通过反硝化作用转移硝态氮，而双壳类软体动物则主要促进了硝化作用过程（Pelegri 等，1994）。端足类甲壳动物对洞穴壁的硝化作用比表面沉积物高 3 倍，这是由于含有大量硝化细菌的内壁的微生物群落组成和化学特征所致，因此底栖动物对有机物质沉降和沉积物中氮的转移过程均具有重要影响（Fanjul 等，2007）。

（3）在底栖动物肠道、鳃、体表（壳）等部位，共存着复杂的微生物群落，且微生物群落在生物扰动的作用下，获得生命活动所需要的碳源、氮源、好氧微环境及厌氧微环境，由此产生营养盐的利用和消耗（Welsh 等，2004；Welsh 等，2015）。

目前，双壳贝类、多毛类及甲壳类等底栖动物被应用到生态环境的修复，在已报道的研究中利用沙蚕对沉积物的修复及其效果评价的方法较多（Honda 等，2002；江小桃等，2012；杨国军等，2012）。牛俊翔等通过投入一定密度的沙蚕对滩涂贝类养殖区底质中的硫化物进行修复，实验结果表明，沙蚕的扰动作用除显著提高沉积物中的氧化还原电位外，还增加了硫化物在底质与水体间的通量，从而使滩涂底质中的硫化物显著降低。陈慧彬等（2005）采用原位和异位修复生物的投放 ［毛蚶（*Scapharca subcrenata*）、青蛤（*Cyclina sinensis*）、沙蚕等底栖动物］对渤海典型海岸带滩涂沉积物进行生物修复，发现沙蚕摄食活动可促进底质形成微食物链，提高底质生物多样性和系统稳定性，且通过对底质粒度的分析，表明沙蚕的活动能有效地消耗底质中腐殖质，减少底质中的有机物微粒。

3. 微生物修复

（1）微生物修复。微生物修复主要通过微生物的作用清除土壤中的污染物，包括自然和人为控制条件下的污染物降解或无害化处理。主要采用生物刺激和生物强化两种手段来加速或加强微生物的修复过程。在生物地球化学物质循环当中，微生物是碳、氮、硫、磷等元素循环的关键促进者，其中氮素循环功能细菌涉及生物固氮、氨化、脱氨、硝化、反硝化等 8 个环节，其作用机制受到多种因素的影响。

（2）生物强化的研究进展。生物强化是向污染环境中间断地投入外源微生物、酶或培养基质等，使外源作用微生物在污染环境中生存并降解污染物的过程。微生态制剂主要由光合细菌、乳酸菌、酵母菌等多种微生物组成，在对富营养化水体的修复应用中可以有效地降低水体中的氮、磷含量。目前，针对沉积物环境修复主要集中在对氮循环功能细菌的研究，利用硝化-反硝化过程去除沉积物环境中富集的氮盐，对氮素循环发挥着极其重要的作用（Kumar 等，2013；Runner 等，1985），尤其反硝化作用在减轻海岸带地区的氮负荷方面有着十分重要的作用。利用微生物的反硝化作用去除地下水中过量的硝酸盐已有广泛的研究报道，但针对沉积物或土壤中的硝酸盐的去除研究较少，已有的研究报道仅限于菌株的分离或小规模地测试。刘咏等（2010）从巢湖滩涂土壤中分离筛选得到高效的异养反硝化细菌，结合蒲苇秸秆一同施用于硝酸盐污染的土壤，其硝酸盐降解能力达到90%。全为民等从长江沉积物中筛选分离出一株海洋反硝化细菌，模拟了该细菌对硝酸盐氮的去除效率，室内实验证实细菌具有较强的反硝化作用，能在一周内将90%的硝酸盐氮去除。

（3）生物刺激的研究进展。生物刺激是指利用土著微生物，提供其生长所需要的条件，诸如电子受体、载体以及营养物等，使土著微生物降解污染物的过程。

近年来，生物炭在土壤改良的研究中成为研究热点。生物炭主要是由植物在完全或部分缺氧的条件下经低温热解炭化产生的一类难溶性固态物质。生物炭可以改变土壤的理化形态（土壤的酸碱度、有机碳含量、阳离子交换量等），也可以改变沉积物中的营养物质循环，如温室气体 N_2O、CO_2 及 CH_4 等。研究还发现，生物炭的施用可以影响细菌的丰度及其群落结构（Khodadad 等，2011；Mermillod-Blondin 等，2005；Warnock 等，2010）。Berglund 等（2004）研究认为，生物炭可以吸附土壤环境中的一些不利于微生物硝化作用的物质如多酚或单菇类物质，因此生物炭的添加可以促进土壤中细菌的硝化作用。Song 等（2014）对滩涂积物添加生物炭后的氨氧化细菌（AOB）和氨氧化古菌（AOA）进行了研究，发现生物炭可以刺激沉积物细菌的氨氧化速率，并发现在此过程中 AOB 在细菌群落中占优势，但与硝化速率成正相关的却为 AOA。目前，诸多研究均表明，生物炭可以显著影响土壤中氨氧化菌的丰度和活性，但对氨氧化作用的影响仍存在广泛争议。这主要是由于 AOA 和 AOB 对环境应力和环境变化非常敏感，各类环境因子的变化都会影响其丰度和活性（Oishi 等，2012）。另外，研究人员开始尝试施用贝壳砂或生物炭对生境退化的沉积物进行改善，研究发现施用贝壳砂后，其理化性质和氮循环过程发生了极显著的变化，微生物群落也发生了显著的变化，其反硝化细菌的多样性有了进一步的提高（张小远等，2014）。

4. 生物翻耕修复

（1）生物翻耕。生物翻耕法是通过对污染土壤进行翻耕，提高土壤的通透性，创造污染物被氧化的条件，从而达到降低污染物含量的目的。

（2）生物翻耕的研究进展。土壤是微生物群落的载体，具有功能齐全的微生物群落，对污染的沉积物进行翻耕，使水层与沉积营养物质交换增加，提高沉积物的通气性，调整污染沉积物的酸碱度，并改善微生物的微环境（Boodhoo 等，1992）。陈聚法等（2005）采用翻耕和翻耕并筑池的生物修复方式对乳山湾西流区的富营养化滩涂进行了修复，结果表明生物翻耕修复区沉积物环境中的各项理化指标都有所改善，且修复区中的缢蛏（*Sinonovacula constricta*）生物量明显高于对照区。同样，马绍赛等（2005）采用了压沙和翻耕的物理方式对乳山湾菲律宾蛤仔（*Ruditapes philippinarum*）养殖老化滩涂进行了修复，比较了不同的压沙厚度和翻耕深度的修复效果，得出翻耕 40cm 并结合压沙 3cm 的效果最好。生物翻耕技术可操作性强、见效性的特点，但底栖生物及微生物群落在环境剧烈变化的条件下被大幅度地改变，该方法的使用还存在一定的争议。

第三节 持久性有机污染物

持久性有机污染物（Persistent Organic Pollutants，POPs）是指人类合成的能持久存在于环境中，并能通过生物食物链累积，对人类健康造成有害影响的化学物质。大部分 POPs 具有"三致作用"（致畸、致癌、致突变）和遗传毒性，能够影响生物体的免疫和内分泌系统，进而危害生态系统。与常规污染物不同，它们易挥发，并在大气中迁移，具有"蚱蜢效应"和"全球蒸馏效应"。POPs 的全球性污染已成为继全球变暖、臭氧层破坏之后的第三大污染事件。滩涂，特别是河口区域是陆源物质输运到海洋的过渡地带，是 POPs 迁移转运过程中的一个重要的"汇"。

多氯联苯、多环芳烃和有机氯农药具有的较强憎水亲脂性，输送到海洋环境中的这些有机化合物易被悬浮颗粒物所吸附而携入海底，因此其主要是结合在沉积物中。由于沉积物是有机污染物的"汇"，吸附在沉积物中的污染物可能会重新释放进入到水和生物体中对环境造成二次污染。近年来，阻燃剂作为一种新型的POPs，也成为科研工作者研究的重点。

研究有机污染物在沉积物中的分布特征和影响因素一直是海洋环境科学的一个重要的内容。国内外研究人员对海洋环境中不同区域的沉积物，包括港湾、入海口，近岸海域沉积物中多氯联苯、多环芳烃和有机氯农药的来源、含量水平、组成特征和影响因素已做过大量的研究，反映了所研究特定区域的污染特征。

一、多氯联苯

大量的研究表明，近岸或沿海海洋沉积物中的多氯联苯主要来源于陆域的点源和/或面源径流输入。美国NBSP项目的研究表明：人口密集区附近海湾，如旧金山湾、San Diego湾和Elliott湾中表层沉积物的多氯联苯含量为最高；多氯联苯中值区为人口密度较低区域附近的海湾，如Monterey湾、San Pablo湾和Commencement湾；而Oregon和Alaska附近海湾的多氯联苯为最低（Brown等，1998）。Barakat等（2002）对埃及亚力山大港附近海域的研究中发现，港内沉积物中的多氯联苯含量（1 210ng/g)明显高于港外（0.9~2.8ng/g）。韩国和新加坡沿海沉积物中多氯联苯的含量范围分别为0.088~199ng/g和1.4~329.6 ng/g，港口和工业区附近沉积物中多氯联苯的含量明显高于其他区域。陈满荣等（2003）对长江口潮滩沉积物中多氯联苯的研究中发现，排污口附近的站点明显高于其他岸段，近岸排污是多氯联苯的主要来源。大连湾沉积物中多氯联苯的含量范围为0.040~3.230 ng/g，其中靠近大连港及附近厂家的测点为最高，显示出点源的污染特征（刘现明等，2001）。目前，我国近岸海域沉积物多氯联苯含量较高的区域是锦州湾、青岛附近海域（0.65~32.9 ng/g；杨永亮等，2003)、大亚湾（0.85~27.4 ng/g；Zhou等，2001）和珠江三角洲（6.0~290ng/g；Fung等，2005），均超过了23ng/g的沉积物质量标准（Long等，1995），而其他海区含量相对较低。

影响沉积物中多氯联苯分布、迁移的因素较多，如沉积物的有机碳和粒度，沉积环境特征和间隙水等。其中沉积物中的有机碳含量和颗粒的粒径对多氯联苯的吸附影响最大。一般认为，多氯联苯等一些憎水性的有机化合物可被颗粒外或内表面的有机物质所吸附（Pignatello，1998），而颗粒的粒度越小，比表面积越大，更利于吸附。海洋沉积物中的多氯联苯与有机碳之间呈显著相关性已有一些报道（Lee等，2001）。但也有学者在研究Saglek湾沉积物时发现，多氯联苯与有机碳呈弱相关甚至负相关，多氯联苯含量最高沉积物中的有机碳含量却最低（<0.1%），认为这与多氯联苯的输

入机理，沉积物的物理特性和近岸环境特征等诸多复杂因素有关（Kuzy 等，2005）。长江口潮滩沉积物中的多氯联苯与有机碳和粒度之间也未呈较好的相关关系，可能与该研究区域复杂的污染来源有关（杨毅，2002）。因此，海洋沉积中的多氯联苯含量与沉积物理化参数之间的关系具有较复杂的区域特征。

二、多环芳烃

多环芳烃输入到近岸海洋环境的主要途径有：城市径流、废水排海、工业排放、大气沉降、交通和矿物燃料生产中泄漏等。

由于多环芳烃具有憎水的特点，海洋沉积物成为其主要的汇。由于分布广泛，世界许多地区的海洋沉积物中都能检测出多环芳烃，其含量水平具有明显的区域特征。

国内研究人员对我国海湾、入海口、潮滩等沉积物中的多环芳烃也做了大量分布和污染追踪的研究。林秀梅等（2005）对渤海表层沉积物多环芳烃的研究结果表明，各区域中多环芳烃含量由高到低依次为秦皇岛沿岸（202.2~2079.4ng/g）、辽东湾（31.2~652.9ng/g）、莱州湾（24.7~139.2ng/g）、辽东半岛近岸（28.4~52.0ng/g）、外海海区（25.6~47.0 ng/g）和渤海湾近岸（24.7~34.6ng/g），高值区位于秦皇岛港口区。胶州湾沉积物中多环芳烃含量范围为 82~4576ng/g，其分布趋势是东部（毗邻工业集中、人口密集的青岛市区）高于西部，以海泊河入海口处最高（杨永亮等，2003）。大连湾附近海域沉积物中多环芳烃含量为 32.70~3 558.88ng/g，以大连港附近海域最高，呈现出明显的点源特征（刘现明等，2001）。

影响海洋沉积物中多环芳烃的迁移转化因素很多，其中沉积物有机碳含量和颗粒粒径的影响最大。沉积物的颗粒越大，有机质含量越低，吸附量越小，而颗粒物的大小对吸附产生影响的原因是其所含的有机质含量多少造成的。Jeffrey（2000）发现多环芳烃在 Milwaukee 港口沉积物中的分布与颗粒的粒径大小有关。Di Toro（1991）认为沉积物中的有机碳是控制多环芳烃含量的最重要因素。爱尔兰 Cork 港表层沉积物中的多环芳烃与总有机碳之间呈显著相关（$R = 0.55$，$P < 0.05$），而与沉积物中小于 $63\mu m$ 的组分无相关性（Kilemade 等，2004）。杨永亮等（2003）在研究胶州湾表层沉积物时发现沉积物粒度与组成对胶州湾表层沉积物中多环芳烃的分布有一定的影响，但也有研究认为沉积物中的多环芳烃与沉积物有机碳呈无或弱相关性（Kucklick 等，1997）。Sanger 等（1999）在研究入海口沉积物时也发现多环芳烃与 TOC 无相关性，认为研究区域中多环芳烃水平距污染源呈梯度衰减，而沉积物的特性与此无关；同时多环芳烃的大气输入也可能是原因之一。以上的研究表明，影响海洋特别是近岸沉积物中多环芳烃的分布和迁移的因素很复杂，有待于进一步的研究。

三、有机氯农药

有机氯农药如滴滴涕（DDT）、六六六（HCH）是一类具有内分泌干扰作用的持久性有机污染物（POPs），由于它们的持久性、毒性和生物累积性而受到环境科学界的广泛关注。在2001年通过的《关于持久性有机污染物的斯德哥尔摩公约》上，12种为首批受控的持久性有机污染物中除多氯联苯及二噁英外，大部分都为有机氯农药。

有机氯农药可以通过工业废水及生活污水的排放、农业径流、大气的干湿沉降（降尘及降雨）、土壤侵蚀等途径进入湖泊和海洋，因为它难溶于水，所以很容易被水体中的悬浮颗粒物质（如矿物、生物碎屑和胶体等）吸附，并随着重力沉降等物理化学作用进入沉积物中，从而在水底的沉积物中富集。研究表明，沉积物中有机氯农药的含量远较水体中高，沉积物被认为是陆源污染物迁移转化的归宿地与积蓄库。因为有机氯农药难以降解，在自然环境中存在可以长达数十年甚至上百年，因此赋存于沉积物中的有机氯农药将对底栖动物和水体生态环境产生长期的影响。底栖动物由于对疏水性污染物有较强的吸收能力，再加上其移动能力较差、生活方式比较固定，而成为有机氯杀虫剂污染监测较为理想的指示生物。

有报道指出，在土壤沉积物中的有机氯污染物浓度低于检测限的情况下，仍可以在贻贝（*Mytilus edulis*）体内检测到较高含量的有机氯成分（Cleemann等，2000）。Berge等（1996）的研究表明，螃蟹（*Cancer pagurus*）在体内累积的有机氯污染物含量可以达到土壤沉积物中含量的100倍以上。对双壳类软体动物的研究表明，一些种类软体动物软组织中有机氯杀虫剂的含量可以有效地反映出环境中污染物的水平（Nhan，1999；Scanes，1996）。另外一些研究表明，由于亲脂的特性，底栖动物体内的有机氯杀虫剂主要累积在脂质中（Cleemann，2000）。

目前，针对有机氯农药污染土壤修复的技术研究主要包括生物（植物/微生物）修复、化学氧化/还原、化学淋洗等。

（一）植物/微生物修复

植物修复受有机氯农药污染土壤的机理非常复杂，在修复中经历的过程可能包括吸附、吸收、转移、降解、挥发等，是一种原位处理污染土壤的方法，具有操作简单、应用成本低、生态风险小、对环境的改变少等特点。

综合分析植物修复受有机氯农药污染土壤的机理，主要有3种：植物直接吸收有机氯农药后转移或分解；植物释放分泌物和特定酶降解土壤环境中的有机氯农药；植物促进根际微生物对土壤环境中有机氯农药的吸收或利用转化。

1. 植物直接吸收和转运有机氯农药

植物吸收是兼永久性和广域性为一体的植物修复途径，已成为国内外利用植物去除环境污染物的有效方法，它主要是利用专性植物吸收一种或几种污染物，并将所吸收的污染物进行转移并贮存在植物体内，在收获后对植物进行处理，从而达到修复受污染环境的目的（Liste，2000）。例如，利用胡萝卜吸收 DDT 后再收获胡萝卜，干燥后再完全燃烧。在这个过程中，有机氯农药离开土壤基质进入脂含量高的胡萝卜根中，将有机氯农药直接束缚在植物体内（董洪梅，2011）。土壤中的有机氯农药被植物直接吸收后的另一种去向则可能是在根部累积后经木质部转运至植物茎叶部分，随后从叶表挥发或被吸附于叶表面，由于叶表面具有较大面积的富脂性表皮，因此也具有一定富集有机氯农药的能力（徐汉卿，1996）。此外，植物还可将有机氯农药分解成没有毒性的代谢中间体储存在植物组织中或将其直接利用或分解成为氯离子、二氧化碳和水等最终产物。

目前，对于利用植物体吸收、转化和降解土壤中有机氯农药的研究尚处于验证阶段，其转化过程和机理亟待进一步研究。

2. 植物释放分泌物去除有机氯农药

植物根系对土壤中有机氯农药的吸收强度不大，它对受有机氯农药污染土壤的修复，主要是依靠根系分泌物和酶对有机氯农药产生的络合和降解等作用来降解有机氯农药（万大娟，2007；Garrison，2000）。

由植物根系分泌物主动营造的根际微域环境是有机氯农药生物可利用性提高及毒性得以削减的重要原因。植物通过释放到根际环境中的分泌系统可分泌一些能降解特定有机氯农药的酶来实现直接降解相关的有机氯农药，而且植物在根死亡后，向土壤中释放的分泌物仍可以持续发挥分解作用。研究表明，脱卤酶可降解含氯的有机氯农药，生成氯离子、水和二氧化碳（Schnoor 等，1995）。

根系分泌物还具有可以改变有机氯农药在土壤中吸附能力的特性，促进其与腐殖酸等土壤中有机物质的共聚作用，通过增加其在环境中的吸附量来提高植物对它的吸收转运能力，如南瓜、甜瓜等植物能分泌一种能与 2，3，7，8-TCDD 等有机氯农药结合并增加其水溶性的物质，从而提高其被植物吸收转运的能力（Campanella，2000）。

3. 根际强化作用

由于土壤中植物根系的存在，增加了微生物的活性、生物量和生活范围。国内外研究结果显示，微生物在根际环境与非根际环境中的差别很大，这种微生物在数量和活动上的增长，很可能是使根际环境中有机氯农药代谢降解的因素。Henner 等的研究表明，根际微生物可以加速许多农药以及三氯乙烯的降解。魏树和等（2003）的研究表明，菌根表面菌丝体向土壤中的延伸，极大地增加了植物根系吸收的表面积，有些甚至可使表面积增加 46 倍。

植物根际微域的研究表明，植物与微生物共同配合能明显提高修复效果。目前比较成熟的方法是专性微生物与特异性植物相结合的生物修复技术。如 Katayama 和 Matsumural（1993）研究了根际真菌降解对多种有机物如五氯酚、DDT 的降解，证实了根际微生物能对有机污染物的降解起作用，其降解原因可能是植物根系分泌物刺激了微生物的活动。

（二）氧化/还原修复

1. 高级氧化技术（Advanced Oxidation Process，AOPs）

高级氧化技术主要是基于化学反应生成强氧化性的羟基自由基（OH）等，来降解环境介质（水体/土壤）中难降解有机污染物的一类技术。AOPs 主要包括 Fenton 技术、光催化氧化、电化学氧化、超声降解等。对于水体中各类污染物，以上 AOPs 技术均有广阔的应用前景。但对于土壤中的有机污染，各种技术的应用会受到不同程度的限制，如光催化氧化由于光透性等原因，无法处理深层污染土壤，因而受到关注较少。

近来利用 AOPs 技术处理土壤中的有机氯农药受到了研究者的关注。如 Villa 等研究了 Fenion 技术对长期污染土壤中 DDT 和 DDE 的降解，发现以含铁矿石为催化剂时 Fenton 反应对 DDT 和 DDE 的降解较差；而加入 3mmol/L 溶解态铁时，反应 6h 后 DDT 和 DDE 的降解率分别达到 53% 和 46%。Zhao 等利用 α-Fe_2O_3 和 TiO_2 为光催化剂来催化降解土壤上吸附的 γ-HCH，考察了催化剂种类和剂量对紫外光降解 γ-HCH 的效果。土壤上负载 α-Fe_2O_3（质量含量 0~10%）和 TiO_2（0~2%）均能促进污染物的降解。

2. 化学还原技术

化学还原技术处理有机氯农药的主要机理是通过加入还原剂引发化学反应，生成强还原性的物种（如原子氢 H·、Fe^{2+} 等）来实现污染物的脱氯降解。零价铁（Zero valent Iron，ZVI）还原脱氯被认为是目前处理有机氯污染地下水/土壤的最具代表性和最有前景的技术，也是当前污染控制领域研究的热点。

ZVI 也常被选作理想的还原剂来处理有机氯农药污染土壤。如 Sayles 等利用零价铁粉处理 DDT、DDD 和 DDE，发现 ZVI 对三种物质均有理想的脱氯效果。Satapanajaru 等比较了经不同预处理之后的锻造废铁屑对水相和土壤中 DDT 的降解。研究发现经 0.5mol/L HCl 预洗过的铁屑效果最佳。然而，由于化学氧化/还原技术很难实现药剂的回用，处理成本较高，且受土壤性质特别是有机质影响比较显著。例如对于高有机质含量土壤，Fenton 试剂的过量消耗将急剧增加处理成本，零价铁的处理效果也会受到显著抑制。

（三）化学淋溶修复

化学淋洗的主要技术手段在于向污染土壤中加入溶剂或化学助剂，因此提高污染土壤中污染物的溶解性和迁移性。这种溶剂或化学助剂应该具有增溶、乳化效果，或能改变污染物的化学性质。

土壤淋洗最初的优势表现在对重金属快速有效的去除上，随着化学淋洗的发展，对于高浓度有机物特别是难溶性的疏水有机物（Hydrophobic organic chemicals，HOCs）污染的土壤，化学淋洗也被认为是具有应用前景的技术之一。对 HOCs 具有增溶和强化解吸效果（增效作用）的淋洗剂主要包括有机助溶剂、环糊精和表面活性剂等。

表面活性剂是目前受关注最多，应用最为广泛的一类化学淋洗剂。表面活性剂对土壤中 HocS 的淋洗作用主要通过在溶液中形成胶束来提高 HOCS 在水相中的溶解度，从而降低污染物在土壤上的吸附。有机助溶剂在土壤化学淋洗过程中的增效作用主要通过以下过程来实现：一是显著降低土壤/水的界面张力，促进 HOCs 向水相中的溶解；二是助溶剂加入后降低了污染物同土壤/沉积物之间的黏滞性。两种作用均可增加污染物的可移动性。

针对有机氯农药污染土壤的淋洗剂以表面活性剂、环糊精衍生物和有机助溶剂三类为主。如 Evdokimov 等（1998）发现用 3%和 5%的 Igepal ICO-630/TX-114 混合液分别解吸 5h 和 3h 后，土壤中 93%以上的 DDT 可以得到去除。Smith 等（2004）比较了多种表面活性剂和有机助溶剂对实际污染土壤中 DDT 的解吸效果，3 种有机助溶剂的解吸次序为 50%1-丙醇>50%乙醇>50%甲醇；同时 DDT 的解吸效果随 1-丙醇的浓度的增加而显著提高。

此外化学淋洗还常与其他技术联用，来实现污染土壤中有机氯农药的去除或降解。例如，Juhasz 等研究了化学淋洗和生物吸附共同对 DDT 污染土壤的修复。批次解吸实验发现 40%和 80%的 1-丙醇能将土壤中 93%以上的 DDT 解吸下来。同时利用80%的 1-丙醇作为淋洗液，以 *Cladosporium* sp. strain AJR[3]18，501 作为生物吸附材料对淋洗液进行后处理，发现土壤中 95%的 DDT 被转移到生物吸附材料中，实现了淋洗剂的回用。

（四）阻燃剂

为降低人类生活环境的燃烧风险，阻燃剂被广泛应用于建筑材料、汽车、船舶、航空、电子产品、塑料制品、家装饰品和纺织品中。其中多溴联苯醚（PBDEs）曾是应用广泛的、重要的有机阻燃剂，其阻燃效果好、生产成本低以及生产工艺简单，用以改善塑料制品的物理、化学性质。20 世纪 90 年代科研工作者逐渐发现了 PBDEs 的长距离迁移性、生物毒性和环境风险，许多国家和地区对 PBDEs 的生产和使用进行了限制（罗孝俊等，2009）。

我国是溴代阻燃剂生产和使用大国，近年来我国也逐渐在各种环境介质中检测出溴代阻燃剂。根据报道，我国在广州贵屿和浙江台州等地 PBDEs 污染比较严重。陈香平等（2012）对浙江台州电子垃圾拆解地附近的水和沉积物进行检测，研究发现环境样品中均检出 PBDEs，距离电子垃圾拆解池越近，PBDEs 污染越严重，样品中的 PBDEs 同系物里 BDE209 的含量最大，可能由于我国商业中大量使用十溴联苯醚，更为重要的是当地对电子垃圾的粗放式排放已经造成严重的 PBDEs 污染，可能会危害到人体健康。广州贵屿的 PBDEs 污染史为严重。Deng 等（2007）通过对广州贵屿地区南阳河岸中沉积物进行研究，发现检测出的 PBDEs 同系物浓度范围是高于国外地区报道的 100 倍，污染极其严重。除了广州贵屿和浙江台州外，我国珠江三角洲、渤海湾等主要水体和流域中都普遍存在溴代阻燃剂污染。局部地区 PBDEs 的含量甚至高达 7 500ng/g 环境样品，明显高于北美、欧洲等地区。

1. 溴代阻燃剂控制与修复

由于含溴代阻燃剂的化工产品的大量使用，及其难以降解的特性，导致溴代阻燃剂无法在环境介质中充分自净，在环境介质以及生物体内产生累积，对生态环境和生物体都会造成危害。因此，近几年关于如何控制和降解溴代阻燃剂物质成为了一个研究的热点。国内众多学者和机构研究了包括零价铁还原法、高分子聚合物脱溴还原法、过氧化氮氧化法、臭氧氧化法、白腐菌分解法、厌氧污泥分解法、紫外光降解法等在内的多种方法对溴代阻燃剂类物质进行控制和降解。

2. 植物修复

植物修复是指植物在生长过程中通过吸收、转化、分解等方式来去除污染物的过程，所选用的植物往往对某种有害物质具有较好的耐受性或较高吸收、转化能力，植物修复一般又可以分为植物提取、植物挥发和植物固定三个方面（唐世容，1999）。

目前，关于植物修复 PBDEs 的研究是大家所研究的一个热点。吕俊等（2013）在研究杂交狼尾草对复合污染土壤中 BDE-209 修复效果时，经过 60 天的时间，发现土壤中 BDE-209 的降解率可以高达 60.73%，且表现出植物根际土壤的 BDE-209 的去除率>非根际去除率>无植物去除率。Huang 等（2009）研究不同植物对土壤中多溴联苯醚的修复效果时，60 天后发现不加植物的空白组中的 BDE-209 的降解率在5%以下，而植物处理组中的污染物的降解率则达到了 12.1%~38.5%，说明了植物的种植可以明显提高土壤中 BDE-209 的去除率。刘京等（2012）利用狼尾草等 6 种植物修复 BDE-209 污染的土壤，历经 60 天的时间，土壤中污染物的去除率也可以达到 40.44%。

3. 微生物降解

微生物处理技术由于其相对低廉的运行成本，成为目前一种常用的污染物降解技术。生物降解阻燃剂一直以来也是阻燃剂降解研究的一个重要方向。阻燃剂的微生物降解主要可以分为厌氧降解和好氧降解两类。

4. 厌氧生物降解

大量的研究表明，厌氧生物降解是实现卤代化合物还原脱卤的关键步骤。

厌氧菌在适合的环境下逐渐使溴代阻燃剂（PBDEs）类物质发生脱溴取代反应，使其不断向低溴代同系物转化，从而实现降解。Gerecke 等（2005）观察发现，多溴联苯醚的厌氧降解符合准一级反应动力学。Robrock 等（2008）研究发现溴的取代位置会影响厌氧降解 BDE-209 的难易程度，优先发生脱溴反应顺序为：间位>对位>邻位，厌氧降解对高溴代 PBDEs 效果优于低溴代同系物。

但是厌氧条件下 PBDEs 降解速率较慢和降解后产物毒性增加是这一降解方法的最主要问题。

5. 好氧微生物降解

好氧降解方面，联苯醚物质可被很多能降解芳香环的细菌所降解，其主要代谢途径是通过 2，3 双加氧酶攻击 2，3 碳键，生成 2，3-二羟基联苯醚，然后邻位或间位裂解开环，一些细菌菌株如假单胞菌 *Cruciviae* 通过邻位开环降解 2，3-二羟基联苯醚，生成苯酚和 2-苯氧基粘康酸，而另一些细菌如假单胞菌 *Cepacia* 可通过间位开环生成 2-羟基-4-苯氧基粘康酸或 2-吡喃酮-6-羧酸，另外一些好氧真菌如 *Curminghamella echinulata* 也可以通过羟基化作用对 PBDEs 进行一定降解，研究表明好氧降解对于低溴代 PBDEs 效果较好，而高溴代同系物则难以被降解。

为了克服上述好氧和厌氧降解的一些不足，Hundt（1999）提出使用厌氧-好氧联用技术对 PBDEs 进行降解，取得了不错的效果。

参考文献

蔡海洋，曾六福，方妙真，等.2011. 闽江口塔礁洲湿地重金属的分布特征 [J].
　　福建农林大学学报：自然科学版，40（3）：285-289.

蔡佳亮，黄艺，礼晓.2008. 生物吸附剂对污染物吸附的细胞学机理 [J]. 生态
　　学杂志，27（6）：1005-1011

陈桂葵，陈桂珠.2005. 白骨壤模拟湿地系统中 Pb 的分布、迁移及其净化效应
　　[J]. 生态科学，24（1）：28-30.

陈桂葵，陈桂珠.2005. 模拟分析白骨壤湿地系统中 Ni 的分配循环及其净化效果

［J］. 海洋环境科学, 24（4）：16-19.

陈惠彬. 2005. 渤海典型海岸带滩涂生境, 生物资源修复技术研究与示范 ［J］.
海洋信息（3）：20-23.

陈聚法, 张东杰, 宋建中, 等. 2005. 乳山湾缢蛏养殖老化滩涂的修复研究 ［J］.
渔业科学进展, 26（5）：57-61.

陈满荣, 俞立中, 许世远, 等. 2003. 长江口潮滩沉积物中 PCBs 极其空间分布
［J］. 海洋环境科学, 22（2）：20-23.

陈守莉, 孙波, 王平祖, 等. 2007. 污染水稻土中重金属的形态分布及其影响因
素 ［J］. 土壤, 39（3）：375-380.

陈振楼, 许世远, 柳林, 等. 2000. 上海滨岸潮滩沉积物重金属元素的空间分布
与累积 ［J］. 地理学报, 55（6）：641-649.

崔德杰, 张玉龙. 2004. 土壤重金属污染现状与修复技术研究进展 ［J］. 土壤通
报. 35（3）：366-370.

董洪梅, 万大娟. 2011. 有机氯农药污染土壤的植物修复机理研究进展 ［J］. 现
代农药, 10（6）：7-9.

范拴喜, 甘卓亭, 李美娟, 等. 2010. 土壤重金属污染评价方法进展 ［J］. 中国
农学通报, 26（17）：310-315.

高会旺, 张英娟, 张凯. 2002. 大气污染物向海洋的输入及其生态环境效应 ［J］.
地理科学进展, 17（3）：326-330.

何冰, 杨肖娥, 魏幼璋, 等. 2001. 铅污染土壤的修复技术 ［J］. 广东微量元素
科学, 8（9）：12-17.

胡锡永, 赖子尼, 赵元凤, 等. 2011. 珠江河口重金属镉的含量与分布的季节特
征 ［J］. 中国水产科学, 18（3）：629-635.

黄华瑞, 庞学忠. 1992. 潮海西南部潮间带沉积物中的重金属 ［J］. 海洋科学,
5：44-47.

江小桃, 谭烨辉, 柯志新, 等. 2012. 投放双齿围沙蚕和马尾藻对养殖底泥上覆
水氮, 磷含量的影响 ［J］. 热带海洋学报, 31（4）：129-135.

姜丹, 李银心, 黄凌风, 等. 2008. 盐度和温度对北美海蓬子在厦门海区引种以
及生长特性的影响 ［J］. 植物学通报, 25（5）：533-542.

雷鸣, 廖柏寒, 秦普丰. 2007. 土壤重金属化学形态的生物可利用性评价 ［J］.
生态环境, 16（5）：1551-1556.

李加林, 杨晓平, 童亿勤, 等. 2005. 互花米草入侵对潮滩生态系统服务功能的
影响及其管理 ［J］. 海洋通报, 24（5）：33-38.

李勤奋，李志安，任海，等.2004. 湿地系统中植物和土壤在治理重金属污染中的作用 [J]. 热带亚热带植物学报，12 (3)：273-279.

李取生，楚宿，石雷，等.2007. 珠江口滩涂湿地土壤重金属分布及其对围垦的影响 [J]. 农业环境科学学报，26 (4)：1422-1426.

李山泉，杨金玲，阮心玲，等.2014. 南京市大气沉降中重金属特征及对土壤环境的影响 [J]. 中国环境科学 (1)：22-29.

李香平.2012. 浙江台州地区多溴联苯醚污染现状和日摄入量研究 [D]. 温州：温州医学院.

林秀梅，刘文新，陈江麟，等.2005. 渤海表层沉积物中多环芳烃的分布与生态风险评价 [J]. 环境科学学报，25 (1)：70-75.

林志芬，钟萍，殷克东，等.2003. 秋茄对镉-甲胺磷混合物的吸收累积及致毒作用 [J]. 生态科学，22 (4)：346-348.

凌敏，刘汝海，王艳，等.2010. 黄河三角洲柽柳林场湿地土壤重金属空间分布特征及生态学意义 [J]. 海洋湖沼通报 (4)：41-46.

刘昌岭，张经.1996. 颗粒态重金属通过河流与大气向海洋输送 [J]. 海洋环境科学，15 (4)：68-76.

刘春阳，张宇峰，崔志强，等.2005. 土壤中重金属污染修复的研究进展 [J]. 江苏环境科技，18：139-141.

刘京，尹华，彭辉，等.2012. 狼尾草等 6 种植物对十溴联苯醚污染土壤的生理响应及其修复效果 [J]. 农业环境科学学报，31 (9)：1745-1751.

刘霞，刘树庆，王胜爱，等.2003. 河北主要土壤中 Cd 和 Pb 的形态分布及其影响因素 [J]. 土壤学报，40 (3)：393-401.

刘现明，徐学仁，张笑天，等.2001. 大连湾沉积物中 PAHs 的初步研究 [J]. 环境科学学报，21 (4)：507-509.

刘咏，毕井辉，陈干，等.2010. 巢湖芦苇湿地去除硝酸盐污染的调查与分析 [J]. 合肥工业大学学报 (自然科学版)，33 (3)：421-425.

刘志杰，李培英，张晓龙，等.2012. 黄河三角洲滨海湿地表层沉积物重金属区域分布及生态风险评价 [J]. 环境科学，33 (4)：1182-1188.

芦小军，李博文，杨卓，等.2010. 微生物对土壤 Cd，Pb 和 Zn 生物有效性的影响研究 [J]. 农业环境科学学报 (自科学版)，29 (7)：1315-1319.

吕俊，尹华，叶锦韶，等.2013. 杂交狼尾草对土壤锌/十溴联苯醚复合污染的生理响应及修复 [J]. 农业环境科学学报，32 (12)：2369-2376.

罗先香，田静，杨建强，等.2011. 黄河口潮间带表层沉积物重金属和营养元素

的分布特征 [J]. 生态环境学报, 20 (5): 892-897.

马绍赛, 辛福言, 张东杰, 等. 2005. 乳山湾菲律宾蛤仔养殖滩涂老化修复实验研究 [J]. 海洋水产研究, 26 (2): 59-61.

宋金明, 张默, 李学刚, 等. 2011. 胶州湾滨海湿地中 Li、Rb、Cs、Sr、Ba 及碱蓬 (Suado salsa) 对其的 "重力分馏" [J]. 海洋与湖沼, 42 (5): 670-675.

汤奇峰, 杨忠芳, 张本仁, 等. 2007. 成都经济区 As 等元素大气干湿沉降通量及来源研究 [J]. 地学前缘, 14 (3): 213-222.

唐世荣. 1999. 植物修复技术与农业生物环境工程 [J]. 农业工程学报, 15 (2): 21-26.

万大娟, 贾晓珊, 陈娴. 2007. 多氯代有机污染物胁迫下植物某些根分泌物的变化 [J]. 中山大学学报 (自然科学版), 45 (1): 110-113; 118.

王迪迪, 孙耀, 石晓勇, 等. 2008. 乳山湾东流区沉积物中不同形态磷的分布特征 [J]. 生态学报, 28 (5): 2417-2423.

王迪迪, 孙耀, 石晓勇, 等. 2009. 乳山湾东流区沉积物中氮形态的分布特征 [J]. 海洋环境科学, 28 (6): 639-642.

王建龙, 陈灿. 2010. 生物吸附法去除重金属离子的研究进展 [J]. 环境科学学报, 30 (4): 673-700.

魏树和, 周启星, 长凯松, 等. 2003. 根际圈在污染土壤修复中的作用与机理分析 [J]. 应用生态学报, 14 (1): 143-147.

吴曼, 徐明岗, 徐绍辉, 等. 2011. 有机质对红壤和黑土中外源铅锡稳定化过程的影响 [J]. 农业环境科学学报, 30 (3): 461-467.

肖雯, 贾恢先. 2000. 几种盐生植物抗盐生理指标的研究 [J]. 西北植物学报, 20 (5): 818-825.

徐汉卿. 1996. 植物学 [M]. 北京: 中国农业出版社.

徐龙君, 袁智. 2006. 土壤重金属污染及修复技术 [J]. 环境科学与管理, 31 (8): 67-69.

杨国军, 关宇, 宋永刚, 等. 2012. 多毛类沙蚕在沿岸海洋污染环境中的生物修复作用 [J]. 河北渔业, 8: 50-55.

杨毅. 2002. 长江口潮滩含氯有机物的分布与 TOC、粒度的相关性 [J]. 上海环境科学, 21 (9): 530-532.

杨永亮, 麦碧娴, 潘静, 等. 2003. 胶洲湾表层沉积物中多环芳烃的分布及来源 [J]. 海洋环境科学, 22 (4): 38-43.

杨永亮, 潘静, 李跃. 2003. 青岛近海沉积物 PCBs 的水平和垂直分布及贝类污染

[J]. 中国环境科学, 23 (5): 515-520.

叶妙水, 钟克亚, 张桂和, 等. 2006. 盐生经济作物北美海蓬子与盐渍地生态环境改造 [J]. 草业科学, 23 (6): 6-14.

于瑞莲. 2009. 泉州湾潮间带沉积物中重金属元素的环境地球化学研究 [D]. 长春: 东北师范大学.

余国营, 吴燕玉. 1997. 土壤环境中重金属元素的相互作用及其对吸持特性的影响 [J]. 环境化学, 16 (1): 30-36.

张凤琴, 王友绍, 殷建平. 2005. 红树植物抗重金属污染研究进展 [J]. 云南植物研究, 27 (3): 225-231.

张经. 1994. 中国河口地球化学研究的若干进展 [J]. 海洋与湖沼, 25 (4): 438-445.

张美霞, 刘兴宽. 2007. 北美海蓬了引种盐城滩涂后生长条件和营养组成比较 [J]. 食品科技, 2007 (5): 104-106.

张晓晓. 2010. 黄河下游水体及河口湿地沉积物中重金属的变化特征研究 [D]. 青岛: 中国海洋大学.

赵景联. 2006. 环境修复原理与技术 [M]. 北京: 化学工业出版社.

赵清良, 赵强, 徐家铸. 1993. 启东双齿围沙蚕 (*Perinereis aibuhitensis*) 生物量变化规律的研究 [J]. 南京师大学报 (自然科学版), 16 (1): 55-60.

赵清良, 赵强. 1997. 大米草对双齿围沙蚕生境中土壤改良作用的研究 [J]. 生态学杂志, 16 (2): 28-30.

郑春芳, 陈琛, 彭益全, 等. 2012. 海水养殖废水灌溉对碱蓬和海蓬子生长和品质的影响 [J]. 浙江农业学报, 24 (4): 660-669.

郑文教, 林鹏. 1996. 深圳福田白骨壤群落 Cr、Ni、Mn 的累积及分布 [J]. 应用生态学报, 7 (2): 139-144.

郑喜坤, 鲁安怀, 高翔, 等. 2002. 土壤中重金属污染现状与防治方法 [J]. 土壤与环境, 11 (1): 79-84.

钟晓兰, 周生路, 黄明丽. 2009. 土壤重金属的形态分布特征及其影响因素 [J]. 生态环境学报, 18 (4): 1266-1273.

周泉澄, 华春, 周峰, 等. 2010. 毕氏海蓬子和盐角草幼苗抗氧化酶与渗透物质对海水浇灌的适应性研究 [J]. 中国草地学报, 32 (5): 101-105.

朱鸣鹤, 丁永生, 丁德文. 2006. 翅碱蓬体内重金属在不同生长期的分布于迁移 [J]. 中国环境科学, 26 (1): 110-113.

朱鸣鹤, 丁永生, 方飚雄, 等. 2009. 盐沼植物翅碱蓬对沉积物中磷环境化学行

为影响 [J]. 海洋环境科学, 28 (3): 275-278.

朱小娇. 2010. 施用工程菌和草木灰对污染土壤 Cd 形态和小麦生长的影响 [D]. 武汉：华中农业大学.

Amadofilho G M, Karez C S, Andrade L R, et al. 1997. Effects on growth and accumulation of zinc in six seaweed species [J]. Ecotoxicology and Environmental Safety, 37: 223-228.

Antibachi D, Kelepertzis E, Kelepertsis A. 2012. Heavy metals in agricultural soils of the Mouriki – Thiva area (central Greece) and environmental impact implications [J]. Soil and Sediment Contamination: an International Journal, 21 (4): 434-450.

Bai J, Huang L, Yan D, et al. 2011. Contamination characteristics of heavy metals in wetland soils along a tidal ditch of the Yellow River Estuary, China [J]. Stochastic Environmental Research and Risk Assessment, 25 (5): 671-676.

Baker A J M, McGrath S P, Sidoli C M D, et al. 1994. The possibility of in situ heavy metal decontamination of polluted soils using crops of metal-accumulating plants [J]. Resources, Conservation and Recycling, 11 (1-4): 41-49.

Barakat A O, Kim M, Qian Y, et al. 2002. Organochlorine pesticides and PCB residues in sediments of Alexandria Harbour, Egypt. Marine Pollution Bulletin, 44 (12): 1426-1434.

Berge J A, Brevik E M. 1996. Uptake of metals and persistent organochlorines in crabs (*Cancer pagurus*) and flounder (*Platichthys flesus*) from contaminated sediments: Mesocosm and field experiments [J]. Marine Pollution Bulletin, 33 (1 – 6): 46-55.

Berglund L M, DeLuca T H, Zackrisson O. 2004. Activated carbon amendments to soil alters nitrification rates in Scots pine forests [J]. Soil Biology and Biochemistry, 36 (12): 2067-2073.

Biles C L, Paterson D M, Ford R B, et al. 2002. Bioturbation, ecosystem functioning and community structure [J]. Hydrology and Earth System Sciences Discussions, 6 (6): 999-1005.

Bohnert H J, Nelson D E, Jensen R G. 1995. Adaptations to environmental stresses [J]. The plant cell, 7 (7): 1099.

Boodhoo D. 1992. Biofarming, a step towards sustainable agriculture [J]. Réduit Reporter, 1 (1): 29-30.

Bowler C, Montagu M, Inze D. 1992. Superoxide dismutase and stress tolerance [J]. Annual review of plant biology, 43 (1): 83-116.

Brown D W, McCain B B, Horness B H, et al. 1998. Status, correlations and temporal trends of chemical contaminants in fish and sediment from selected sites on the Pacific coast of the USA [J]. Marine Pollution Bulletin, 37 (1-2): 67-85.

Brown J J, Glenn E P, Fitzsimmons K M, et al. 1999. Halophytes for the treatment of saline aquaculture effluent [J]. Aquaculture, 175 (3): 255-268.

Cabrera F, Clemente L, Barrientos E D, et al. 1999. Heavy metal pollution of soils affected by the Guadiamar toxic flood [J]. Science of the Total Environment, 242 (1): 117-129.

Campanella B, Paul R. 2000. Presence, in the rhizosphere and leaf extracts of zucchini (Cucurbita pepo L.) and melon (Cucumis melo L.), of molecules capable of increasing the apparent aqueous solubility of hydrophobic pollutants [J]. International Journal of Phytoremediation, 2 (2): 145-158.

Caçador I, Vale C, Catarino F. 2000. Seasonal variation of Zn, Pb, Cu and Cd concentrations in the root-sediment system of Spartina maritima and Halimione portulacoides from Tagus estuary salt marshes [J]. Marine Environmental Research, 49 (3): 279-290.

Chai L, Huang S, Yang Z, et al. 2009. Cr (VI) remediation by indigenous bacteria in soils contaminated by chromium-containing slag [J]. Journal of hazardous materials, 167 (1): 516-522.

Chaturvedi A K, Mishra A, Tiwari V, et al. 2012. Cloning and transcript analysis of type 2 metallothionein gene (SbMT-2) from extreme halophyte Salicornia brachiata and its heterologous expression in E. coli [J]. Gene, 499 (2): 280-287.

Chen Y X, Wang Y P, Lin Q, et al. 2005. Effect of copper-tolerant rhizosphere bacteria on mobility of copper in soil and copper accumulation by Elsholtzia splendens [J]. Environment International, 31 (6): 861-866.

Cleemann M, Riget F, Paulsen G B, et al. 2000. Organochlorines in Greenland marine fish, mussels and sediments [J]. Science of the total environment, 245 (1): 87-102.

Cong M, Lv J, Liu X, et al. 2013. Gene expression responses in Suaeda salsa after cadmium exposure [J]. SpringerPlus, 2 (1): 232.

Conley D J, Stockenberg A, Carman R, et al. 1997. Sediment-water nutrient fluxes in the Gulf of Finland, Baltic Sea [J]. Estuarine, Coastal and Shelf Science, 45 (5): 591-598.

Dahmani-Muller H, Van Oort F, Gelie B, et al. 2000. Strategies of heavy metal uptake by three plant species growing near a metal smelter [J]. Environmental pollution, 109 (2): 231-238.

Deng W J, Zheng J S, Bi X H, et al. 2007. Distribution of PBDEs in air particles from an electronic waste recycling site compared with Guangzhou and Hong Kong, South China, Environment International, 33 (8): 1063-1069.

Denisov G, Hicks R E, Probstein R F. 1996. On the kinetics of charged contaminant removal from soils using electric fields [J]. Journal of colloid and interface science, 178 (1): 309-323.

Desjardin V, Bayard R, Huck N, et al. 2002. Effect of microbial activity on the mobility of chromium in soils [J]. Waste Management, 22 (2): 195-200.

Di Toro D M, Mahony J D, Hansen D J, et al. 1990. Toxicity of cadmium in sediments: the role of acid volatile sulfide [J]. Environmental Toxicology and Chemistry, 9 (12): 1487-1502.

Doni S, Macci C, Peruzzi E, et al. 2015. Heavy metal distribution in a sediment phytoremediation system at pilot scale [J]. Ecological Engineering, 81: 146-157.

Echeverria J C, Morera M T, Mazkiaran C, et al. 1998. Competitive sorption of heavy metal by soils. Isotherms and fractional factorial experiments [J]. Environmental Pollution, 101 (2): 275-284.

Elzahabi M, Yong R N. 2001. pH influence on sorption characteristics of heavy metal in the vadose zone [J]. Engineering Geology, 60 (1): 61-68.

Entry J A, Vance N C, Hamilton M A, et al. 1996. Phytoremediation of soil contaminated with low concentrations of radionuclides [J]. Water, Air, & Soil Pollution, 88 (1): 167-176.

Evdokimov E, von Wandruszka R. 1998. Decontamination of DDT-polluted soil by soil washing/cloud point extraction [J]. Analytical letters, 31 (13): 2289-2298.

Fanjul E, Grela M A, Iribarne O. 2007. Effects of the dominant SW Atlantic intertidal burrowing crab Chasmagnathus granulatus on sediment chemistry and nutrient distribution [J]. Marine Ecology Progress Series, 341: 177-190.

Fedotov G N, Omel'Yanyuk G G, Bystrova O N, et al. 2008. Heavy-metal distribution in various types of soil aggregates [C]. Doklady Chemistry. MAIK Nauka/Interperiodica, 420（1）: 125–128.

Garrison A W, Nzengung V A, Avants J K, *et al.* 2000. Phytodegradation of p, p'–DDT and the enantiomers of o, p'–DDT［J］. Environmental science & technology, 34（9）: 1663–1670.

Gerecke A C, Hartmann P C, Heeb N V, *et al.* 2005. Anaerobic degradation of deca-bromodiphenyl ether ［J］. Environmental science & technology, 39（4）: 1078–1083.

Giusti L. 2001. Heavy metal contamination of brown seaweed and sediments from the UK coastline between the Wear River and the Tees River ［J］. Environment International, 26: 275–286.

Guo G, Zhou Q, Ma L Q. 2006. Availability and assessment of fixing additives for the in situ remediation of heavy metal contaminated soils: a review. Environmental monitoring and assessment, 116（1）: 513–528.

Haven D S, Morales–Alamo R. 1972. Biodeposition as a factor in sedimentation of fine suspended solids in estuaries ［J］. Geological Society of America Memoirs, 133: 121–130.

Heisler J, Glibert P M, Burkholder J A M, *et al.* 2008. Eutrophication and harmful al-gal blooms: a scientific consensus ［J］. Harmful algae, 8（1）: 3–13.

Herrero R, Lodeiro P, Castro C R, *et al.* 2005. Removal of inorganic mercury from a-queous solutions by biomass of the marine macroalga Cystoseira baccata ［J］. Water Research, 39（14）: 3199–3210.

Honda H, Kikuchi K. 2002. Nitrogen budget of polychaete Perinereis nuntia vallata fed on the feces of Japanese flounder ［J］. Fisheries science, 68（6）: 1304–1308.

Huang H, Zhang S, Christie P, *et al.* 2009. Behavior of decabromodiphenyl ether （BDE–209）in the soil–plant system: Uptake, translocation, and metabolism in plants and dissipation in soil ［J］. Environmental science & technology, 44（2）: 663–667.

Hundt K, Jonas U, Hammer E, *et al.* 1999. Transformation of diphenyl ethers by Trametes versicolor and characterization of ring cleavage products ［J］. Biodegradation, 10（4）: 279–286.

Jensen–Spaulding A, Shuler M L, Lion L W. 2004. Mobilization of adsorbed copper and lead from naturally aged soil by bacterial extracellular polymers ［J］. Water re-search, 38（5）: 1121–1128.

Juhasz A L, Smith E, Smith J, *et al.* 2003. Development of a two-phase cosolvent washing-fungal biosorption process for the remediation of DDT-contaminated soil [J]. Water, air, and soil pollution, 146（1-4）: 111-126.

Kabata-Pendias A. 2010. Trace elements in soils and plants [M]. CRC press.

Katayama A, Matsumura F 1993. Degradation of organochlorine pesticides, particularly endosulfan, by Trichoderma harzianum [J]. Environmental toxicology and chemistry, 12（6）: 1059-1065.

Khodadad C L M, Zimmerman A R, Green S J, *et al.* 2011. Taxa-specific changes in soil microbial community composition induced by pyrogenic carbon amendments [J]. Soil Biology and Biochemistry, 43（2）: 385-392.

Kilemade M, Hartl M G J, Sheehan D, *et al.* 2004. An assessment of the pollutant status of surficial sediment in Cork Harbour in the South East of Ireland with particular reference to polycyclic aromatic hydrocarbons [J]. Marine Pollution Bulletin, 49（11）: 1084-1096.

Kucklick J R, Sivertsen S K, Sanders M, *et al.* 1997. Factors influencing polycyclic aromatic hydrocarbon distributions in South Carolina estuarine sediments [J]. Journal of Experimental Marine Biology and Ecology, 213（1）: 13-29.

Kumar V J R, Sukumaran V, Achuthan C, *et al.* 2013. Molecular characterization of the nitrifying bacterial consortia employed for the activation of bioreactors used in brackish and marine aquaculture systems [J]. International Biodeterioration & Biodegradation, 78: 74-81.

Kuzyk Z A, Stow J P, Burgess N M, *et al.* 2005. PCBs in sediments and the coastal food web near a local contaminant source in Saglek Bay, Labrador [J]. Science of the Total Environment, 351: 264-284.

Laverock B, Gilbert J A, Tait K, *et al.* 2011. Bioturbation: impact on the marine nitrogen cycle [J].

Lee K T, Tanabe S, Koh C H. 2001. Contamination of polychlorinated biphenyls (PCBs) in sediments from Kyeonggi Bay and nearby areas, Korea [J]. Marine Pollution Bulletin, 42（4）: 273-279.

Levin L A, Boesch D F, Covich A, *et al.* 2001. The function of marine critical transition zones and the importance of sediment biodiversity [J]. Ecosystems, 4（5）: 430-451.

Li Y, Zhang H, Chen X, *et al.* 2014. Distribution of heavy metals in soils of the Yellow

River Delta: concentrations in different soil horizons and source identification [J]. Journal of Soils and Sediments, 14 (6): 1158-1168.

Liste H H, Alexander M. 2000. Plant-promoted pyrene degradation in soil [J]. Chemosphere, 40 (1): 7-10.

Liu D, Islam E, Li T, et al. 2008. Comparison of synthetic chelators and low molecular weight organic acids in enhancing phytoextraction of heavy metals by two ecotypes of Sedum alfredii Hance [J]. Journal of hazardous materials, 153 (1): 114-122.

Lo W, Chua H, Lam K H, et al. 1999. A comparative investigation on the biosorption of lead by filamentous fungal biomass [J]. Chemosphere, 39 (15): 2723-2736.

Lombi E, Sletten R S, Wenzel W W. 2000. Sequentially extracted arsenic from different size fractions of contaminated soils [J]. Water, Air, and Soil Pollution, 124 (3-4): 319-332.

Long E R, Macdonald D D, Smith S L, et al. 1995. Incidence of adverse biological effects within ranges of chemical concentrations in marine and estuarine sediments [J]. Environmental management, 19 (1): 81-97.

Macfarlane G R, Pulkownik A, Burchett M D. 2003. Accumulation and distribution of heavy metals in the grey mangrove Avicennia marina (Forsk.) Vierh: biological indication potential [J]. Environmental Pollution, 123 (1): 139-151.

Martin M H. 1997. Concentration of cadmium, copper, lead, nickel and zinc in the alga focus serratus in the severn estuary from 1971 to 1995 [J]. Chemosphere, 34 (2): 325-334.

Materechera S A, Kirby J M, Alston A M, et al. 1994. Modification of soil aggregation by watering regime and roots growing through beds of large aggregates [J]. Plant and Soil, 160 (1): 57-66.

Mehta S K, Gaur J P. 2005. Use of algae for removing heavy metal ions from wastewater: Progress and prospects [J]. Critical Reviews in Biotechnology, 25 (3): 113-152.

Mermillod - Blondin F, François - Carcaillet F, Rosenberg R. 2005. Biodiversity of benthic invertebrates and organic matter processing in shallow marine sediments: an experimental study [J]. Journal of experimental marine biology and ecology, 315 (2): 187-209.

Meyer-Reil L A, Köster M. 2000. Eutrophication of marine waters: effects on benthic microbial communities [J]. Marine Pollution Bulletin, 41 (1): 255-263.

Meysman F J R, Middelburg J J, Heip C H R. 2006. Bioturbation: a fresh look at Darwin's last idea [J]. Trends in Ecology & Evolution, 21 (12): 688-695.

Nhan D D, Carvalho F P, Villeneuve J P, et al. 1999. Organochlorine pesticides and PCBs along the coast of North Vietnam [J]. Science of the Total Environment, 237: 363 371.

Norling K, Rosenberg R, Hulth S, et al. 2007. Importance of functional biodiversity and species-specific traits of benthic fauna for ecosystem functions in marine sediment [J]. Marine Ecology Progress Series, 332: 11-23.

Oishi R, Tada C, Asano R, et al. 2012. Growth of ammonia-oxidizing archaea and bacteria in cattle manure compost under various temperatures and ammonia concentrations [J]. Microbial ecology, 63 (4): 787-793.

Palumbo B, Angelone M, Bellanca A, et al. 2000. Influence of inheritance and pedogenesis on heavy metal distribution in soils of Sicily, Italy [J]. Geoderma, 95 (3): 247-266.

Pan X, Yang J, Zhang D, et al. 2011. Cu (II) complexation of high molecular weight (HMW) fluorescent substances in root exudates from a wetland halophyte (*Salicornia europaea* L.) [J]. Journal of bioscience and bioengineering, 111 (2): 193-197.

Pelegri S P, Blackburn T H. 1994. Bioturbation effects of the amphipod Corophium volutator on microbial nitrogen transformations in marine sediments [J]. Marine Biology, 121 (2): 253-258.

Pfeifer F, Schacht S, Klein J, et al. 1989. Degradation of diphenylether by Pseudomonas cepacia. Archives of microbiology, 152 (6): 515-519.

Pfeifer F, Trüper H G, Klein J, et al. 1993. Degradation of diphenylether by Pseudomonas cepacia Et4: enzymatic release of phenol from 2, 3-dihydroxydiphenylether [J]. Archives of microbiology, 159 (4): 323-329.

Phaneuf D, Cote I, Dumas P, et al. 1999. Evaluation of the contamination of marine algae (seaweed) from the St. Lawrence River and likely to be consumed by humans [J]. Environmental Research Section, 80: 175-182.

Pignatello J J. 1998. Soil organic matter as a nanoporous sorbent of organic pollutants [J]. Advances in Colloid and Interface Science, 76: 445-467.

Qian J, Shan X, Wang Z, et al. 1996. Distribution and plant availability of heavy metals in different particle-size fractions of soil [J]. Science of the Total Environment, 187 (2): 131-141.

Riisgard H U, Banta G T. 1998. Irrigation and deposit feeding by the lugworm Arenicola marina, characteristics and secondary effects on the environment. A review of current knowledge [J]. Vie et milieu, 48 (4): 243-258.

Robrock K R, Korytár P, Alvarez - Cohen L. 2008. Pathways for the anaerobic microbial debromination of polybrominated diphenyl ethers [J]. Environmental science & technology, 42 (8): 2845-2852.

Runner U, Sqrensson F. 1985. Eutrophication and the rate of denitrification and N, O production in coastal marine sediments [J]. Limnol. Oceanogr, 30 (6): 1332-1339.

Ruus A, Sandvik M, Ugland K I, et al. 2002. Factors influencing activities of biotransformation enzymes, concentrations and compositional patterns of organochlorine contaminants in members of a marine food web [J]. Aquatic toxicology, 61 (1): 73-87.

Sanger D M, Holland A F, Scott G I. 1999. Tidal creek and salt marsh sediments in South Carolina coastal estuaries: II. Distribution of organic contaminants [J]. Archives of Environmental Contamination and Toxicology, 37 (4): 458-471.

Satapanajaru T, Anurakpongsatorn P, Pengthamkeerati P. 2006. Remediation of DDT-contaminated water and soil by using pretreated iron byproducts from the automotive industry [J]. Journal of Environmental Science and Health Part B, 41 (8): 1291-1303.

Satoh H, Nakamura Y, Okabe S. 2007. Influences of infaunal burrows on the community structure and activity of ammonia-oxidizing bacteria in intertidal sediments [J]. Applied and environmental microbiology, 73 (4): 1341-1348.

Sayles G D, You G, Wang M, et al. 1997. DDT, DDD, and DDE dechlorination by zero - valent iron [J]. Environmental Science & Technology, 31 (12): 3448-3454.

Scanes P. 1996. "Oyster watch": Monitoring trace metal and organochlorine concentrations in Sydney's coastal waters [J]. Marine Pollution Bulletin, 33 (7 - 12): 226-238.

Schnoor J L, Light L A, McCutcheon S C, et al. 1995. Phytoremediation of organic and nutrient contaminants [J]. Environmental science & technology, 29 (7): 318A-323A.

Sharma A, Gontia I, Agarwal P K, et al. 2010. Accumulation of heavy metals and its biochemical responses in Salicornia brachiata, an extreme halophyte [J]. Marine Biology Research, 6 (5): 511-518.

Shevyakova N I, Netronina I A, Aronova E E, *et al.* 2003. Compartmentation of cadmium and iron in *Mesembryanthemum crystallinum* plants during the adaptation to cadmium stress [J]. Russian journal of plant physiology, 50 (5): 678-685.

Shull D H, Benoit J M, Wojcik C, *et al.* 2009. Infaunal burrow ventilation and porewater transport in muddy sediments [J]. Estuarine, Coastal and Shelf Science, 83 (3): 277-286.

Smith E, Smith J, Naidu R, *et al.* 2004. Desorption of DDT from a contaminated soil using cosolvent and surfactant washing in batch experiments [J]. Water, Air & Soil Pollution, 151 (1): 71-86.

Song Y, Zhang X, Ma B, *et al.* 2014. Biochar addition affected the dynamics of ammonia oxidizers and nitrification in microcosms of a coastal alkaline soil [J]. Biology and fertility of soils, 50 (2): 321-332.

Sousa A I, Lillebø A I, Caçador I, *et al.* 2008. Contribution of Spartina maritima to the reduction of eutrophication in estuarine systems [J]. Environmental Pollution, 156 (3): 628-635.

Spark K M, Johnson B B, Wells J D. 1995. Characterizing heavy-metal adsorption on oxides and oxyhydroxides [J]. European Journal of Soil Science, 46 (4): 621-631.

Stauffert M, Cravo - Laureau C, Duran R. 2014. Structure of hydrocarbonoclastic nitrate-reducing bacterial communities in bioturbated coastal marine sediments [J]. FEMS microbiology ecology, 89 (3): 580-593.

Stief P. 2013. Stimulation of microbial nitrogen cycling in aquatic ecosystems by benthic macrofauna: mechanisms and environmental implications [J]. Biogeosciences, 10 (12): 7829.

Szymanowska A, Samecka-Cymerman A, Kempers A J. 1999. Heavy metals in three lakes in West Poland. Ecotoxicology and Environmental Safety, 43 (1): 21-29.

Talley J W, Ghosh U, Tucker S G, *et al.* 2002. Particle - scale understanding of the bioavailability of PAHs in sediment [J]. Environmental science & technology, 36 (3): 477-483.

Thomas J C, Malick F K, Endreszl C, *et al.* 1998. Distinct responses to copper stress in the halophyte *Mesembryanthemum crystallinum* [J]. Physiologia Plantarum, 102 (3): 360-368.

Veglio F, Beolchini F. 1997. Removal of metals by biosorption: a review. Hydrometallurgy,

44 (3): 301-316.

Villa R D, Trovó A G, Nogueira R F P. 2008. Environmental implications of soil remediation using the Fenton process [J]. Chemosphere, 71 (1): 43-50.

Villar C A, De Cabo L, Vaithiyanathan P, *et al.* 2001. Litter decomposition of emergent macrophytes in a floodplain marsh of the Lower Paraná River [J]. Aquatic Botany, 70 (2): 105-116.

Volesky B. 2001. Detoxification of metal-bearing effluents: biosorption for the next century [J]. Hydrometallurgy, 59 (2): 203-216.

Volkenborn N, Meile C, Polerecky L, *et al.* 2012. Intermittent bioirrigation and oxygen dynamics in permeable sediments: An experimental and modeling study of three tellinid bivalves [J]. Journal of Marine Research, 70 (6): 794-823.

Wallschläger D, Desai M V M, Spengler M, *et al.* 1998. How humic substances dominate mercury geochemistry in contaminated floodplain soils and sediments [J]. Journal of Environmental Quality, 27 (5): 1044-1054.

Wang Q, Liu J, Cheng S. 2015. Heavy metals in apple orchard soils and fruits and their health risks in Liaodong Peninsula, Northeast China [J]. Environmental monitoring and assessment, 187 (1): 4178.

Wang S L, Xu X R, Sun Y X, *et al.* 2013. Heavy metal pollution in coastal areas of South China: a review [J]. Marine pollution bulletin, 76 (1): 7-15.

Warnock D D, Mummey D L, McBride B, *et al.* 2010. Influences of non-herbaceous biochar on arbuscular mycorrhizal fungal abundances in roots and soils: results from growth-chamber and field experiments [J]. Applied Soil Ecology, 46 (3): 450-456.

Welsh D T, Castadelli G. 2004. Bacterial nitrification activity directly associated with isolated benthic marine animals [J]. Marine Biology, 144 (5): 1029-1037.

Welsh D T, Nizzoli D, Fano E A, *et al.* 2015. Direct contribution of clams (*Ruditapes philippinarum*) to benthic fluxes, nitrification, denitrification and nitrous oxide emission in a farmed sediment [J]. Estuarine, Coastal and Shelf Science, 154: 84-93.

Wilcke W, Kretzschmar S, Bundt M, *et al.* 1999. Metal concentrations in aggregate interiors, exteriors, whole aggregates, and bulk of Costa Rican soils [J]. Soil Science Society of America Journel, 63 (5): 1244-1249.

Zaier H, Ghnaya T, Ghabriche R, *et al.* 2014. EDTA-enhanced phytoremediation of lead-contaminated soil by the halophyte *Sesuvium portulacastrum* [J]. Environmental Science and Pollution Research, 21 (12): 7607-7615.

Zhao X, Quan X, Chen S. 2004. Photocatalytic remediation of γ-HCH contaminated soil induced by α-Fe_2O_3 and TiO_2 [J]. Journal of Environmental Sciences, 16 (6): 938-941.

Zhou J L, Maskaoui K, Qiu Y W, *et al.* 2001. Polychlorinated biphenyl congeners and organochlorine insecticides in the water column and sediments of Daya Bay, China [J]. Environmental Pollution, 113 (3): 373-384.

Zwolsman J J G, van Eck G T M, Burger G. 1996. Spatial and temporal distribution of trace metals in sediments from the Scheldt estuary, south-west Netherlands [J]. Estuarine, coastal and shelf Science, 43 (1): 55-79.

第七章　海水农产品的加工与利用技术

海水农业是以经济盐生植物和盐生作物为生产对象，以土地为载体运用海水进行浇灌或以海水无土栽培方式进行生产的种植业。海水农产品主要指以海洋或滩涂湿地生产的植物性产品，本章主要介绍海水农产品（植物和微生物）加工与利用技术。

第一节　海水农产品加工利用技术分类和原理

随着海水灌溉农业和海洋植物的开发，海水农产品加工种类逐渐健全，其成分广，综合利用方式多，传统提取技术和现代提取技术都有利用。目前，超声辅助提取、微波辅助提取、超临界萃取、膜分离、分子蒸馏、真空浓缩、微波干燥、真空冷冻干燥、超高压、超微粉碎、膨化等技术已经开始在海水农产品加工的综合利用领域内得到普遍应用。应用于海水农产品加工及活性物质提取的技术从总的方向可以分为三类：分离提取技术、浓缩技术和干燥技术。

一、分离提取技术

在农产品的生产中，经常需要将固—固、固—液、液—液、固—液—液的混合物料中的组分加以分离。以往传统分离提取方法主要有回流法、煎煮法以及水提取法等。近年来，一些新技术、新方法逐渐应用到植物活性物质提取中来。

1. 超临界流体萃取技术

超临界流体萃取技术主要在植物中获取植物的有效成分。在不同压力与温度下，超临界流体具有不同的溶解度，当温度和压力高于正常值时，超临界流体充分接触待分离物质，然后将压力与温度恢复正常，此时溶解在流体内的有效成分被依次分离出来。当前常用的超临界流体主要为 CO_2，它不仅廉价易得，而且具有较低的临界压力与温度，提取分离有效活性成分时可以取得理想效果。与传统的水蒸气蒸馏法相比，超临界流体萃取技术的回收率更高，很多挥发油、黄酮、生物碱等有效成分的提取多采用此方法（张俊等，2011）。

2. 超声波辅助提取技术

超声波提取技术主要是利用超声波产生机械效应、空化效应以及热效应，通过增大介质分子的运动速度、增大介质的穿透力以提取生物有效成分。同时，超声波还可以通过震动、击碎以及扩散等方式加快溶解植物中的活性成分。此技术需要的时间较短、产率较高。超声波属于物理现象，因此整个提取过程中不会发生任何化学反应，进一步保持了活性成分原有的化学性质。除此之外，超声波还具有一定的凝聚作用，可以使空气中的悬浮颗粒聚集成较大颗粒，从而使活性成分提取更完全（欲勖刚等，2007）。目前，超声波技术已被广泛应用于植物活性成分的提取过程，比如，黄酮、生物碱、多糖等物质。

3. 半仿生提取技术

半仿生提取技术根据植物活性成分的特点，以提取物的生物活性为向导，在提取活性物质时，模拟口服给药经胃肠道吸收和转运的过程，将植物材料经过固定 pH 的酸性、碱性溶剂依次提取，得到有效成分更高的活性提取物。此技术具有两个明显的优势，一是它的使用原理符合人体的消化吸收过程，可以更为有效地提取活性成分；二是它可以有效缩短植物材料提取周期，降低提取成本，加之整个过程未使用任何有机溶剂，因此可以保留更多的有效成分。当前，半仿生提取技术已在实际的提取过程中得到广泛的应用，并取得了理想效果（王秋红等，2016）。

4. 微波技术

微波辅助提取技术主要利用微波加热后提取植物中的活性成分，这种加热属于内部加热，经过微波辐射后，植物中的有效成分可以被有效聚集。此种方法具有选择性高、溶剂量少以及有效成分提取率较高等优势。它主要利用微波场中微波因子吸收能力的差异，选择性的加热中药成分的有效物质，从而有效分离萃取有效物质，使其快速进入萃取液中。虽然微波提取仍处于初级阶段，但其具有投资小，适用范围广、污染程度小等优点（黎海彬，2005）。

5. 酶工程技术

海洋植物中具有多种有效活性成分，它们极易与淀粉、蛋白质等成分结合，会影响提取活性物质的活性。加之传统依靠煎煮提取成分的方法效率较低，提取时也需要较高的温度条件，成本高也不安全。而酶工程技术可以很好的解决上述问题，可以通过酶反应有效分解植物细胞壁组织，还可以加快提取速度。同时也可以有效去除液体中淀粉、蛋白质等杂质，使某些脂溶成分有效转化为易溶于水的物质，从而加速提取过程。与其他提取技术相比，酶工程技术已体现出了明显优势。通过此技术可以有效转化中药的有效成分，也可以克服工业提取过程中效率较低、工序复杂等问题。但这种技术也存在着一定的局限性，此法需要较高的实验条件，实验前还应确定最适温度、时间等，操作过程较繁琐，想要进一步拓宽酶工程技术的应用领域，还需要更为深入的探索酶的自身特性（王源，2005）。

二、蒸馏浓缩技术

浓缩是指从植物提取液中除去部分溶剂，使溶质和溶剂部分分离，从而使其浓度增加，浓缩的好坏直接影响提取物的质量和效果。常采用的浓缩方法有蒸发浓缩、常压蒸发浓缩、减压蒸发浓缩、薄膜蒸发浓缩、冷冻浓缩、膜蒸馏浓缩等。

1. 蒸发浓缩

蒸发浓缩是通过加热，蒸发溶液中的溶剂，从而使浓度增大，是目前主要的浓缩手段，适合工厂大规模浓缩生产。

2. 常压浓缩

常压浓缩是一种在大气压加热使溶剂汽化的浓缩方法。常压蒸发有较大的负载量，可浓缩大量药液，适用于有效成分热稳定，且溶剂为不易燃、无挥发性、无毒害、无经济价值的药液。但是，常压浓缩存在加热时间长、温度高、均匀性差等缺点，不适用于热敏性或挥发性成分。常压蒸发浓缩是最为传统的浓缩技术，操作简单，但由于受热面积小，因此效率较低，同时能耗大、成本高，不利于药品生产企业实现可持续发展。目前，常用的常压蒸发浓缩设备有蒸发锅、敞口倾倒式夹层锅、球形浓缩器等。

3. 减压浓缩

减压蒸发又称真空蒸发，是指使蒸发器内形成一定的真空度，抽掉液面上的空气和蒸汽，使溶液的沸点降低，进行沸腾蒸发操作。由于溶液沸点降低，能防止或减少热敏成分的分解，增大传热温度差（加热蒸汽的温度与溶液的沸点之差），强化蒸发操作，并能不断的排出溶剂的蒸汽，有利于蒸发顺利进行。适于热敏药液的蒸发或含有机溶剂的药液的浓缩。

减压蒸发操作在密闭的环境中进行，能减少对环境的污染及微生物对物料的污染，同时生产效率高、操作条件好。但是，由于蒸发后期，水分大量减少、溶液黏稠、流动性差，会导致蒸发速度减慢。此外，减压蒸发浓缩时，溶液沸点降低，气化潜能增大，浓缩所需加热蒸汽量大，耗能增加。常用的浓缩器有旋转蒸发仪、真空减压浓缩罐和超真空减压浓缩器等。

4. 薄膜蒸发浓缩

薄膜蒸发浓缩系指药液在快速流经加热面时，形成薄膜并且因剧烈沸腾产生大量泡沫，达到增加蒸发面积，显著提高蒸发效率的浓缩方法。薄膜蒸发浓缩具有药液受热温度低、时间短、蒸发速度快、可连续操作和缩短生产周期等优点，特别适用于高浓度药液。薄膜蒸发浓缩热量传递快而均匀，因此对设备的要求高、投资大、成本高。薄膜蒸发浓缩设备按照成膜原因及流动方向的不同，可分为升膜式、降膜式、刮板式三种类型。

5. 冷冻浓缩

冷冻浓缩是利用冰与水溶液之间固液相平衡原理的一种浓缩方法悬浮冷冻浓缩具有保护溶液中的热敏性物质不受破坏，保存溶液中易挥发的芳香类组分，阻止不良的化学、生化变化和节能的优点。但是，冷冻浓缩需反复多次浓缩并且存在冰粒中裹挟冰粒表面黏附的现象，导致有效成分含量略低于传统浓缩。

三、干燥技术

我国农产品干燥加工技术在改革开放 30 多年来得到了快速发展，世界上已有的干燥技术和装备在我国基本都已实现（李笑光，2014）。农产品的干燥加工业根据自身条件、生产规模和农产品加工种类进行选用，主要分为以下几种。

1. 分批静止式热风循环烘房

这是农产品最为常见的一种干燥装备，通常一侧为热风加热室，一侧为烘干房，农产品干燥时，通过加热室加热炉加热的热空气由通风机输送到烘干房的顶部向下回转通过盛料车上的物料层并释放热量对物料进行烘干，降温后又被通风机形成的负压从烘干房的下部吸入加热室再次加热，然后再次输送到烘干房，如此循环直到烘干结束。此设备具有投资少、成本低、操作简单等特点，可用于多种农产品烘干，亦可用于海水农产品及其制品的干燥。

2. 隧道式热风干燥

隧道式热风干燥常用水蔬菜的脱水，可用于海水蔬菜的脱水干燥。其热风由设置在干燥室房体外面的热风炉加热后从房体的一头通过通风机送入干燥室腔内对物料进行干燥并从另一头排出。进行干燥时，将铺好原料的盛料车从隧道式房体的一端推入，干燥后从另一端拉出，然后再从后面推入另一车。其由于生产能力较大，较适合于工厂化大规模生产使用（刘晓娟等，2008）。

3. 带式连续式热风干燥

带式连续干燥就是将农产品放在一层或多层连续运行的输送带上，然后用通过热风炉加热的高温热风来穿透物料网带和物料实现连续式干燥。带式干燥机由于常用高温快速移动干燥工艺，不仅干燥能力大，而且由于农产品干燥过程中都会通过相同的干燥环境，所以干燥比较均匀，机械化程度高（胡斌，2013）。

4. 辅助干燥设备

（1）红外辐射干燥。红外线辐射干燥是利用物料对红外线的吸收发热原理在物料内部产生热量进行干燥的方法。其最大特点是"匹配吸收",即当红外辐射器发射的红外线频率(或波长)与被干燥物料中分子运动的固有振动频率(或波长)相匹配时,引起物料内部分子的强烈共振,并在物料内部产生激烈摩擦产生热而使物料升温蒸发水分达到干燥的目的(王东石等,2015)。

(2)微波干燥。微波干燥与红外干燥一样,也是一种辐射干燥方法。但微波对物料的穿透能力更强。由于被加热物料中的水分子是极性分子,它在快速变化的高频电磁场作用下,其极性取向将随着外电场的变化而变化,从而造成分子的运动和相互摩擦,将微波场的场能转化为物料内部的热能,使物料温度升高,产生热化和膨化一系列物化过程,从而达到快速脱水干燥的目的。因此,微波辐射干燥具有干燥速度快、易设计成传输带式连续干燥和高效节能、灭菌防霉、易于控制等特点(祝圣远等,2003)。

5. 真空冷冻干燥

真空冷冻干燥是利用升华原理,通过冷冻装置将放置在机体内的物料中的水分预先冻结成冰晶状态,并在真空状态下使得物料内部的冰晶不经过融化而直接以固态升华为水蒸气的状态被排出机外,从而使物料得到干燥的方法。对海水植物提取物进行干燥时,可以选用此种干燥方式,能够最大程度的保留提取物活性成分。

6. 喷雾干燥

喷雾干燥的最大特点是可以干燥液态物料。在喷雾干燥过程中将料液分散成极细的雾滴,使得料液能形成很大的比表面积,同热空气产生剧烈的热质交换,在几秒至几十秒内迅速将物料的水分蒸发而获得干燥。常用的喷雾干燥是利用其喷雾装置(喷雾器),用高温高速热气流将悬浮液体或黏滞的液体喷成雾状,并与热空气之间发生热量和质量的传递而进行干燥的过程。成品以粉末状态沉陷于干燥室底部,连续或间断地从卸料器排出。喷雾干燥虽然采用较高温度的热空气,但在喷雾干燥过程中由于雾滴中的水分在蒸发,加之物料在干燥器内停留时间短,因此物料的最终温度并不太高,比较适合于热敏性物料的干燥(刘华敏等,2009)。

第二节 几种典型海水和滩涂植物产品加工利用技术

一、海藻的综合加工利用技术

海藻(algae 或 seaweeds)是海洋生物资源的重要组成部分,是海洋中最古老的低等隐花植物之一,其种类多样、资源丰富,特殊的生长环境可能产生结构特殊的生物活性物质和代谢产物。传统的海藻化学主要是以研究海藻多糖为主,近年来,从海藻中分离出大量活性物质，它们具有抗氧化、抗病毒、抗肿瘤、抗凝血及调节免疫机能等多种生理活性和药用功能，具有天然、新颖独特等优势。深入研究海藻中有效成分快速高效提取分离技术具有重要意义，然而海藻中有效成分性质各异，因此需要针对目标物的性质，结合各种技术的原理、特点和适用范围选取相应的提取方法。以下列举了海藻中功能成分的提取和纯化技术。

（一）海藻功能成分的提取技术

1. 海藻多糖的提取技术

海藻多糖是植物多糖的主要来源之一，其种类丰富，具有独特的化学组成、结构和生物活性，其占海藻干重的50%以上。然而海藻多糖是一类多组分混合物，由不同的单糖基通过糖苷键连接而成，不同提取分离技术所得到的海藻多糖组成和活性差异也较大。表7-1列举了几种海藻多糖的常用提取方法。

表7-1 海藻多糖的提取技术方法

方法	海藻种类	提取条件	提取结果	文献
酸提、碱提和水提	小叶喇叭藻和 *Gracilaria corticata*	酸提：100mL/g 的 0.1mol/L 盐酸，30~35℃搅拌提取12h；碱提：100mL/g 3%碳酸钠（w/v），45~50℃搅拌提取4h；水提：1:50（v/v）在100℃下提取2h	酸提液含岩藻多糖，产率为8.8%；碱提液含海藻酸钠，产率为22.6%；水提液含硫酸化多糖，提取率为29.08（w/w）	（Nabanita 等，2010；Seedevi 等，2017）
酶解提取	海带	30~60 ℃，酶解3~6 h；上清液直接干燥得粗多糖；上清液经沉淀、盐解、醇沉淀可得杂多糖	粗多糖产率为10.5%~20%，杂多糖产率为0.4%~0.6%，可分离得7种多糖。提取率是热提法的2.6倍，酸提法的3.3倍	（王海仁等，2002）
MAE 和酸提	褐藻	0.85g/15mL 0.1mol/L HCl 溶液中在120℃下，微波辅助提取15min，离心，加入2%（w/v）$CaCl_2$	产率达16.08%，主要褐藻多糖硫酸酯	（Yuan 等，2015）
UAE 和碱提	绳江蓠	40mL/g 1.5% NaOH，70℃水浴4h后超声1h	产率达20.01%	（田华，2014）

传统海藻多糖的提取方法主要有：水提、酸提和碱提。热水浸提法是提取藻类多糖最常用的方法之一，其中性的提取环境可以避免多糖的水解并保持其活性；有些多糖也适合用稀酸提取，能够得到较高的提取率，较低的 pH 值可以避免褐藻酸溶出；

有些海藻多糖在碱性溶液中会有更高的提取率，尤其适合酸性多糖和富有糖醛酸多糖的提取，一般采用0.1~1.0mol/L氢氧化钠或氢氧化钾提取。以上三种方法在多糖的提取中应用广泛，其优点是成本较低并且不需要特殊的仪器设备，但同时，也具有提取效率低、浪费时间等缺点，并且在采用酸、碱提取时，必须严格控制介质的浓度，以保证糖苷键不会被破坏、多糖不会被分解等。近年来，很多物理方法也被广泛应用于海藻多糖的提取，采用超声波辅助提取（UAE）、微波辅助提取（MAE）以及酶解提取法等能够有效提高海藻多糖的提取率。酶解技术条件温和，可有效保持海藻多糖的纯天然性。UAE法和MAE法高效快速，但过长的超声波或微波作用可能使多糖大分子的多糖断裂。由于海藻多糖种类较多，性质各异，如何选择和确定一种高效稳定的提取方法是进一步进行生物活性评价和结构研究的基础关键环节。

2. 海藻多酚的提取技术

海藻多酚（algae polyphenols）是从海藻中提取出来的多酚类化合物总称，因其具有独特生理结构而成为酚类领域的研究热点。多酚类化合物的提取方法较多。目前国内外有关多酚的提取方法主要有：有机溶剂提取法、超声波浸提法、微波浸提法、超临界流体萃取法。

（1）有机溶剂提取法。有机溶剂提取法是传统而经典的多酚提取方法，主要是利用海藻中不同极性多酚在不同极性溶剂中的溶解度差异进行提取分离，是应用最广泛的方法，技术较成熟，常用的有机溶剂有甲醇、乙醇和乙酸乙酯等。

甘育鸿等（2016）采用乙醇回流法提取海发菜（*Gracilaria lemaneiformis*）中的多酚，得到总多酚的最佳提取条件是：回流时间为2h，乙醇浓度为70%，液固比为50mL/g，并通过放大试验得到海藻多酚的平均提取率为（2.2±0.04）mg/g。Wang等（2009）用溶剂浸提法对10种海藻的多酚含量进行了测定和比较，结果表明70%的丙酮溶液提取率高于水的提取率。

（2）超声波辅助提取法。超声波提取法也常用于海藻多酚的提取，其操作简单，提取率高。Shekhar等（2015）优化了超声波辅助提取叶向藻中多酚的提取工艺，得到最佳的提取工艺为提取时间25min，酸浓度为0.03mol/L HCl，超声功率为750W，超声频率为20kHz，超声振幅为114μm，在此条件下，多酚的提取率为143.12mg GAE/g。

（3）微波辅助提取法。微波辅助提取是利用微波能来提高提取率的一种新技术。微波提取过程中，微波辐射导致细胞内极性物质，尤其是水分子吸收微波能，产生大量热量，使细胞内温度迅速上升，液态水汽化产生的压力将细胞膜和细胞壁冲破，形成微小的孔洞；进一步加热，导致细胞内部和细胞壁水分减少，细胞收缩，表面出现裂纹，使胞外溶剂进入细胞内部，溶解并释放出胞内产物。

钟明杰等（2010）运用微波法提取紫菜中的多酚类物质，最佳提取条件为微波辐射功率800W，乙醇浓度25%，液固比50mL/g，微波辐射时间60s。杨会成等（2007）分别采用超声波、微波法和超声波-微波复合法对海带进行前处理并与未处理的方式进行比较，得出经过前处理的多酚进出率高，且超声波-微波复合法处理的效果最高。将微波技术应用于海藻多酚类活性物质的提取中，可大大缩短试验时间，提高效率，获得较好的试验效果。白蕾（2008）对比了浸提法、索氏回流法、微波法和超声波法四种方法对褐藻多酚提取率的影响，结果表明，微波提取法提取率最高，比甲醇浸提法和索氏提取法高62.5%，比超声波法高150.5%，并通过4因素3水平的正交试验优化微波提取褐藻多酚的最佳条件：pH值=7，中火破碎，时间90s，料液比1：10，得率为34.52mg/kg。

（4）超临界流体萃取法。超临界萃取（supercritical fluid extraction）是一种较新型的萃取分离技术，利用流体在临界温度与压力的变化，使萃取组分的溶解度发生改变，达到萃取目的。采用此方法最大的优势是无残留，对环境无污染，操作简单，但因为设备投资资金较大，投入规模生产可能造成成本过高。Kleidus等（2009）用超临界萃取法从螺旋藻中提取酚类物质，研究证明该方法能高效率的提取多酚类物质。Myong等（2008）用超临界萃取法从裙带菜中提取多酚，以乙醇为夹带剂，流速为3.0%（v/v），在提取压力250bar，提取温度约60℃时，多酚的提取率最高。Saravana等（2015）对比以甲醇、正丁烷和丙酮为提取溶剂的传统方法和超临界流体萃取法对两种不同褐藻（*Saccharina japonica* 和 *Sargassum horneri*）中多酚提取率的影响，结果表明超临界流体萃取法优化传统提取方法，其最佳提取条件为提取温度为45℃，提取压力为250bar，CO_2流速为27g/min，提取时间为2h。

（5）提取方法联用技术。在提取海藻多酚时，先通过超声波的机械粉碎和空化效应，可使物质分子运动的频率和速度增大，溶剂的穿透能力增强，组织内部或胶体里的有效成分溶出速度提高，再辅以微波的生理和物理效应使极性分子随着微波频率摆动产生热量，使体系更加分散，有利于物质的溶出。杨会成等（2014）采用超声波和微波联合浸提方式提取海藻多酚，通过正交试验确立了多酚提取工艺条件，结果表明采用料液比1：7（g/mL），乙醇浓度为85%，提取温度70℃，浸提次数2次，浸提时间4h时，提取效果最佳，海带多酚提取率为2.08%。

3. 海藻萜类的提取方法

萜类化合物（terpenoids）是所有异戊二烯聚合物及其衍生物的总称，是海藻中重要的次生代谢产物，具有重要的生物活性。从海藻中进行萜类化合物的提取开发利用，对于开发海藻、开发海洋活性天然物质具有重要意义。李娜等（2009）用超临界CO_2流体萃取蜈蚣藻中萜类化合物的条件，得到最佳萃取条件为萃取压力30MPa、萃取时间 2h，萃取温度为 40℃，CO_2 流速为 10L/h。Fisch 等（2003）以甲醇从囊叶藻中提取具有抗氧化性的混源萜类化合物，提取液经二氯甲烷反复提取可得到萜类粗提物。此外，微波辅助提取、高压提取和超声波辅助提取等现代提取技术所表现出的快速高效、自动化和产品质量高等优点，在海藻有效成分提取中有巨大的发展前景，随着海藻萜类化合物新功能的不断发现，越来越多的新技术也将应用到海藻萜类化合物的提取中。

4. 海藻脂质的提取方法

脂肪酸对人类健康非常重要，尤其是长链不饱和脂肪酸对人体健康起着非常重要的作用。亚油酸（18：2，n-6）、花生四烯酸（20：4，n-6）、二十碳五烯酸（20：5，n-3）、α-亚麻酸（18：3，n-3）等多不饱和脂肪酸由于结构中含双键使其具有特殊的结构和生理功能。海藻中总脂含量高，富含多不饱和脂肪酸，而因为海藻中成分较复杂，所以对海藻中脂肪酸的分离和提取时对其开发利用的关键一步。目前，没有统一的标准实现对不同生物体中脂质的提取与分析，主要提取方法有索氏提取法、超声波提取法、超临界流体萃取法（表 7-2）。

表 7-2　海藻中脂质的常用提取方法

方法	海藻	提取条件	提取结果	文献
溶剂提取	鼠尾藻藻	提取时间 19.39h，溶剂的量为 18.90mL/g，石油醚百分含量为 46.26%	提取率为 0.924%	（杜玉兰等，2008）
UAE	微拟球藻	提取时间 50℃，超声 30min，料液比 15：1（mL/g），提取 3 次	提取率为 37.6%，EPA 占脂肪酸的 39.0%	（Durmaz 等，2007）
SFE	极大节旋藻	5g 藻体，200 倍藻体重量的 CO_2，10mL 乙醇，50℃，2.5 MPa	得到的亚麻酸和总脂含量高于传统溶剂提取法。条件温和、效率高	（Rui 等，2006）
PLE	雨生红球藻	乙醇或正己烷为溶剂，50~200℃，20min，10MPa	温度增加提取率高、100℃下乙醇提取物活性最高，快速高效自动化	（Santoyo 等，2009）

脂质需在低温下提取以防止 PUFA 氧化，常采用索氏提取法（soxhlet extraction），由于不同海藻中 PUFA 分布于极性脂和中性脂中的含量不同，需要有针对性的选取提取溶剂，常用溶剂有乙醇、乙醚、石油醚以及氯仿-甲醇等混合溶剂（马帅等，2010）。索氏提取法具有很多优点，如节省溶剂，提取较完全，溶剂可回收等，但其

也存在提取耗费时间长等缺点。

采用超声波辅助提取（Durmaz 等，2007）、超临界流体萃取技术（Rui 等，2006）和加压液体萃取技术（Santoyo 等，2009）等方法也可提高海藻中脂质的提取效率，特别适合海藻中 PUFA 的提取。此外 Folch 法也常用于海藻中脂质的提取，周佩佩（2016）开展了海藻中脂肪酸的提取和分析方法研究，比较了溶剂浸提法、超声波提取法、索氏提取法和改进的 Folch 法对羊栖菜中总脂质进行提取，采用单因素试验选择料液比、提取功率、提取温度和提取时间，得到最佳工艺条件为：以二氯甲烷-甲醇为提取溶剂，提取时间为 90min，最佳温度为 50℃，最佳功率为 80W，羊栖菜中总脂质的提取率为 5.7%。

5. 海藻中色素的提取方法

海洋藻类含有已经发现和未发现的多种色素，在天然色素资源开发上，利用滩涂大规模养殖经济海藻提取色素，具有广阔的经济前景。海藻中色素的常用提取方法见表 7-3。

表 7-3　海藻中色素的常用提取方法

方法	提取物	海藻种类	提取条件	结果对比	参考文献
研磨、浸渍 UAE	叶绿素	微囊藻	90% 丙酮、90% 乙醇和 90% 甲醇（v/v），采用研磨、浸渍；UAE：55℃、功率 120W、超声 6~8min、静置 5~6 h 提取	乙醇-UAE 法提取叶绿素 a 效率最高，目标物稳定	（李胜生等，2008）
SFE	类胡萝卜素和叶绿素	微藻	0.2g 样品，10mL 萃取池，60℃，20 或 40 MPa，15min 静态提取，3 h 动态提取	选择性、提取率均优于甲醇提取法；条件温和，产物稳定	（Macías 等，2005）
振摇提取和皂化提取	类胡萝卜素	椭圆小球藻	100mL/g 的 0.1% 丁羟甲苯乙醇（w/v）避光、低温、振摇提取 3 h，加入 KOH 皂化 1 h，正己烷萃取多次	步骤多、时间长	（Cha 等，2008）
UAE 和 SFE	类胡萝卜素	杜氏盐藻	SFE：60℃，40 MPa，3h 动态提取；UAE：50mL/g 甲醇或 DMSO 为溶剂，超声 3min 后 4℃ 静置 24 h	UAE：提取率高，但时间长；SFE：选择性高	（Macías 等，2009）
MAE	类胡萝卜素	钝顶螺旋藻	5mL/g 的 95% 乙醇-丙酮（3/7，v/v），静置 60min 后于微波功率 500 W 下提取 8min	提取率比溶剂提取法提高 1 倍	（于平等，2008）

海藻中叶绿素含量高，广泛用于天然食物色素，主要采用溶剂提取，提取过程低温避光并避免长时间加热（Hosikian 等，2010）。通常以醇类和丙酮为提取溶剂，其中醇类提取效果好，但丙酮提取液稳定，采用 SFE 和 UAE 等技术提取叶绿素具有很高的效率，并可避免温度和光等因素所致叶绿素 a 的降解，其中 SFE 法已用于工业化生产叶绿素，产率高、产品性质稳定，安全可靠，适合作为食品添加剂生产方法使用。

海藻中类胡萝卜素包括胡萝卜素、叶黄素和类胡萝卜酸 3 类，其功能多样，性质独特，分布广泛，具有很好的开发前景。类胡萝卜素通常采用丙酮、乙醚、石油醚等有机溶剂提取，由于类胡萝卜素酯的存在，采用皂化提取法可得到游离的类胡萝卜素，但提取步骤多、时间长。采用 UAE、SFE、MAE 法能显著加速海藻中类胡萝卜素的提取过程，其中 SFE 法选择性最高，通过控制压力等条件，可提取得到低叶绿素含量的类胡萝卜素提取物。

(二) 海藻活性成分的纯化技术

通过各种提取技术从海藻中获得的提取液。一般混有较多杂质。为了进一步阐明其中有效成分的结构及生物活性等。需要借助快速有效的纯化技术制备有效成分对照品。其中液-固色谱技术最为常用，制备量可达毫克至克级，供选择的固定相多样，如硅胶可用于脂肪酸、类胡萝卜素、萜类、甾醇等极性化合物和不饱和化合物的分离；离子交换树脂和凝胶用于海藻多糖的分离。

通常以传统色谱法如柱色谱（CC）和制备薄层色谱（PTLC）等对海藻粗提物进行初步分离，并结合制备液相色谱纯化得到化合物纯品。目前，HSCCC 在海藻中的应用限于脂肪酸和类胡萝卜素的分离，用于毫克级纯品的制备，但其可直接分离粗提物，且条件温和，可供选择的溶剂体系多样，弥补了制备液相色谱样品前处理要求高的不足。

1. 传统液-固色谱技术

以柱色谱和薄层色谱为主的传统液-固色谱分离能力有限，但其设备要求低，简单方便，制备量大，主要用于海藻粗提物的初步分离。柱色谱制备量可达毫克至克级，主要用于纯化的第一步。硅胶柱、离子交换柱、凝胶柱等常用于海藻中有效成分的制备，其中硅胶柱使用最为广泛，如 Kanazawa 等（2008）采用活性炭分散硅胶为填料的工业规模柱色谱，从 10t 昆布中分离得到 1 490g 岩藻黄素，回收率达 82%，但产品纯度较低。凝胶柱的分辨率较硅胶柱低（马丽等，2004），但简单快速，适用于海藻多糖、抗凝血剂的分离。离子交换色谱常用于海藻中多糖和藻蛋白的分离（Niu 等，2010），也用于除盐（李潇等，2011）。制备薄层色谱常用于分离几十毫克至几百毫克的样品，一般作为纯化的第二步，经常配合柱色谱使用。Kittaka-Kat sura 等

（2002）采用硅胶 PTLC 进一步分离由柱色谱从小球藻中分离得到的活性组分，得到富含维生素 B_{12} 的组分。

大孔树脂是一种不溶于酸、碱及各种有机溶剂的有机高分子聚合物。大孔树脂的孔径与比表面积都比较大，在树脂内部具有三维空间立体孔结构，具有物理化学稳定性高、比表面积大、吸附容量人、选择性好、吸附速度快、解析条件温和、再生处理方便、使用周期长、节省费用等诸多优点，广泛应用于多酚类物质的分离纯化。刘晓丽等（2010）研究了 5 种大孔树脂对海带多酚的吸附与解吸性能，并对这 5 种大孔树脂的静态吸附和解吸效果进行了比较和筛选，得出 XDA-1 型大孔吸附树脂对海带多酚的吸附量大，具有良好的富集作用，纯化后可得到纯度为80.5% 的海带多酚。

2. 制备液相色谱技术

制备液相色谱可实现克级以上样品的分离，常见应用见表 7-4。根据压力可分为快速色谱（约 0.2MPa）、低压液相色谱（<0.5MPa）、中压液相色谱（0.5~2.0MPa）和高压液相色谱（>2.0MPa）。最常采用的是制备型和半制备型 HPLC，其柱长短、内径大、填料颗粒小，在高压高流速下其分离效率极高，而且自动化和多功能化，通常作为海藻有效成分分离的最后一步（精制有效成分）。

表 7-4　制备液相色谱在海藻活性成分分离纯化中的应用

化合物	藻类	柱规格/mm 固定相/粒度	流动相（体积比）	检测器	文献
萜类	囊叶藻	250 × 8（NP），250 × 4.6（RP），硅胶（5μm）	NP，石油醚-丙酮，石油醚-乙酸乙酯；RP，甲醇-水	UV	（Katja 等，2003）
多不饱和脂肪酸	裙带菜、孔石莼	300 × 25（RP），PPC-O-25（44~63μm）	水-甲醇=12:88	UV	（Ishihara 等，2000）
脂肪酸	铁钉菜	300×3.9（RP），C18	乙腈-0.1% 三氟乙酸水溶液，梯度洗脱	UV	（Cho 等，2008）
多糖	刺松藻	300×16，琼脂糖凝胶	0~1.4mol/L NaCl 溶液梯度洗脱	硫酸苯酚法	（于广利等，2010）
甾醇和糖脂	羊栖菜	250×20（RP），250×10（RP），硅胶	正己烷-醋酸乙酯=3:1，6:1，甲醇-水=3:1	RID	（王威等，2008）
硫酸酯化半乳聚糖	长松藻	300×7.8，凝胶	水	RID	（Matsubara 等，2001）

注：NP 为正相柱；RP 为反相色谱柱；UV 为紫外检测器；RID 为示差折光率检测器

根据海藻中有效成分的性质选择色谱柱尺寸、固定相种类（硅胶、C18、凝胶等）和粒度、分离模式（反相、正相、离子交换、体积排阻等）、压力、流动相等。

快速色谱用于复杂混合物的预先分离，低压液相色谱可作为中间或最后的分离步骤，中压液相色谱比低压液相色谱有更高的分辨率和更短的分离时间，可用于最后的纯化步骤。HPLC 的柱效更高，但其色谱柱易污染，样品需预处理除杂，通常用于粗品的精制。分析型 HPLC 也可精制得到毫克级纯品，如 Cho 等（2008）采用分析型 HPLC 纯化由柱色谱从铁钉菜中分离得到的粗提物，获得毫克级高纯度的甲氧基脂肪酸。此外，高效离子交换色谱、高效凝胶色谱等常用于海藻多糖等有效成分的纯化制备。于广利等（2010）采用高效强阴离子交换色谱从刺松藻粗多糖中分离得到 11 种结构不同的多糖组分。制备液相色谱作为海藻有效成分纯化制备中的关键技术，结合预分离技术对粗提物预先纯化，可提高其制备量和纯化效果。吕广（2010）采用硅胶柱层析对海带中的褐藻黄素进行纯化，流动相分别选择丙酮：正己烷=1：3 和丙酮：氯仿=1：9，经紫外吸收光谱和高效液相色谱分析，色素纯度 75%以上。

3. 高速逆流色谱技术

高速逆流色谱（HSCCC）是一种连续高效的液-液分配色谱分离技术，无需固相载体，可直接分离粗提物，避免了因不可逆吸附以及样品前处理步骤引起的活性损失、失活、变性等，能完整保留目标物活性，回收率高，已用于从海藻提取物中分离制备脂肪酸、类胡萝卜素，以及粗提物的预分离。Chen 等（2005）以正己烷-乙酸乙酯-乙醇-水（体积比为 8：2：7：3）为溶剂体系，采用 HSCCC 从 150mg 微囊藻的皂化提取物中分离得到纯度大于 96.2%的玉米黄质，回收率达 91.4%。与 HPLC 相比，HSCCC 的分离过程和机理大为简化，极大地克服 HPLC 色谱柱易污染、分离重现性差、目标物在分离过程中易变化的问题。Bousquet 等（1995）采用 HSCCC 通过两步分离获得高纯度的亚麻酸、十八碳四烯酸、EPA 和 DHA，上样量达 130g，且不饱和脂肪酸活性不变。

4. 其他分离纯化技术

膜分离技术、分子蒸馏技术也常用于海藻有效成分的分离制备。膜分离是以选择性透过膜为分离介质，包括微滤、超滤、纳滤和反渗透等，特别适用于海藻中多糖的分离纯化。Ye 等（2008）采用超滤技术，以 1.0×10^{-4}mm 孔径的膜过滤马尾藻的多糖提取液，得到 3 个粗多糖组分，采用超滤技术还可提高海藻酸钠成品的纯度、黏度、色泽等（曾淦宁等，2010），该方法在海藻酸钠大规模工业分离、提纯等方面具有极大发展前景。

分子蒸馏技术用于液-液分离或精制，在高真空、远离沸点下操作，具有温度低、受热时间短、分离效率高等特点，适合于热敏性、高沸点物质的分离。石勇等（2003）将分子蒸馏法与 SEF 法结合，从螺旋藻中分离得到多种脂类和生物碱。

海藻样品基体复杂、化合物结构多样，采用单一技术难于分离得到高纯度产品。

通常先用分离效率较低但简单、上样量大的 PTLC、柱色谱和快速色谱预处理海藻提取物，得到不同性质的混合组分，然后采用柱效高的制备液相色谱进一步分离制备，及集成多种分离技术提高分离制备效率。王威等（2008）采用溶剂萃取和大孔树脂柱色谱预分离羊栖菜的提取物，得到的各组分再加个硅胶柱色谱和制备型 HPLC 分离，可得到高纯度 6 种甾醇和 2 种糖脂，制备得到的有效成分种类多，大大提高了分离纯化效率和原料的利用率。

（三）海藻肥料的加工技术

海藻肥料是新一代天然海洋生物肥料。国外海藻有机肥的研究始于 16 世纪，英国人开始利用海藻制作肥料，日本、法国、加拿大等也有采集海藻制作堆肥的习惯，与化学肥料相比，海藻肥在促进作物增产、提高植物抗逆能力，以及无公害等方面具有优势。目前，海藻肥生产企业所用的原料主要是以褐藻为主，包括泡叶藻、昆布、海带和马尾藻等，其他藻类如墨角藻、浒苔、石莼和卡帕藻等也有在用。此外，生产工艺对于产品营养成分含量及活性的影响极大，海藻肥质量的优劣关键在于生产工艺的选择，生产工艺大致过程为水、酸、碱、有机溶剂或者机械的方法处理海藻原料，一般可分为化学工艺、物理工艺和生物工艺。

1. 化学工艺

化学提取工艺是国内外绝大多数海藻肥生产企业所采用的办法，主要是利用酸、碱以及有机溶剂处理海藻，该方法操作简单、容易实现，但化学试剂对海藻细胞内的活性成分破坏性很大，并且残留的试剂容易对环境造成危害。专利 CN1229778 A，也报道了一种功能性海藻肥料的生产方法，原料为海洋褐藻，如海带、马尾藻、墨角藻等，鲜藻或干藻经过水发后，加入按总体浓度为 0.5%～10% 的氢氧化钾进行消化反应，消化温度为 70～100℃，消化时间为 4～6h，在消化过程中褐藻酸变为可溶性褐藻酸钾，其余营养物质和生长调节物质均为可溶性活性状态。

包膜肥料也是利用化学工艺，依靠渗透性涂层，通过摩擦、化学或生物作用打开这种涂层后，释放可溶性肥料，其与普通肥料相比，具有缓释、提高肥料利用率的功效。但市场上常用的包膜材料为有机高分子材料，其难降解并易造成环境污染。而将海藻或海藻提取液通过喷涂的方式在肥料颗粒表面形成包膜层，在实现肥料缓释的同时，还能起到增效的作用。具有代表性的专利有 CN101891546 B，一种具有脲酶抑制作用的海藻酸包膜缓释尿素，该尿素采用氢氧化钠、氢氧化钾等碱中的 1 种或 2 种配制的水溶液对海藻或发酵海藻进行提取，并在提取液加入水溶性大分子溶解均匀，用有机酸调节剂调节 pH 值至 8.5，得到包膜材料；将此包膜材料均匀地喷涂在尿素颗粒表面，热风瞬间干燥，流化床冷却至室温制得海藻酸包膜缓释尿素，其具有脲酶抑制和缓释的双重作用，能有效提高尿素的利用率（马田田等，2015）。

此外化学修饰也应用于海藻肥的制作过程中。由于海藻酸钠是一种亲水性溶胶，含有大量的羧基和羟基，可以将其与不同的单体进行接枝，于晓莉等（2015）将海藻酸钠与单体丙烯酰胺和丙烯酸进行接枝后得到一种接枝改性型保水剂，然后将海藻接枝型保水剂、控失剂与普通氮磷钾复合肥相结合进行多次包膜，制成海藻接枝型肥料，其肥效试验表明海藻接枝型肥料的保水保肥效果和促生长作用比普通复混肥好。

2. 物理工艺

物理工艺主要是利用物理技术达到海藻细胞壁破碎的目的。专利CN106631380 A公开了一种促进植物生长的海藻有机肥的制备方法，步骤如下：①将海藻去砂，晒干或烘干，粉碎，超声波破壁，破壁后，再用超声波提取，过滤，浓缩，干燥，得海藻肥；②取玉米秸秆，以及苜蓿、地瓜秧和马齿苋，粉碎，加入动物粪便，密封，发酵6～15天，得植物发酵肥；③将上述海藻肥与植物发酵肥混合混匀，即得。经试验证明，制得的海藻有机肥，可有效促进植物的生长、发育，提高农作物和经济作物的产量。

3. 生物提取工艺

生物提取工艺是利用微生物发酵过程中产生的多种酶类将海藻大分子物质降解为植物容易吸收的小分子物质，该方法反应温和、产物安全环保无污染，最大限度保留了海藻中的生物活性成分和营养物质，是比较理想的海藻肥的生产方法。例如，专利CN106588145 A公开了一种微生物海藻肥的制备方法，采用筛选的具有高褐藻酸裂解酶活性并可产多种抑菌素的地衣芽孢杆菌（*Bacillus lincheniformis*）WS-2对经微切助互作技术处理过的海藻进行发酵，产生大量对农作物生长具有促进作用的海藻寡糖小分子特效代谢产物，提高海藻肥料的生物活性。专利 CN106365011 A公开了一种功能性海藻有机质源及其制备方法，首先以海藻活性粉、硝基腐殖酸为原料，再添加多种中量、微量元素，采用均匀混合、陈化、烘干技术而制备，此方法采用乙醇先提取具有生长促进作用成分，然后通过复合酶降解海藻两步工艺法生产富含植物营养和具有植物生长促进作用的功能性海藻或兴奋，最大限度保证具有植物生长促进成分的有效性。CN103145496 A，公开了一种生物酶解法制备海藻植物营养生长调节剂的方法，其是将鲜海藻或干海藻预处理并粉碎为海藻浆，分别用纤维素酶、木瓜蛋白酶、果胶酶进行一级、二级、三级酶解，每一级的酶解温度 50～55℃、酶解 4～6h；酶解结束后将酶解液过滤、浓缩，使其密度达到 1.2～1.3g/cm³，即得产品。刘培京（2012）也报道了一种有机液肥的酶解制备工艺，采用 PPC 复合酶水解海藻生产有机液肥，得到较为理想的条件组合为：温度 50℃，PPC 复合酶添加量为 0.4%，pH 值＝6 条件下反应 72h，所得海藻有机液肥的海藻酸含量为 37.243mg/mL。

(四) 海藻饲料的加工技术

海藻中含有丰富的多糖、维生素、矿物质以及多种特殊功效的生理活性物质，是天然的食品、药物和饲料资源。利用海藻粉生产饲料将大大拓展海藻的应用潜力，拓宽饲料资源的供给渠道，不同的加工工艺所生产的饲料的价值相差较大，海藻饲料的加工方式主要分为以下两种。

1. 发酵工艺

海藻粉发酵制备饲料是多种微生物联合作用的结果，影响海藻发酵饲料工艺的影响因素主要包括原料的预处理、原料的成分和颗粒大小以及菌剂的种类和接种量、发酵温度、发酵料液 pH 值及发酵时间等。专利 CN106359852 A 发明了一种两步发酵制备海藻饲料的方法。海藻先粉碎成直径约 0.2cm 大小，初步水洗脱盐后，将海藻与豆渣、麸皮混合，调整初试含水量为 28%~50%，分别接种地衣芽孢杆菌、酿酒酵母和嗜酸乳杆菌、屎肠球菌进行发酵，发酵后经干燥制成，此发明制得的海藻发酵饲料，不仅具有海藻本身的营养价值，而且该饲料中的海藻大分子得到了一定程度的降解，易于动物吸收，并且含有一定数量的地衣芽孢杆菌及其各菌株的代谢产物，具有维持畜禽肠道的微生态平衡，增强免疫力作用。专利 CN106173226A 报道了一种用于墨吉对虾海藻饲料的制作方法，该海藻饲料针对墨吉对虾的生长习性而设计，将各类海藻复配并加酶制剂以及发酵菌相互协同配合，充分激发海藻内的各种营养，复配海藻包括以下种类：裙带菜、真江蓠、羊栖菜、海萝、麒麟菜、马尾藻、掌状海带、海白菜、海泥、褐藻酸钠、柑橘皮、黑曲霉、尖孢镰刀菌、甘露聚糖酶、纤维二糖水解酶、内切 β-1，4 葡聚糖酶、蜡状芽孢杆菌和光合细菌。另外，专利 CN106615663A 报道了一种海藻生物饲料添加剂或海藻生物饲料的制备方法，首先向海藻或海藻渣制成的海藻浆液中添加复合微生物酶进行酶解从而获得所述海藻生物饲料添加剂。其中，复合微生物酶包括纤维素酶、果胶酶、蛋白酶和淀粉酶中的多种组成。韩玲（2012）通过酶和微生物的共同作用，将海藻粉进行发酵变为动物饲料，首先通过单因素试验确定了发酵工艺参数的水平，然后利用响应面分析法得出了海藻粉发酵饲料的最优工艺参数，在得到的最优条件下，发酵饲料中粗蛋白与粗纤维含量分别为 19.35% 和 12.53%。

由于还在加工过程中浸泡常使用甲醛为固色剂，致使海藻渣因甲醛残留高，加之海藻渣粗纤维含量高达 35% 以上，海藻渣不能直接用作饲料。苏东海等（2016）用复合菌发酵海藻渣降解甲醛，在单因素试验基础上，采用正交试验优化发酵条件，结果表明，复合菌剂发酵海藻渣最佳工艺条件为培养基组成为海藻渣 100g、麸皮 20g、豆粕 25g，发酵温度为 45℃，发酵时间为 10 天，复合菌剂接菌量为 5%，海藻渣采用优化工艺经复合菌发酵后甲醛含量可由 367.88mg/kg 降至 57.14mg/kg。

2. 复配工艺

复配技术根据海藻和复配物质的营养成分进行配料的一种制料工艺。CN103053834B公开了一种添加浒苔和龙须菜的蓝子鱼饲料及其制备方法,该饲料充分满足了蓝子鱼的食藻特性,根据其对大型海藻的摄取偏好性和对海藻的消化利用率选择浒苔和龙须菜为海藻粉原料,包括鱼粉、豆粕、海藻粉、鱼油、豆油、木薯淀粉及其辅料,此工艺下制作的海藻饲料可减少10%的鱼粉使用量,降低鱼种2%~3%的蛋白需求水平,极具有推广价值。

(五) 其他海藻加工利用技术

以海藻加工废弃物为原料,加工转化为燃料乙醇,不仅提高海带工业利用率,在一定程度上有利于帮助解决能源短缺问题,也能够解决海带工业带来的环境污染问题。郝剑君(2011)通过筛选发酵酵母,确定各酵母菌种的最适发酵温度,在各酵母最适发酵温度下考察了他们对单糖的利用状况,发现酿酒酵母H_1最适发酵温度为28℃,酿酒酵母H_2最适发酵温度为40℃,酿酒酵母H_3最适发酵温度为42℃,面包酵母最适发酵温度为36℃,产香酵母最适发酵温度为36℃,并且在酵母酵解条件探索中考察了酶解温度、纤维素复配酶量、接种量、营养盐对海带渣酶解糖化的影响,纤维素复配酶对酵母菌发酵的影响等条件,确定了50℃是纤维素复配酶最适酶解温度,10%酵母接种量是最适接种量,并且同步糖化发酵后,海藻加工废弃物被酵母高效利用生成无水乙醇,转化率可到13%。

二、海蓬子的综合加工利用技术

海蓬子,又称海芦笋、海豆、海虫草等,在我国东南部沿海地区试种成功。海蓬子具有很高的利用价值,除了能改良土壤外,还能改善环境,可以吸收CO_2,每公顷能固碳5.2t。此外,海蓬子还可以吸收土壤中的盐分,其根、茎又可增加盐渍地、滩涂荒地的腐殖质,具有改良盐碱地的重要作用;可促淤造陆,减缓海水对海岸土地的侵蚀和土壤流失;可在一定程度上减轻工业和养殖业对沿海滩涂和近海造成的污染,改善生态环境,增加生物多样性,维护生态平衡。而且,还可以防风固沙,达到维护生态平衡的作用。同时,海蓬子的种植对于节约淡水资源和耕地资源具有十分重要的意义。更重要的是它所具有的多种天然生物活性成分,如黄酮类、多糖类、生物碱、甾醇等。对肥胖、糖尿病、高脂血症、心脑血管疾病、肿瘤、抗炎、抗菌、提高免疫力等都有很大的潜在价值,具有广阔前景,因此,海蓬子对于当地的生态经济产业的发展具有重要的促进作用,是海水农业的一部分。

（一）海蓬子中活性成分（多糖、黄酮、皂苷和脂肪酸）的提取工艺

1. 水溶性成分

多糖是海蓬子中一种水溶性活性物质。王婉冰等（2015）对海蓬子外种皮多糖提取工艺进行了研究，以干枯的海蓬子外种皮为原料，水体醇沉法获得多糖，考察了提取时间、提取温度和料液比对多糖提取量的影响，通过单因素试验和响应面法对影响海蓬子外种皮多糖提取量主要因素进行了优化，确定海蓬子外种皮多糖水提取的最佳工艺条件为提取温度87℃、提取时间5h，料液比1:57（g/mL），在该条件下，多糖的提取量为（13.03±0.63）mg/g。此外，张晶晶运用正交试验设计的方法对超声波辅助提取海蓬子水溶性有效成分的工艺进行了优化，试验首先对影响提取率的四因素：料液比、提取时间、提取温度、提取次数进行了单因素试验，而后在单因素试验的基础上制定正交试验各因素的水平，各选定三水平。经过四因素三水平正交试验最后得到了较优的提取工艺为：料液比1:20，提取时间15min，提取温度40℃，提取次数3次。且对提取效率影响的先后次序为：料液比>提取次数>提取时间>提取温度。得到的优化工艺，提取比较完全，且结果稳定。最后比较发现，采用超声波较之于普通的水醇提取在时间上节省了105min，温度上降低了30℃，降低了能耗，节约了成本。同时利用黄酮类物质与绿原酸衍生物对有机溶剂乙酸乙酯的溶解性能，故先采用乙酸乙酯:水（1:1）进行液液萃取，区分开这两类物质。然后对两相分别进行分离纯化，采用的方法为柱色谱与高效液相色谱分离，对得到的单物质进行LC-MS鉴定，从水相中得到3-咖啡酰-4-二氢咖啡酰奎宁酸，从乙酸乙酯萃取得到的活性物质为槲皮素-3-O-β-D-葡萄糖苷（张晶晶，2011）。

海蓬子蛋白质含量特别高，特别是氨基酸比一般海水蔬菜高两倍，也是一种水溶性营养物质。任燕秋等（2012）采用碱提酸沉法从脱脂海蓬子中提取蛋白质，在单因素试验基础上，采用影响面法优化海蓬子蛋白的提取工艺，结果表明pH值和温度对海蓬子蛋白的提取率有显著影响，碱法提取海蓬子蛋白的最佳工艺条件为pH值=10、提取温度为45℃、料液比1:18（g/mL）、浸提时间105min，此工艺条件下，蛋白质提取率为88.76%。

2. 脂溶性成分

宋凌晨（2011）通过溶剂浸提法，以提取率和DPPH自由基清除能力为指标，对提取溶剂（无水乙醇、丙酮、正丁醇、乙酸乙酯和正己烷），提取原料（海蓬子干粉、海蓬子水提残渣）进行筛选，结果为溶剂选择无水乙醇、原料选择海蓬子水提取残渣，同时通过单因素试验，初步确定影响海蓬子脂溶性活性成分提取的较优水平，提取时间3h，料液比1:10，提取温度70℃，提取次数2次。同时用正己烷、乙酸乙酯、正丁醇依次对无水乙醇的提取物，通过对DPPH清除能力的比较，选择乙酸乙酯

萃取物进行下一步分离，利用硅胶柱层析分离得到活性成分 P1，利用葡聚糖凝胶 LH-20 对 P1 进行进一步分离，得到 P1-2，并对其进行高效液相分离，结果从 P1-2 中分离得到一种活性成分 P1-2-1。通过 LC-MS 鉴定其分子量为 802。在硅胶层析中，流动相为氯仿/甲醇 = 10 : 0、8 : 2、6 : 4、4 : 6、2 : 8、0 : 10 (v/v)，5 个梯度分别洗脱 1 个柱床体积，葡聚糖凝胶层析中用纯甲醇溶液等梯度洗脱 3 个以上的柱床体积，紫外检测波长为 225nm（宋凌晨，2011）。

顾婕用溶剂浸提法对海蓬子黄酮进行了提取，最佳提取工艺条件：乙醇浓度 70%，提取时间 120min，料液比 1 : 100，提取温度 80℃，海蓬子总黄酮得率为 2.86%。扶庆权等（2013）也通过微波辅助对海蓬子总黄酮的提取工艺进行了优化，通过单因素试验考察了乙醇浓度、微波功率、提取时间、料液比和 pH 对总黄酮得率的影响，得到其最佳工艺条件为：乙醇浓度 85%（v/v）、微波功率为 105W、微波温度为 70℃、微波时间 14min、料液比 1 : 55、pH 值 = 10.5，此时海蓬子总黄酮得率达到 6.81%。徐青（2011）等研究了 D101 型和 AB-8 型两种大孔树脂对海蓬子中黄酮类化合物进行静态吸附于解吸性能，筛选出 AB-8 型大孔吸附树脂用于分离海芦笋中的黄酮类化合物，确定 AB-8 型大孔树脂分离纯化海芦笋黄酮的最佳工艺条件为进样质量浓度 0.5mg/mL，pH 值 = 6，进样速率 1mL/min 进行吸附，用 75% 乙醇溶液、2mL/min 洗脱速率进行洗脱，洗脱率达到 85.25%。

师琪等（2013）采用乙醇提取北美海蓬子总皂苷，通过单因素分析和正交实验法探讨北美海蓬子总干燥的最佳提取工艺，结果表明北美海蓬子总皂苷的最佳提取工艺条件为提取温度 70℃，提取时间 30min，乙醇浓度 70%，料液比 1 : 40，提取 3 次，该条件下，北美海蓬子总皂苷得率为 2.04%。梁彬等（2014）运用响应面法优化提取海蓬子皂苷的提取工艺，得到海蓬子皂苷最佳提取条件为料液比 1 : 27（g/mL）、乙醇体积为 62%、超声时间 30min，在此工艺条件下，海蓬子皂苷的提取量为 10.14mg/g。

扶庆权（2013）以成熟海蓬子种子为原料，石油醚为溶剂，采用微波辅助法提取海蓬子籽油，在微波温度、微波时间、料液比和微波功率对海蓬子籽油得率影响的单因素基础上，通过响应面法优化微波辅助提取海蓬子籽油的最佳工艺条件，结果表明，其最佳工艺条件为：微波温度 55℃、微波时间 5min、料液比 1 : 10（g/mL）、微波功率 700W，此条件下，海蓬子籽油得率为 32.58%，与传统索氏抽提法相比，微波复制提取海蓬子籽油的得率提高了 0.15%，而提取时间仅为索氏提取法的 1.39%。莫建光等（2009）用超临界 CO_2 流体提取海蓬子油的工艺进行研究，通过正交试验，得到海蓬子油的最佳提取工艺室萃取压力 20MPa、萃取温度 50℃、提取时间 2h、CO_2 流量 12kg/h，采用超临界 CO_2 流体萃取海蓬子油比传统有机溶剂相比，具有工艺简单、易分离、缩短时间等优点。海蓬子种子油富含亚油酸，是制备共轭亚油酸的优良原料，它含有20%~23%的脂肪，其中90%以上是不饱和脂肪酸，而亚油酸占70%以上。许伟等（2011）研究了微波辅助作用下，以海蓬子油为原料，氢氧化钾为催化剂，丙三醇为溶剂，采用碱异构化制备共轭亚油酸的工艺条件，采用单因素及正交试验结果表明，微波辅助法的最优工艺条件中油：催化剂为1：0.5，油：溶剂为1：4.5，微波作用时间为10min，反应温度为125℃，此条件下，共轭亚油酸含量为57.56%，亚油酸转化率为82%，此法与常规的油浴法相比，微博辅助法能够明显缩短反应时间，降低反应温度，提高反应效率。

（二）海蓬子蔬菜加工工艺

海蓬子是一种天然海盐风味的全新绿色蔬菜，为我国海水蔬菜新品种，但新鲜海蓬子的可溶性盐分含量比普通蔬菜高几十甚至几百倍，经过干燥技术后，其盐分含量更高，口味难以被消费者接受，必须经过脱盐处理。

陈美珍等（2013）对海蓬子速冻蔬菜护色及其脱盐工艺进行了研究，分别采用单因素试验和正交试验优化了海蓬子速冻蔬菜脱盐工艺条件，结果表明，优化的脱盐工艺条件为：12倍1.2% Na_2CO_3 溶液浸泡海蓬子15min，热水漂烫（水料比15：1，95℃，6min），在真空度0.08MPa条件下渗透脱盐（水料比10：1，6h），其最终的含盐量降至1.32%，此工艺制作的速冻海蓬子外观呈墨绿色，结构性状保持较好。张美霞等（2007）对冻干海蓬子粉加工工艺进行了研究，通过电阻法测定海蓬子的共晶点温度为-15℃左右，海蓬子的共熔点温度为-13℃左右，确定海蓬子预冻温度为-30℃左右，海蓬子粉末真空冷冻干燥的工艺参数为：预冻温度-30℃，冷却温度-50℃，真空度50Pa，加热温度为50℃，干燥时间10h。

三、甜高粱的综合利用加工技术

甜高粱又称糖高粱，具有抗逆、抗旱、耐盐碱等生物特性，生物产量高，光合作用强，近年来，在黄河三角洲滩涂大面积种植，是滩涂农业的一个重要组成部分，因此发展甜高粱不仅具有良好的经济价值，还具有良好的生态效益。甜高粱作为一种大有发展前途的作物，它的综合利用可以带动粮食、饲料、养殖、能源、造纸等一系列产业的发展，形成甜高粱生态循环综合利用体系，使农、牧、副、渔得到可持续发展，为农民和社会带来巨大的经济效益。因此，其加工技术和工艺流程越来越重要（图7-1）。

（一）甜高粱发酵乙醇工艺技术

目前，甜高粱茎制取染料乙醇主要有液体发酵和固体发酵两种工艺路线，液体发

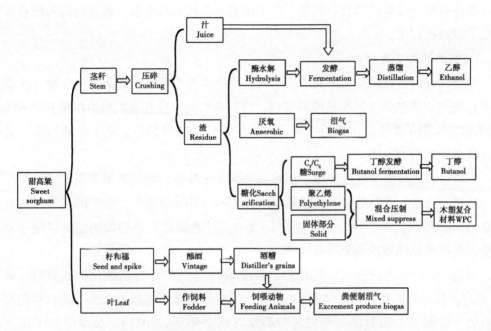

图 7-1　甜高粱生物加工技术图（李珊珊等，2017）

酵是首先将甜高粱茎秆的枝液压榨出来，添加适量的营养盐，接种、发酵、精馏获得燃料；固体发酵是将甜高粱茎秆粉碎、灭菌后，直接接种进行发酵。国内外研究人员对两种工艺路线中的发酵添加营养物、发酵条件、发酵菌种和发酵装置等进行了大量的研究。

叶凯（2015）围绕甜高粱转化生物乙醇的产业技术路线，以生物系统糖形成、积累和转化生物乙醇为出发点，从甜高粱生物含糖量生长条件、低耗糖贮藏条件、菌种诱变与筛选和五碳糖工程菌构建等展开研究，采用多重诱变方式，从酿酒酵母菌种筛选出适宜的菌株，通过葡萄糖/木糖混合碳源发酵乙醇的研究，探索葡萄糖/木糖共发酵生产燃料乙醇的路径，发现在 6% 葡萄糖培养基上，发酵效率较高，发酵时间在48h，乙醇得率为 78%，葡萄糖/木糖比为 5 : 1 时，乙醇得率高，发酵至 60h 时，乙醇得率为 76.92%，糖利用率为 96.78%。葳力斯（2009）采用 AQ-1 酵母菌对甜高粱茎秆进行发酵生产乙醇：首先通过单因素试验，探索了固体发酵时的最佳发酵条件：温度 30℃、发酵时间 4 天，接种量 3%，然后对通过中试发酵试验得出蒸料可提高总糖转化率 16%、酒精产量提高 13.7%；排气可提高总糖转化率 8.4%、酒精产量提高 8.1%。

（二）　饲用甜高粱的加工调制技术

甜高粱在畜牧业上作为饲料有着广泛的应用，作为粗饲料在畜牧业上的主要利用途径是进行甜高粱青贮饲料的制作，对于拓宽家畜粗饲料来源，提高甜高粱综合效益起到了积极的作用。

1. 饲用甜高粱青贮

饲用甜高粱青贮就是在厌氧条件下通过发酵将青贮原料中的碳水化合物（主要是糖类）变成以乳酸为主的有机酸的过程。当有机酸的浓度在青贮料中积聚到 0.65%～1.3%时，抑制了有害微生物的生长，因而使青贮料得以保存，基本保持原来的青绿多汁状态以及营养价值。

青贮过程大致需要经过装填、压实和密封 3 个环节，通常装填和压实同时进行。

装填与压实：收割后的甜高粱晒至水分 60%～70%时切短，喂牛的茎和叶片可切成 2～3cm，喂马、羊、猪、禽可切成 1～2cm，对老弱幼畜应切得更短，以便于家畜咀嚼，促进营养物质的消化吸收（李香宏等，2014）。将食盐磨成细末，按照甜高粱添加量的 3%～5%进行添加；乳酸菌干粉按 3g 中加入 2 L 清水的比例混合后，放置 2h 左右，每吨青贮甜高粱上喷洒 2L 左右；每吨甜高粱添加尿素 2.5～5kg；将甜高粱与食盐、乳酸菌、尿素混合均匀进行装填（路登佑等，2011）。装填时为了防止漏气，在青贮窖四周铺上塑料薄膜，原料装填到高出窖口 1～1.5cm 时为止（余曙光，2015）。

密封：装填完成后应立即进行密封覆盖，其目的是隔绝空气继续与甜高粱茎秆接触，防治雨水进入。乳酸菌活动的最适温度范围为 20～30℃，发酵温度控制在 19～37℃，当甜高粱添加至青贮窖口 30cm 时，用塑料薄膜铺盖后再压土 30～50cm，拍实（张平定，2005）。

2. 饲用甜高粱混贮

探索利用混合青贮、半干青贮等多种方式的加工利用途径，加大甜高粱青贮过程中应添加酶制剂，益生菌制剂等微生物辅助发酵，为全面提高青贮质量、增加甜高粱的产业附加值奠定良好基础。

（1）混合青贮

是指将两种或两种以上的青贮原料混合贮存在密闭容器中制作青贮原料的一种方法，其原料作用相互弥补，发酵品质较好，是一种高效的青贮方式（梁欢等，2005）。韩润英等（2014）研究表明，饲用甜高粱和全株青贮玉米混贮后可以弥补饲用甜高粱淀粉含量不足的缺点，提高全株玉米青贮的总糖含量，适口性好，营养价值全面。罗登等（2013）将大力士甜高粱和拉巴豆按 3：7、4：6、5：5、6：4、7：3 的比例分别混合青贮，对青贮品质不同指标进行分析，最终试验结果表明，甜高粱和拉巴豆比例为 5：5 混贮时青贮料蛋白含量和无氮浸出物含量较高，粗纤维含量较低，青贮效果较好。李川东等（2008）的研究表明，野生大豆（*Glycine soja*）单独青贮发酵品质不佳，但与饲用甜高粱混贮后不但青贮发酵品质较好，而且混合青贮显著提高了青贮饲料的粗蛋白质含量。

（2）饲用甜高粱调制干草

甜高粱茎秆富含糖分，鲜嫩多汁。调制干草时为了防止茎秆中糖分损失应避免在雨天刈割或刈割后避免淋雨，调制后的干草粉碎后贮存，最好和其他牧草混合饲喂动物，提高饲料利用率（李川东等，2008）。

四、其他滩涂耐盐植物的综合利用加工技术

（一）补血草属植物

补血草属（*Limonium* Mill）植物为白花丹科（Plumbaginaceae）多年生草本植物，分布于世界各地，但主要分布于欧亚大陆的地中海沿岸；多生于海岸和盐性草原地区。中国有17~18种，分布于辽宁、河北、山东、浙江、江苏、河南、山西、陕西、甘肃、青海、宁夏、福建、广东、海南等地。该属的主要药用品种有中华补血草［*Limonium sinense*（Girard）O. Kuntze］、二色补血草（*Limonium bicolor*）和黄花补血草［*Limnnium aureum*（L.）Hill］等。补血草属植物所含化学成分十分丰富，含有多糖类、黄酮类、甾体、挥发油、维生素类、蛋白质、生物碱、鞣质、有机酸、微量元素等（管华诗，2009）。以下为活性成分提取工艺技术。

1. 补血草属植物多糖类化合物提取工艺

补血草属植物中的多糖类成分是补血草中主要活性成分之一。多糖类化合物的提取常用方法有水提法、超声提取法、酶解法、微波法等几类。Tang 等（2011）对中华补血草多糖超声提取法的工艺进行优化，进行单因素试验确定影响多糖提取率最大的3个因素为提取温度、超声时间、料液比，后采用中心复合实验设计优化3个因素的水平，发现在提取温度95℃、超声时间50min、料液比1：12的条件下，提取率最高为12.8%。Zhao 等（2011）采用 Box-Behnken 实验设计优化二色补血草多糖的提取工艺，发现在提取温度81.23℃、提取功率190.86 W、提取时间42.39min、料液比为1：15.4（g/mL）的条件下，多糖提取率最高为7.11%。张连茹等（2004）也对二色补血草多糖进行提取和纯化，首先将乙醇抽提后的残渣加水后加热6h，然后过滤的浸提液，然后加入无水乙醇使其终浓度大于80%，静置过夜后离心，沉淀物用乙醇和丙酮脱水，干燥后多糖粗品；然后将粗多糖制成终浓度为5%的多糖水溶液，用 NaOH 调节 pH 值至9.0，50℃水浴，加入15%体积的30%的过氧化氢，维持 pH 值=8~9，反应4h，终止反应，冷至室温，调节至中性，加入乙醇，至冰箱中过夜，次日沉淀后用无水乙醇和丙酮脱水得到白色多糖。

此外，为了提高多糖的生物学活性常对多糖进行衍生化，衍生化的方法主要有物

理法、化学法及生物法等。赵鹏等（2014）以乙酰化多糖取代度为评价指标，考察了反应时间、乙酸酐与多糖的物质的量比和反应温度对乙酰化多糖取代度的影响，结果表明，通过响应面试验得到的最佳工艺条件为：反应时间 2.6h、乙酸酐与多糖的物质的量比为 3.3：1、反应温度 65℃，在此条件下二色补血草乙酰化多糖取代度为0.409。补血草多糖与铁进行络合反应制备二色补血草多糖铁化合物，不仅具有合适的配合稳定性，而且对胃肠道无刺激，李琳（2012）采用响应面分析法对二色补血草多糖铁配合物合成条件进行优化，并根据其水解和还原试验判断其在生理条件下的稳定性，结果表明，二色补血草多糖铁配合物的最佳合成工艺为水浴温度为 73℃、多糖与柠檬酸三钠的质量配比 5：1、反应液 pH 值=8，且理化性质稳定，有望开发形成一种新型补铁剂。

此外，还有学者对补血草属多糖的纯化工艺进行研究。赵鹏等（2011）分别采用三氯乙酸法、Sevage 法、木瓜蛋白酶法、木瓜蛋白酶-Sevage 法对二色补血草多糖脱蛋白工艺进行比较优化，木瓜蛋白酶-Sevage 法效果最好，然后对木瓜蛋白酶-Sevage 法脱蛋白进行单因素实验、响应面优化试验，对酶底比、酶解时间、温度 3 个因素的水平进行优化，发现在酶底比 2.02%，反应温度 74.06℃，反应时间 2.05h 条件下，蛋白脱除率和多糖保留率最高，分别为 83.72%和 80.25%。张丽华等（2011）采用活性炭法、双氧水法、大孔树脂法，反胶束法几种方法对二色补血草多糖脱色工艺优化，发现双氧水法效果最好，并在单因素试验的基础上，进行了响应面优化试验，在最佳工艺条件温度 55℃，时间 2h，pH 值=8.5 时，二色补血草多糖色素脱除率最高为 87.75%，多糖保留率为 87.97%。

2. 补血草属植物黄酮类化合物提取工艺

黄酮类是补血草属植物的重要活性成分，以花、根居多，茎含量较少。黄酮类化合物的提取方法通常有水提法、醇提法、微波法、超声波法、酶解法、大孔吸附树脂法等等。严丽芳等（2011）分别采用微波法、超声波法、酶解法 3 种提取工艺考察了不同提取工艺对中华补血草总黄酮提取率的影响，发现微波提取法为最佳提取方法，运用正交试验设计优化的提取条件为：乙醇体积分数 50%，料液比 1：30（mL/g），微波功率 528W，微波时间 30s 条件下，中华补血草总黄酮得率最高为22.19mg/g。张丽华等（2013）采用超声波法对二色补血草黄酮进行提取，结合响应曲面法优化超声提取中的时间、超声功率和温度 3 个因素，确定最佳工艺条件为：超声时间 35min，温度 50℃，超声功率 380W，液料比为 9：1（mL/g），提取 2 次，在此提取条件下，二色补血草黄酮的含量为 36.28mg/g。谷建（2010）通过均匀设计法优化甘肃产黄花补血草总黄酮提取条件，通过 DPS 软件回归分析对各因素进行分析，发现影响黄花补血草总黄酮提取率的主次因素为：乙醇浓度>提取温度>料液比>超声处理次数>提取时间，最终确定黄花补血草总黄酮提取最佳工艺为：乙醇浓度 78%，料液比 1:32，提取时间为 30min，提取温度 80℃。

对黄酮类化合物进行提取时，需要进行纯化，以提高黄酮的纯度。欧莉等首先采用水浴醇提结合大孔吸附树脂吸附的方法对总黄酮进行提取，10 倍量 60% 乙醇为提取溶剂，在 50℃ 下水浴 3h，重复提取 2 次，提取液经过滤，浓缩得到生药量为 0.24g/mL 的醇提取液，用 D101 大孔吸附树脂对二色补血草醇提取液进行纯化得总黄酮。此外还考察了 5 种型号大孔树脂 HPD-826、HPD-722、AB-8、ADS-17 对总黄酮的吸附和洗脱性能，综合考虑吸附量和解吸率两方面的因素，确定大孔吸附树脂 D101 对总黄酮的富集与纯化效果最好，最佳纯化工艺为：上样流速 4 BV/h，上样液浓度 0.24g/mL，洗脱剂乙醇浓度 70%，洗脱体积 5BV。在此条件下测得二色补血草中总黄酮含量为 65.46%。

（二）海滨锦葵

海滨锦葵（*Kosteletzkya virginica*）是锦葵科海滨锦葵属多年生宿根、耐盐木本油料植物，自然分布于含盐沼泽地带，其种子黑色，肾形，含油率在 17% 以上，蛋白质含量在 27.4%~29.6%，可以利用盐碱滩涂地，具有不与粮食作物争地等优点，具有很大的发展潜力。

关于海滨锦葵开发的工艺技术主要集中在对其锦葵籽油的提取方面。已经报道的提取工艺主要用水酶法，超临界流体萃取技术和超声波法。杨庆利等，（2009）利用超临界 CO_2 流体萃取技术提取海滨锦葵籽油，通过单因素试验及正交试验研究了萃取压力、萃取温度、CO_2 流量和萃取时间等因素对油脂得率的影响，确定其最佳工艺参数为：萃取压力 25MPa，萃取温度 45℃，CO_2 流量为 21kg/h，萃取时间为 100min，在该工艺条件下萃取 3 次，其得率达到 19.35%；同时也研究了水酶法提取海滨锦葵籽油的工艺，首先将海滨锦葵仁粉制成一定固液比的悬液，用 1M 的 NaOH 或 HCl 溶液调节到适宜的 pH 值，按种仁质量加入液态酶，搅拌，酶解结束后，在 4 000r/min 转速下离心 20min 得到海滨锦葵籽油，确定了水酶法提取海滨锦葵籽仁油的工艺条件为酶用量 0.024mL/g，提取温度 63℃，固液比 1:6，提取时间 230min，在此工艺下海滨锦葵籽仁油提取率达到 24.181%（杨庆利等，2009）；用超声波法辅助制备生物柴油的工艺条件时，首先以 KOH 为催化剂，通过单因素试验及正交试验研究了超声频率、超声功率、催化剂用量、反应温度、醇与油摩尔比等因素对酯交换率的影响，表明制备生物柴油的最佳工艺条件为：超声波频率 45Hz、超声波功率 180W、催化剂 KOH 用量为海滨锦葵油质量的 0.6%、反应温度 65℃、醇与油摩尔比 7:1，在该条件下酯交换率达到 99.85%（杨庆利等，2008）。

(三) 碱蓬

盐地碱蓬 (*Suaeda salsa*) 为一年生草本植物,在沿海滩涂和盐碱地广泛生长,含有非常丰富的营养物质,如多糖、生物碱、黄酮和不饱和脂肪酸。选择合适的提取工艺来提取碱蓬中的活性成分,对丁开发碱蓬资源具有十分重要的意义。

已报道的对碱蓬中活性成分提取的工艺主要包括溶剂金提法,超声波辅助提取法和微波辅助提取法。庞庭才等 (2015) 首先通过单因素试验考察料液比、NaOH 浓度、提取温度和提取时间对多糖提取率的影响,然后用响应面法优化得到碱蓬多糖的最佳提取工艺为: 0.17mol/LNaOH 溶液为提取溶剂,在料液比 1:42.5、提取温度 83.5℃下提取 3.4h,多糖的提取率为 8.00%。钟尉方等 (2015) 以盐碱地为原料,优化盐碱地碱蓬中总黄酮的提取工艺,选择提取时间、提取温度、乙醇浓度和料液比为自变量,以总黄酮含量为响应值,采用 Box-Behnken 设计方法,确定最佳工艺为:提取时间 46min,提取温度 62℃,乙醇浓度为 64%,料液比为 1:21,在此条件下提取盐地碱蓬总黄酮含量为 6.57mg/g。金丽珠等 (2016) 用微波辅助提取碱蓬籽油,得到提取碱蓬籽油的最佳提取工艺参数为:微波功率 268W、提取时间 12min、料液比 33:1,在最优工艺下,碱蓬籽油的得率为 19.79%。王新红 (2014) 选用超声波辅助的方法对碱蓬多酚进行了提取工艺的优化,得到最佳的工艺条件为:以 80%乙醇为提取剂,提取时间为 80min,提取温度为 80℃,料液比为 1:23 (g/mL),此工艺条件下碱蓬多酚的提取率为 886.03μg/g。

花青素在食品着色工艺方面有着特殊的作用,然后不同的提取条件得到花青素组成成分不一样。刘晶晶 (2012) 对碱蓬中色素进行了提取,通过研究不同提取操作对翅碱蓬花青素提取量的影响,发现石油醚去脂和丙酮除杂操作有利于单体花青素的提取,而直接匀浆提取也是一种简单快速获得单体花青素的方法。段迪 (2009) 研究了盐地碱蓬甜菜红素的提取分离和纯化工艺,得到甜菜红素浸提剂应选择 pH 值=5 的去离子水,料液比以 1:6 为宜,甲醇相比乙醇更容易除去杂质。姜雪 (2013) 采用溶剂浸提法,以去离子水为提取剂,得到提取工艺为:液固比 30:1,浸提温度为 40℃,时间 80min,浸提 2 次,然后通过 6 种大孔树脂进行纯化,确定 AB-8 为最佳树脂,最佳吸附流速为 1mL/min,上样体积 80mL,洗脱速度为 3mL/min,色素得率为 2.37%。

石红旗 (2005) 以丙三醇为溶剂体系,研究盐地碱蓬籽油合成共轭亚油酸的条件为:反应温度 185~190℃,时间在 2~3h,催化剂用量为油重的 20%,溶剂用量为油重的 2~3 倍。

第三节　海洋农用微生物产品加工利用技术

一、海洋微生物肥料加工利用技术

海洋微生物肥料是一类含有活体海洋微生物的生物制品，应用在农业生产中有一定的肥料效应，且在这种效应的产生过程中，活体微生物起着关键的促进作物生长作用。然而在微生物肥料的生产过程中，发酵培养条件是制约微生物肥料生产水平的重要因素，何红研究了优化了两株海洋细菌 AiL3 和 CⅢ-1（AiL3 来源于海洋植物红树林老鼠簕；CⅢ-1 来源于木榄）的混合发酵条件，采用单因素和正交设计法，对两菌株混合发酵的碳源、氮源和无机离子的种类和含量进行优化，获得混合发酵的最佳培养基配方为：酵母膏 10g/L，酵母粉 5g/L，蔗糖 8g/L，木薯淀粉 10g/L，$CaCl_2 \cdot 2H_2O$ 0.2g/L，NaCl 0.2g/L，$FeSO_4 \cdot 7H_2O$ 0.1g/L，$MnSO_4 \cdot 7H_2O$ 0.5g/L，最佳培养条件：初试 pH 值 = 7.0，装液量为 230mL/500mL，接种量为 4%，发酵温度为 28℃，转速为 180r/min，发酵时间为 52h，优化后两菌株混合发酵后菌量和芽孢量有了显著的提高，菌量达到 $5.0 \times 10^{10} CFU/mL$，芽孢量达到 $45 \times 10^9 CFU/mL$。

二、海洋微生物农药加工利用技术

微生物农药是指以微生物活体为有效成分的农药，是生物农药的重要组成部分。目前，已从海洋真菌、细菌和放线菌等微生物中分离到多种生物活性物质，有些已成功应用到植物病虫害的防治中，因此海洋微生物是新型生物农药的重要来源，在生物农药开发和应用具有非常广泛的前景。

剂型是农药的最终使用形式或状态，起保护有效成分、稀释或缓释有效成分、优化使用效果以及扩大使用范围等作用，是生防菌从实验室走向田间的关键环节。刘振华（2011）通过剂型化对象确定、配方筛选、喷雾干燥工艺的建立与中试放大，对海洋芽孢杆菌 B-9987 可湿性粉剂制备过程进行了研究。由高岭土-1000、滑石粉-800、N-1000、凹凸棒土-300、M-1000 和膨润土-300 制备的 6 种海洋芽孢杆菌可湿性粉剂中，高岭土-1000 制剂和 N-1000 制剂具有较好的悬浮率（71.8% 和 54.2%），而高岭土-1000 制剂和滑石粉-800 制剂的湿润性较差；通过对 5 种表面活性剂（Ethylan 1008、十二烷基苯磺酸钠、EFW、吐温 20 和有机硅），有机硅与海洋芽孢杆菌 9987 的生物相容性最好（培养基中有机硅浓度为 1g/L 时 B-9987 活菌存活率为 90.3%，其他则小于 30%）；中试规模配方筛选实验中，添加有机硅后 N 制剂和高岭土制剂的悬浮率分别提高 78.9% 和 82.2%；通过配方优化，建立了海洋芽孢杆菌可湿性粉剂的中试规模生产工艺，所产制剂的润湿时间为 56s，悬浮率为 84.4%，活菌含量为 1.5×10^{10} CFU/g，含水量为 3.5%，这些质量指标均达到农药可湿性粉剂的质量要求。

三、海洋微生物酶发酵技术

海洋酶资源是海洋生物资源的重要组成部分之一，运用现代科技手段，结合发酵工程技术和酶工程技术酶解海洋生物资源，是开发利用海洋的重要途径。近年来，人们已经对海洋微生物产酶的发酵技术进行广泛的探索。

海洋生物酶发酵控制技术的发展依赖于传统生物发酵技术，而发酵工艺参数的控制是海洋生物酶发酵的关键，也是其产业化进程中要解决的核心问题。按照细胞培养方式的不同，可将微生物发酵分为以下几种：液体发酵和固体发酵。

1. 液态发酵

液态发酵技术，是指在生化反应器中将菌株生长过程必需的碳源、氮源、无机盐等元素溶解在水中作为培养基，灭菌后接入菌种，通入无菌空气并加以搅拌，为菌体提供氧气或提高接触氧气面积和频率，在控制温度、pH 等条件下进行微生物的大量增殖，从而生产所需产品的过程（张偲，2013）。液体发酵是现代酶制剂生产中最为广泛应用的发酵方式，这种发酵方式易于进行自动化控制和大规模生产，生产效率高，但一次性投资大，成本高。常用的发酵罐类型有机械搅拌发酵罐、气升式发酵罐、自吸式发酵罐和文氏管发酵罐，其中以机械搅拌发酵罐最为常见。对液体发酵工艺的控制，主要集中于培养基成分、通气量、搅拌速度、温度和 pH 等因素。

张洪真（2008）对 44 株分离自我国南海的细胞星芒海绵（*Stelletta tenuis*）、周疲软海绵（*Halichondria regosa*）、澳大利亚厚皮海绵（*Craniella australiensis*）细菌进行了脂肪酶筛选，发现大多（24/99）具有脂肪酶活性，并通过单因素分析和 Plackett-Burman 设计等多种试验设计相结合的方法优化了活性菌株 B106，确定此细菌最佳产酶培养基为 Tween 80（5.0mL/L）Mg^{2+}（17.15g/L），PO_4（2.0g/L），yeast extract（5.0g/L）和 maize oil（12.5mL/L），beef extract（5g/L）和 $CaCl_2$（2.282g/L）。起始 pH 值为 7.0，5% 接种量，28℃，180r/min，发酵液中的脂肪酶酶活值在 60h 最高可达 86.37U/mL，细胞干重在 55h 为 7.44g/L，比发酵基本培养基分别提高了 3.54 倍和 1.31 倍。Joo 和 Chang（2006）还利用 7 L 搅拌式发酵罐对该菌进行了大规模发酵，发现增加溶氧量可提高蛋白酶的产量，在搅拌速率为 700r/min 时，发酵液中蛋白酶活可达到 137 020U/mL。Fenice 等（1998）考察了产几丁质酶菌株 *Penicillium janthineflum* p9 在 3L 夹套式小型发酵罐中的产酶试验，在 24℃，起始培养基 pH 值 = 4.0，搅拌速率 300r/min 的条件下酶活可达到 497U/L，溶氧量可以显著影响几丁质酶的含量，通过考察搅拌速率对几丁质的产量的影响，确定最佳转速为 500r/min，最高酶活可提高至 648U/mL。海洋细菌株 *V. sp.* JT0107 中分离到的琼胶酶 0107，是一种在基因技术中非常有用的酶，该酶在弱碱性和低温条件下可表现出最佳活性。纪存朋（2009）从东海海泥中筛选出一株产溶菌酶的菌株 S-12-86，含溶菌酶发酵液经过低温离心、超滤浓缩、乙醇提取和 Superdex75 凝胶层析和反相高效液相色谱层析分步进行纯化，整个纯化过程得到的海洋微生物溶菌酶的收率为 21.7%。

2. 固态发酵

固态发酵广泛应用于造酒、乳酪和其他领域。由于生产成本低廉，耗能低，培养基大多为未精细加工，成分较为复杂的原料（如麸皮、玉米芯和大米等），发酵设备简单，且环境危害小。按照固相的性质可将固态发酵分为两种：一种是以农作物为底物的固态发酵方式，这些底物是固相组成又能为微生物生长提供营养；另一种以惰性固态载体为固相，微生物生长的营养源是额外添加在固相载体上的培养液。

已有报道固态发酵技术是用于海洋微生物的产酶发酵。研究人员以新鲜海水为原材料，分离出海洋微生物蛋白酶产生菌，通过诱变选育和改变培养基组分，对此菌的培养基进行了一系列的优化，筛选出此菌株的最佳培养基为：酪蛋白 4.0g；玉米浆干粉 0.5g；磷酸二氢钾 0.36g；磷酸氢二钠 1.3g；七水合硫酸锌 0.02g；七水合氯化钙 0.002g；酪素水解氨基酸 0.05g；过滤陈海水 1L。分离自海洋船蛆的细胞所产蛋白酶中 80% 以上为胞外酶。该菌株所产蛋白酶在氧化剂存在的环境中能够保持高度稳定，且能耐受高盐（3mol/L NaCl）和广泛的 pH（5~12）。Elibol 和 Moreira（2003）尝试用海藻酸钠进行发酵产生蛋白酶，从第四个发酵周期开始细胞的产酶效率提高了 3.5 倍，从 28 U/（mL·h）提高到 100 U/（mL·h）。海洋真菌 *Caldariomyces fumago* 在生产胞外酶过氧化酶，特别是木质素过氧化酶具有明显的优势。

分离自海洋船蛆（*Teredinobacter turnirae*）的细胞所产蛋白酶中 80% 以上为胞外酶。该菌株所产蛋白酶在氧化剂存在的环境中能够保持高度稳定，且能耐受高盐（3mol/L NaCl）和广泛的 pH（5~12）。Elibol 和 Moreira（2003）尝试用海藻酸钠进行发酵产生蛋白酶，从第四个发酵周期开始细胞的产酶效率提高了 3.5 倍，从 28U/（mL·h）提高到 100U/（mL·h）。海洋真菌 *Caldariomyces fumago* 在生产胞外酶过氧化酶，特别是木质素过氧化酶具有明显的优势。Mccamish 等（2015）用加入营养液的聚苯乙烯颗粒代替传统固态发酵的营养丰富的麸皮，建立了适合海洋微生物 *Vibrio costicola* 产谷氨酸水解酶的新型固态发酵工艺。这一改进使得发酵浸出液的黏度大大降低，且产物中杂蛋白也有减少，浸出液的回收率可达到 92%~96%，这些特性表明这一新型的固态发酵技术非常适用于酶制剂的规模化生产。Suresh 和 Chandrasekaran（1998）用一株从海洋沉积物中分离到的真菌 *Beauveria bassiana* BTMF S10，以虾壳为培养基进行产几丁质酶的发酵试验，最大酶活力为248U/g干底物，培养基中只需加入一些无机盐离子，添加酵母提取物反而会抑制该真菌发酵。

参考文献

白蕾.2008.海带多酚的分离提取及其抗肿瘤活性研究［D］.大连：大连理工大学.

陈美珍，廖绪标，梁彬，等.2013.海蓬子速冻蔬菜护色及脱盐工艺的研究［J］.汕头大学学报（自然科学版）（4）：40-48.

杜玉兰，黎庆涛，王远辉.2008.响应曲面法优化鼠尾藻中脂质的提取工艺［J］.天然产物研究与开发，20（6）：1091-1094.

段迪.2009.盐地碱蓬甜菜红素提取分离及纯化工艺的研究［D］.济南：山东师范大学.

扶庆权，周峰，华春，等.2013.微波辅助提取海蓬子总黄酮工艺的响应曲面法优化［J］.南京师大学报（自然科学版），36（2）：96-103.

扶庆权.2014.响应面法优化微波辅助提取海蓬子籽油工艺［J］.食品科学，35（20）：98-104.

甘育鸿，张子敬，吕应年，等.2016.海发菜中总多酚提取工艺及抗氧化活性研究［J］.广东医学院学报，34（2）：113-116.

谷建.2010.黄花补血草总黄酮提取工艺及生物活性研究［D］.兰州：甘肃农业大学.

谷勋刚，2007.超声波辅助提取新技术及其分析应用研究［D］.合肥：中国科学技术大学.

顾婕，杨莉萍，赵微加，等.2009.海蓬子总黄酮提取工艺优化研究［J］.时珍国医国药，20（9）：2274-2275.

管华诗，王曙光.2009.中华海洋本草［M］.上海：上海科学技术出版社.

韩玲.2012.海藻发酵饲料的制备工艺及优化研究［D］.上海：上海理工大学.

韩润英，柴爽，翟天慧.2014.全株青贮玉米与饲用高粱混贮技术［J］.中国畜禽种业，10（11）：86-87.

郝剑君.2011.海带化工废弃物高效同步发酵产乙醇工艺［D］.青岛：中国海洋大学.

胡斌.2013.带式连续烘干机的设计和研究［D］.合肥：安徽农业大学.

纪存朋.2009.海洋微生物溶菌酶的分离纯化、保存及应用研究［D］.青岛：青岛科技大学.

姜雪．2013．碱蓬色素提取及应用研究［D］．大连：大连工业大学．

金丽珠，许伟，邵荣，等．2016．微波法辅助提取碱蓬籽油的工艺研究［J］．食品工业科技，37（5）：232-237．

黎海彬，王邕，李俊芳，等．2005．微波辅助提取技术在天然产物提取中的应用［J］．现代食品科技，21（3）：148-150．

李川东，李建农，沈益新．2008．收获时间对饲用高粱和野生大豆单、混青贮品质的影响［J］．中国草地学报，30（5）：75-79．

李春宏，张培通，郭文琦，等．2014．甜高粱青贮饲料研究与利用现状及展望［J］．江苏农业科学，42（3）：150-152．

李琳，李稳宏，雒羽，等．2012．二色补血草多糖铁（Ⅲ）配合物的制备及理化性质研究［J］．食品科学，33（16）：54-58．

李娜，邓永智，李文权．2009．蜈蚣藻中萜类化合物的超临界 CO_2 流体萃取及 GC-MS 分析［J］．食品科学，30（12）：131-134．

李珊珊，李飞，白彦福，等．2017．甜高粱的利用技术［J］．草业科学，34（4）：831-845．

李胜生，董元华，刘云，等．2008．微囊藻中叶绿素 a 提取方法的优化［J］．环境监测管理与技术，20（4）：43-45．

李潇，王红敏，黄琳娟，等．2011．海藻胶寡糖的分离制备及电喷雾质谱分析［J］．食品科学，32（2）：150-153．

李笑光．2014．我国农产品干燥加工技术现状及发展趋势［J］．农业工程技术（农产品加工业）（2）：16-20．

梁彬，李娟，余杰，等．2014．响应面法优化海蓬子皂苷提取工艺条件与生物活性研究［J］．食品科学，35（2）：102-107．

梁欢，游永亮，李源，等．2015．高丹草青贮加工及饲喂利用技术研究进展［J］．草地学报，23（5）：936-943．

刘华敏，解新安，丁年平．2009．喷雾干燥技术及在果蔬粉加工中的应用进展［J］．食品工业科技（2）：304-307．

刘晶晶．2012．翅碱蓬花青素类物质的提取分离及组成和含量研究［D］．乌鲁木齐：新疆农业大学．

刘培京．2012．新型海藻生物有机液肥研制与肥效研究［D］．北京：中国农业科学院．

刘晓娟，赵长滨，林君堂，等．2008．隧道式蔬菜热风脱水干燥机的研究［J］．农机化研究（7）：113-115．

刘晓丽，吴克刚，柴向华，等．2010．大孔树脂对海带多酚的吸附研究 [J]．食品研究与开发，31 (4)：1-5．

刘振华．2011．多黏类芽孢杆菌和海洋芽孢杆菌可湿性粉剂的研制及其加工工艺的优化与放大 [D]．上海：华东理工大学．

路登佑，李玉蓉，赵文峰，等．2011．饲用甜高粱青贮制作技术 [J]．贵州畜牧兽医，35 (2)：53-55．

吕广．2010．海藻肥原料中褐藻黄素的分离纯化 [D]．保定：河北农业大学．

罗登，梁欢，曾兵，等．2013．大力士甜高粱和拉巴豆混合青贮对青贮品质的影响 [C] //中国牛业发展大会．

马帅，付莉莉，汪萌，等．2010．从微藻中提取粗脂的方法比较 [J]．中国油脂，35 (5)：77-79．

马田田，宋晓晖．2015．海藻肥料的专利技术研究 [J]．北京农业 (12)：274．

莫建光，卢安根，陈秋虹，等．2009．超临界 CO_2 流体提取海蓬子油的工艺技术研究 [J]．食品科技 (8)：124-127．

庞庭才，钟秋平，熊拯，等．2015．响应面分析法优化碱蓬多糖提取工艺及其抗氧化性分析 [J]．南方农业学报，46 (7)：1280-1286．

任燕秋，缪云雁，扶庆权．2012．响应曲面法优化海蓬子蛋白质的提取工艺研究 [J]．食品工业 (11)：20-23．

师琪，单宇，管福琴，等．2013．北美海蓬子总皂苷提取工艺研究 [J]．食品科技 (4)：248-251．

石红旗，姜伟，衣丹，等．2005．盐地碱蓬共轭亚油酸的制备及结构分析 [J]．食品科学，26 (5)：80-84．

石勇，古维新，张忠义，等．2003．超临界 CO_2 分子蒸馏对螺旋藻有效成分的萃取与分离 [J]．今日药学，13 (1)：10-11．

司晓喜，袁智泉，邱贺媛，等．2011．海藻有效成分的提取分离研究进展 [J]．延边大学学报（自然科学版），37 (2)：103-110．

宋凌晨．2011．海蓬子脂溶性成分的分离及抗氧化活性的研究 [D]．南京：南京农业大学．

苏东海，魏玉西，陈应运，等．2016．复合菌发酵海藻渣降解甲醛残留工艺研究 [J]．江苏农业科学，44 (9)：495-497．

王海仁，席振乐．2002．酶法生产海带多糖 [J]．精细与专用化学品，10 (22)：15-17．

王秋红，赵珊，王鹏程，等．2016．半仿生提取法在中药提取中的应用 [J]．中国实验方剂学杂志（18）：187-191.

王婉冰，徐子恒，王宏军，等.2015.响应面试验优化海蓬子外种皮水溶性多糖提取工艺及其抗菌活性［J］.食品科学，36（14）：5-9.

王威，李红岩，王艳艳，等.2008.褐藻羊栖菜化学成分的研究［J］.中草药，39（5）：657-661.

王源.2015.酶工程技术在中药提取中的应用［J］.山东中医杂志（8）：614-617.

葳力斯.2009.甜高粱固体发酵生产燃料乙醇工艺的研究［D］.呼和浩特：内蒙古农业大学.

徐青，卢莹莹，辛建美，等.2011.大孔树脂吸附分离海芦笋中黄酮类化合物工艺［J］.食品科学，32（2）：115-119.

许伟，颜秀花，张寅连，等.2011.微波辅助海蓬子油制备共轭亚油酸的工艺研究［J］.食品工业科技，32（6）：309-311.

严丽芳，叶莉莉，汤新慧，等.2011.中华补血草根总黄酮提取工艺的研究［J］.时珍国医国药，22（6）：1358-1360.

杨会成，曾名勇，刘尊英，等.2007.超声波、微波复合提取海带多酚的工艺研究［J］.食品与发酵工业，33（11）：132-135.

杨会成，郑斌，郝云彬，等.2014.具有抑菌活性的海藻多酚联合提取工艺优化研究［J］.浙江海洋学院学报（自然科学版）（2）：147-153.

杨庆利，秦松.2011.水酶法提取海滨锦葵籽仁油工艺条件优化［J］.食品与发酵工业，37（3）：197-201.

杨庆利，禹山林，秦松.2008.超声波辅助下海滨锦葵油制备生物柴油工艺的优化［J］.石油化工，37（11）：1147-1151.

杨庆利，禹山林，秦松.2009.超临界CO_2流体萃取海滨锦葵籽油的工艺条件优化［J］.农业工程学报，25（5）：253-257.

叶凯.2015.甜高粱高生物糖量生产条件与乙醇发酵工程菌株构建［D］.北京：中国农业大学.

于广利，嵇国利，冯以明，等.2010.刺松藻水溶性多糖的提取分离及理化性质研究［J］.中国海洋大学学报（自然科学版），40（11）：90-94.

于平，励建荣.2008.微波辅助溶剂提取钝顶螺旋藻中β-胡萝卜素的研究［J］.中国食品学报，8（2）：80-83.

于晓莉，祁帅，黄素媛，等.2015.海藻接枝型肥料的保水控失及肥效［J］.生态学杂志，34（7）：2071-2076.

余曙光.2015.饲用大力士甜高粱青贮技术［J］.贵州畜牧兽医，39（6）：

57-58.

曾淦宁，沈江南，洪凯，等.2010. 荷电耐污染超滤膜分离、纯化海藻酸钠的研究 [J]. 海洋通报，29（1）：96-100.

张洪真.2008. 海绵共附生微生物脂肪酶产生菌筛选、培养基优化、酶学性质及基因克隆研究 [D]. 上海：上海交通大学.

张晶晶.2011. 海蓬子水溶性成分分离及体外抗氧化能力的研究 [D]. 南京：南京农业大学.

张俊，蒋桂华，敬小莉，等.2011. 超临界流体萃取技术在天然药物提取中的应用 [J]. 时珍国医国药，22（8）：2020-2022.

张丽华，赵鹏，杜永鹏，等.2011. 二色补血草多糖脱色工艺研究 [J]. 中医药导报，17（6）：81-83.

张丽华，赵鹏，张泉修，等.2013. 超声法提取二色补血草黄酮工艺研究 [J]. 中医药导报（5）：83-85.

张丽丽，2014. 红外干燥蔬菜的试验研究及分析 [D]. 北京：中国农业大学.

张连茹.2004. 二色补血草水溶性多糖、多酚类和挥发性成分的研究 [D]. 武汉：武汉大学.

张美霞，杨小兰.2007. 冻干海蓬子粉加工工艺研究 [J]. 食品工业科技（6）：136-137.

张萌.2013. 海洋细菌 AiL3 和 CIII-1 菌株混合发酵及对辣椒促生作用研究 [D]. 湛江：广东海洋大学.

张平定.2005. 制作青贮饲料的技术要点 [J]. 饲料与畜牧（5）：13-14.

张偲，等.2013. 中国海洋微生物多样性 [M]. 北京：科学出版社.

张苏江，杨金宝.2000. 饲用甜高粱的栽培与利用 [J]. 当代畜牧（2）：42-43.

赵鹏，宋道，张婷婷，等.2014. 响应面法优化二色补血草多糖的乙酰化工艺 [J]. 食品科学，35（18）：52-56.

赵鹏，张丽华，李小蓉，等.2011. 二色补血草多糖脱蛋白工艺研究 [J]. 医药导报，30（10）：1328-1332.

钟明杰，王阳光.2010. 微波辅助提取紫菜多酚及抗氧化活性研究 [J]. 食品科技（10）：204-207.

钟尉方，王岳鸿，刘红英.2015. 响应面法优化盐地碱蓬草总黄酮提取工艺研究 [J]. 核农学报，29（6）：1135-1141.

祝圣远，王国恒.2003. 微波干燥原理及其应用 [J]. 工业炉，25（3）：42-45.

Bousquet O, Goffic F L. 1995. Counter-current chromatographic separation of polyunsaturated fatty acids [J]. Journal of Chromatography A, 704 (1): 211-216.

Cha K H, Koo S Y, Lee D U. 2008. Antiproliferative effects of carotenoids extracted from *Chlorella ellipsoidea* and Chlorella vulgaris on human colon cancer cells. [J]. Journal of Agricultural & Food Chemistry, 56 (22): 10521-10526.

Chattopadhyay N, Ghosh T, Sinha S, *et al.* 2010. Polysaccharides from Turbinaria conoides: structural features and antioxidant capacity. [J]. Food Chemistry, 118 (3): 823-829.

Chen F, Li H B, Wong R N, *et al.* 2005. Isolation and purification of the bioactive carotenoid zeaxanthin from the microalga Microcystis aeruginosa by high-speed countercurrent chromatography [J]. Journal of Chromatography A, 1064 (2): 183-186.

Cho J, Gyawali Y P, Ahn S, *et al.* 2008. A methoxylated fatty acid isolated from the brown seaweed Ishige okamurae inhibits bacterial phospholipase A2 [J]. Phytotherapy Research, 22 (8): 1070-1074.

Durmaz Y, Monteiro M, Bandarra N, *et al.* 2007. The effect of low temperature on fatty acid composition and tocopherols of the red microalga, *Porphyridium cruentum* [J]. Journal of Applied Phycology, 19 (3): 223-227.

Elibol M, Moreira A R. 2003. Production of extracellular alkaline protease by immobilization of the marine bacterium Teredinobacter turnirae [J]. Process Biochemistry, 38 (10): 1445-1450.

Fenice M, Leuba J L, Federici F. 1998. Chitinolytic enzyme activity of *Penicillium janthinellum*, P9 in bench-top bioreactor [J]. Journal of Fermentation & Bioengineering, 86 (6): 620-623.

Fisch K M, Böhm V, Wright A D, *et al.* 2003. Antioxidative meroterpenoids from the brown alga Cystoseira crinita [J]. Journal of Natural Products, 66 (7): 968-975.

Hong Y, Wang K, Zhou C, *et al.* 2008. Purification, antitumor and antioxidant activities in vitro of polysaccharides from the brown seaweed *Sargassum pallidum* [J]. Food Chemistry, 111 (2): 428-32.

Hosikian A, Su L, Halim R, *et al.* 2010. Chlorophyll Extraction from Microalgae: A Review on the Process Engineering Aspects [J]. International Journal of Chemical Engineering, 2010, (2010-05-18), 2010: 11.

Ishihara K, Murata M, Kaneniwa M, *et al.* 2000. Purification of stearidonic acid (18 : 4 (*n*-3)) and hexadecatetraenoic acid (16 : 4 (*n*-3)) from algal fatty acid with lipase and medium pressure liquid chromatography [J]. Bioscience Biotechnology & Biochemistry, 64 (11): 2454.

Joo H S, Chang C S. 2006. Production of an oxidant and SDS-stable alkaline protease from an alkaophilic Bacillus clausii I-52 by submerged fermentation: Feasibility as a laundry detergent additive [J]. Enzyme & Microbial Technology, 38 (1): 176-183.

Kadam S U, Tiwari B K, Smyth T J, et al. 2015. Optimization of ultrasound assisted extraction of bioactive components from brown seaweed Ascophyllum nodosum using response surface methodology [J]. Ultrasonics Sonochemistry, 23: 308-316.

Kazuki K, Yoshiaki O, Takashi H, et al. 2009. Commercial-scale Preparation of Biofunctional Fucoxanthin from Waste Parts of Brown Sea Algae Laminalia japonica [J]. Food Science & Technology Research, 14 (6): 573-582.

Klejdus B, Kopecký J, Benesová L, et al. 2009. Solid-phase/supercritical-fluid extraction for liquid chromatography of phenolic compounds in freshwater microalgae and selected cyanobacterial species [J]. Journal of Chromatography A, 1216 (5): 763-771.

Macíassánchez M D, Mantell C, Rodríguez M, et al. 2009. Comparison of supercritical fluid and ultrasound - assisted extraction of carotenoids and chlorophyll a from Dunaliella salina [J]. Talanta, 77 (3): 948-952.

Matsubara K, Mori M, Matsumoto H, et al. 2001. Antiangiogenic properties of a sulfated galactan isolated from a marine green alga, Codium cylindricum [J]. Journal of Applied Phycology, 28 (5): 395-399.

Mccamish C, Reynolds H, Algozzine B, et al. 2015. An Investigation of Characteristics, Practices, and Leadership Styles of PBIS Coaches [J]. Brazilian Archives of Biology & Technology, 42 (3): 363-367.

Mendes R L, Reis A D, Palavra A F. 2006. Supercritical CO_2 extraction of γ-linolenic acid and other lipids from Arthrospira (Spirulina) maxima: Comparison with organic solvent extraction [J]. Food Chemistry, 99 (1): 57-63.

Miyamoto E, Tanioka Y, Nakao T, et al. 2006. Purification and characterization of a corrinoid-compound in an edible cyanobacterium Aphanizomenon flos-aquae as a nutritional supplementary food. [J]. J Agric Food Chem, 54 (25): 9604-9607.

M. D. Macías-Sánchez, Mantell C, RodríGuez M, et al. 2005. Supercritical fluid extraction of carotenoids and chlorophyll a, from Nannochloropsis gaditana [J]. Journal of Food Engineering, 66 (2): 245-251.

Niu J F, Wang G C, Zhou B C, et al. 2010. Purificationof R-phycoerythrin from porphyra haitanensis (Bangiales, Rhodophyta) using expanded-bed absorption [J].

Journal of Phycology, 22 (1): 25-31.

Roh M K, Uddin M S, Chun B S. 2008. Extraction of fucoxanthin and polyphenol from Undaria pinnatifida, using supercritical carbon dioxide with co-solvent [J]. Biotechnology & Bioprocess Engineering, 13 (6): 724-729.

Santoyo S, Rodríguezmeizoso I, Cifuentes A, et al. 2009. Green processes based on the extractionwith pressurized fluids to obtain potent antimicrobials from *Haematococcus pluvialis* microalgae [J]. LWT – Food Science and Technology, 42 (7): 1213-1218.

Saravana P S, Yin S, Hyung C J, et al. 2015. Biological Properties of Fucoxanthin in Oil Recovered from Two Brown Seaweeds Using Supercritical CO_2 Extraction [J]. Marine Drugs, 13 (6): 3422-3442.

Seedevi P, Moovendhan M, Viramani S, et al. 2017. Bioactive potential and structural chracterization of sulfated polysaccharide from seaweed (*Gracilaria corticata*) [J]. Carbohydrate Polymers, 155: 516-524.

Suresh P V, Chandrasekaran M. 1998. Utilization of prawn waste for chitinase production by the marine fungus Beauveria bassiana by solid state fermentation [J]. World Journal of Microbiology & Biotechnology, 14 (5): 655-660.

Tang X, Yan L, Jing G, et al. 2011. Optimization of extraction process and investigation of antioxidant effect of polysaccharides from the root of Limonium sinense Kuntze [J]. Pharmacognosy Magazine, 7 (27): 186-92.

Tao W, Jónsdóttir R, Ólafsdóttir, G. 2009. Total phenolic compounds, radical scavenging and metal chelation of extracts from Icelandic seaweeds [J]. Food Chemistry, 116 (1): 240-248.

Yuan Y, Macquarrie D. 2015. Microwave assisted extraction of sulfated polysaccharides (fucoidan) from *Ascophyllum nodosum*, and its antioxidant activity [J]. Carbohydrate Polymers, 129: 101-107.

Zhao P, Song X. 2013. Optimization of ultrasonic extraction process by response surface methodology of polysaccharides from *Tussilago farfara* L. [J]. Advanced Materials Research, 771: 41-44.

第八章 海水农业存在的问题与发展策略

第一节 海水农业发展现状分析

中国人多地少，淡水资源短缺。人均淡水占有量只有世界平均水平的 1/4，且分布不均，海水农业发展和利用不但是涉及旱作农业、耕地修复和盐碱地的综合问题，也有利于典型特征的滨海生态环境的优化使用和可持续发展。中国国土辽阔，植物资源丰富，有盐碱化土壤 5 亿多亩，次生盐渍化耕地 1 亿多亩，海岸线 3.2 万 km。海岸边有广阔的盐碱滩涂。国家反复强调要严守"18 亿亩耕地红线"。海水农业对保障耕地红线的作用不言而喻，其核心一个关键字：盐；关键措施两个方面：针对盐生环境，做好盐生植物的利用开发；工作落脚点：充分利用特殊土地资源条件，发展合适耐盐作物。海水农业对于中国保证粮食安全，实现耕地动态平衡，促进农业现代化，都具有十分重大的意义。

中国海水农业的历史比较悠久，但是大多集中于海水养殖，真正意义的种植农业则历史较短，作物化时间不长，种类较少。20 世纪 50 年代以来，世界各国围绕海水农业开展了大量研究，在耐盐植物资源挖掘、引种驯化、新种开发等方面，多有突破性的进展。与之相比，中国海水农业相关研究起步较晚，落后于发达国家。不过中国逐步意识到海水农业的巨大价值之后，从规划、研究、应用等方面开展了持续性的工作，目前已经取得了若干成绩，包括耐盐植物育种与栽培、海岸带盐生经济植物种植与产业化、耐盐植物深度开发研究、海水农业生态系统及可持续发展研究等等，都有了初步的研究成果。

一、良好的海岸自然条件和海生生物种类资源

我国拥有漫长的海岸线、众多的岛屿和辽阔的管辖海域，并且居于温带、亚热带、热带三个气候区位。我国的大陆海岸线长达 18 000km，面积在 500m² 以上的岛屿多达 7 000 多个，海岛海岸线长达 14 000km。根据专属经济区和大陆架法，我国管辖

314

的海域 300 万 km²，相当陆地面积近 1/3。我国的海岸带地貌类型多样，主要类型有：基岩海岸、平原海岸、生物海岸等。我国沿海滩涂总面积 5 300 万亩，由潮上带、潮间带和辐射沙洲组成，并且每年仍以 40 万亩的速度扩展，中华人民共和国成立以来约有 2 000 多万亩的潮下带经过淤涨演变为潮间带滩涂。我国的浅海面积：0~10m 有 1.08 亿亩，10~20m 有 1.26 亿亩。其中还有面积在 10 万 km² 的海湾 160 多个。浅海滩涂蕴藏着极为丰富的动植物资源，品种繁多，其中海洋动植物 3 000 多种，具有经济价值可供开发的鱼、虾蟹、贝、藻类有 100 多种，耐盐植物 175 科 600 多种，其中药用植物 436 种、芳香植物 46 种、纤维植物 83 种、油料植物 50 多种、饲料植物 152 种。

二、海水养殖业的创新发展

随着科技进步和创新的不断推动，我国海水养殖业迎来了一个又一个的高潮。

第一次浪潮：我国的海水全人工养殖起步始于 20 世纪 50 年代，黄海水产研究所创新发明的海带自然光低温循环流水控温、调光、控水质的工厂化育苗方法，促使海带养殖进入了全人工养殖的新阶段，大幅度提高了产量，形成了巨大的生产力。海带、紫菜、虾类、鱼类、贝类工厂化育苗的成功，促进了海水养殖进入全人工养殖阶段。继之紫菜工厂化育苗成功，其中海带、紫菜养殖产量占 26 万 t，辅之滩涂贝类：牡蛎、蛏、蚶、蛤的养殖，形成第一次发展浪潮。

第二次浪潮：20 世纪 80 年代中期，海水养殖业以对虾养殖为龙头，带动了贻贝等贝类养殖、饲料加工、冷藏、运输等行业的全面发展。1980 年国家水产总局、中国水产养殖总公司组建了对虾育苗攻关领导小组，组织了黄海水产研究所、中国科学院海洋所、山东海洋学院水产系、山东省海水养殖研究所、浙江海洋所等单位与地方水产养殖公司科研、教学、生产三结合的协作攻关。1982 年对虾工厂化育苗成功，并成立了对虾养殖、虾病防治、营养饲料、渔业机械、养殖工程、渔业经济等科研小组，整体系统的组织和密切合作，成果显著。

第三次浪潮：进入 20 世纪 90 年代，全国出现了开发浅海滩涂、内地荒滩、荒水，发展水产养殖的热潮，沿海内湾大力发展传统网箱养鱼，海带浮筏养殖材料全面聚乙烯化向较大水深水流发展，年产已过百万吨。同时，养殖品种结构大调整，重点发展深受国内外市场欢迎的鱼、虾、蟹、扇贝、牡蛎、海参等名贵品种的养殖。在此期间，养虾业出现了跨越式发展，中国成为世界第一养虾大国。同时，扇贝、牡蛎、蛤、蛏、贻贝也是第三次浪潮的主导品种。

第四次浪潮：进入 21 世纪以来，我国的海水鱼类的工厂化育苗和全人工养殖已向多品种方向发展。海水养殖名特优品种不断增加，成为继藻、虾、贝类养殖后崛起的第四次浪潮。21 世纪初，海参、海胆、鲍鱼、海蜇等海珍品的养殖也蓬勃发展起来。21 世纪海水养殖的技术进步，以及在养殖业高报酬的驱动下，我国的海水养殖业进入了鱼、虾蟹、贝、藻全面调整发展期，2007 年我国海水养殖面积达到 1 997. 25 万亩，产量达到 1 307. 34 万 t，占海水产品的比重为 51. 25%。养殖产量与海水捕捞产量之比为 1 : 0. 95，出现了我国海水养殖产量超过捕捞产量的历史性大突破。2012 年养殖产品的品种结构和分布态势，适应了市场的需求，鱼、虾蟹、贝、藻、海珍品全面发展形成了合理的格局。养殖业发展方式也趋于多样化，池塘、普通网箱、深水网箱、筏式、吊笼、底播、工厂化养殖。

以上近海资源养殖业的发展主要集中在 0～10m 浅海的海湾、滩涂和近岸水域，开发已过度，利用率达 90% 以上，而 10～20m 等深线以内增养殖利用不足 10%，布局严重失衡；同时由于片面追求经济效益，鱼虾高密度养殖和布局，忽视了长远和环境效益，人类现有的技术水平远远没有达到对养殖过程的全面控制，受水质、水温等水文特征的环境因素的影响十分显著，由于布局不够合理，致使我国局部海域开发过度，严重超载，超出了容纳量，给环境造成了负面影响。海域富营养化是养殖环境最突出的问题，例如养虾生态系统管理较好的虾池也会有 30% 的残饵未被摄食，最终排入海域中。养殖业自身的污染对沿岸水域产生了明显的负面影响。此外，近岸海域水体外源污染也日益严重，生态环境受损、灾害多发的问题逐年上升，主要污染要素是由内陆排放的无机氮和活性磷酸盐，以致我国近海水域的生态质量明显下降，富营养进程加快，赤潮频繁发生，使我国生态系统、资源再生能力受到严重损害。近几年，我国沿海经济的快速发展，对海洋和海岸带的开发利用强度越来越大，海域滩涂被占用和征用的速度不断加快，浅海和滩涂面积越来越少。2000 年以来，黄渤海区占用的浅海和滩涂面积 1 700km^2，占黄渤海区浅海、滩涂面积的 14. 5%；东海区因填海、建设等造成的海域消失和渔民作业受影响的面积在 2 400km^2 以上；南海区被占用海域、滩涂面积在 2 000km^2 以上。大量水域滩涂被占用，渔业生产空间被压缩，水域生态环境遭受破坏，渔业资源衰退加剧，对养殖业和滨海渔业造成了深远影响。

三、海洋药物资源开发利用现状

海洋生物资源是一个巨大潜在的未来新药来源的宝库已成为一种共识，截至 2008 年，中国近海已记录的海洋药物及已进行现代化药理学、化学研究的潜在药物资源已达 684 种，其中动物药 468 种、植物药 205 种、矿物药 11 种。而海洋微生物由于存在于高盐、高压、低温、低或无光照特征等特殊海洋环境中，其丰富多样的次级代谢产物显示了巨大的药用开发潜力，将是未来海洋药物研究的新资源领域，更是海洋药物的工业化可持续性发展的新途径。海洋微生物活性物质合成机理的研究逐步发展成新的热点。迄今已有 30 多种海洋微生物活性物质的合成基因簇得到了克隆和鉴定，科学家从中发现了众多具有新颖催化机理的工具酶。研究人员通过基因阻断、回补、异源表达等分子生物学手段，获取了众多的中间产物和衍生产物，其中部分产物表现出更好的抗菌、抗病毒和抗肿瘤等生物活性。

　　海洋生物基础研究是促进海洋药物产业发展的基础与前提，随着海洋生物技术的不断进步，一批新兴的海洋生物产业已在我国沿海地区聚集发展壮大。近年来国外出现大量涉及药物、功能食品、生物工具药方面的天然产物专利产品。海洋活性物质的药理活性作用主要包括中枢神经作用、抗肿瘤作用、抗菌抗病毒作用、心脑血管系统作用、抗炎、镇痛、抗氧化、降血糖等，许多化合物具有新药开发潜力。国际上已经投入应用的海洋药物有头孢菌素、阿糖腺苷等。1945 年首次从海洋污泥中分离到顶头孢霉菌，从中发现了头孢菌素，以后发展为系列头孢类抗生素。以海洋天然产物为原型发展形成的最早的海洋药物之——阿糖腺苷，也是海洋天然产物化学最早的探索性研究成功实例，临床用于疱疹角膜炎、脑炎和慢性乙肝等，以此为先导结构，后续研发了重要的抗 HIV 药物。已有多种海洋药物即将或已经上市，开发成功的芋螺毒素镇痛药物，被认为是第一个真正的海洋药物，前体化合物是芋螺的肽类毒素 ω-conotoxin，2004 年获得美国 FDA 证书上市，目前已经可以通过合成获得药源。目前，国内的海洋药物研究多停留在初级代谢产物的研发阶段，对具有特色海洋药物先导化合物报道较少。我国成功研制的高纯氨基葡萄糖硫酸盐、海藻纤维、用于生产洗涤剂的海洋生物碱性蛋白酶等均已达到国际先进或国际领先水平，并展现出强劲的发展势头。由国家海洋局第三海洋研究所研制开发的高纯葡糖胺硫酸盐"蓝湾氨糖"，实施成果转化，2009 年 10 月获国家体育总局授权，作为国家排球队运动员骨关节保护指定品牌产品。中国海洋大学研制开发的国家一类新药 D-聚甘酯，是目前比较理想的治疗急性脑缺血性疾病的药物，现已进入临床试验，并发挥重要作用。具有自主知识产权的 I 类新药 916 是以海洋甲壳质为原料经定位分子修饰而获得的一种海洋多糖类药物，临床前药效学试验已证明具有明显降低血清总胆固醇、甘油三酯及低密度脂蛋白胆固醇，可用于防治 AS 形成，减少心、脑血管疾病的发生，目前已完成了 I 期和 II 期临床研究试验工作。玉足海参素渗透剂等海洋抗菌药物，海参中提取的海参皂苷抗真菌有效率达 88%，是人类历史上从动物界找到的第一种抗真菌皂苷。我国目前已获批准上市的海洋药物有藻酸双酯钠、甘糖酯、角鲨烯、多烯康和烟酸甘露醇等。

　　海洋生物活性物质中提取的药物不仅可以治疗人类疾病，而且还可以用于农业和畜牧业中。例如几丁质、壳聚糖等具有多种功能活性的多糖均在海洋中大量存在，由此制成的生物活性物质产品可减少农作物化学农药和化肥的使用，有助于解决养殖业中抗生素滥用的问题。此外，成分丰富的海洋生物活性物质还被应用于食品工业等领域，甚至正在尝试从其中提取生物质能源。分子技术革命从根本上改变了海洋生物活性物质分离提取策略。随着基因组学、蛋白质组学等组学的不断涌现，研究人员不仅可以对海洋天然产物长期存在的疑问进行深入研究，阐述海洋天然产物多样性的产生机制，进行基于生物合成机制的工程改造，从而产生新的天然产物，还可以利用基因组学进行目标导向的天然产物挖掘。这些生物合成基因簇和新颖工具酶，为利用组合生物合成技术生产更多的生物活性物质奠定了基础。

四、海水种植业和能源植物发展现状

作物耐盐性的研究从 20 世纪 40 年代开始，前期进展缓慢，近十几年才有较大进展，但与其他抗逆性的研究相比，研究深度还有较大差距。长期以来，许多学者从事作物耐盐性的研究，提出了不少的假说，如 Kylin（1975）的膜伤害学说；Sfrogonov（1975）的蛋白代谢干扰学说；Livitt（1980）的原始伤害和次生伤害学说；Lauchil（1984）的脉内再循环学说等等，都从不同侧面反映了植物的耐盐机理。从细胞生物学角度分析表明，盐分对作物的危害主要是因引起离子毒害和渗透压两方面的胁迫，长期在盐渍环境下生活的植物，为了适应土壤过多的盐分，形成了各自的特定耐盐机制，通过各种生理过程和渗透调节，以抵抗高盐的威胁来争得生存。根据植物对盐环境的适应类型分成拒盐、聚盐、泌盐、稀盐和避盐五种类型。在生产实践中，基于利用丰富的滨海盐碱土和海水资源发展农业生产的战略构想，世界各地的科学家在盐生植物耐盐机理和利用海水进行农业生产等领域进行了大量的试验研究。20 世纪 50—60 年代，以色列生态学家 Hugo Boyko 进行了多次海水浇灌甜土植物的试验并取得了重要研究成果，激发了各国科学家对海水农业的研究兴趣。自 1978 年开始，美国亚利桑那大学 Carl Hodges，历时十几年，从 1 300 多种野生盐生植物中筛选出了 20 多种生命力强、产量高且品质优良的强耐盐作物。其中，原产于北美的北美海蓬子优势明显，嫩枝可作为特色蔬菜，籽粒成熟可榨油，也可作饲料等用途。我国海水蔬菜种植起步较晚，从 2001 年开始，毕氏海蓬子从美国引入我国，在江苏、浙江、福建等沿海地区陆续引种试植并相继取得成功。与此同时，我国科学家也发掘驯化了一批本地耐海水蔬菜，包括盐生植物碱蓬、可以耐受混合海水的传统甜土蔬菜品种等，丰富了海水蔬菜的内涵。我国发展生物质能源产业发展较快，我国科学工作者在东部沿海滩涂进行了大量耐盐耐海水能源植物的引种、筛选与栽培研究，主要包括甜高粱、菊芋、油葵等含油木本植物，利用果实或富含油脂的根茎等部分生产生物柴油。同时开发了以微藻为原料生产生物柴油，无论是理论上的油脂含量、实际生产中的经济性以及全面替代石化柴油的潜在前景方面都具有不可比拟的优越性。大多数微藻的生物量倍增时间小于 24h，处于对数生长期的微藻生长速度更快，倍增时间可低至 3.5h。在温度等条件合适的情况下，微藻生产没有季节性限制，可以每日连续收获。

目前，我国关于开发滩涂耐盐能源植物的研究取得了阶段性成果，这无疑将有助于中国生物能源的进一步研究与开发。但仍有一些耐盐能源植物种类和数量等资源情况尚不完全清楚，能源植物良种筛选和高效培育技术还未全面开展，大面积种植问题也没有得到解决；与此同时，生物质能源的生产和开发利用也刚刚起步，目前已经成功商业化的生物质能源主要是生物乙醇和生物柴油，其他形式生物质能源的提制技术有待于进一步深入研究。我国虽然是利用能源植物较早的国家，但基本上局限在直接燃烧、制碳等初级的阶段，热能利用率很低，造成了植物资源的极大浪费，而且也造成了比较严重的环境污染。因此，在以后的研究中要加大对沿海滩涂能源植物的开发力度。

首先，沿海滩涂种植能源植物要因地制宜。沿海滩涂土壤是一特殊而复杂的自然综合体，为海水回退后的新生陆地，土壤盐碱化是制约作物正常生长的主要因素，同时还受到土壤质地和地下水位等因素的影响，不同地块的成陆时间、人工开垦时间和程度等不同又使地块之间土壤理化性状差异较大。总的来说，堤内荒地的盐碱度相对堤外潮上带和潮间带较低，因此适宜种植耐盐的甜土能源植物，如耐盐的甜菜、甜高粱、甘薯、菊芋等，堤外潮上带，在盐碱度低的地块可种植菊芋，盐碱度高的地块种植盐生能源植物，如海蓬子、碱蓬、海滨锦葵、柽柳等。潮间带适宜种植碱蓬、海蓬子、柽柳、芦苇、芨芨草等。其次，从自盐生植物中筛选生物质能源植物。美国农业部在 20 世纪 80 年代组织亚利桑那大学从世界盐生植物中筛选有价值的资源加以利用，从 1 300 余中盐生植物中筛选到了 20 种有利用价值的植物，其中包括已广泛推广的海蓬子。中国有 500 种盐生植物，涉及 71 科和 218 属，盐生植物资源丰富，但对有价值盐生植物种质的筛选还没有跟上，因此有必要对其植物学性状和经济学性状进行全面的了解，从中筛选出适于生产生物能源的植物种类。再次，利用转基因技术提高盐生植物产油品质和能源植物的耐盐性。盐分胁迫是影响作物在滩涂上种植的难点，利用转基因技术可将耐盐基因转入甜土植物中提高其耐盐能力。同样，将这些耐盐基因转入高淀粉或高油的能源植物中，可望培育出在沿海滩涂上种植的耐盐能源植物。另外，转基因技术可改变植物的含油量或淀粉含量，这样可以改良盐生植物经济性状，使其生产出更多可转化利用的成分。最后，对具有良好前景的能源植物，充分利用沿海滩涂，选择适宜地区，通过丰产栽培试验示范，提出高产栽培配套技术与最佳发展模式，使能源植物种植规模化，为能源植物的开发利用提供充足的原料。

第二节　海水农业开发的支撑理论

海水农业的发展和推广需要尝试性创新和探索，更需要深层次的理论支撑。指导农业发展的理论众多，尤其是针对海水农业，同样需要总结其规律、梳理其脉络、提炼其精华，这有助于在海水农业发展中更全面、系统地认识，更科学地指导海水农业的发展，有一定的理论和现实意义。

一、农业多功能理论

农业多功能性概念的提出可以追溯到 20 世纪 80 年代末和 90 年代初由日本学者提出。根据国外的研究结果，结合我国的实际和研究，农业多功能性的含义可归纳为：农业多功能性是指农业具有提供农副产品、促进社会发展，保持政治稳定、传承历史文化、调节自然生态、实现国民经济协调发展等功能；且各功能又表现为多种分功能，各功能相互依存、相互制约、相互促进的多功能有机系统特性。

1. 经济功能

主要表现在为社会提供农副产品，以价值形式表现出来的功能，是农业的基本功能。其中心作用是满足人类生存和发展对食品的需要，还有以依托农业提供服务获得的、不可估量的经济价值，对国民经济发展起基础支撑作用，其经济功能还表现在为实现国民经济协调与可持续发展的作用上。经济学家库兹涅茨的经典研究表明，农业对国民经济发展做了产品、市场、要素和外汇四大贡献。

2. 社会功能

主要表现为对劳动就业和社会保障，促进社会发展方面的功能。农业作为一个产业不仅能容纳劳动力就业，而且农副产品质量、数量及其安全性本身就直接影响着居民的健康状况、营养水平、最基本的生存需要以及优美的环境等，涉及社会发展问题。因此，农业的社会功能作用大，搞不好就会破坏经济社会发展的良好势头。

3. 政治功能

主要表现为农业在保持社会和政治稳定的作用上。从很大程度上讲，农业生产状况决定了社会秩序的状况；农业生产方式决定了社会组织制度的样式。农业发展的好坏直接关系到中国绝大多数人的切身利益，在很大程度上影响他们的政治选择；同时，农副产品还是国家的战略储备物资。因此农业具有重大的政治作用。

4. 生态功能

主要表现在农业对生态环境的支撑和改善的作用上。农业各要素本身就是构成生态环境的主体因子，因此，农业的功能可直接表现为生态功能。农业的生态功能，对农业经济的持续发展、人类生存环境的改善、保持生物多样性、防治自然灾害，为第二、第三产业的正常运行和分解消化其排放物产生的外部负效用等，均具有积极的、重大的正效用。

5. 文化功能

主要表现为农业在保护文化的多样性和提供教育、审美和休闲等的作用上。农业是一个古老的产业，其内部蕴藏着丰富的文化资源。另外，农业对教育、审美等有关人们的价值观、世界观和人生观的形成有积极作用，有利于人与自然的和谐发展，农业正承担着传承传统文化载体的职能。

海水农业以上 5 个方面虽然受地域限制，功能有一定局限性，但对于海水农业产业来说，5 个方面功能需要相互衔接和协调，尤其能体现社会功能和生态功能的重要性。从农业资源开发和应用角度，海水农业目前的经济紧迫性，远没有长期的生态社会功能的作用更凸显，需要以滩涂或盐碱地长期生态保护为前提，综合协调经济、社会、政治、文化等方面的协同发展，以生态功能为例进行分析，可得出一些关联链条：生态环境—人类生存质量—人口素质—经济、社会、政治、文化发展—生态环境；生态环境—农业生产—农产品—人类生存—社会基础—政治稳定—国民经济协调发展—人与自然、经济社会协调发展等；各功能共同构建了一个有机整体，表现出了整体性特点，表现出了各个小功能之间的多重关联性及作用的全面性和整体性。海水农业生态区域原本就属于脆弱的区域，特点是破坏比较容易、保护困难，盐碱生态环境中，林木、草等地表植被有其特殊性和不可逆性，毁坏非常容易、恢复就特别困难，正由于此特殊性，在海水农业的发展过程中，生态功能必将作为核心因素考虑，其他 4 个功能依附于生态功能。

二、农业可持续发展理论

农业发展问题涉及政策、科技、体制、人才、资源环境等多种自然和经济社会因素，需要多措并举和系统整体的解决方案。农业资源环境是实现国家粮食安全和发展现代农业的基础和前提保障，也是当前我国农业生态文明建设和农业可持续发展面临的关键"瓶颈"约束。因此，必须针对农业资源约束趋紧、投入品过度消耗、环境污染加剧等突出问题，加快农业发展方式转变，更加注重生产发展与生态保护的有机结合，把"稳产量、强产能、可持续"和实现"三个安全"（即粮食及主要农产品有效供给安全、农产品质量安全、农产品产地资源环境安全），尤其要把提高综合生产能力和可持续发展能力作为核心目标任务，做到"藏粮于土"。具体而言，在农业资源环境利用和管护中，要贯彻落实生态文明建设的战略部署，综合考虑各地农业资源承载力、环境容量、生态类型和发展基础等因素，坚持问题导向，以"持续提高农业资源利用率"和"一控两减三基本"（即农业用水量和水质安全控制，化肥和农药减量使用，秸秆、畜禽粪污、农膜基本循环利用）为目标，加快建设资源节约型、环境友好型和生态保育型农业。

1. 普查规划

加强普查摸底，尽快准确弄清海水农业涉及的范围及盐碱化的类型、范围、程度与成因，建立国家级海水农业产地环境基础数据库，及时掌握海水农业资源环境状况及动态趋势。科学规划、分类指导，制定国家及地方海水农业发展及土地综合利用规划，并在统筹现有各类规划的基础上，在"十三五"规划中进一步突出和明确海水农业资源环境管理的方向和重点目标任务，做好海水农业生产区域规划与《全国农业可持续发展规划（2015—2030）》等的衔接。要强化规划及其落实措施与农业"调结构、转方式"的紧密结合，促进农业生产布局与资源环境更好匹配，加快区域优势特色产业发展。当前，针对海水农业的发展，要充分发挥耐盐植物和饲用功能作为种植结构调整的关键和重点，在中度盐碱区域，科学调整粮经饲种植结构，开展粮改饲、农牧结合、耐盐饲用作物及模式研究，促进种植结构与还水资源承载量相匹配；根据海水农业环境特点，优化作物种类调整种植结构，促进农业生产方式与区域环境目标相一致等。

2. 监督管理

建立全过程监管制度和体系。加强中央与地方、流域上游与下游的统筹协调，加快形成职能清晰、分工合理、协调有力、监督到位的监管制度和体系。建立健全海水农业资源环境动态监测体系，整合、加密监测点，构建覆盖我国重点海水（盐碱）农业区域的资源环境监测网络；强化现代技术手段在监测管理中的应用，建立健全土地质量、农业面源污染等监测预警信息共享平台，构建海水农业资源环境的常态化监测和长效化预警机制。

3. 法治建设

针对当前制约我国滩涂资源环境保护的突出问题，对工业废水和废渣的直接入海排放，保护滨海滩涂环境，逐步建立健全农业面源污染防治、农产品产地保护、滩涂资源有效管理、农业资源损害赔偿、农业环境治理与生态修复等覆盖农产品质量安全的全链条、全过程、全要素的法律法规制度体系。同时建立海水农业资源综合利用协作平台和机制，协同推动盐碱地资源环境保护。

4. 科技支撑

要适应农业"转方式、调结构"的新要求，聚焦海水农业特殊环境和可持续发展需求，调整优化农业科技发展布局和方向重点。紧紧围绕滩涂盐碱资源及耐盐基因挖掘利用、农业废弃物循环利用、滩涂质量保护建设、低洼盐碱地配套农业机械化等关键技术问题，加强创新研发，尽快形成一整套适合我国国情农情、能在较大范围推广复制、切实可行的农业清洁生产技术和农业面源污染防治技术模式与体系，并选择一批生态敏感脆弱区、集约农业和设施农业区（如黄河三角洲农业高新示范区）开展试点示范。同时，进一步加强海水农业区域面源污染及农业环境问题过程机理的基础研究，为更加科学精准评价和有效防治产地土壤及环境污染提供坚实基础和依据。

5. 政策支持和宣传培训

建立健全以技术补贴和海水农业经济核算体系为核心的农业补贴制度和生态补偿制度。对生态友好型、资源节约型的清洁生产技术以及绿色生产资料等研发和推广应用进行补偿、激励，提高农业生产经营主体运用清洁生产技术、保护脆弱的滨海或内陆盐碱地农业资源环境的积极性、主动性和有效性。加强海水农业资源环境利用和管护的科普宣传和技术推广服务，使社会公众和农民群众更多了解、支持和主动参与到海水农业资源环境保护工作中。深入开展生态文明教育培训，提高从业人员和公众生态环保意识和科学文化素养，培育健康消费生活习惯，切实提高节约资源、保护环境的自觉性和主动性，营造公众参与的良好社会环境。

三、农业区位理论

农业区位论指市场经济条件下农业布局的理论，农业区位主要有两层含义，第一层是指农业生产所选定的地理位置。例如海水农业所指的区域主要涉及沿海农业种植区域能够通过开发后实现农业生产的滩涂等。第二层是指农业与地理环境，其中包括自然环境和社会环境，如当地农业种植耕作习惯、作物种类这些因素相互联系。农业区位论提出在自然资源、交通运输、农作技术相同的条件情况下，决定不同地方农产品纯收益的大小，农业区位选择实际上就是对农业土地的合理利用。此后有大批农业经济学家多次对农业区位学说进行论证、应用和修订。而我们在考虑海水农业布局时，不仅仅只考虑这一因素，还需考虑自然资源、社会经济、科学技术、法律政策等因素，而研究农业区位，更多是要我们关注海水农业在区域内的各个方面的优化组合，以便为海水农业发展和决策提供科学依据。不同区域承担的功能不同，尤其是滨海滩涂区域和内陆盐碱地区域，由于其区位差异、社会资源差异、人力资源差异、功能定位差异，其区位差异在不同区域更有明显不同。尤其是，随着现代农业规划的推进，海水农业涉及的区域大多在农村，滩涂荒地与农村、农业与工业不应该是主次或从属的关系，应该是共同发展、互利互惠、相互促进、协调发展的关系。新农村的发展需要海水农业区域发挥生态、社会、经济效益，通过城乡经济融合、产业融合、劳动力融合，最终实现大农业开发的一体化。

第三节　海水农业发展策略

一、盐碱土改良

海水农业的核心和制约因素是盐，所以海水农业的首要因素也是盐碱改良和综合利用。科学家们已经相继尝试了多种改良方法来改良盐碱土地。需要配合正确适时的耕作措施，才能取得理想的改良效果。耕作能为作物生长提供适宜的土壤环境，在盐碱土改良中至关重要。

1. "控排盐工程+客土"技术

该技术是我国当前盐碱地绿化建设中应用最为广泛和有效的一种技术，主要是通过在种植土层下合理布设暗管和铺设淋层，"隔""排"地下水位和较深层土壤的干扰，阻断盐源，保障客土回填土壤的安全，实现绿地生态系统的健康生长。

该技术建设速度快、周期短、作用周期长（几十年至上百年），适用性广泛，在各气候区、各类型土质和各种程度的盐渍土均可应用，可彻底根治盐碱地技术难题，同时排出的盐水可经特定管道的收集、处理、利用，不会造成次生盐害；缺点是成本相对较高，对土源地生态环境破坏性极大。近年来，随着该技术的大面积推广应用，土源越来越贫乏，已经几近无土可客的局面，即使客来的所谓的"好土"，也不满足绿化要求，需要进行二次改良，成本非常高。

2. "控排盐工程+原土改良"技术

该技术是当前一种最为理想的盐碱地治理技术，可彻底消减盐碱障碍，同时也使客土的使用量降为零，就地利用，将劣质土变废为宝，从根本上提升了盐碱土的土地价值，实现劣质盐渍土的资源化和对"客土"绿化的有效替代，拒绝或减少"客土"绿化对土源地生态环境的破坏，有效地保护耕地资源，实现生态环境建设的平衡发展。其中的原土改良技术可根据土壤的实际情况和使用功用特点，有针对性地选择应用，成本可控，但原土改良过程工程量相对较大，工程建设速度较"控排盐工程+客土"技术有些延长，目前在天津滨海的南港工业区、滨海旅游区等地有一定面积的推广应用，效果较好。

3. 暗管排盐技术

该技术是通过地下定间距或不定间距埋设暗管进行种植层控抑盐的一种方法，目前在黄淮海平原地区盐渍化程度较轻的农田上进行大面积推广应用，成本低，可机械化作业，能在一定程度上抑制地下水或较深层土壤盐分在种植层的累积，但不能彻底消减种植层的盐渍障碍，且暗管的控抑盐作用只在一定间距和一定范围内有效，因此埋深、布局参数一定要合理。暗管排盐技术适用于土质结构较好、通透性较高的土壤，对于黏性较强的土壤不适用。

4. 水利工程改良

水利措施，主要是通过调控排、灌系统，疏导种植土层盐分的运移、迁出，如挖排水沟渠，灌水淋盐、引洪放淤等，科学的灌排可有效改良盐碱土，提高土壤生产力，如果灌排不当，很可能造成土壤的次生盐渍化，加剧盐害。咸水结冰灌溉是我国华北地区一种广泛应用的盐碱地水利改良方法，是利用当地地下咸水，冬期进行结冰灌溉，形成冰层覆盖，春季升温，咸-淡分离融水入渗，致使盐碱地种植土层脱盐的一种方法，该方法近些年在河北、山东、吉林开展了大量的研究应用，对提高农业生产起到了一定的作用，但只对北方、地下水位低且矿化度较低的地区适用。

5. 生物修复技术

生物修复，主要是利用植物与微生物的代谢和生长活动吸收、转化或转移土壤中盐分离子，提升土壤质量。如碱蓬、柽柳、滨藜、地肤、油菜、菊芋、田菁、枸杞、芦苇等耐盐与盐生植物的栽种，微生物菌肥的施用，可获得一定的经济价值，但改土过程较为缓慢，因土壤是开放的土体，种植层盐分在被吸收、转化或转移的同时，周围的盐分在不断地进行补充，因此，生物修复一般要经过漫长的时间方可见效果，对于经济产出要求不高的长期闲置土地可适用此技术。

6. 化学改良技术

化学措施，是利用外源添加物与土壤胶粒发生的化学反应改良盐碱地，常见的有工农业废弃物（如磷石膏、糠醛渣，风化煤等）和天然矿土资源（如泥炭、褐煤、沸石等），在改善土质的同时可有效补充丰富的矿物元素，制备简单，使用方便，但近年来，随着废物资源化的利用，添加物成本在不断提升，该技术的大面积推广受到限制。化学改良也是重盐碱地改良的一种有效方法，如施用石膏、磷石膏后，通过 Ca^{2+} 与土壤胶体表面的 Na^+ 进行交换，或结合灌溉淋洗，消减种植土层的盐碱障碍，这种方法在一定时间和一定种植土层范围内的效果比较显著，但从长期来看，该技术是向土体内引进了一定的 Ca^{2+}、SO_4^{2-} 离子，Ca^{2+}、Na^+ 的比例有所改善，但盐离子的总量并没有减少，因此，并不能长期、有效的改良盐碱地。从另外一个方面来看，外源物的添加、引入，在改善盐碱地的同时，很可能会成为或造成二次污染，给土壤带来新的潜在污染因素，破坏土壤。

7. 农艺措施

农艺措施，是利用农艺相关产品、手段调控土壤水盐运移的技术方法，主要包括土地整理、深耕晒垡、微区抬田、秸秆还田、种植绿肥、作物轮作、间作、膜下滴管等，该技术适应范围广，几乎在各类地域和各类盐碱地上均可应用，但控抑盐时间短，对满足短期种植需求时可使用，成本低，操作简便。

"上膜下秸"是一种新型盐碱地控抑盐增产技术，是利用专用机械将秸秆切碎翻埋至地下 30~40cm 深处，形成秸秆隔层，结合灌溉、种植等其他措施进行盐碱地的管理调控，该技术主要适用于西北内陆土壤蒸发强烈、盐分上行较快的地区，尤其是黄河上中游地区的广大盐碱地，目前已在内蒙古、甘肃、宁夏等多地盐碱地上进行推广应用，效果较好。

二、盐碱土的综合利用

发展海水农业，需要认可高盐在土壤中存在的现实性，同时做好盐碱土的有效利用，对于中国农业现代化的意义特别重大。在海水农业的发展过程中，所在地方政府应该基于以往取得的成绩，高瞻远瞩，将其纳入相关规划，设立专门的研究机构和实验基地，利用现代基因技术，引进和培育海水农业新品种、发展海水农业新组织，努力促进海水农业的规模化、产业化。加强海水农业的自然科学研究，特别是耐盐植物研究。开发海水农业，涉及众多的自然科学技术领域，特别是对于耐盐植物的研究乃是重中之重。一般而言，耐盐植物的作物化需要同时满足三大条件：可利用性较好、具有食用基础和社会需求、能够人工种植。目前在中国的耐盐植物之中，同时满足上述条件者较少，但是中国盐生植物的经济潜势巨大，现在已经发现若干作物具有经济价值，可以作为食品原料、畜牧饲料、医药原料、工业用料、环保植物等。开发利用耐盐植物，世界很多国家已经取得了若干成绩，经验值得我们总结和借鉴。应由政府相关部门牵头，设立科学有序的研究系统，统筹整合各地科研院所及耐盐企业等机构的研究资源、人员，促进海水农业研究的资源共有、成果分享，减少重复劳动。

开展滨海滩涂地、盐碱地适生的耐盐植物新品种选育，以海水灌溉技术与生物技术相结合，进行土壤、水分、盐分和作物的水盐调控技术和管理模式研究，是发展海水灌溉或者盐水灌溉农业的基础。应该开展国际合作，借鉴他国的经验与成果；同时要加强本国的相关研究，在耐盐植物抗盐生理、分离抗盐基因、转基因植物、利用遗传育种培育抗盐植物等重大问题上多所着力，挖掘经济盐生植物，推进引种驯化与加工利用，尤其要在盐碱地区建立经济盐生植物的基因库，为后续的研究开发提供相关素材。

1. 耐盐植物的选育与引种研究

植物耐盐性由其遗传性决定，不同作物具有不同的耐盐性，同一作物的不同品种间以及不同的生长阶段耐盐性也存在差异。在生产实践中，种植耐盐植物对土壤表层有明显的脱盐效果，并且因其基因型的不同，不同耐盐植物对根际土壤不同离子的选择吸收作用也不同，因此，筛选种植适合当地的耐盐品种，确定耐盐植物的耐盐极限，开发经济潜力大的耐盐植物，同时结合土壤改良和灌溉等技术，高效安全地利用海水灌溉，满足作物对水分需求，最大限度地保证土壤安全和作物高产高效，对于推动海水灌溉农业、改良滨海盐渍土具有重要意义。

2. 海水灌溉或微咸水灌溉的基础性研究

随着淡水资源供需矛盾的日益突出，合理开发海水资源已成为各国关注的问题。国内外学者通过大量的海水灌溉或者咸水灌溉的研究和实践，在灌溉方法与技术、土壤盐分对土壤环境和作物的应用、盐碱地改良技术与方法等方面取得了一些研究成果和经验。不同的灌溉方式和灌溉措施对土壤水盐运动以及作物产量的影响不同。海水灌溉和微咸水灌溉可以直接利用海水或者微咸水、海水+淡水混灌和海水淡水轮灌等形式进行地面灌溉、地下灌溉和喷微灌等，灌溉水在一定的矿化度范围内，作物可以正常生长，不影响产量。因此，根据作物种类、土壤特征确定合理的海水灌溉或者微咸水灌溉制度才能真正有效地利用海水或者微咸水资源，缓解滨海盐土的土壤盐渍化，实现农业可持续发展。

三、优化海水农业区域组织形式

2013 年，中共中央一号文件（以下简称一号文件）强调"大力支持发展多种形式的新型农民合作组织"，指出要带动农户进入市场，农民合作社是基本主体，应该"鼓励农民兴办专业合作和股份合作等多元化、多类型合作社"，对其进行财政补助、贷款贴息、税收优惠、保险支持、人才培训、法律支撑等等。一号文件还强调"培育壮大龙头企业"，组建大型企业集团，建立利益联结机制，以使农户能够更多地获益，还要"培育农业经营性服务组织"，诸如农民合作社、专业服务公司、专业技术协会、农民用水合作组织、农民经纪人、涉农企业等等。通过培育大型组织，可以使某些"外部性"因素内部化，从而有效地推广现代植物利用与区域农业可持续发展，增强抗拒风险的能力，弥补小农经济的不足。通过成立公司，借助这种新的组织形式化零为整，发挥大农业规模生产的优势，推广先进的农业科学技术。针对滩地的改良开发，运用"公司+农户"的组织方式，吸收中国传统文化的诸多合理成分，明确二者的权益关系，公司负责兴建基本的农田水利设施，将土地租给无地农民，使其拥有一定的土地处置权。这种经营体制更加符合农户的切身利益，从而大大调动了他们的生产积极性。通过这种模式，也能够更好地协调小农小户的利益，适度降低一家一户农业生产的交易成本。开发海水农业，应该借鉴历史经验，结合中央对于农业发展的指导意见，积极探索组建海水农业的新组织，建立激励机制，理顺各种关系。

四、走可持续发展海水农业产业道路

随着"海洋农业""蓝色粮仓""蓝色蛋白"等可持续开发与利用概念的提出，人们逐渐摆脱了对海洋生物资源进行掠夺性开发的情况，转而以生态化养殖和海洋滩涂生物资源保护和综合利用的方式，以确保海洋生物资源和海洋生态的可持续发展道路。海洋农业科技创新逐渐成为中国未来发展的大方向。技术应用要求对海洋生物资源有着更深的研究基础和认识理解。海洋生物资源综合利用率的提升，需要重视基础科学研究，致力于海洋生物活性物质的修饰和改造，随着基因技术的推动，耐盐基因及其综合利用将会越来越深入，同时随着加工技术水平的不断进步，超临界萃取、膜分离、超高压处理等高新技术越来越的被海水农业产品研发提供了基础。科技创新驱动产业技术改革，不仅有助于中国第三代海洋植物和海洋生物功能食品的快速发展，更有利于海洋生物资源的高效利用，为生产高附加值海水农业下游奠定坚实基础。

五、"互联网+海水农业"发展展望

随着我国经济的高速发展和对海洋经济的重视，海水农业的发展已经具备条件，在"3S"技术、物联网、移动互联、移动终端为代表的信息技术变革的推动下，海水农业所在区域的信息化建设和应用正向集成整合、深化应用的阶段转型，利用互联网等现代信息技术，构建覆盖海水农业生产过程的信息化、网络化管理系统，不断深挖数据资源利用，拓展信息技术应用广度，开展农作物生命周期和农业生产周期管理。结合目前海洋农业发展现状，构建覆盖全部滨海区域和内陆盐碱区域的大数据平台，建立数据标准体系，统一数据定义、来源、统计和分析，对多渠道获得的海水农业基础数据和过程数据进行统一管理和融合，保证数据的一致性和准确性。同时，借助该系统对不同地域、不同历史时期的数据和时数数据整合，构建海水农业产地、产品数据模型，跟踪、预测土地资源与产品的数据趋势，分析对策，为海水农业发展提供一个可以扩展的动态数据支撑平台。同时利用该平台，完善海水农业信息化服务平台建设，整合气象、农林、土管、保险、金融、运输、加工等部门，建立联动机制，通过信息发布、业务咨询、信息查询、信息反馈、回访交流等方式，为海水农业生产主体提供综合信息服务。利用互联网技术，实现海水农业生产资源的全方位智能化管理，通过盐度自动化检测、营养元素自动检测，实时监控和智能预警、传输和远程共享，实施农业生产资料精准投入，实现海水农业生产和产品的品质管理和质量追溯。总之，通过"互联网+"技术，实现以海水替代或部分还是替代进行农业生产可以极大程度地缓解由于淡水资源缺乏而造成的用水紧张形势，具有巨大的经济效益、生态效益和社会效益。

参考文献

陈争平，郝志景. 2015. 耐盐农业与中国农业现代化［J］. 清华大学学报：哲学社会科学版（5）：188-194.

高明秀，薛敏，王洪莹.2016.环渤海盐碱地可持续利用路径决择与政策建议[J].中国人口资源与环境（S2）：228-231.

解振华.2012.加快推进海水淡化产业快速健康发展[J].中国经贸导刊（19）：5-9.

李志杰，孙文彦，马卫萍，等.2010.盐碱土改良技术回顾与展望[J].山东农业科学（2）：73-77.

刘岑薇，王成己，黄毅斌.2016.中国农业清洁生产的发展现状及对策分析[J].中国农学通报，32（32）：200-204.

刘喜波，张雯，侯立白.2011.现代农业发展的理论体系综述[J].生态经济（8）：98-102.

缪锦来，郑洲，李光友.2009.海水农业的研究与展望[J].现代农业科技（22）：354-354.

孙吉亭.2013.世界海水利用产业现状与我国发展相关产业的对策[J].中国海洋大学学报（社会科学版）（4）：13-17.

孙继鹏，易瑞灶，吴皓，等.2013.海洋药物的研发现状及发展思路[J].海洋开发与管理，30（3）：7-13.

王东石，高锦宇.2015.我国海水养殖业的发展与现状[J].中国水产（4）：39-42.

王金环，韩立民.2013.海水灌溉农业的内涵、特征及发展对策建议[J].浙江海洋大学学报（人文科学版），30（4）：6-10.

徐明岗，李菊梅，李志杰.2006.利用耐盐植物改善盐土区农业环境[J].中国土壤与肥料，2006（3）：6-10.

许楚江.2013.我国农业标准化及其发展策略研究[C]//2013全国农业标准化研讨会论文集.

杨劲松.2008.中国盐渍土研究的发展历程与展望[J].土壤学报，45（5）：837-845.

杨倩，侯毛毛.2017.盐碱地改良及园林绿化技术的研究进展[J].中国园艺文摘，33（4）：74-75.

张荣彬，唐旭.2017.中国海洋食品开发利用及其产业发展现状与趋势[J].食品与机械，33（1）：217-220.

张振，韩立民，王金环.2015.山东省海水灌溉农业的战略定位及其发展措施[J].农业经济（3）：38-44.

张振, 韩立民, 王金环 . 2015. 山东省海水灌溉农业的战略定位及其发展措施 [J]. 山东农业大学学报 (社会科学版) (3): 38-44.

赵秀芳, 谢志远, 张涛, 等 . 2017. 我国盐碱地修复技术的现状与特点 [J]. 环境卫生工程, 25 (2): 94-96.